Grundkurs Mathematik

Reihe herausgegeben von

Martin Aigner, Freie Universität Berlin, Berlin, Deutschland

Peter Gritzmann, Zentrum Mathematik, Technische Universität München, Garching, Deutschland

Volker Mehrmann, Institut für Mathematik, Technische Universität Berlin, Berlin, Berlin, Deutschland

Gisbert Wüstholz, Departement Mathematik, ETH Zürich, Zürich, Schweiz

Die Reihe „Grundkurs Mathematik" ist die bekannte Lehrbuch-
reihe im handlichen kleinen Taschenbuch-Format passend zu
den mathematischen Grundvorlesungen, vorwiegend im ersten
Studienjahr. Die Bücher sind didaktisch gut aufbereitet, kompakt
geschrieben und enthalten viele Beispiele und Übungsaufgaben.
In der Reihe werden Lehr- und Übungsbücher veröffentlicht,
die bei der Klausurvorbereitung unterstützen. Zielgruppe sind
Studierende der Mathematik aller Studiengänge, Studierende der
Informatik, Naturwissenschaften und Technik, sowie interessierte
Schülerinnen und Schüler der Sekundarstufe II.
Die Reihe existiert seit 1975 und enthält die klassischen Bestseller
von Otto Forster und Gerd Fischer zur Analysis und Linearen
Algebra in aktualisierter Neuauflage.

Weitere Bände in der Reihe
https://link.springer.com/bookseries/12463

Hannes Stoppel · Birgit Griese

Übungsbuch zur Linearen Algebra

Aufgaben und ausführliche Lösungen zur Prüfungsvorbereitung

10., überarbeitete Auflage

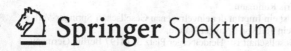

Springer Spektrum

Hannes Stoppel
Fachbereich Mathematik,
Physik, Informatik, Max-Planck-
Gymnasium Gelsenkirchen
Münster, Deutschland

Birgit Griese
Institut für Mathematik
Universität Paderborn
Paderborn, Deutschland

ISSN 2626-613X   ISSN 2626-6148   (electronic)
Grundkurs Mathematik
ISBN 978-3-662-63743-2   ISBN 978-3-662-63744-9   (eBook)
https://doi.org/10.1007/978-3-662-63744-9

Die Deutsche Nationalbibliothek verzeichnet diese Publikation in der Deutschen
Nationalbibliografie; detaillierte bibliografische Daten sind im Internet über http://
dnb.d-nb.de abrufbar.

Planung/Lektorat: Iris Ruhmann
Springer Spektrum ist ein Imprint der eingetragenen Gesellschaft Springer-Verlag
GmbH, DE und ist ein Teil von Springer Nature.
Die Anschrift der Gesellschaft ist: Heidelberger Platz 3, 14197 Berlin, Germany

Vorwort zur 10. Auflage

Wir freuen uns über diese Auflage unseres Buches, mit der wir zweistellig werden. In diese Überarbeitung sind die Änderungen des Bezugswerks *Lineare Algebra,* 19. Auflage (s. [F-S]), eingeflossen. Damit liegt nun eine zu diesem aktualisierten Bestseller passende Version des *Übungsbuch zur Lineare Algebra* vor, in der auf bewährte Weise alle Aufgaben detailliert gelöst und die Lösungen erläutert werden.

Die Beschäftigung mit den Aufgaben hat zu einem freundlichen und konstruktiven Austausch mit Gerd Fischer und Boris Springborn als Autoren des o.g. Buches geführt, wofür wir herzlich danken. Gerd Fischers Ideenreichtum, seine zahlreichen Anregungen sowie die Unterstützung von Boris Springborn empfinden wir als sehr wertvoll. Zudem stand uns Jens Piontkowski mit Anmerkungen zur Seite, auch ihm möchten wir an dieser Stelle danken.

Bei der umfangreichen Überarbeitung des zugrunde liegenden Buches *Lineare Algebra* von der 18. zu 19. Auflage wurde Vieles verändert. Im Kapitel über Eigenwerte wurden umfangreiche Änderungen vorgenommen. Ferner beginnt in der 19. Auflage die Nummerierung der Kapitel anders als früher mit 1 und nicht mit 0. Daher mussten sämtliche Verweise in den Lösungen verändert werden. Wir bitten um Entschuldigung, wenn an einzelnen Stellen die alten Verweise erhalten geblieben sind. Im Zweifelsfall ist dann einfach die Kapitel-Nummer im Verweis um 1 zu erhöhen; dann könnte es gut funktionieren.

Unseren Leser:innen wünschen wir viel Freude bei der Beschäftigung mit den Inhalten dieses Buches – auf dass auch sie sich drei Jahrzehnte nach ihrer ersten Begegnung mit Linearer Algebra gerne an ihre damaligen Gedanken und Lernprozesse erinnern und sich weiterhin an der Schönheit dieser Disziplin erfreuen.

Gladbeck   Birgit Griese
Mai 2021   Hannes Stoppel

Vorwort zur 9. Auflage

Wenige Zeit nach der achten Auflage gibt es wieder eine neue Auflage. Die Zwischenzeit wurde umfangreich genutzt. Es gibt nun beinahe 25 neue Aufgaben. Manche sind zu Themenblöcken zusammengefasst, wie beispielsweise *algebraische Kurven, Möbius Transformation* oder *Codierung und Kryptographie*.

Im Laufe der Zeit haben sich zudem viele Ergänzungsaufgaben gesammelt, zwischen denen in einigen Fällen thematische Verbindungen existieren. Um den Überblick zu behalten, wurde am Ende des Buches ein Verzeichnis der Ergänzungsaufgaben mit den behandelten Themen eingefügt.

In dieser Auflage sind erstmalig sämtliche Aufgaben inklusive all ihrer Lösungen komplett enthalten. Bisherige Aufgaben und Lösungen wurden überarbeitet und ggf. ergänzt, das Literaturverzeichnis eingeschlossen. Hierfür bedanken wir uns auch bei unseren Leserinnen und Lesern für Hinweise.

Bedanken möchten wir uns insbesondere bei Dennis Jaschek, der Ideen für neue Aufgaben hatte und in vielen Gesprächen neue Blickweisen auf alte Aufgaben ermöglicht hat.

Wir wünschen viel Erfolg und Freude mit Übungen der Linearen Algebra und hoffen, dass sie die Schönheit der Mathematik sichtbar machen.

Gladbeck   Birgit Griese
August 2016   Hannes Stoppel

Vorwort zur ersten Auflage

Seit die zehnte Auflage der *Linearen Algebra* von Gerd Fischer
erschienen ist, die als Neuerung gegenüber den älteren Auflagen
viele Übungsaufgaben enthält, sind beim Verlag viele Anfragen
nach den Lösungen dieser Aufgaben eingegangen. Auf Anregung
von Frau Schmickler-Hirzebruch begann im Winter 96/97 die
Arbeit an diesem Lösungsbuch.

Dennoch stehen wir der Veröffentlichung eines Buches, das
nur aus Lösungen zu Übungsaufgaben besteht, skeptisch gegenüber, da die eigene Beschäftigung mit Problemen und viel
eigenes Nachdenken für das Verständnis von Mathematik unver-
zichtbar sind. Das Nachschlagen von Lösungen in einem Buch
macht nach dieser Überzeugung nur Sinn, wenn man sich vorher
selbstständig und ausgiebig mit der Aufgabe auseinandergesetzt
hat. Wir hoffen, daß unsere LeserInnen diese Disziplin besitzen.
Unter diesen Voraussetzungen kann ein Lösungsbuch davor
schützen, viel Zeit ohne viel Nutzen mit einer einzelnen Aufgabe
zu vertun und so hoffentlich Frustrationen verhindern.

Dieses Buch ist jedoch auch für geübte MathematikerInnen
von Interesse, denn wir haben auf folgendes besonderen Wert
gelegt: Viele der Übungsaufgaben in der zehnten und elften Auflage der *Linearen Algebra* gewinnen im Zusammenhang mit
Anwendungen aus verschiedenen Bereichen der Mathematik
an Bedeutung, von denen einE AnfängerIn freilich noch nichts
wissen kann. Wir haben uns bemüht, so oft wie möglich auf
solche Bezüge zu verweisen. Das soll zur Motivation beitragen, denn es platziert die lineare Algebra als Teilgebiet der

Mathematik in dem Geflecht der vielen anderen Teildisziplinen an einer zentralen Stelle. In diesem Zusammenhang sind wir stets für weitere Anstöße offen und freuen uns über Anregungen unserer LeserInnen, die wir in einer späteren Auflage berücksichtigen können.

Das vorliegende Arbeitsbuch enthält die Aufgaben aus der elften Auflage der *Linearen Algebra* von Gerd Fischer, einige Ergänzungsaufgaben sowie deren Lösungen. Es kann auch mit der zehnten Auflage der *Linearen Algebra* benutzt werden. Kapitel, die mit einem Stern versehen sind, können beim ersten Durcharbeiten des Stoffes übergangen werden. Dasselbe gilt für Aufgaben mit Stern.

Danken wollen wir all denen, die uns bei der Herstellung dieses Buches unterstützt haben. An erster Stelle stehen der Verlag Vieweg und insbesondere Frau Schmickler-Hirzebruch, die dieses Projekt ermöglicht und unterstützt haben. Professor Gerd Fischer gilt besonderer Dank für die zahlreichen Gespräche und die Hilfe bei Details. Stefan Lache hat uns nicht nur durch das Mathematikstudium als Kommilitone und danach als Freund begleitet, sondern auch frühere Versionen dieses Buches sehr sorgfältig Korrektur gelesen und uns mit zahlreichen Verbesserungshinweisen unterstützt. Jens Piontkowski hat Teile des Manuskriptes gewissenhaft durchgesehen und wertvolle Tipps gegeben. Volker Solinus hat nach schier endlosen Nörgeleien von unserer Seite die Bilder perfekt erstellt. Ohne diese Personen wäre das ganze Projekt sicher nicht zu einem guten Ende gelangt.

Düsseldorf   Hannes Stoppel
im November 1997   Birgit Griese

Inhaltsverzeichnis

Symbolverzeichnis

$a := b$	a ist definiert durch b
$a \Rightarrow b$	aus a folgt b
$a \Leftrightarrow b$	a und b sind gleichwertig
$\emptyset$	leere Menge
$\in$	Element
$\subset$	Teilmenge
$\cup$	Vereinigung
$\cap$	Durchschnitt
$\setminus$	Differenzmenge
$\times$	direktes Produkt oder Vektorprodukt
$\rightarrow, \mapsto$	Abbildungspfeile
$\circ$	Komposition von Abbildungen
$\mid$	Beschränkung von Abbildungen
f^{-1}	Umkehrabbildung von f
$\sim$	äquivalent
$(x_i)_{i \in I}$	Familie
Σ	Summenzeichen
Π	Produktzeichen
$+$	Summe
$\oplus$	direkte Summe
$\oplus$	orthogonale Summe
$\langle \, , \rangle$	Skalarprodukt
$\|\,\|$	Norm
$\triangleleft$	Winkel
d	Abstand
$\mathbb{C}$	komplexe Zahlen

$\mathbb{K}$	$\mathbb{R}$ oder $\mathbb{C}$
$\mathbb{N}$	natürliche Zahlen
$\mathbb{Q}$	rationale Zahlen
$\mathbb{R}$	reelle Zahlen
$\mathbb{R}_+$	nicht-negative reelle Zahlen
$\mathbb{R}_+^*$	positive reelle Zahlen
$\mathbb{R}^n$	reeller Standardraum
$\mathbb{Z}$	ganze Zahlen
$\mathbb{Z}/m\mathbb{Z}$	zyklische Gruppe
K^*	Elemente ungleich null
V^*	dualer Vektorraum
K^n	Standardraum
$K[t]$	Polynomring über K
$K[t_1,\dots,t_n]$	Polynomring über K
$\mathbb{R}[t]_3$	Polynome vom Grad kleiner oder gleich 3 über $\mathbb{R}$
$R^\times$	Einheitengruppe
$\mathbb{Z}[\mathrm{i}]$	Ring der Gaußschen Zahlen
$\mathcal{K}$	kanonische Basis
e_i	kanonischer Basisvektor
δ_{ij}	Kronecker-Symbol
$\mathcal{C}$	stetige Funktionen
$\mathcal{D}$	differenzierbare Funktionen
$\mathbf{A}_n$	alternierende Gruppe
$\mathbf{S}_n$	symmetrische Gruppe
$\mathrm{M}(m \times n; K)$	Matrizenring
$\mathrm{M}(n; K)$	Matrizenring $\mathrm{M}(n \times n; K)$
$\mathrm{GL}\,(n; K)$	allgemeine lineare Gruppe
$O(n)$	orthogonale Gruppe
$SO(n)$	spezielle orthogonale Gruppe
$U(n)$	unitäre Gruppe
A^{-1}	inverse Matrix
$\mathrm{Alt}(n; K)$	alternierende Matrizen
$^t A$	transponierte Matrix
$A^\#$	komplementäre Matrix
E_i^j	Basismatrix
E_n	n-reihige Einheitsmatrix
$M_{\mathcal{B}}^{\mathcal{A}}$	darstellende Matrix

$M_\mathcal{B}$	darstellende Matrix
$T_\mathcal{B}^A$	Transformationsmatrix
Q_i^j	Elementarmatrix
$Q_i^j(\lambda)$	Elementarmatrix
$S_i(\lambda)$	Elementarmatrix
$SL(n; G)$	spezielle lineare Gruppe
$\text{Sym}(n; K)$	symmetrische Matrizen
P_i^j	Elementarmatrix
$\Phi_\mathcal{B}$	Koordinatensystem
F_i^j	Basishomomorphismen
F^*	duale Abbildung
F^{ad}	adjungierte Abbildung
$\mathcal{I}_F$	Ideal von F
L^k	Multilineare Abbildung
Abb	Abbildungen
char	Charakteristik
deg	Grad
det	Determinante
dim	Dimension
Eig	Eigenraum
Fix	Fixpunktraum
Hau	Hauptraum
End	Endomorphismen
Hom	Homomorphismen
Im	Bild
Ker	Kern
L^k	multilineare Abbildungen
Lös	Lösungsmenge
$\mathbb{L}$	Lösungsmenge
rang	Rang
sign	Signum
Sp	Spur
span	aufgespannter Vektorraum

Teil I Aufgaben

1 Lineare Gleichungssysteme

Die erste Begegnung mit Aufgaben zur Linearen Algebra kann verwirren. Es ist oft nicht unmittelbar einzusehen, dass Zusammenhänge, die anschaulich klar und ersichtlich scheinen, überhaupt bewiesen werden müssen. Hier sollten wir uns ein für alle mal klar machen, dass eine Skizze oder ein Schaubild kein Beweis im streng mathematischen Sinne ist. Bisweilen kann eine Skizze eine Beweisidee viel besser deutlich machen als ein korrekt aufgeschriebener Beweis mit vielen Indizes und Fallunterscheidungen. Diese „Schlampigkeit" dürfen wir uns aber höchstens leisten, wenn wir die Formalitäten beherrschen. Deshalb muss ein echter Beweis, um allgemein akzeptiert zu sein, manchmal sehr formell aussehen. Diese Formalität kann auch helfen, die Gedanken zu ordnen und den Beweis strukturiert aufzuschreiben.

Wenn wir mit dem eigentlichen Beweis beginnen wollen, müssen wir uns zuvor klargemacht haben, wie er aufgebaut werden soll. Wie sollen wir vorgehen? Ist ein Widerspruchsbeweis (auch Kontraposition genannt) notwendig, oder kann die Behauptung direkt aus den Voraussetzungen gefolgert werden? Wie negiert man im Falle der Kontraposition eine Aussage? Wie können die Voraussetzungen und die Behauptung sinnvoll in eine mathematische Aussage umgesetzt werden? Was genau muss eigentlich gezeigt

© Der/die Autor(en), exklusiv lizenziert durch Springer-Verlag GmbH, DE, ein Teil von Springer Nature 2021
H. Stoppel und B. Griese, *Übungsbuch zur Linearen Algebra*,
Grundkurs Mathematik,
https://doi.org/10.1007/978-3-662-63744-9_1

werden? Gibt es Vereinfachungen oder müssen Fallunterscheidungen gemacht werden? All diese Fragen werden wir im Lösungsteil behandeln, wenn sie konkret auftauchen.

1.2   Geraden in der Ebene

1. Zwei Geraden

$$L = v + \mathbb{R}w \quad \text{und} \quad L' = v' + \mathbb{R}w'$$

sind genau dann gleich, wenn $v' \in L$ und $w' = \varrho \cdot w$ mit $\varrho \neq 0$.

2. Zwei Geraden mit den Gleichungen

$$a_1 x_1 + a_2 x_2 = b \quad \text{und} \quad a_1' x_1 + a_2' x_2 = b'$$

sind genau dann gleich, wenn es ein $\varrho \neq 0$ gibt, sodass

$$(a_1', a_2', b') = \varrho(a_1, a_2, b).$$

1.3   Ebenen und Geraden im Standardraum $\mathbb{R}^3$

1. a) Zeigen Sie, dass für zwei Punkte $v, w \in \mathbb{R}^n$ die folgenden Bedingungen äquivalent sind:

i) $v \neq 0$, und es gibt kein $\varrho \in \mathbb{R}$ mit $w = \varrho \cdot v$.

ii) $w \neq 0$, und es gibt kein $\varrho \in \mathbb{R}$ mit $v = \varrho \cdot w$.

iii) Sind $\lambda, \mu \in \mathbb{R}$ mit $\lambda v + \mu w = 0$, so folgt notwendigerweise $\lambda = \mu = 0$.

Man nennt v und w **_linear unabhängig,_** falls eine der obigen Bedingungen erfüllt ist. v und w heißen **_linear abhängig,_** falls sie nicht linear unabhängig sind. Im untenstehenden Bild sind v und w linear unabhängig, v und w' linear abhängig.

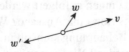

b) Zeigen Sie, dass die Vektoren

$$w_1 := \left(-\frac{a_2}{a_1}, 1, 0\right) \quad \text{und} \quad w_2 := \left(-\frac{a_3}{a_1}, 0, 1\right)$$

aus 1.3.2 linear unabhängig sind.

2. a) Finden Sie für die Ebene $E = \{(x_1, x_2, x_3) \in \mathbb{R}^3 : 3x_1 - 2x_2 + x_3 = -1\}$ eine Parametrisierung.

b) Beschreiben Sie die in Parameterdarstellung gegebene Ebene

$$E = (1, 2, 3) + \mathbb{R} \cdot (4, 5, 6) + \mathbb{R} \cdot (7, 8, 9)$$

durch eine lineare Gleichung.

3. Zeige Sie: Sind $x, y, z \in \mathbb{R}^3$ drei Punkte, die nicht auf einer Geraden liegen, so gibt es genau eine Ebene $E \subset \mathbb{R}^3$, die x, y und z enthält, nämlich

$$E = x + \mathbb{R} \cdot (x - y) + \mathbb{R} \cdot (x - z).$$

1.4 Das Eliminationsverfahren von GAUSS

Es gibt heute Taschenrechner und Algebraprogramme für den Computer, die viele der Rechnungen in diesem und den folgenden Kapiteln leisten können. Wir möchten trotzdem für die altmodische Methode mit Hilfe von Bleistift, Papier und Hirn werben; nur sie kann das Verständnis fördern. Auch wir haben die Lösungen der Aufgaben aus der *Linearen Algebra* ohne technische Hilfsmittel ermittelt – unsere LeserInnen schaffen es sicher genauso.

1. Lösen Sie folgende lineare Gleichungssysteme:

a)

$$\begin{aligned}
x_2 + 2x_3 + 3x_4 &= 0 \\
x_1 + 2x_2 + 3x_3 + 4x_4 &= 0 \\
2x_1 + 3x_2 + 4x_3 + 5x_4 &= 0 \\
3x_1 + 4x_2 + 5x_3 + 6x_4 &= 0
\end{aligned}$$

b)

$$-6x_1 + 6x_2 + 2x_3 - 2x_4 = 2$$
$$-9x_1 + 8x_2 + 3x_3 - 2x_4 = 3$$
$$-3x_1 + 2x_2 + x_3 = 1$$
$$-15x_1 + 14x_2 + 5x_3 - 4x_4 = 5$$

2. Geben Sie die Lösung des linearen Gleichungssystems an, das durch die folgende erweiterte Koeffizientenmatrix gegeben ist:

$$\begin{pmatrix} 1 & -1 & 2 & -3 & 7 \\ 4 & 0 & 3 & 1 & 9 \\ 2 & -5 & 1 & 0 & -2 \\ 3 & -1 & -1 & 2 & -2 \end{pmatrix}.$$

3. Bestimmen Sie, für welche $t \in \mathbb{R}$ das folgende lineare Gleichungssystem in Matrixdarstellung lösbar ist und geben Sie gegebenenfalls die Lösung an.

$$\begin{pmatrix} 2 & 4 & 2 & 12t \\ 2 & 12 & 7 & 12t + 7 \\ 1 & 10 & 6 & 7t + 8 \end{pmatrix}$$

4. Lösen Sie das folgende lineare Gleichungssystem auf einem Taschenrechner mit einer Rechengenauigkeit von n Stellen hinter dem Komma (Abschneiden weiterer Stellen ohne Rundung!) für $\varepsilon = 10^{-k}$ für größer werdendes $k \leq n$, und zwar einmal mit dem Pivot ε und einmal mit dem „maximalen Zeilenpivot" 1 der ersten Spalte.

$$x + y = 2,$$
$$\varepsilon x + y = 1.$$

Beschreiben Sie den geometrischen Hintergrund dieser Umformungen.

2 Grundbegriffe

Wie schon der Titel dieses Kapitels verrät, werden hier grundlegende Begriffe erklärt und eingeübt. Dabei handelt es sich nur in den Teilen 2.4 bis 2.6 um spezielle Grundlagen der linearen Algebra. 2.1 bis 2.3 gehören mit ihren zum Teil klassischen Aufgaben (und Lösungen) zur Grundbildung und könnten daher einigen unserer LeserInnen, die bereits gewisse Vorkenntnisse haben, bekannt oder sogar geläufig sein. Sollte das nicht der Fall sein, ist hier eine gute Gelegenheit, bisher Versäumtes nachzuholen bzw. zu vertiefen. Unsere Lösungen sind in der Regel ausführlich gehalten, so dass sie auch AnfängerInnen ausreichend Hilfestellung bieten können.

2.1   Mengen und Abbildungen

1. Beweisen Sie die folgenden Rechenregeln für die Operationen mit Mengen:

a) $X \cap Y = Y \cap X$, $X \cup Y = Y \cup X$,

b) $X \cap (Y \cap Z) = (X \cap Y) \cap Z$, $X \cup (Y \cup Z) = (X \cup Y) \cup Z$,

c) $X \cap (Y \cup Z) = (X \cap Y) \cup (X \cap Z)$, $X \cup (Y \cap Z) = (X \cup Y) \cap (X \cup Z)$,

d) $X \setminus (M_1 \cap M_2) = (X \setminus M_1) \cup (X \setminus M_2)$, $X \setminus (M_1 \cup M_2) = (X \setminus M_1) \cap (X \setminus M_2)$.

© Der/die Autor(en), exklusiv lizenziert durch Springer-Verlag GmbH, DE, ein Teil von Springer Nature 2021
H. Stoppel und B. Griese, *Übungsbuch zur Linearen Algebra,* Grundkurs Mathematik,
https://doi.org/10.1007/978-3-662-63744-9_2

2. Sei $f : X \to Y$ eine Abbildung. Zeigen Sie:

a) Ist $M_1 \subset M_2 \subset X$, so folgt $f(M_1) \subset f(M_2)$.
   Ist $N_1 \subset N_2 \subset Y$, so folgt $f^{-1}(N_1) \subset f^{-1}(N_2)$.

b) $M \subset f^{-1}(f(M))$ für $M \subset X$, $f(f^{-1}(N)) \subset N$ für $N \subset Y$.

c) $f^{-1}(Y \setminus N) = X \setminus f^{-1}(N)$ für $N \subset Y$.

d) Für $M_1, M_2 \subset X$ und $N_1, N_2 \subset Y$ gilt:
   $f^{-1}(N_1 \cap N_2) = f^{-1}(N_1) \cap f^{-1}(N_2)$, $f^{-1}(N_1 \cup N_2) = f^{-1}(N_1) \cup f^{-1}(N_2)$,
   $f(M_1 \cup M_2) = f(M_1) \cup f(M_2)$, $f(M_1 \cap M_2) \subset f(M_1) \cap f(M_2)$.
   Finden Sie ein Beispiel, in dem $f(M_1 \cap M_2) \neq f(M_1) \cap f(M_2)$ gilt!

3. Seien $f : X \to Y$, $g : Y \to Z$ Abbildungen und $g \circ f : X \to Z$ die Komposition von f und g. Dann gilt:

a) Sind f und g injektiv (surjektiv), so ist auch $g \circ f$ injektiv (surjektiv).

b) Ist $g \circ f$ injektiv (surjektiv), so ist auch f injektiv (g surjektiv).

4. Untersuchen Sie die folgenden Abbildungen auf Injektivität und Surjektivität:

a) $f_1 : \mathbb{R}^2 \to \mathbb{R}$, $(x, y) \mapsto x + y$,

b) $f_2 : \mathbb{R}^2 \to \mathbb{R}$, $(x, y) \mapsto x^2 + y^2 - 1$,

c) $f_3 : \mathbb{R}^2 \to \mathbb{R}^2$, $(x, y) \mapsto (x + 2y, 2x - y)$,

5. Zwei Mengen X und Y heißen **gleichmächtig** genau dann, wenn es eine bijektive Abbildung $f : X \to Y$ gibt. Eine Menge X heißt **abzählbar unendlich,** falls X und $\mathbb{N}$ gleichmächtig sind.

a) Zeigen Sie, dass $\mathbb{Z}$ und $\mathbb{Q}$ abzählbar unendlich sind.

b) Zeigen Sie, dass $\mathbb{R}$ nicht abzählbar unendlich ist.

c) Für eine nichtleere Menge M sei Abb $(M, \{0, 1\})$ die Menge aller Abbildungen von M nach $\{0, 1\}$. Zeigen Sie, dass M und Abb $(M, \{0, 1\})$ nicht gleichmächtig sind.

6. Ein Konferenzhotel für Mathematiker hat genau $\mathbb{N}$ Betten. Das Hotel ist bereits voll belegt, aber die Mathematiker lassen sich nach Belieben innerhalb des Hotels umquartieren. Das Hotel soll aus wirtschaftlichen Gründen stets voll belegt sein, und wenn möglich, sollen alle neu ankommenden Gäste untergebracht werden. Was macht man in folgenden Fällen?

a) Ein weiterer Mathematiker trifft ein.
b) Die Insassen eines Kleinbusses mit n Plätzen suchen Unterkunft.
c) Ein Großraumbus mit $\mathbb{N}$ Personen kommt an.
d) n Großraumbusse treffen ein.
e) $\mathbb{N}$ Großraumbusse fahren vor.

2.2 Gruppen

Bevor wir uns mit den Aufgaben zu Gruppen beschäftigen, sollten wir uns nochmals vor Augen führen, dass man Gruppen multiplikativ oder additiv schreiben kann. (Letzteres tut man üblicherweise, wenn eine Gruppe kommutativ ist.) Das ist deshalb so wichtig, weil die Gruppenaxiome unterschiedlich aussehen, je nachdem, wie die Verknüpfung geschrieben ist. Das neutrale Element einer multiplikativen Gruppe heißt Eins, das einer additiven Gruppe Null. Entsprechend werden die inversen Elemente mit a^{-1} bzw. mit $-a$ bezeichnet.

1. Sei G eine Gruppe mit $aa = e$ für alle $a \in G$, wobei e das neutrale Element von G bezeichnet. Zeigen Sie, dass G abelsch ist.

2. Bestimmen Sie (bis auf Isomorphie) alle Gruppen mit höchstens vier Elementen. Welche davon sind abelsch?

3. Welche der folgenden Abbildungen sind Gruppenhomomorphismen?

a) $f_1 : \mathbb{Z} \to \mathbb{Z}, \ z \mapsto 2z$,   b) $f_2 : \mathbb{Z} \to \mathbb{Z}, \ z \mapsto z + 1$,
c) $f_3 : \mathbb{Z} \to \mathbb{Q}^*, \ z \mapsto z^2 + 1$, d) $f_4 : \mathbb{C}^* \to \mathbb{R}^*, \ z \mapsto |z|$,
e) $f_5 : \mathbb{C} \to \mathbb{R}, \ z \mapsto |z|$,   f) $f_6 : \mathbb{Z}/p\mathbb{Z} \to \mathbb{Z}/p\mathbb{Z}, \ z \mapsto z^p$.

Dabei ist die Verknüpfung in $\mathbb{Z}$, $\mathbb{C}$ und $\mathbb{Z}/p\mathbb{Z}$ jeweils die Addition, in $\mathbb{Q}^*$, $\mathbb{R}^*$ und $\mathbb{C}^*$ jeweils die Multiplikation und p eine Primzahl.

4. Sei G eine Gruppe und $A \subset G$. Die von A *erzeugte Untergruppe* erz(A) ist definiert durch

$$\text{erz}(A) = \{a_1 \cdot \ldots \cdot a_n : n \in \mathbb{N}, a_i \in A \text{ oder } a_i^{-1} \in A\}.$$

erz(A) ist somit die Menge aller endlichen Produkte von Elementen aus A bzw. deren Inversen. Zeigen Sie, dass erz(A) die „kleinste" Untergruppe von G ist, die A enthält, d. h.

 i) erz(A) $\subset G$ ist eine Untergruppe.
 ii) Ist $U \subset G$ eine Untergruppe mit $A \subset U$, so folgt erz(A) $\subset U$.

Wie sieht erz(A) aus für den Fall, dass A einelementig ist?

5. Für eine natürliche Zahl $n \geqslant 3$ sei $d \in S(\mathbb{R}^2)$ die Drehung um den Winkel $2\pi/n$ und $s \in S(\mathbb{R}^2)$ die Spiegelung an der x-Achse. Die *Diedergruppe* D_n ist definiert durch

$$D_n := \text{erz}(\{s, d\}).$$

a) Wie viele Elemente hat D_n?
b) Geben Sie eine Gruppentafel von D_3 an.

6. Eine Gruppe G heißt *zyklisch*, falls es ein $g \in G$ gibt mit $G = \text{erz}(\{g\})$.

a) Wie sieht die Gruppentafel einer endlichen zyklischen Gruppe aus?
b)* Zeigen Sie, dass jede zyklische Gruppe entweder isomorph zu $\mathbb{Z}$ oder $\mathbb{Z}/n\mathbb{Z}$ ($n \in \mathbb{N}$ geeignet) ist.

7. Zeigen Sie: Ist G eine abelsche Gruppe und $H \subset G$ eine Untergruppe, so ist durch

$$x \sim y \Leftrightarrow xy^{-1} \in H$$

eine Äquivalenzrelation auf G erklärt. Sei $G/H := G/\sim$ die Menge der Äquivalenzklassen, und die zu $x \in G$ gehörige Äquivalenzklasse sei mit $\overline{x}$ bezeichnet. Sind $x, x', y, y' \in G$ mit $x \sim x'$ und $y \sim y'$, so ist $xy \sim x'y'$. Somit kann man auf G/H durch

$$\overline{x} \cdot \overline{y} := \overline{xy}$$

eine Verknüpfung erklären.

Zeigen Sie, dass G/H auf diese Weise zu einer abelschen Gruppe wird und für $G = \mathbb{Z}$, $H = n\mathbb{Z}$ genau die in 2.2.8 definierten zyklischen Gruppen $\mathbb{Z}/n\mathbb{Z}$ entstehen.

8. Man gebe ein Beispiel einer nicht assoziativen Verknüpfung aus der Menge $G = \{1, 2, 3\}$, so dass für alle $a \in G$ die Translationen τ_a und $_a\tau$ aus 2.2.4 surjektiv sind.

9. In einer Gruppe G ist eine nicht leere, endliche Teilmenge $G' \subset G$ schon dann eine Untergruppe, wenn für $a, b \in G'$ auch $a \cdot b \in G'$ gilt. Hinweis: Verwenden Sie die Transformationen τ aus 2.2.4 und den Satz aus 2.1.4.

2.3   Ringe, Körper und Polynome

1. Bestimmen Sie (bis auf Isomorphie) alle Körper mit drei bzw. vier Elementen.

2. K und K' seien zwei Körper und $\varphi : K \to K'$ ein Ringhomomorphismus. Zeigen Sie, dass φ entweder injektiv oder der Nullhomomorphismus ist.

3. Ist R ein Ring, M eine beliebige nichtleere Menge und $S = \text{Abb}(M; R)$ die Menge aller Abbildungen von M nach R, so ist auf S durch

$$(f + g)(m) := f(m) + g(m), \quad (f \cdot g)(m) := f(m) \cdot g(m),$$

eine Addition und eine Multiplikation erklärt.
a) Zeigen Sie, dass S auf diese Weise zu einem Ring wird.
b) Ist S ein Körper, falls R ein Körper ist?

4. Dividieren Sie für beliebiges n das Polynom $t^n - 1$ durch $t - 1$.

5. Sei K' ein Körper und K ein Unterkörper von K'.
Zeigen Sie: Sind $f, g \in K[t]^*$, $q \in K'[t]$ mit $f = qg$, so folgt bereits $q \in K[t]$.

6. Sei K ein Körper und $x_0, \ldots, x_n, y_0, \ldots, y_n \in K$ mit $x_i \neq x_j$
für alle $i \neq j$. Zeigen Sie, dass es genau ein Polynom $f \in K[t]$
vom Grad $\leqslant n$ gibt, so dass $f(x_i) = y_i$ für $i = 0, \ldots, n$.
Hinweis: Konstruieren Sie zuerst Polynome $g_k \in K[t]$ vom Grad
$\leqslant n$ mit

$$g_k(x_i) = \begin{cases} 1 \text{ für } i = k, \\ 0 \text{ für } i \neq k. \end{cases}$$

7. Seien $f, g \in \mathbb{C}[t]$ Polynome mit $\mu(f, \lambda) \leqslant \mu(g, \lambda)$ für alle $\lambda \in \mathbb{C}$. Zeigen Sie, dass dann f ein Teiler von g ist. Gilt diese Aussage
auch in $\mathbb{R}[t]$?

8. Sei K ein Körper und $\sim : K[t] \to \mathrm{Abb}\,(K, K)$, $f \mapsto \tilde{f}$, die
Abbildung aus 2.3.5, die jedem Polynom f die zugehörige Abbildung $\tilde{f}$ zuordnet. Zeigen Sie, dass $\sim$ surjektiv, aber nicht injektiv
ist, falls der Körper K endlich ist.

9. Analog zu 2.3.5 definiert man ein *Polynom* mit Koeffizienten
über einem Körper K in n *Unbestimmten* $t_1, \ldots, t_n$ als einen formalen Ausdruck der Gestalt

$$f(t_1, \ldots, t_n) = \sum_{0 \leqslant i_1, \ldots, i_n \leqslant k} a_{i_1 \ldots i_n} \cdot t_1^{i_1} \cdot \ldots \cdot t_n^{i_n},$$

wobei $k \in \mathbb{N}$ und $a_{i_1 \ldots i_n} \in K$. $K[t_1, \ldots, t_n]$ bezeichne die Menge
all solcher Polynome. Wie für Polynome in einer Unbestimmten
kann auch in $K[t_1, \ldots, t_n]$ eine Addition und eine Multiplikation
erklärt werden. Sind $f, g \in K[t_1, \ldots, t_n]$, so erfolgt die Addition
von f und g koeffizientenweise und die Multiplikation wieder
durch formales Ausmultiplizieren.

a) Finden Sie Formeln für die Addition und Multiplikation von
   Polynomen in $K[t_1, \ldots, t_n]$, und zeigen Sie, dass $K[t_1, \ldots, t_n]$
   auf diese Weise zu einem nullteilerfreien, kommutativen Ring
   wird.

Ein Polynom $h \in K[t_1, \ldots, t_n] \setminus \{0\}$ heißt *homogen* (vom *Grad*
d), falls

$$h = \sum_{i_1 + \ldots + i_n = d} a_{i_1 \ldots i_n} \cdot t_1^{i_1} \cdot \ldots \cdot t_n^{i_n}.$$

b) Für ein homogenes Polynom $h \in K[t_1, \ldots, t_n]$ vom Grad d gilt:

$$h(\lambda t_1, \ldots, \lambda t_n) = \lambda^d \cdot h(t_1, \ldots, t_n) \quad \text{für alle } \lambda \in K.$$

c) Ist K unendlich und $f \in K[t_1, \ldots, t_n] \setminus \{0\}$, so folgt aus

$$f(\lambda t_1, \ldots, \lambda t_n) = \lambda^d \cdot f(t_1, \ldots, t_n) \quad \text{für alle } \lambda \in K,$$

dass f homogen vom Grad d ist.

d) Ist h_1 homogen von Grad d_1 und h_2 homogen vom Grad d_2, so ist $h_1 \cdot h_2$ homogen vom Grad $d_1 + d_2$.

10. Sei K ein Körper und $K[t]$ der Polynomring in einer Unbestimmten.

a) Zeigen Sie, dass in der Menge $K[t] \times (K[t] \setminus \{0\})$ durch

$$(g, h) \sim (g', h') \Leftrightarrow gh' = g'h$$

eine Äquivalenzrelation gegeben ist.

$K(t)$ sei die Menge der Äquivalenzklassen. Die zu (g, h) gehörige Äquivalenzklasse sei mit $\frac{g}{h}$ bezeichnet. Somit ist $\frac{g}{h} = \frac{g'}{h'} \Leftrightarrow gh' = g'h$.

b) Zeigen Sie, dass in $K(t)$ die Verknüpfungen

$$\frac{g}{h} + \frac{g'}{h'} := \frac{gh' + hg'}{hh'}, \quad \frac{g}{h} \cdot \frac{g'}{h'} := \frac{gg'}{hh'},$$

wohldefiniert sind (vgl. 1.2.7).

c) Zeigen Sie schließlich, dass $K(t)$ mit diesen Verknüpfungen zu einem Körper wird. Man nennt $K(t)$ den **Körper der rationalen Funktionen**.

d) Die Abbildung $K[t] \to K(t)$, $f \mapsto \frac{f}{1}$, ist ein injektiver Homomorphismus von Ringen. Man kann daher $K[t]$ als Teil von $K(t)$ ansehen.

11. Sei $R := \{m + n\sqrt{2} : m, n \in \mathbb{Z}\}$ und $\varepsilon := 1 + \sqrt{2} \in R$. Zeigen Sie:

a) $R \subset \mathbb{R}$ ist ein Unterring.

b) Für alle $k \in \mathbb{Z}$ sind die Elemente $\pm \varepsilon^k$ Einheiten in R.

2.4   Vektorräume

1. Welche der folgenden Mengen sind Untervektorräume der angegebenen Vektorräume

a) $\{(x_1, x_2, x_3) \in \mathbb{R}^3 : x_1 = x_2 = 2x_3\} \subset \mathbb{R}^3$.

b) $\{(x_1, x_2) \in \mathbb{R}^2 : x_1^2 + x_2^4 = 0\} \subset \mathbb{R}^2$.

c) $\{(\mu + \lambda, \lambda^2) \in \mathbb{R}^2 : \mu, \lambda \in \mathbb{R}\} \subset \mathbb{R}^2$.

d) $\{f \in \text{Abb}(\mathbb{R}, \mathbb{R}) : f(x) = f(-x) \text{ für alle } x \in \mathbb{R}\} \subset$
   $\text{Abb}(\mathbb{R}, \mathbb{R})$.

e) $\{(x_1, x_2, x_3) \in \mathbb{R}^3 : x_1 \geqslant x_2\} \subset \mathbb{R}^3$.

f) $\{A \in M(m \times n; \mathbb{R}) : A \text{ ist in Zeilenstufenform}\} \subset$
   $M(m \times n; \mathbb{R})$.

2. Seien V und W zwei K-Vektorräume. Zeigen Sie, dass das
direkte Produkt $V \times W$ durch die Verknüpfungen

$$(v, w) + (v', w') := (v + v', w + w'), \quad \lambda \cdot (v, w) := (\lambda v, \lambda w),$$

ebenfalls zu einem K-Vektorraum wird.

3. Ist X eine nichtleere Menge, V ein K-Vektorraum und
$\text{Abb}(X, V)$ die Menge aller Abbildungen von X nach V, so ist
auf $\text{Abb}(X, V)$ durch

$$(f + g)(x) := f(x) + g(x), \quad (\lambda \cdot f)(x) := \lambda f(x),$$

eine Addition und eine skalare Multiplikation erklärt.

Zeigen Sie, dass $\text{Abb}(X, V)$ mit diesen Verknüpfungen zu einem K-Vektorraum wird.

4. Eine Abbildung $f : \mathbb{R} \to \mathbb{R}$ heißt 2π-*periodisch*, falls $f(x) = f(x + 2\pi)$ für alle $x \in \mathbb{R}$.

a) Zeigen Sie, dass $V = \{f \in \text{Abb}(\mathbb{R}, \mathbb{R}) : f \text{ ist } 2\pi\text{-periodisch}\}$
   $\subset \text{Abb}(\mathbb{R}, \mathbb{R})$ ein Untervektorraum ist.

b) Zeigen Sie, dass $W = \text{span}(\cos nx, \sin mx)_{n,m \in \mathbb{N}}$ ein Untervektorraum von V ist. (Man nennt W den Vektorraum der *trigonometrischen Polynome*.)

5. Seien

$$\ell^1 := \left\{ (x_i)_{i \in \mathbb{N}} : \sum_{i=0}^{\infty} |x_i| < \infty \right\} \subset \text{Abb}\,(\mathbb{N}, \mathbb{R}),$$

$$\ell^2 := \left\{ (x_i)_{i \in \mathbb{N}} : \sum_{i=0}^{\infty} |x_i|^2 < \infty \right\} \subset \text{Abb}\,(\mathbb{N}, \mathbb{R}),$$

$$\ell := \{ (x_i)_{i \in \mathbb{N}} : (x_i)_{i \in \mathbb{N}} \text{ konvergiert} \} \subset \text{Abb}\,(\mathbb{N}, \mathbb{R}),$$

$$\ell_\infty := \{ (x_i)_{i \in \mathbb{N}} : (x_i)_{i \in \mathbb{N}} \text{ beschränkt} \} \subset \text{Abb}\,(\mathbb{N}, \mathbb{R}).$$

Zeigen Sie, dass $\ell^1 \subset \ell^2 \subset \ell \subset \ell_\infty \subset \text{Abb}\,(\mathbb{N}, \mathbb{R})$ eine aufsteigende Kette von Untervektorräumen ist.

6. Kann eine aus mehr als einem Element bestehende abzählbar unendliche Menge M eine $\mathbb{R}$-Vektorraumstruktur besitzen?

7. Gibt es eine $\mathbb{C}$-Vektorraumstruktur auf $\mathbb{R}$, so dass die skalare Multiplikation $\mathbb{C} \times \mathbb{R} \to \mathbb{R}$ eingeschränkt auf $\mathbb{R} \times \mathbb{R}$ die übliche Multiplikation reeller Zahlen ist?

8. Sind die folgenden Vektoren linear unabhängig?

a) $1, \sqrt{2}, \sqrt{3}$ im $\mathbb{Q}$-Vektorraum $\mathbb{R}$.

b) $(1, 2, 3), (4, 5, 6), (7, 8, 9)$ im $\mathbb{R}^3$.

c) $\left(\frac{1}{n+x} \right)_{n \in \mathbb{N}}$ in $\text{Abb}\,(\mathbb{R}_+^*, \mathbb{R})$.

d) $(\cos nx, \sin mx)_{n,m \in \mathbb{N} \setminus \{0\}}$ in $\text{Abb}\,(\mathbb{R}, \mathbb{R})$.

9. Für welche $t \in \mathbb{R}$ sind die folgenden Vektoren aus $\mathbb{R}^3$ linear abhängig?

$$(1, 3, 4), \quad (3, t, 11), \quad (-1, -4, 0).$$

10. Stellen Sie den Vektor w jeweils als Linearkombination der Vektoren v_1, v_2, v_3 dar:

a) $w = (6, 2, 1), v_1 = (1, 0, 1), v_2 = (7, 3, 1), v_3 = (2, 5, 8)$.

b) $w = (2, 1, 1), v_1 = (1, 5, 1), v_2 = (0, 9, 1), v_3 = (3, -3, 1)$.

2.5   Basis und Dimension

1. Gegeben seien im $\mathbb{R}^5$ die Vektoren $v_1 = (4, 1, 1, 0, -2)$, $v_2 = (0, 1, 4, -1, 2)$, $v_3 = (4, 3, 9, -2, 2)$, $v_4 = (1, 1, 1, 1, 1)$, $v_5 = (0, -2, -8, 2, -4)$.

a) Bestimmen Sie eine Basis von $V = \mathrm{span}\,(v_1, \ldots, v_5)$.

b) Wählen Sie alle möglichen Basen von V aus den Vektoren $v_1, \ldots, v_5$ aus, und kombinieren Sie jeweils $v_1, \ldots, v_5$ daraus linear.

2. Geben Sie für folgende Vektorräume jeweils eine Basis an:

a) $\left\{ (x_1, x_2, x_3) \in \mathbb{R}^3 : x_1 = x_3 \right\}$,

b) $\left\{ (x_1, x_2, x_3, x_4) \in \mathbb{R}^4 : x_1 + 3x_2 + 2x_4 = 0, \; 2x_1 + x_2 + x_3 = 0 \right\}$,

c) $\mathrm{span}\,\left(t^2, \; t^2 + t, \; t^2 + 1, \; t^2 + t + 1, \; t^7 + t^5 \right) \subset \mathbb{R}[t]$,

d) $\{ f \in \mathrm{Abb}\,(\mathbb{R}, \mathbb{R}) : f(x) = 0 \text{ bis auf endlich viele } x \in \mathbb{R} \}$.

3. Für $d \in \mathbb{N}$ sei

$$K[t_1, \ldots, t_n]_{(d)} := \left\{ F \in K[t_1, \ldots, t_n] : F \text{ ist homogen vom} \right.$$
$$\text{Grad } d \text{ oder } F = 0 \right\}$$

(vgl. Aufgabe 9 zu 2.3). Beweisen Sie, dass $K[t_1, \ldots, t_n]_{(d)} \subset K[t_1, \ldots, t_n]$ ein Untervektorraum ist und bestimmen Sie dim $K[t_1, \ldots, t_n]_{(d)}$.

4. Zeigen Sie, dass $\mathbb{C}$ endlich erzeugt über $\mathbb{R}$ ist, aber $\mathbb{R}$ nicht endlich erzeugt über $\mathbb{Q}$.

5. Ist $(v_i)_{i \in I}$ eine Basis des Vektorraumes V und $(w_j)_{j \in J}$ eine Basis des Vektorraumes W, so ist $((v_i, 0))_{i \in I} \cup \left((0, w_j) \right)_{j \in J}$ eine Basis von $V \times W$ (vgl. Aufgabe 2 zu 2.4). Insbesondere gilt

$$\dim V \times W = \dim V + \dim W,$$

falls dim V, dim $W < \infty$.

6. Sei V ein reeller Vektorraum und $a, b, c, d, e \in V$. Zeigen Sie, dass die folgenden Vektoren linear abhängig sind:

$$v_1 = a + b + c, \quad v_2 = 2a + 2b + 2c - d, \quad v_3 = a - b - e,$$

$$v_4 = 5a + 6b - c + d + e, \quad v_5 = a - c + 3e, \quad v_6 = a + b + d + e.$$

7. Für einen endlichdimensionalen Vektorraum V definieren wir

$$h(V) := \sup \{ n \in \mathbb{N} : \text{ es gibt eine Kette } V_0 \subset V_1 \subset \ldots \subset V_{n-1} \subset V_n$$
$$\text{von Untervektorräumen, } V_i \neq V_{i+1} \} .$$

Zeigen Sie $h(V) = \dim V$.

8. Sei $R = \mathcal{C}(\mathbb{R}, \mathbb{R})$ der Ring der stetigen Funktionen und

$$W := \{ f \in R : \text{ es gibt ein } \varrho \in \mathbb{R} \text{ mit } f(x) = 0 \text{ für } x \geqslant \varrho \} \subset R.$$

Für $k \in \mathbb{N}$ definieren wir die Funktion

$$f_k(x) := \begin{cases} 0 & \text{für alle } x \geqslant k, \\ k - x & \text{für } x \leqslant k. \end{cases}$$

a) $W = \operatorname{span}_R (f_k)_{k \in \mathbb{N}}$.

b) W ist über R nicht endlich erzeugt (aber R ist über R endlich erzeugt).

c) Ist die Familie $(f_k)_{k \in \mathbb{N}}$ linear abhängig über R?

9. Zeigen Sie $\mathbb{Z} = 2\mathbb{Z} + 3\mathbb{Z}$ und folgern daraus, dass es in $\mathbb{Z}$ unverkürzbare Erzeugendensysteme verschiedener Längen gibt.

10. Wie viele Elemente hat ein endlichdimensionaler Vektorraum über einem endlichen Körper?

11. * a) Ist K ein Körper mit char $K = p > 0$, so enthält K einen zu $\mathbb{Z}/p\mathbb{Z}$ isomorphen Körper und kann somit als $\mathbb{Z}/p\mathbb{Z}$-Vektorraum aufgefasst werden.

b) Zeigen Sie: Ist K ein endlicher Körper mit char $K = p$, so hat K genau p^n Elemente, wobei $n = \dim_{\mathbb{Z}/p\mathbb{Z}} K$.

2.6   Summen von Vektorräumen*

1. Beweisen Sie, dass für einen Vektorraum V folgende Bedingungen äquivalent sind:

i) $V = W_1 \oplus \ldots \oplus W_k$.

ii) Jedes $v \in V$ ist eindeutig darstellbar als $v = w_1 + \ldots + w_k$ mit $w_i \in W_i$.

iii) $V = W_1 + \ldots + W_k$ und $W_i \cap \sum\limits_{\substack{j=1 \\ j \neq i}}^{k} W_j = \{0\}$ für alle $i \in \{1, \ldots, k\}$.

iv) $V = W_1 + \ldots + W_k$ und $W_i \cap (W_{i+1} + \ldots + W_k) = \{0\}$ für alle $i \in \{1, \ldots, k-1\}$.

Zeigen Sie anhand von Gegenbeispielen, dass die obigen Bedingungen für $k > 2$ im Allgemeinen nicht äquivalent sind zu $W_1 \cap \ldots \cap W_k = \{0\}$ bzw. $W_i \cap W_j = \{0\}$ für alle $i \neq j$.

2. Sind V und W Vektorräume, so gilt

$$V \times W = (V \times \{0\}) \oplus (\{0\} \times W).$$

3. Eine Matrix $A \in \mathrm{M}(n \times n; K)$ heißt *symmetrisch*, falls $A = {}^t A$.

a) Zeigen Sie, dass die symmetrischen Matrizen einen Untervektorraum $\mathrm{Sym}(n; K)$ von $\mathrm{M}(n \times n; K)$ bilden. Geben Sie die Dimension und eine Basis von $\mathrm{Sym}(n; K)$ an.

   Ist char $K \neq 2$, so heißt $A \in \mathrm{M}(n \times n; K)$ *schiefsymmetrisch* (oder *alternierend*), falls ${}^t A = -A$. Im Folgenden sei stets char $K \neq 2$.

b) Zeigen Sie, dass die alternierenden Matrizen einen Untervektorraum $\mathrm{Alt}(n; K)$ von $\mathrm{M}(n \times n; K)$ bilden. Bestimmen Sie auch für $\mathrm{Alt}(n; K)$ die Dimension und eine Basis.

c) Für $A \in \mathrm{M}(n \times n; K)$ sei $A_s := \frac{1}{2}(A + {}^t A)$ und $A_a := \frac{1}{2}(A - {}^t A)$. Zeigen Sie: A_s ist symmetrisch, A_a ist alternierend, und es gilt $A = A_s + A_a$.

d) Es gilt: $\mathrm{M}(n \times n; K) = \mathrm{Sym}(n; K) \oplus \mathrm{Alt}(n; K)$.

3 Lineare Abbildungen

In diesem Kapitel wird das Fundament für einen wesentlichen Teil der linearen Algebra gelegt. Der Zusammenhang zwischen linearen Abbildungen und Matrizen wird unter verschiedenen Gesichtspunkten beleuchtet. Um sich diesen Stoff sicher einzuprägen, sind viele Übungsaufgaben nötig, in denen oft argumentiert, manchmal jedoch auch nur gerechnet wird. Damit die Rechenpraxis auf keinen Fall zu kurz kommt, haben wir am Ende des Kapitels noch für Rechnungen geeignete Matrizen ergänzt.

3.1 Beispiele und Definitionen

1. Sei X eine Menge und V der $\mathbb{R}$-Vektorraum aller Funktionen $f : X \to \mathbb{R}$. Beweisen Sie: Ist $\varphi : X \to X$ eine beliebige Abbildung, so ist die Abbildung

$$F_\varphi : V \to V, \quad f \mapsto f \circ \varphi \quad \mathbb{R}\text{-linear.}$$

2. Untersuchen Sie die folgenden Abbildungen auf Linearität:

a) $\mathbb{R}^2 \to \mathbb{R}^2$, $(x, y) \mapsto (3x + 2y, x)$,   b) $\mathbb{R} \to \mathbb{R}$, $x \mapsto ax + b$,
c) $\mathbb{Q}^2 \to \mathbb{R}$, $(x, y) \mapsto x + \sqrt{2}y$ (über $\mathbb{Q}$), d) $\mathbb{C} \to \mathbb{C}$, $z \mapsto \bar{z}$,
e) Abb $(\mathbb{R}, \mathbb{R}) \to \mathbb{R}$, $f \mapsto f(1)$,   f) $\mathbb{C} \to \mathbb{C}$, $z \mapsto \bar{z}$ (über $\mathbb{R}$).

© Der/die Autor(en), exklusiv lizenziert durch Springer-Verlag GmbH, DE, ein Teil von Springer Nature 2021
H. Stoppel und B. Griese, *Übungsbuch zur Linearen Algebra*, Grundkurs Mathematik,
https://doi.org/10.1007/978-3-662-63744-9_3

3. Für einen Endomorphismus $F : V \to V$ ist die Menge Fix F der **Fixpunkte** von F definiert durch Fix $F := \{v \in V : F(v) = v\}$.

a) Zeigen Sie, dass Fix $F \subset V$ ein Untervektorraum ist.

b) Sei der Endomorphismus F gegeben durch

i) $F : \mathbb{R}^3 \to \mathbb{R}^3, \ x \mapsto \begin{pmatrix} 1 & 2 & 2 \\ 0 & 1 & 0 \\ 3 & 0 & 1 \end{pmatrix} \cdot x,$

ii) $F : \mathbb{R}[t] \to \mathbb{R}[t], \ P \mapsto P',$

iii) $F : \mathcal{D}(\mathbb{R}, \mathbb{R}) \to \text{Abb}(\mathbb{R}, \mathbb{R}), \ f \mapsto f'.$

Bestimmen Sie jeweils eine Basis von Fix F.

4. Zeigen Sie, dass die Menge $\text{Aut}(V)$ der Automorphismen eines Vektorraums V mit der Komposition von Abbildungen als Verknüpfung eine Gruppe ist.

5. Sei $F : V \to V$ ein Endomorphismus des Vektorraums V und $v \in V$, so dass für eine natürliche Zahl n gilt:

$$F^n(v) \neq 0 \quad \text{und} \quad F^{n+1}(v) = 0.$$

Beweisen Sie, dass dann $v, F(v), \ldots, F^n(v)$ linear unabhängig sind.

6. Ist $F : V \to W$ ein Isomorphismus und $V = U_1 \oplus U_2$, so ist $W = F(U_1) \oplus F(U_2)$.

3.2   Bild, Fasern und Kern, Quotientenvektorräume*

1. Sei $F : \mathbb{R}^n \to \mathbb{R}^m$ gegeben durch die folgenden Matrizen:

$$\begin{pmatrix} 1 & 2 & 3 \\ 4 & 5 & 6 \end{pmatrix}, \quad \begin{pmatrix} 1 & 1 & 0 & 1 & 0 \\ 0 & 1 & 1 & 0 & 0 \\ 1 & 1 & 0 & 0 & 1 \\ 0 & 1 & 1 & 0 & 0 \end{pmatrix}.$$

Bestimmen Sie jeweils Basen von Ker F und Im F.

2. Sei $I \subset \mathbb{R}$ ein Intervall und

$$d : \mathcal{D}(I;\mathbb{R}) \to \mathcal{D}(I;\mathbb{R}), \quad f \mapsto f'.$$

Zeigen Sie, dass d eine $\mathbb{R}$-lineare Abbildung ist, und geben Sie eine Basis von Ker d an. Wie sieht Ker d aus im Fall, dass I disjunkte Vereinigung von Intervallen ist?

3. Sei V ein endlichdimensionaler Vektorraum und $F : V \to V$ ein Endomorphismus. Es sei definiert: $W_0 := V$ und $W_{i+1} := F(W_i)$ für $i \in \mathbb{N}$. Dann gilt: Es gibt ein $m \in \mathbb{N}$ mit $W_{m+i} = W_m$ für alle $i \in \mathbb{N}$.

4. Sei $F : V \to V$ linear mit $F^2 = F$. Zeigen Sie, dass es Untervektorräume U, W von V gibt mit $V = U \oplus W$ und $F(W) = 0$, $F(u) = u$ für alle $u \in U$.

5. Sei $F : \mathbb{R}^3 \to \mathbb{R}^2$ gegeben durch die Matrix

$$\begin{pmatrix} 2 & 1 & 3 \\ -4 & -2 & -6 \end{pmatrix}.$$

a) Bestimmen Sie Basen $\mathcal{A} = (u, v_1, v_2)$ des $\mathbb{R}^3$ und $\mathcal{B} = (w, w')$ des $\mathbb{R}^2$, so dass

Ker $F = \text{span}\,(v_1, v_2)$, Im $F = \text{span}\,(w)$ und $F(u) = w$.

b) Geben Sie für $x \in$ Im F eine Parametrisierung der Faser $F^{-1}(x)$ an und zeigen Sie, dass jede nichtleere Faser $F^{-1}(x)$ genau einen Schnittpunkt mit $U = \text{span}\,(u)$ hat (vgl. 3.2.5).

6. Sei $F : V \to W$ linear und $U \subset W$ ein Untervektorraum. Zeigen Sie, dass dann

$$\dim F^{-1}(U) = \dim(U \cap \text{Im}\, F) + \dim \text{Ker}\, F.$$

7. Geben Sie einen neuen Beweis von Teil a) der Bemerkung aus 3.2.3 unter Benutzung der Äquivalenzrelation $\sim_W$ in V.

8. Zeigen Sie mit Hilfe der universellen Eigenschaft des Quotientenvektorraumes, dass für Vektorräume V, W sowie einen Untervektorraum $U \subset V$ die lineare Abbildung

$$\{F \in \text{Hom}\,(V, W) : F|U = 0\} \to \text{Hom}\,(V/U, W) \quad \text{mit} \quad F \mapsto \bar{F}$$

(vgl. Satz 3.2.7) ein Isomorphismus von Vektorräumen ist.

3.3 Lineare Gleichungssysteme und der Rang einer Matrix

1. Beweisen Sie den Rang-Satz für eine Matrix A in den folgenden Spezialfällen:

a) $A \in M(1 \times n; K)$ für beliebiges n.

b) $A \in M(2 \times 2; K)$.

c) $A \in M(m \times n; K)$ in Zeilenstufenform.

2. Lösen Sie das Gleichungssystem

$$\bar{3}x_1 + \bar{2}x_2 = \bar{4}$$
$$\bar{4}x_1 + \bar{3}x_2 = \bar{1}$$

über dem Primkörper $\mathbb{F}_5$ (vgl. 2.3.4).

3. Ein Nahrungsmittel enthält Schadstoffe $S_1, \ldots, S_5$, die bei der Produktion und Lagerung als Bestandteile von Pflanzenschutzmitteln auftreten. Auf den einzelnen Stationen werden die folgenden Pflanzenschutzmittel benutzt:

Station	Mittel
1. Landwirt	A
2. Rohproduktlagerung	B
3. Veredelungsbetrieb	C
4. Grossist und Transport	D
5. Einzelhändler	E

Die folgende Tabelle gibt die prozentuale Zusammensetzung der Mittel A,..., E wieder:

	S_1	S_2	S_3	S_4	S_5
A	0,2	0,5	0	0,3	0
B	0,1	0,6	0,3	0	0
C	0,1	0,2	0,2	0,3	0,2
D	0	0	0,1	0,4	0,5
E	0	0,1	0,3	0,3	0,3

Für das fertige Produkt ergibt die Nahrungsmittelanalyse die folgenden Werte (in Gewichtseinheiten):

S_1	S_2	S_3	S_4	S_5
0,75	2,25	0,65	1,60	0,75

Ermitteln Sie, wieviel (in Gewichtseinheiten) die einzelnen Stationen zur Schadstoffbelastung beitragen.

4. Es seien Metall-Legierungen M_1, M_2 und M_3 gegeben, die alle Kupfer, Silber und Gold enthalten, und zwar in folgenden Prozentsätzen:

	Kupfer	Silber	Gold
M_1	20	60	20
M_2	70	10	20
M_3	50	50	0

Kann man diese Legierungen so mischen, dass eine Legierung entsteht, die 40 % Kupfer, 50 % Silber und 10 % Gold enthält?

5. Zeigen Sie: Ist die Matrix $A \in M(m \times n; K)$ in Zeilenstufenform und r der Rang von A, so ist $(e_1, \ldots, e_r)$ eine Basis von Im $A \subset K^m$.

6. Bestimmen Sie für das folgende Gleichungssystem in Zeilenstufenform mit beliebiger rechter Seite Matrizen C und D wie in 3.3.3, so dass die Spalten von C ein Fundamentalsystem bilden und $D \cdot b$ für jedes $b \in \mathbb{R}^5$ eine spezielle Lösung ist.

$$\begin{pmatrix} 0 & 1 & -1 & 2 & 0 & 3 & 0 & b_1 \\ 0 & 0 & 2 & -1 & 2 & 0 & 1 & b_2 \\ 0 & 0 & 0 & -1 & 4 & 0 & -3 & b_3 \\ 0 & 0 & 0 & 0 & 0 & -7 & 1 & b_4 \\ 0 & 0 & 0 & 0 & 0 & 0 & -4 & b_5 \\ 0 & 0 & 0 & 0 & 0 & 0 & 0 & 0 \end{pmatrix}$$

7. Gegeben seien die Matrizen

$$A = \begin{pmatrix} 3 & 5 & 7 \\ 4 & 6 & 8 \\ 1 & 3 & 4 \end{pmatrix}, \quad B = \begin{pmatrix} 3 & 2 & 6 & 3 \\ 2 & 1 & 3 & 2 \\ 2 & 3 & 1 & 4 \end{pmatrix}.$$

a) Untersuchen Sie die folgenden Gleichungssysteme darauf, ob
   sie eindeutig lösbar sind:

$$Ax = \begin{pmatrix} 2 \\ 4 \\ 9 \end{pmatrix}, \quad Bx = \begin{pmatrix} 4 \\ 1 \\ 7 \end{pmatrix}.$$

b) Untersuchen Sie die Gleichungssysteme $Ax = b$ und
   $Bx = b$ für beliebige $b \in \mathbb{R}^3$ darauf, ob sie universell lösbar
   sind.

8. Sei der Untervektorraum $W \subset \mathbb{R}^n$ gegeben durch m lineare Gleichungen $\varphi_1, \ldots, \varphi_m$, d.h.

$$W = \{x \in \mathbb{R}^n : \varphi_1(x) = \ldots = \varphi_m(x) = 0\}.$$

Zeigen Sie, dass dann W bereits durch eine einzige (nicht notwendig lineare) Gleichung beschrieben werden kann. Genauer gilt: Es existiert ein Polynom $f \in \mathbb{R}[t_1, \ldots, t_n]$ mit

$$W = \{(x_1, \ldots, x_n) \in \mathbb{R}^n : f(x_1, \ldots, x_n) = 0\}.$$

9. Zeigen Sie, dass eine Teilmenge L des $\mathbb{R}^3$ eine Gerade ist (d.h. es existieren $v, w \in \mathbb{R}^3$, $w \neq 0$, mit $L = v + \mathbb{R}w$) genau dann, wenn es eine Matrix $A \in M(2 \times 3; \mathbb{R})$ mit rang $A = 2$ und ein $b \in \mathbb{R}^2$ gibt, so dass $L = \{x \in \mathbb{R}^3 : Ax = b\}$. Was bedeutet das geometrisch?

10. Zeigen Sie für eine Matrix $A \in M(m \times n; K)$[1]:

a) $^t A \cdot A$ ist symmetrisch.

b) rang $(^t A \cdot A)$ = rang A für $K = \mathbb{R}$.

c) Aussage b) ist falsch für $K = \mathbb{F}_2$ oder $K = \mathbb{C}$.

   Hinweis zu a): Benutzen Sie 3.5.4.
   Hinweis zu b) und c): Behandeln Sie zunächst den Fall $m = 1$.

---

[1] Auf Anregung von G. Fischer wurden in der Aufgabenstellung die Faktoren des Produkts von A und $^t A$ vertauscht: Aus $A \cdot {}^t A$ wurde $^t A \cdot A$.

3.4 Lineare Abbildungen und Matrizen

1. Gibt es eine lineare Abbildung $F : \mathbb{R}^2 \to \mathbb{R}^2$ mit

$$F(2,0) = (0,1), \quad F(1,1) = (5,2), \quad F(1,2) = (2,3)?$$

2. Sei $\mathcal{B} = (\sin, \cos, \sin \cdot \cos, \sin^2, \cos^2)$ und $V = \operatorname{span} \mathcal{B}$ $\subset \operatorname{Abb}(\mathbb{R}, \mathbb{R})$. Betrachten Sie den Endomorphismus $F : V \to V$, $f \mapsto f'$, wobei f' die erste Ableitung von f bezeichnet.

a) Zeigen Sie, dass $\mathcal{B}$ eine Basis von V ist.

b) Bestimmen Sie die Matrix $M_{\mathcal{B}}(F)$.

c) Bestimmen Sie Basen von Ker F und Im F.

3. Für $n \in \mathbb{N}$ sei $V_n = \operatorname{span}(1, \ldots, t^n) \subset \mathbb{R}[t]$ mit der Basis $\mathcal{B}_n = (1, \ldots, t^n)$ und

$$\mathcal{D}_n : V_n \to V_{n-1}, \quad f \mapsto f'$$

der Ableitungshomomorphismus.

a) Bestimmen Sie die Matrix $M_{\mathcal{B}_{n-1}}^{\mathcal{B}_n}(\mathcal{D}_n)$.

b) Zeigen Sie, dass es eine lineare Abbildung $\mathcal{I}_n : V_{n-1} \to V_n$ gibt mit $\mathcal{D}_n \circ \mathcal{I}_n = \operatorname{id}$, und bestimmen Sie $M_{\mathcal{B}_n}^{\mathcal{B}_{n-1}}(\mathcal{I}_n)$.

4. Sei $V = \{f \in \mathbb{R}[t] : \deg f \leqslant 3\}$ mit der Basis $\mathcal{B} = (1, t, t^2, t^3)$. Wir betrachten die linearen Abbildungen

$$F : V \to \mathbb{R}, \quad f \mapsto \int_{-1}^{1} f(t)\, dt \quad \text{und}$$

$$G : V \to \mathbb{R}^3, \quad f \mapsto (f(-1), f(0), f(1)).$$

a) Es seien $\mathcal{K}$ und $\mathcal{K}'$ die kanonischen Basen von $\mathbb{R}$ und $\mathbb{R}^3$. Bestimmen Sie die Matrizen

$$M_{\mathcal{K}}^{\mathcal{B}}(F) \text{ und } M_{\mathcal{K}'}^{\mathcal{B}}(G).$$

b) Zeigen Sie: Ker $G \subset$ Ker F.

c) Es gibt eine lineare Abbildung $H : \mathbb{R}^3 \to \mathbb{R}$ mit $H \circ G = F$.

5. Seien V und W endlichdimensionale Vektorräume mit $V = V_1 \oplus V_2$, $W = W_1 \oplus W_2$ sowie $F : V \to W$ linear mit $F(V_i) \subset W_i$ für $i = 1, 2$. Zeigen Sie, dass es Basen $\mathcal{A}$ von V und $\mathcal{B}$ von W gibt mit

$$M_{\mathcal{B}}^{\mathcal{A}}(F) = \begin{pmatrix} A & 0 \\ 0 & B \end{pmatrix},$$

wobei $A \in \mathrm{M}(\dim W_1 \times \dim V_1; K)$, $B \in \mathrm{M}(\dim W_2 \times \dim V_2; K)$.

6. Zeigen Sie ohne Verwendung von Matrizen, dass die in 3.4.2 definierten Abbildungen
$F_i^j : V \to W$ eine Basis von $\mathrm{Hom}(V, W)$ bilden.

7. Sei

$$A = \begin{pmatrix} -2 & 3 & 2 & 3 \\ -3 & 5 & 0 & 1 \\ -1 & 2 & -2 & -2 \end{pmatrix}$$

und $F : \mathbb{R}^4 \to \mathbb{R}^3$ die durch $F(x) = Ax$ definierte lineare Abbildung. Bestimmen Sie Basen $\mathcal{A}$ von $\mathbb{R}^4$ und $\mathcal{B}$ von $\mathbb{R}^3$ mit

$$M_{\mathcal{B}}^{\mathcal{A}}(F) = \begin{pmatrix} 1 & 0 & 0 & 0 \\ 0 & 1 & 0 & 0 \\ 0 & 0 & 0 & 0 \end{pmatrix}.$$

8. Sei V ein endlichdimensionaler Vektorraum und $F : V \to \dot{V}$ linear mit $F^2 = F$. Zeigen Sie, dass es eine Basis $\mathcal{B}$ von V gibt mit

$$M_{\mathcal{B}}(F) = \begin{pmatrix} E_r & 0 \\ 0 & 0 \end{pmatrix}.$$

Hinweis: Aufgabe 5 und Aufgabe 4 zu 3.2.

9. Zeigen Sie: Ist $F : V \to V$ ein Endomorphismus des endlichdimensionalen Vektorraums V mit $\dim \mathrm{Fix}\, F = r$ (vgl. Aufgabe 3 zu 3.1), so existiert eine Basis $\mathcal{B}$ von V mit

$$M_{\mathcal{B}}(F) = \begin{pmatrix} E_r & * \\ 0 & * \end{pmatrix}.$$

3.5 Multiplikation von Matrizen

1. Gegeben seien die Matrizen

$$A := \begin{pmatrix} 1 & -1 & 2 \\ 0 & 3 & 5 \\ 1 & 8 & -7 \end{pmatrix}, \quad B := \begin{pmatrix} -1 & 0 & 1 & 0 \\ 0 & 1 & 0 & -1 \\ 1 & 0 & -1 & 0 \end{pmatrix}, \quad C := \begin{pmatrix} 1 \\ 0 \\ 8 \\ -7 \end{pmatrix},$$

$$D := \begin{pmatrix} -1 & 2 & 0 & 8 \end{pmatrix}, \quad E := \begin{pmatrix} 1 & 4 \\ 0 & 5 \\ 6 & 8 \end{pmatrix}.$$

Berechnen Sie alle möglichen Produkte.

2. In dieser Aufgabe betrachten wir Eigenschaften „dünn besetzter" Matrizen, in denen viele Einträge null sind.

a) Sei $n \in \mathbb{N} \setminus \{0\}$ und $I = \{1, \ldots, n\}$. Wir betrachten die Menge $I \times I \subset \mathbb{N} \times \mathbb{N}$.

Finden Sie für $k \in \mathbb{N}$ Gleichungen für die „Gerade" L in $I \times I$ durch $(1, k)$ und $(2, k + 1)$ sowie für die Gerade L' durch $(k, 1)$ und $(k + 1, 2)$. Finden Sie weiter Ungleichungen für den Halbraum H in $I \times I$, der oberhalb von L liegt und den Halbraum H', der unterhalb von L' liegt.

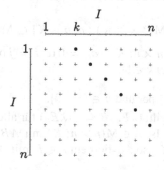

b) Formulieren und beweisen Sie folgende Aussagen:

$$\begin{pmatrix} \diagdown & & 0 \\ & * & \\ 0 & & \end{pmatrix} \cdot \begin{pmatrix} \diagdown & & 0 \\ & * & \\ 0 & & \end{pmatrix} = \begin{pmatrix} & & 0 \\ & * & \\ 0 & & \end{pmatrix}$$

$$\begin{pmatrix} & \diagdown & * \\ 0 & & \end{pmatrix} \cdot \begin{pmatrix} & \diagdown & * \\ 0 & & \end{pmatrix} = \begin{pmatrix} & \diagdown & * \\ 0 & & \end{pmatrix}$$

c) Eine Matrix $A = (a_{ij}) \in M(n \times n; K)$ heißt echte obere Dreiecksmatrix, falls $a_{ij} = 0$ für $i \geqslant j$. Zeigen Sie, dass eine echte obere Dreiecksmatrix A nilpotent ist, d. h. es existiert ein $m \in \mathbb{N}$ mit $A^m = 0$.

3. Sind die folgenden Teilmengen Unterringe?

a) $\{(a_{ij}) \in M(n \times n; K) : a_{ij} = 0 \text{ für } i \geqslant j\} \subset M(n \times n; K)$

b) $\{(a_{ij}) \in M(n \times n; K) : a_{ij} = 0 \text{ für } i \geqslant j + k \text{ oder } j \geqslant i + k\} \subset M(n \times n; K)$, wobei $k \in \mathbb{N}$

c) $\{\begin{pmatrix} a & b \\ 0 & c \end{pmatrix} \in M(2 \times 2; \mathbb{R}) : a \in \mathbb{Q}, b, c \in \mathbb{R}\} \subset M(2 \times 2; \mathbb{R})$

d) $\{\begin{pmatrix} 0 & a \\ 0 & b \end{pmatrix} \in M(2 \times 2; K) : a, b \in K\} \subset M(2 \times 2; K)$

e) $\{(a_{ij}) \in M(n \times n; K) : a_{ij} = 0 \text{ für } i \neq j \text{ oder } i \geqslant k\} \subset M(n \times n; K)$, wobei $k \in \mathbb{N}$.

4. Sei K ein Körper und $n \in \mathbb{N} \setminus \{0\}$.

a) Für $\lambda \in K$ gilt: $(\lambda E_n)B = B(\lambda E_n)$ für alle $B \in M(n \times n; K)$.

b) Zeigen Sie: Ist $A \in M(n \times n; K)$ mit $AB = BA$ für alle $B \in M(n \times n; K)$, so existiert ein $\lambda \in K$ mit $A = \lambda E_n$.

5. Sei $C = \left\{ \begin{pmatrix} a & -b \\ b & a \end{pmatrix} : a, b \in \mathbb{R} \right\} \subset M(2 \times 2; \mathbb{R})$.

a) Zeigen Sie, dass C ein Körper ist.

b) In C ist die Gleichung $X^2 + 1 = 0$ lösbar.

c) C ist als Körper isomorph zu $\mathbb{C}$.

6. Zeigen Sie, dass für eine Matrix $B \in M(n \times k; \mathbb{R})$ die Abbildung

$$\Phi : M(m \times n; \mathbb{R}) \to M(m \times k; \mathbb{R}), \quad A \mapsto A \cdot B,$$

stetig ist.

7. Zeigen Sie, dass die Abschätzung

$$\operatorname{rang} A + \operatorname{rang} B - n \leqslant \operatorname{rang}(AB) \leqslant \min\{\operatorname{rang} A, \operatorname{rang} B\}$$

aus 3.5.5 für den Rang der Produktmatrix in beide Richtungen scharf ist, d. h. finden Sie Beispiele für

$$\operatorname{rang} A + \operatorname{rang} B - n = \operatorname{rang}(AB) \quad \text{und}$$
$$\operatorname{rang}(AB) = \min\{\operatorname{rang} A, \operatorname{rang} B\}.$$

8. Wir wollen eine Methode angeben, um die Inverse einer Matrix auszurechnen:

Sei dazu $A \in M(n \times n; K)$ invertierbar, d. h. rang $A = n$. Zeigen Sie: Ist

$$x^i = \begin{pmatrix} x_{1i} \\ \vdots \\ x_{ni} \end{pmatrix}$$

die Lösung des Gleichungssystems $Ax = e_i$, so ist

$$A^{-1} = \begin{pmatrix} x_{11} \dots x_{1n} \\ \vdots \quad\quad \vdots \\ x_{n1} \dots x_{nn} \end{pmatrix}.$$

Berechnen Sie auf diese Weise die inverse Matrix von

$$A = \begin{pmatrix} 1 & 1 & 2 & 4 \\ 1 & 3 & 4 & -2 \\ 0 & 1 & 3 & 6 \\ 1 & 3 & 5 & 3 \end{pmatrix}.$$

9. Für eine differenzierbare Abbildung

$$f : \mathbb{R}^n \to \mathbb{R}^m, \quad x \mapsto (f_1(x), \dots, f_m(x)),$$

ist die **Jacobi-*Matrix*** von f im Punkt x definiert durch

$$\mathrm{Jac}_x f := \left(\frac{\partial f_i}{\partial x_j}(x) \right).$$

Ist $m = 1$ und f zweimal stetig partiell differenzierbar, so versteht man unter der **Hesse-*Matrix*** von f im Punkt x die Matrix

$$\mathrm{Hess}_x f := \left(\frac{\partial^2 f}{\partial x_i \partial x_j}(x) \right).$$

a) Berechnen Sie die Jacobi-Matrix einer linearen Abbildung $F : \mathbb{R}^n \to \mathbb{R}^m$, $x \mapsto Ax$, wobei $A \in \mathrm{M}(m \times n; \mathbb{R})$.

b) Sei

$$P : \mathbb{R}^n \to \mathbb{R}, \quad (x_1, \ldots, x_n) \mapsto \sum_{i \leqslant j} a_{ij} x_i x_j + \sum_{i=1}^{n} b_i x_i,$$

wobei $a_{ij}, b_i \in \mathbb{R}$. Berechnen Sie die Jacobi-Matrix und die Hesse-Matrix von P.

3.6   Basiswechsel

1. Gegeben sei ein endlichdimensionaler Vektorraum V mit Basen $\mathcal{A}$, $\mathcal{B}$ und $\mathcal{C}$. Beweisen Sie die „Kürzungsregel"

$$T_\mathcal{C}^\mathcal{A} = T_\mathcal{C}^\mathcal{B} \cdot T_\mathcal{B}^\mathcal{A}.$$

2. Im $\mathbb{R}^3$ seien die Basen

$$\mathcal{A} = ((1, -1, 2), (2, 3, 7), (2, 3, 6)) \text{ und}$$
$$\mathcal{B} = ((1, 2, 2), (-1, 3, 3), (-2, 7, 6))$$

gegeben.

a) Berechnen Sie die Transformationsmatrix $T_\mathcal{B}^\mathcal{A}$.

b) Bestimmen Sie die Koordinaten des Vektors

$$v = 2 \cdot (1, -1, 2) + 9 \cdot (2, 3, 7) - 8 \cdot (2, 3, 6)$$

bezüglich der Basis $\mathcal{B}$.

3. V sei ein $\mathbb{R}$-Vektorraum mit Basis $\mathcal{A} = (v_1, \ldots, v_4)$, W sei ein $\mathbb{R}$-Vektorraum mit Basis $\mathcal{B} = (w_1, \ldots, w_5)$. $F : V \to W$ sci dic lineare Abbildung, die gegeben ist durch

$$M_{\mathcal{B}}^{\mathcal{A}}(F) = \begin{pmatrix} 3 & 1 & -2 & 2 \\ -2 & -2 & 7 & -3 \\ 4 & 0 & 3 & 1 \\ 1 & 3 & 12 & 4 \\ 0 & 4 & -17 & 5 \end{pmatrix}.$$

Schließlich seien $\mathcal{A}' = (v_1', \ldots, v_4')$ mit $v_1' = v_1 + v_2$, $v_2' = v_2 + v_3$, $v_3' = v_3 + v_4$, $v_4' = v_4$ und $\mathcal{B}' = (w_1', \ldots, w_5')$ mit $w_1' = w_1$, $w_2' = w_1 + w_2$, $w_3' = -w_1 + w_3$, $w_4' = w_1 + w_4$, $w_5' = w_1 + w_5$.

a) Zeigen Sie, dass $\mathcal{A}'$ eine Basis von V und $\mathcal{B}'$ eine Basis von W ist.

b) Berechnen Sie $M_{\mathcal{B}}^{\mathcal{A}'}(F)$, $M_{\mathcal{B}'}^{\mathcal{A}}(F)$ und $M_{\mathcal{B}'}^{\mathcal{A}'}(F)$.

c) Bestimmen Sie $F^{-1}(\mathrm{span}\,(w_1, w_2, w_3))$.

4. Zeigen Sie, dass durch

$$A \sim B \Leftrightarrow A \text{ und } B \text{ sind äquivalent}$$

(vgl. 3.6.7) tatsächlich eine Äquivalenzrelation auf der Menge $M(m \times n; K)$ gegeben ist und durch

$$A \sim B \Leftrightarrow A \text{ und } B \text{ sind ähnlich}$$

(vgl. 3.6.7) eine Äquivalenzrelation auf $M(m \times m; K)$ erklärt ist.

5. Sei

$$A := \begin{pmatrix} -1 & 4 \\ 2 & 1 \end{pmatrix} \in M(2 \times 2; \mathbb{R}) \quad \text{und} \quad \mathcal{B} := \left(\begin{pmatrix} 1 \\ 1 \end{pmatrix}, \begin{pmatrix} -2 \\ 1 \end{pmatrix} \right)$$

eine neue Basis von $\mathbb{R}^2$. Bestimmen Sie entsprechend 3.6.5 die Matrizen $T_{\mathcal{B}}^{\mathcal{K}}$, $T_{\mathcal{K}}^{\mathcal{B}}$ und $B := M_{\mathcal{B}}(A)$.

3.7   Elementarmatrizen und Matrizenumformungen

1. Stellen Sie die folgende Matrix A als Produkt von Elementarmatrizen dar:

$$A = \begin{pmatrix} 1 & 1 & 1 \\ 1 & 2 & 2 \\ 1 & 2 & 3 \end{pmatrix}.$$

2. Sind die folgenden Matrizen invertierbar? Wenn ja, dann geben
die inverse Matrix an.

$$\begin{pmatrix} 0 & 0 & 0 & 1 \\ 0 & 0 & 1 & 0 \\ 0 & 1 & 0 & 0 \\ 1 & 0 & 0 & 0 \end{pmatrix} \in M(4 \times 4; \mathbb{R}), \qquad \begin{pmatrix} 6 & 3 & 4 & 5 \\ 1 & 2 & 2 & 1 \\ 2 & 4 & 3 & 2 \\ 3 & 3 & 4 & 2 \end{pmatrix} \in M(4 \times 4; \mathbb{R}),$$

$$\begin{pmatrix} 1 & 2 & 0 \\ 1 & 1 & 1 \\ 2 & 0 & 1 \end{pmatrix} \in M(3 \times 3; \mathbb{R}), \qquad \begin{pmatrix} 1 & 2 & 0 \\ 1 & 1 & 1 \\ 2 & 0 & 1 \end{pmatrix} \in M(3 \times 3; \mathbb{Z}/3\mathbb{Z}).$$

3. Zeigen Sie:

$$A = \begin{pmatrix} a & b \\ c & d \end{pmatrix} \in M(2 \times 2; K) \text{ ist invertierbar} \Leftrightarrow ad - bc \neq 0.$$

Berechnen Sie in diesem Fall die Inverse von A.

4. Modifizieren Sie das Rechenverfahren aus 3.7.6 so, dass man
statt S die inverse Matrix S^{-1} erhält (benutzen Sie dabei die Inversen der Elementarmatrizen aus 3.7.2).

5. Finden Sie für die Gleichungssysteme $Ax = b$ aus 1.3.4 sowie
aus Aufgabe 2 in 1.4 jeweils eine Matrix S, so dass $\widetilde{A} = SA$ in
Zeilenstufenform ist, und berechnen Sie $\widetilde{b} = Sb$.

6. Beweisen Sie:

a) Für $A \in M(n \times n; K)$ und $m \subset \mathbb{N}$ gilt:

$$E_n - A^m = (E_n - A)(\sum_{i=0}^{m-1} A^i) = (\sum_{i=0}^{m-1} A^i)(E_n - A).$$

(Dabei sei $A^0 := E_n$.)

b) Ist $A \in M(n \times n; K)$ eine Matrix, für die ein $m \in \mathbb{N}$ existiert mit $A^m = 0$, so ist $E_n - A$ invertierbar. Wie sieht die inverse Matrix aus?

Ergänzungsaufgaben

E1. Die folgenden Matrizen sind über $\mathbb{R}$ bzw. $\mathbb{C}$ invertierbar und bieten daher die Möglichkeit, mehr Routine im Errechnen der inversen Matrix zu erlangen. Viel Erfolg dabei!

$$A = \begin{pmatrix} 1 & 2 & 3 \\ 2 & 3 & 4 \\ 1 & 1 & 0 \end{pmatrix}; \quad B = \begin{pmatrix} -2 & 3 & 1 \\ 1 & 1 & 2 \\ 5 & 2 & -1 \end{pmatrix}; \quad C = \begin{pmatrix} 1 & 1 & 1 & 0 \\ 1 & 1 & 0 & 1 \\ 1 & 0 & 1 & 1 \\ 0 & 1 & 1 & 1 \end{pmatrix};$$

$$D = \begin{pmatrix} 1 & -2 & 3 & 4 \\ -5 & 6 & 7 & 8 \\ -9 & 10 & 11 & 12 \\ 13 & -14 & 15 & 16 \end{pmatrix}; \quad E = \begin{pmatrix} 5 & 4 & -6 & 1 \\ -4 & 8 & 6 & 1 \\ 0 & -3 & 7 & 7 \\ 9 & -3 & 0 & 5 \end{pmatrix}; \quad F = \begin{pmatrix} 7 & 8 & 9 \\ 4 & 5 & 6 \\ -1 & 2 & 3 \end{pmatrix};$$

$$G = \begin{pmatrix} 1 & 1 & 1 & 2 \\ 1 & 1 & 2 & 1 \\ 1 & 2 & 1 & 1 \\ 2 & 1 & 1 & 1 \end{pmatrix}; \quad H = \begin{pmatrix} 0 & 1 & 1 & 1 \\ 2 & 1 & 2 & 2 \\ 3 & 3 & 2 & 3 \\ 4 & 4 & 4 & 3 \end{pmatrix}; \quad I = \begin{pmatrix} 1 & 1 & 1 & 1 \\ 2 & 4 & 8 & 16 \\ 3 & 9 & 27 & 81 \\ 4 & 16 & 64 & 256 \end{pmatrix};$$

$$J = \begin{pmatrix} 1 & 5 & -9 & 4 & -7 \\ 0 & 1 & -6 & 7 & 1 \\ 0 & 0 & 1 & -3 & 9 \\ 0 & 0 & 0 & 1 & 8 \\ 0 & 0 & 0 & 0 & 1 \end{pmatrix}; \quad K = \begin{pmatrix} 1 & 2+i & -3i \\ 4i & 5 & 1-i \\ 2-3i & 2i & 5 \end{pmatrix};$$

$$L = \begin{pmatrix} 2i & -3+i & 4-2i \\ -9 & 8-3i & 4i \\ 1 & 2+i & 3-2i \end{pmatrix}; \quad M = \begin{pmatrix} 2-i & 4-7i \\ 10+3i & 12-i \end{pmatrix};$$

$$N = \begin{pmatrix} 7+2i & 1-i & 2+3i & -3-3i \\ 0 & -2 & 4-i & 10-2i \\ 0 & 0 & 4i & 1+7i \\ 0 & 0 & 0 & 1 \end{pmatrix}; \quad O = \begin{pmatrix} 1 & 2 & 4 \\ 1+i & 2+i & 3+i \\ 1-i & 2-i & 3-i \end{pmatrix}.$$

4 Determinanten

Wie wir bereits gesehen haben, handelt es sich auch bei Streckungen, Drehungen und Spiegelungen um lineare Abbildung, die geometrische Veränderungen von Objekten verursachen. Diese geometrischen Effekte lassen jedoch nicht nur für diese linearen Abbildungen finden; sie sind bei allen linearen Abbildungen zu finden.

Matrizen repräsentieren lineare Abbildungen. Daher bietet es sich zur Untersuchung gewisser Eigenschaften linearer Abbildungen an, dies mit Matrizen vorzunehmen.

Geometrische Veränderungen durch lineare Funktionen stehen in enger Relation zur Determinante zugehöriger Matrizen. Nicht zuletzt daher lohnt sich eine umfassende Beschäftigung mit den Aufgaben dieses Kapitels.

Ein weiterer Nutzen der Determinante sei jedoch nicht zu vergessen: Mit ihrer Hilfe lassen sich Schlüsse auf die lineare Unabhängigkeit von Vektoren und die Eignung von Vektoren als Basis eines Vektorraums ziehen.

© Der/die Autor(en), exklusiv lizenziert durch Springer-Verlag GmbH, DE, ein Teil von Springer Nature 2021
H. Stoppel und B. Griese, *Übungsbuch zur Linearen Algebra*, Grundkurs Mathematik,
https://doi.org/10.1007/978-3-662-63744-9_4

4.1   Beispiele und Definitionen

1. Berechnen Sie die Determinanten von

$$
\begin{pmatrix}
0 & 1 & 1 & 1 & 1 \\
1 & 0 & 1 & 1 & 1 \\
1 & 1 & 0 & 1 & 1 \\
1 & 1 & 1 & 0 & 1 \\
1 & 1 & 1 & 1 & 0
\end{pmatrix}, \quad
\begin{pmatrix}
1 & 2 & 3 \\
2 & 5 & 1 \\
2 & 7 & 9
\end{pmatrix}.
$$

2. Zeigen Sie:

$$
\det \begin{pmatrix}
x & 1 & 1 \\
1 & x & 1 \\
1 & 1 & x
\end{pmatrix} = (x-1)^2(x+2),
$$

$$
\det \begin{pmatrix}
a^2+1 & ab & ac \\
ab & b^2+1 & bc \\
ac & bc & c^2+1
\end{pmatrix} = a^2+b^2+c^2+1.
$$

3. Berechnen Sie:

$$
\det \begin{pmatrix}
\sin\alpha & \cos\alpha & a\sin\alpha & b\cos\alpha & ab \\
-\cos\alpha & \sin\alpha & -a^2\sin\alpha & b^2\cos\alpha & a^2b^2 \\
0 & 0 & 1 & a^2 & b^2 \\
0 & 0 & 0 & a & b \\
0 & 0 & 0 & -b & a
\end{pmatrix}.
$$

4. Zeigen Sie, dass für eine Matrix $A = (a_{ij}) \in \mathrm{M}(n \times n; K)$ gilt:

$$
\det(a_{ij}) = \det((-1)^{i+j} \cdot a_{ij}).
$$

5. Ein Dreieck im $\mathbb{R}^2$ sei gegeben durch die Eckpunkte

$$
u = (u_1, u_2), \quad v = (v_1, v_2) \quad \text{und} \quad w = (w_1, w_2).
$$

Zeigen Sie: Die Fläche des Dreiecks ist gleich

$$
\frac{1}{2} \left| \det \begin{pmatrix}
1 & u_1 & u_2 \\
1 & v_1 & v_2 \\
1 & w_1 & w_2
\end{pmatrix} \right|.
$$

6. * Sind $f = a_m t^m + \ldots + a_0, g = b_n t^n + \ldots + b_0 \in K[t]$ Polynome mit $\deg f = m$, $\deg g = n$, so ist die *Resultante von f und g* definiert durch

$$\mathrm{Res}_{f,g} := \det \begin{pmatrix} a_0 & \cdots\cdots & a_m & & \\ & \ddots & & \ddots & \\ & a_0 & \cdots\cdots & & a_m \\ b_0 & \cdots\cdots & b_n & & \\ & \ddots & & \ddots & \\ & & b_0 & \cdots\cdots & b_n \end{pmatrix} \left.\begin{array}{l} \\ \\ \end{array}\right\} n \text{ Zeilen} \atop \left.\begin{array}{l} \\ \\ \end{array}\right\} m \text{ Zeilen}$$

Zeigen Sie die Äquivalenz der folgenden Aussagen:

i) $\mathrm{Res}_{f,g} = 0$.

ii) $f, tf, \ldots, t^{n-1} f, g, tg, \ldots, t^{m-1} g$ sind linear abhängig.

iii) Es existieren $p, q \in K[t]$, $p, q \neq 0$, mit $\deg p \leqslant n - 1$, $\deg q \leqslant m - 1$ und $pf = qg$.

Mit etwas Teilbarkeitstheorie von Polynomen kann man zeigen, dass i) bis iii) äquivalent sind zu

iv) f und g haben einen gemeinsamen nichtkonstanten Teiler $h \in K[t]$.

Insbesondere ist also $\mathrm{Res}_{f,g} = 0$, falls f und g eine gemeinsame Nullstelle haben, und im Fall $K = \mathbb{C}$ gilt: $\mathrm{Res}_{f,g} = 0 \Leftrightarrow f$ und g haben eine gemeinsame Nullstelle.

4.2 Existenz und Eindeutigkeit

1. Stellen Sie die Permutation

$$\sigma = \begin{bmatrix} 1 & 2 & 3 & 4 & 5 \\ 5 & 4 & 3 & 2 & 1 \end{bmatrix}$$

als Produkt von Transpositionen dar.

2. Beweisen Sie mit Induktion nach n, dass für die Vandermonde-Determinante gilt:

$$\det \begin{pmatrix} 1 & x_1 & \cdots & x_1^{n-1} \\ \vdots & \vdots & & \vdots \\ 1 & x_n & \cdots & x_n^{n-1} \end{pmatrix} = \prod_{1 \leqslant i < j \leqslant n} (x_j - x_i).$$

3. Geben Sie eine unendliche Teilmenge des $\mathbb{R}^n$ an, in der jeweils n verschiedene Punkte linear unabhängig sind.

4. Zeigen Sie noch einmal

$$\det(a_{ij}) = \det((-1)^{i+j} \cdot a_{ij}),$$

(vgl. Aufgabe 4 zu 4.1), aber benutzen Sie nun zum Beweis die Formel von LEIBNIZ.

5. In dieser Aufgabe soll der Aufwand zum Berechnen der Determinante mit Hilfe der Leibniz-Formel bzw. des Gauß-Algorithmus verglichen werden.

a) Bestimmen Sie die Anzahl der Additionen und Multiplikationen, die nötig sind, wenn man die Determinante von $A = (a_{ij}) \in M(n \times n; \mathbb{R})$
    i) mit der Leibniz-Formel,
   ii) durch Umformung der Matrix in Zeilenstufenform mit dem Gauß-Algorithmus und Aufmultiplizieren der Diagonalelemente berechnet.

b) Es stehe ein Computer zur Verfügung, der Addition und Multiplikation in 1.2 Mikrosekunden durchführen kann. Schätzen Sie ab, für welche Größe von Matrizen man mit den Verfahren i) bzw. ii) in einer vorgegebenen Rechenzeit von höchstens 48 h auf diesem Computer Determinanten berechnen kann.

6. Beweisen Sie die Regeln D4 bis D11 aus 4.1.3 mit Hilfe der Leibniz-Formel.

7. Sei K ein Körper mit char $K \neq 2$, $n \in \mathbb{N} \setminus \{0\}$ gerade, also $n = 2m$ für ein $m \in \mathbb{N}$ und $A \in M(n \times n; K)$ schiefsymmetrisch. Definiert man

$$P(x_{11}, \ldots, x_{nn}) = \sum \text{sign}(\sigma) \cdot x_{\sigma(1)\sigma(2)} \cdots x_{\sigma(2m-1)\sigma(2m)},$$

wobei über alle $\sigma \in S_n$ mit $\sigma(2i) > \sigma(2i - 1)$ für $i = 1, \ldots,$ m summiert wird, so gilt $\det A = (\frac{1}{m!} P(a_{11}, \ldots, a_{nn}))^2$. Man nennt P ein *Pfaffsches Polynom*.

8. Seien v, w zwei verschiedene Punkte des K^2 und $L \subset K^2$ die Gerade durch v und w. Dann gilt:

$$L = \{(x_1, x_2) \in K^2 : \det \begin{pmatrix} 1 & v_1 & v_2 \\ 1 & w_1 & w_2 \\ 1 & x_1 & x_2 \end{pmatrix} = 0\}.$$

9.* Zeigen Sie, dass die Menge

$$\text{SL}(2; \mathbb{Z}) := \{A \in M(2 \times 2; \mathbb{Z}) : \det A = 1\}$$

eine Gruppe bzgl. der Multiplikation ist und erzeugt wird von den Matrizen

$$A = \begin{pmatrix} 1 & 1 \\ 0 & 1 \end{pmatrix}, \quad B = \begin{pmatrix} 0 & 1 \\ -1 & 0 \end{pmatrix},$$

d.h. $\text{SL}(2; \mathbb{Z}) = \text{erz}(A, B)$ (vgl. Aufgabe 4 zu 1.2).

10. Gegeben sei ein offenes Intervall $I \subset \mathbb{R}$ und die $\mathbb{R}$-Vektorräume

$$\mathcal{C} := \mathcal{C}(I; \mathbb{R}) = \{\alpha : I \to \mathbb{R} : \alpha \text{ stetig}\},$$
$$\mathcal{D} := \mathcal{D}(I; \mathbb{R}^n) = \{\varphi = {}^t(\varphi_1, \ldots, \varphi_n) : I \to \mathbb{R}^n :$$
$$\varphi_i \text{ beliebig oft differenzierbar}\}.$$

Matrizen $A \in M(n \times n; \mathcal{C})$ und $b \in M(n \times 1; \mathcal{C})$ bestimmen das lineare Differentialgleichungssystem

$$y' = A \cdot y + b. \tag{$*$}$$

Für $b = 0$ heißt das System homogen. Die Lösungsräume sind erklärt durch

$$\mathcal{L} := \{\varphi \in \mathcal{D} : \varphi' = A \cdot \varphi + b\} \text{ und } \mathcal{L}_0 := \{\varphi \in \mathcal{D} : \varphi' = A \cdot \varphi\}.$$

a) Zeigen Sie, dass $\mathcal{L}_0 \subset \mathcal{D}$ ein Untervektorraum und $\mathcal{L} \subset \mathcal{D}$ ein affiner Unterraum ist.

b) Zeigen Sie, dass für $\varphi^{(1)}, \ldots, \varphi^{(n)} \in \mathcal{L}_0$ folgende Bedingungen äquivalent sind:

   i) $\varphi^{(1)}, \ldots, \varphi^{(n)}$ sind über $\mathbb{R}$ linear unabhängig.

   ii) Für ein $x_0 \in I$ sind $\varphi^{(1)}(x_0), \ldots, \varphi^{(n)}(x_0) \in \mathbb{R}^n$ linear unabhängig.

   iii) $\det \left(\varphi_i^{(j)} \right) \neq 0$. Diese Determinante heißt WRONSKI-*Determinante*.

c) Zeigen Sie, dass $\dim \mathcal{L} = n$ (unabhängig von A).

Hinweis: Man benutze die in der Analysis bewiesene Existenz- und Eindeutigkeitsaussage ([Fo 2], §12), wonach es bei gegebenem x_0 zu beliebigem Anfangswert $c \in \mathbb{R}^n$ genau eine Lösung φ von $(*)$ mit $\varphi(x_0) = c$ gibt.

11. Bestimmen Sie alle Lösungen der Differentialgleichung $y'' = -y$. überführen Sie dazu die Differentialgleichung mit dem Ansatz $y_0 = y$, $y_1 = y'$ in ein lineares Differentialgleichungssystem wie in Aufgabe 11, und benutzen Sie, dass φ genau dann eine Lösung von $y'' = -y$ ist, wenn (φ, φ') eine Lösung des linearen Systems ist.

4.3   Minoren*

1. In dieser Aufgabe geht es um weitere Eigenschaften der komplementären Matrix.

a) Ist die Abbildung $\mathrm{M}(n \times n; K) \to \mathrm{M}(n \times n; K)$, $A \mapsto A^\sharp$ linear?

b) Zeigen Sie: $^t(A^\sharp) = (^t A)^\sharp$, $(AB)^\sharp = B^\sharp A^\sharp$.

c) $\det A^\sharp = (\det A)^{n-1}$.

d) $(A^\sharp)^\sharp = (\det A)^{n-2} \cdot A$.

2. Sind $A, B \in M(m \times n; K)$ und ist $m > n$, so folgt $\det A \cdot {}^t B = 0$.

3. Beweisen Sie die Formel für $\det A \cdot {}^t B$ aus 4.3.7 durch direktes Ausrechnen, wenn $A, B \in M(2 \times 3; K)$ sind.

4. Beweisen Sie:

$$\det \begin{pmatrix} a & b & c & d \\ -b & a & -d & c \\ -c & d & a & -b \\ -d & -c & b & a \end{pmatrix} = (a^2 + b^2 + c^2 + d^2)^2.$$

5. Für $x = (x_1, \ldots, x_n)$ und $y = (y_1, \ldots, y_n)$ aus K^n sind äquivalent:

i) x und y sind linear abhängig.

ii) $\det \begin{pmatrix} x_i & y_i \\ x_j & y_j \end{pmatrix} = 0$ für alle i, j.

6.* Ist $E = \text{span}(x, y) \subset K^n$ ein 2-dimensionaler Untervektorraum, so definieren wir

$$p_{ij} = \det \begin{pmatrix} x_i & y_i \\ x_j & y_j \end{pmatrix} \quad \text{für } 1 \leqslant i < j \leqslant n.$$

Man nennt $p(x, y) = (p_{ij})_{1 \leqslant i < j \leqslant n} \in K^{\binom{n}{2}}$ die (homogenen) **PLÜCKER-Koordinaten** von $E = \text{span}(x, y)$; nach Aufgabe 5 ist $p(x, y) \neq 0$.

a) Zeigen Sie, dass die Plückerkoordinaten bis auf einen Faktor aus $K \setminus \{0\}$ nur von E abhängen: Ist $E = \text{span}(x, y) = \text{span}(x', y')$, so existiert ein $\lambda \in K \setminus \{0\}$ mit $p(x, y) = \lambda \cdot p(x', y')$. In diesem Sinne wollen wir auch einfach von den Plückerkoordinaten $p(E)$ von E reden, diese sind dann bis auf einen Faktor $\neq 0$ eindeutig bestimmt.

b) Zeigen Sie: Sind $E_1, E_2 \subset K^n$ Untervektorräume der Dimension 2, so dass $p(E_1)$ und $p(E_2)$ linear abhängig sind, so folgt $E_1 = E_2$.

c) Ist $E = \text{span}(x, y) \subset K^4$, so erfüllen die Plückerkoordinaten (p_{ij}) von E die Gleichung $p_{12}p_{34} - p_{13}p_{24} + p_{14}p_{23} = 0$. Ist umgekehrt $p = (p_{ij})_{1 \leqslant i < j \leqslant 4} \in K^6 \setminus 0$ gegeben mit $p_{12}p_{34} - $

$p_{13} p_{24} + p_{14} p_{23} = 0$, so existiert ein 2-dimensionaler Untervektorraum $E = \text{span}(x, y) \subset K^4$ mit $p(E) = p$.

d) Sind $E_1 = \text{span}(x, y)$, $E_2 = \text{span}(x', y') \subset K^4$ zweidimen-
sionale Untervektorräume mit Plückerkoordinaten $p(E_1) =$
(p_{ij}), $p(E_2) = (q_{ij})$, so gilt:

$$E_1 \cap E_2 \neq \{0\} \Leftrightarrow \det \begin{pmatrix} x_1 & y_1 & x'_1 & y'_1 \\ x_2 & y_2 & x'_2 & y'_2 \\ x_3 & y_3 & x'_3 & y'_3 \\ x_4 & y_4 & x'_4 & y'_4 \end{pmatrix} = 0$$

$$\Leftrightarrow p_{12} q_{34} - p_{13} q_{24} + p_{14} q_{23} + p_{23} q_{14} - p_{24} q_{13} + p_{34} q_{12} = 0.$$

4.4   Determinante eines Endomorphismus und Orientierung*

1. Sei V ein K-Vektorraum, X die Menge aller Basen von V und
$\mathcal{B} \in X$. Zeigen Sie, dass die Abbildung

$$\Phi : X \to \text{GL}(n; K), \quad \mathcal{A} \mapsto T_{\mathcal{A}}^{\mathcal{B}} = \text{M}_{\mathcal{A}}^{\mathcal{B}}(\text{id})$$

bijektiv ist. Wie hängt Φ im Fall $V = \mathbb{R}^n$ mit der in 3.4.3 definierten
kanonischen Bijektion

$$\text{M} : X \to \text{GL}(n; \mathbb{R})$$

zusammen

2. Beweisen Sie, dass die Verbindbarkeit von Matrizen in
$\text{GL}(n; \mathbb{R})$ eine Äquivalenzrelation in $\text{GL}(n; \mathbb{R})$ definiert.

3. Zeigen Sie, dass man eine invertierbare Matrix $A \in \text{GL}(n; K)$
durch Spaltenumformungen vom Typ III auf Diagonalgestalt bringen kann.

4. Zeigen Sie, dass in $\text{M}(m \times n; \mathbb{R})$ je zwei Matrizen durch einen
Weg verbindbar sind.

5. Beweisen Sie, dass $\text{GL}(n; \mathbb{C})$ zusammenhängend ist, das heißt,
dass je zwei Matrizen aus $\text{GL}(n; \mathbb{C})$ durch einen Weg in $\text{GL}(n; \mathbb{C})$
verbunden sind.

5 Eigenwerte

Die Untersuchung von Eigenwerten und Eigenräumen bzw. Haupträumen einer linearen Abbildung ist zentral für die lineare Algebra, weil sie zur Klassifizierung linearer Abbildungen führt. Dies geschieht durch „Zerlegung" einer linearen Abbildung in die direkte Summe möglichst einfacher linearer Abbildungen, die auf niedrigerdimensionalen Räumen operieren. Im Fall eines in Linearfaktoren zerfallenden charakteristischen Polynoms führt dies auf die JORDANsche Normalform eines Endomorphismus, ein wahrhaft faszinierendes Konzept, dessen Details sich oft nur erschließen, wenn man eine gewisse Anzahl Aufgaben löst.

JORDANsche Normalformen existieren allerdings nur, wenn das charakteristische Polynom in Linearfaktoren zerfällt. Ist dies bei einer reellen Matrix nicht der Fall, so kann dennoch eine sogenannte *reellifizierte JORDANsche Normalform* ermittelt werden. Diesem Konzept widmet sich Aufgabe 10 in Abschn. 5.7, die vermutlich anspruchsvollste Aufgabe dieses Buches. Eine Beschäftigung mit ihr ist dennoch lohnenswert und wird ausdrücklich empfohlen.

5.1   Beispiele und Definitionen

1. Zeigen Sie: Ein nilpotenter Endomorphismus hat Null als einzigen Eigenwert.

2. Gegeben sei die lineare Abbildung $F : \mathcal{D}(I;\mathbb{R}) \to \mathcal{D}(I;\mathbb{R})$, $\varphi \mapsto \varphi''$, wobei $I \subset \mathbb{R}$ ein Intervall ist.
a) Bestimmen Sie die reellen Eigenwerte von F.
b) Bestimmen Sie eine Basis von $\mathrm{Eig}(F, -1)$.

3. Sei $I \subset \mathbb{R}$ ein offenes Intervall. Durch eine Matrix $A \in \mathrm{M}(n \times n; \mathbb{R})$ ist das homogene lineare Differentialgleichungssystem

$$y' = A \cdot y$$

bestimmt; nach Aufgabe 10 zu 4.2 hat der zugehörige Lösungsraum

$$\mathcal{L}_0 = \{\varphi \in \mathcal{D}(I;\mathbb{R}^n) : \varphi' = A \cdot \varphi\} \subset \mathcal{D}(I;\mathbb{R}^n)$$

die Dimension n. Um Lösungen zu erhalten, kann man den Ansatz

$$\varphi(t) = e^{\lambda t} \cdot v$$

benutzen, wobei $\lambda \in \mathbb{R}$ und $v \in \mathbb{R}^n$. Zeigen Sie:
a) $\varphi(t) = e^{\lambda t} \cdot v$ ist eine Lösung $\neq 0$ von $y' = A \cdot y$ genau dann, wenn v Eigenvektor von A zum Eigenwert λ ist.
b) Lösungen $\varphi^{(1)}(t) = e^{\lambda_1 t} \cdot v_1, \ldots, \varphi^{(k)}(t) = e^{\lambda_k t} \cdot v_k$ sind linear unabhängig genau dann, wenn $v_1, \ldots, v_k$ linear unabhängig sind.

Insbesondere erhält man mit diesem Ansatz eine Basis des Lösungsraums, falls A diagonalisierbar ist.

4. Sei V ein K-Vektorraum und $F : V \to V$ linear. Zeigen Sie: Hat $F^2 + F$ den Eigenwert -1, so hat F^3 den Eigenwert 1.

5. Gegeben sei ein K-Vektorraum V und $F, G \in \mathrm{End}(V)$. Beweisen Sie:
a) Ist $v \in V$ Eigenvektor von $F \circ G$ zum Eigenwert $\lambda \in K$, und ist $G(v) \neq 0$, so ist $G(v)$ Eigenvektor von $G \circ F$ zum Eigenwert λ.
b) Ist V endlichdimensional, so haben $F \circ G$ und $G \circ F$ dieselben Eigenwerte.

5.2 Das charakteristische Polynom

1. Berechnen Sie das charakteristische Polynom, die Eigenwerte und Eigenvektoren von

$$\begin{pmatrix} 2 & 2 & 3 \\ 1 & 2 & 1 \\ 2 & -2 & 1 \end{pmatrix} \quad \text{und} \quad \begin{pmatrix} -5 & 0 & 7 \\ 6 & 2 & -6 \\ -4 & 0 & 6 \end{pmatrix}.$$

2. Beweisen Sie: Ist $A \in M(2 \times 2; \mathbb{R})$ symmetrisch, so hat A reelle Eigenwerte.

3. Sei V ein endlichdimensionaler Vektorraum und $F \in \text{End}(V)$. Zeigen Sie, dass $P_F(0) \neq 0$ genau dann, wenn F ein Isomorphismus ist.

4. Zeigen Sie, dass die Matrix

$$A = \begin{pmatrix} 0 & \cdots & 0 & -\alpha_0 \\ 1 & 0 \cdots & 0 & -\alpha_1 \\ & 1 & \ddots & 0 & \vdots \\ & & \ddots & 0 & \vdots \\ & & 0 & 1 & -\alpha_{n-1} \end{pmatrix}$$

das charakteristische Polynom $P_A(t) = (-1)^n (t^n + \alpha_{n-1} t^{n-1} + \ldots + \alpha_1 t + \alpha_0)$ besitzt.

5. Sei $A \in M(n \times n; K)$ und $\Phi : M(n \times n; K) \to M(n \times n; K)$ der Endomorphismus, der durch die Linksmultiplikation mit A gegeben ist, das heißt $\Phi(B) = AB$. Zeigen Sie, dass für die charakteristischen Polynome von A und Φ gilt: $P_\Phi = (P_A)^n$.

6. Sei $A = (a_{ij}) \in M(n \times n; \mathbb{R})$ *stochastische Matrix,* d.h.

$$a_{ij} \geqslant 0 \quad \text{für alle } i, j \quad \text{und} \quad \sum_{i=1}^{n} a_{ij} = 1 \quad \text{für alle } j.$$

a) Finden Sie durch einen scharfen Blick einen Eigenvektor von $^t A$ zum Eigenwert 1.

b) Folgern Sie aus a), dass auch A einen Eigenvektor zum Eigenwert 1 hat.

5.3   Diagonalisierung

1. Beweisen Sie Teil 2) von Satz 5.3.1 mit Hilfe von Satz 5.3.3.

2. Sind die folgenden Matrizen diagonalisierbar?

$$\begin{pmatrix} 1 & 2 & 0 & 4 \\ 0 & 2 & 3 & 1 \\ 0 & 0 & 3 & 0 \\ 0 & 0 & 0 & 3 \end{pmatrix}, \quad \begin{pmatrix} -5 & 0 & 7 \\ 6 & 2 & -6 \\ -4 & 0 & 6 \end{pmatrix}, \quad \begin{pmatrix} 2 & 1 & 2 \\ -2 & -2 & -6 \\ 1 & 2 & 5 \end{pmatrix}.$$

3. Für welche $a, b \in \mathbb{R}$ ist die Matrix

$$\begin{pmatrix} -3 & 0 & 0 \\ 2a & b & a \\ 10 & 0 & 2 \end{pmatrix}$$

diagonalisierbar?

4. Wir betrachten das Differentialgleichungssystem mit Anfangs-wertbedingung

$$\dot{y} = A \cdot y, \quad y_0(0) = \alpha, \quad y_1(0) = \beta \qquad (*)$$

für die gedämpfte Schwingung (siehe 5.3.5), wobei

$$A = \begin{pmatrix} 0 & 1 \\ -\omega^2 & -2\mu \end{pmatrix}.$$

a) Im Fall $\mu > \omega$ ist A (reell) diagonalisierbar. Bestimmen Sie eine Basis des $\mathbb{R}^2$ aus Eigenvektoren von A und geben Sie eine Basis des Lösungsraums von $\dot{y} = A \cdot y$ an (vgl. Aufgabe 3 zu 5.1). Wie sieht die Lösung von $(*)$ aus?

b) Im Fall $\mu < \omega$ ist $A \in M(2 \times 2; \mathbb{C})$ komplex diagonalisierbar. Bestimmen Sie die Eigenwerte von A und geben Sie eine Basis des $\mathbb{C}^2$ aus Eigenvektoren von A an. Ist $\lambda \in \mathbb{C}$ Eigenwert von A zum Eigenvektor $v \in \mathbb{C}^2$, so ist re $e^{\lambda t} \cdot v$, im $e^{\lambda t} \cdot v$ eine Basis des Lösungsraums von $\dot{y} = A \cdot y$ ([Fo2], §13). Bestimmen Sie auch in diesem Fall die Lösung von $(*)$.

5. Diagonalisieren Sie die Matrizen

$$
A = \begin{pmatrix} -5 & 1 & 6 & 6 \\ -12 & 2 & 12 & 12 \\ 1 & 1 & 0 & -2 \\ -4 & 0 & 4 & 6 \end{pmatrix}, \quad B = \begin{pmatrix} 2 & 0 & -1 & -4 \\ -3 & 1 & 3 & 0 \\ 2 & 0 & -1 & -2 \\ 1 & 0 & -1 & -3 \end{pmatrix}
$$

aus $M(4 \times 4; \mathbb{R})$ simultan, d.h. bestimmen Sie eine Matrix $S \in$ $GL(4; \mathbb{R})$, so dass SAS^{-1} und SBS^{-1} Diagonalmatrizen sind.

6. Seien $A, B \in M(n \times n; K)$ mit $AB = BA$ und alle Eigenwerte von A und B seien einfach. Dann gilt: A und B haben die gleichen Eigenvektoren.

7. Zeigen Sie, dass es für $\lambda \in K$ und natürliche Zahlen μ, n mit $1 \leqslant \mu \leqslant n$ stets eine Matrix $A \in M(n \times n; K)$ gibt mit $\mu(P_A; \lambda) = \mu$ und dim $Eig(A; \lambda) = 1$.

8. Es sei K ein Körper mit char $K \neq 2$. Zeigen Sie, dass die Lösungen der Gleichung $A^2 = E_2$ in $M(2 \times 2; K)$ genau von der folgenden Gestalt sind:

$$
A = E_2, \ A = -E_2 \text{ oder } A = SDS^{-1} \text{ mit } D = \begin{pmatrix} 1 & 0 \\ 0 & -1 \end{pmatrix} \text{ und } S \in GL(2; K).
$$

9. Sei F ein diagonalisierbarer Endomorphismus eines endlichdimensionalen $\mathbb{R}$-Vektorraums, für den gilt: Sind v und w Eigenvektoren von F, so ist $v + w$ ein Eigenvektor von F oder $v + w = 0$. Zeigen Sie, dass es ein $\lambda \in \mathbb{R}$ gibt mit $F = \lambda \cdot id$.

10. Seien $A, B \in M(3 \times 3; \mathbb{R})$ zwei Matrizen mit den charakteristischen Polynomen $P_A(t) = -t^3 + 2t^2 - t$ und $P_B(t) = -t^3 + 7t^2 - 9t + 3$. Zeigen Sie, dass der Kern von AB die Dimension 1 hat.

5.4 Trigonalisierung*

1. Zeigen Sie, dass das Polynom $t^n - 2 \in \mathbb{Q}[t]$ für $n \geqslant 2$ keinen Teiler $P \in \mathbb{Q}[t]$ mit $1 \leqslant \deg P \leqslant n - 1$ besitzt.

2. Trigonalisieren Sie mit dem Verfahren aus 4.4.5 die Matrizen

$$\begin{pmatrix} 3 & 0 & -2 \\ -2 & 0 & 1 \\ 2 & 1 & 0 \end{pmatrix}, \quad \begin{pmatrix} -1 & -3 & -4 \\ -1 & 0 & 3 \\ 1 & -2 & -5 \end{pmatrix}.$$

3. Zeigen Sie mit Induktion nach $n = \dim V$: Ist V ein endlichdimensionaler K-Vektorraum und $F : V \to V$ ein nilpotenter Endomorphismus, so existiert eine Basis $\mathcal{B}$ von V mit

$$M_{\mathcal{B}}(F) = \begin{pmatrix} 0 & & * \\ & \ddots & \\ 0 & & 0 \end{pmatrix},$$

und es gilt $P_F(t) = \pm t^n$.

4. (Fortsetzung von Aufgabe 4 in 5.3.) Zeigen Sie, dass die Matrix

$$A = \begin{pmatrix} 0 & 1 \\ -\omega^2 & -2\mu \end{pmatrix}$$

im Fall $\mu = \omega$ trigonalisierbar ist, und bestimmen Sie eine Matrix $T \in GL(2; \mathbb{R})$, so dass $B = TAT^{-1}$ obere Dreiecksmatrix ist. Das System $\dot{y} = A \cdot y$ geht somit durch die Substitution $z = Sy$ über in $\dot{z} = B \cdot z$, und es reicht, das (einfachere) System $\dot{z} = B \cdot z$ zu lösen. Bestimmen Sie auf diese Weise eine Basis des Lösungsraums von $\dot{y} = A \cdot y$ und lösen (∗) in 5.3.5 auch im aperiodischen Grenzfall.

5.5   Die JORDANsche Normalform, Formulierung des Satzes und Anwendungen*

1. Bestimmen Sie eine JORDAN-Basis für die Matrix

$$A = \begin{pmatrix} 0 & 1 & 1 & 1 \\ 0 & 0 & 0 & -1 \\ 0 & 0 & 0 & 1 \\ 0 & 0 & 0 & 1 \end{pmatrix}$$

und bringen Sie A in JORDANsche Normalform.

2. Endomorphismen F und G eines $\mathbb{C}$-Vektorraums V heißen *ähnlich*, wenn es einen Isomorphismus H von V gibt mit $G = H \circ F \circ H^{-1}$.

a) Zeigen Sie, dass dadurch eine Äquivalenzrelation auf der Menge der Endomorphismen von V gegeben ist.

b) Für $F, G \in \text{End}\,(V)$ sind folgende Bedingungen gleichwertig:

  i) F und G sind ähnlich.

  ii) Für jede Basis $\mathcal{B}$ von V sind $M_{\mathcal{B}}(F)$ und $M_{\mathcal{B}}(G)$ ähnlich.

  iii) Die JORDANschen Normalformen von F und G haben (bis auf die Reihenfolge) die gleichen Invarianten $(\lambda_1, r_1), \ldots, \lambda_k, r_k)$ (vgl. 5.5.3).

3. Zeigen Sie, dass der Satz von der JORDANschen Normalform in 5.5.1 äquivalent zur Formulierung mittels JORDAN-Ketten in 5.5.5 ist.

Tipp: „Die Spalten der Matrix sind die Koordinatenvektoren der Bilder der Basisvektoren."

4. Sei $A \in \text{M}(n \times n; \mathbb{C})$, und sei $(v_1, \ldots, v_n)$ eine JORDAN-Kette von A zum Eigenwert λ. Zeigen Sie, dass die Funktionen

$$x_1(t) = e^{\lambda t} v_1$$

$$x_2(t) = e^{\lambda t} \left(v_2 + \frac{t}{1!} v_1 \right)$$

$$x_3(t) = e^{\lambda t} \left(v_3 + \frac{t}{1!} v_2 + \frac{t^2}{2!} v_1 \right)$$

$$\vdots$$

$$x_k(t) = e^{\lambda t} \left(v_k + \frac{t}{1!} v_{k-1} + \frac{t^2}{2!} v_{k-2} + \ldots + \frac{t^{k-1}}{(k-1)!} v_1 \right)$$

Lösungen der Differentialgleichung $\dot{x} = Ax$ sind.

5.

a) Die Matrix eines Endomorphismus $F \in \text{End}(V)$ bezüglich
einer Basis $\mathcal{A} = (v_1, \ldots, v_n)$ von V sei

$$M_{\mathcal{A}}(F) = \begin{pmatrix} \lambda & & & & 0 \\ 1 & \lambda & & & \\ & \ddots & \ddots & & \\ & & 1 & \lambda & \\ 0 & & & 1 & \lambda \end{pmatrix}.$$

In welcher Basis $\mathcal{B}$ hat F JORDANsche Normalform?

b) Zeigen Sie für quadratische komplexe Matrizen $A \in \text{M}(n \times n; \mathbb{C})$, dass A und ${}^t A$ ähnlich sind.

6. Berechnen Sie die Potenzen $J_n(\lambda)^k$ für beliebige $k \in \mathbb{N}$.

Tipp: Betrachten Sie zuerst den Fall $\lambda = 0$. Für den allgemeinen Fall schreiben Sie $J_n(\lambda) = \lambda E_n + J_n(0)$.

7. Sei V ein $\mathbb{C}$-Vektorraum, und sei $F \in \text{End}(V)$ mit $F^k = F$ für eine ganze Zahl $k \geqslant 2$. Zeigen Sie, dass F diagonalisierbar ist.

Tipp: Benutzen Sie Aufgabe 6.

8. Sei v ein Hauptvektor k-ter Stufe von F zum Eigenwert $\lambda \in K$. Zeigen Sie: Für jedes $\mu \in K \setminus \{\lambda\}$ ist $(F - \mu \text{id}_V) v$ ebenfalls ein Hauptvektor k-ter Stufe zum Eigenwert λ.

5.6   Polynome von Endomorphismen*

1. Für einen Endomorphismus F auf einem K-Vektorraum V bezeichnet man das Bild des Einsetzungshomomorphismus ev_F auch mit $K[F]$:

$$K[F] := \text{Im ev}_F = \{p(F) : p \in K[t]\}.$$

Für eine quadratische Matrix $A \in \text{M}(n \times n; K)$ schreibt man ebenso

$$K[A] := \text{Im ev}_A = \{p(A) : p \in K[t]\}.$$

a) Zeigen Sie: $K[F]$ ist ein kommutativer Unterring mit Eins von $\mathrm{End}(V)$.

b) Bestimmen Sie jeweils eine Basis des reellen Vektorraums $\mathbb{R}[A_j]$ für

$$A_1 = \begin{pmatrix} \lambda_1 & 0 \\ 0 & \lambda_2 \end{pmatrix}, \quad A_2 = \begin{pmatrix} 1 & 1 \\ 1 & 1 \end{pmatrix}, \quad A_3 = \begin{pmatrix} 0 & -1 \\ 1 & 0 \end{pmatrix}, \quad A_4 = \begin{pmatrix} 0 & 0 & 1 \\ 1 & 0 & 0 \\ 0 & 1 & 0 \end{pmatrix},$$

wobei $\lambda_1 \neq \lambda_2$. Einer dieser Ringe ist ein Körper. Welcher?

2. Zeigen Sie: Wenn die Endomorphismen F und G kommutieren, dann sind die Eigenräume von G invariant unter F.

3.

a) Zeigen Sie: Wenn $\mathcal{I}, \mathcal{J} \subset R$ Ideale sind, dann sind auch $\mathcal{I} + \mathcal{J}$ und $\mathcal{I} \cap \mathcal{J}$ Ideale.

b) Wenn a und b ganze Zahlen sind, für welche ganzen Zahlen d und e gilt $a\,\mathbb{Z} + b\,\mathbb{Z} = d\,\mathbb{Z}$ und $a\,\mathbb{Z} \cap b\,\mathbb{Z} = e\,\mathbb{Z}$?

4. Betrachten Sie den Ring $\mathbb{Z}[t]$ der Polynome mit ganzzahligen Koeffizienten und die Teilmenge

$$\mathcal{I} = \{ a_0 + \ldots + a_n t^n \in \mathbb{Z}[t] : a_0 \text{ ist gerade} \}.$$

Zeigen Sie:

a) $\mathcal{I}$ ist ein Ideal von $\mathbb{Z}[t]$.

b) Es gibt kein Polynom $q \in \mathbb{Z}[t]$ für das $\mathcal{I} = q\,\mathbb{Z}[t]$ gilt.

5. Beweisen Sie den Satz von CAYLEY-HAMILTON durch direkte Rechnung für a) diagonale und b) beliebige (2×2)-Matrizen über K.

5.7 Die JORDANsche Normalform, Beweis*

1. Bestimmen Sie Basen, bezüglich derer die folgenden nilpotenten Matrizen Jordansche Normalform haben, und geben Sie jeweils das Minimalpolynom an:

$$\begin{pmatrix} 0 & 2 & 2 \\ 0 & 0 & 2 \\ 0 & 0 & 0 \end{pmatrix}, \quad \begin{pmatrix} 1 & -2 & 0 & -1 & 2 \\ 1 & -3 & -1 & 0 & 3 \\ 0 & 2 & 1 & -1 & -3 \\ 1 & 0 & 0 & -1 & -2 \\ 0 & -1 & 0 & 0 & 2 \end{pmatrix}.$$

2. Ein Unterraum $U \subset V$ heißt ein *invarianter Unterraum* eines Endomorphismus $F \in \text{End}(V)$, wenn $F(U) \subset U$.

a) Sei $U \subset V$ ein Unterraum, $\mathcal{A} = (v_1, \ldots, v_k)$ eine Basis von U und

$$\mathcal{B} = (v_1, \ldots, v_k, v_{k+1}, \ldots, v_{k+l})$$

eine Erweiterung von $\mathcal{A}$ zu einer Basis von V. Zeigen Sie, dass folgende Aussagen äquivalent sind:

i) U ist ein invarianter Unterraum von F.

ii) Die darstellende Matrix von F bezüglich $\mathcal{B}$ hat die Form

$$M_{\mathcal{B}}(F) = \left(\begin{array}{c|c} A & * \\ \hline 0 & B \end{array} \right),$$

wobei $A \in \text{M}(k \times k; K)$ und $B \in \text{M}(l \times l; K)$.

b) Sei $V = U_1 \oplus \ldots \oplus U_k$, und seien $\mathcal{A}_j = (v_{j1}, \ldots, v_{jn_j})$ Basen der Unterräume U_j, sodass

$$\mathcal{B} = (v_{11}, \ldots, v_{1n_1}, v_{21}, \ldots, v_{2n_2}, \ldots, v_{k1}, \ldots, v_{kn_k})$$

eine Basis von V ist. Zeigen Sie, dass folgende Aussagen äquivalent sind:

i) $U_1, \ldots, U_k$ sind invariante Unterräume von F.

ii) Die darstellende Matrix von F bezüglich $\mathcal{B}$ hat die Form

$$M_{\mathcal{B}}(F) = \begin{pmatrix} A_1 & 0 & \cdots & 0 \\ 0 & A_2 & \cdots & 0 \\ \vdots & \vdots & \ddots & \vdots \\ 0 & 0 & \cdots & A_k \end{pmatrix},$$

wobei $A_j \in \text{M}(n_j \times n_j; K)$.

3. Sei F ein Endomorphismus eines endlichdimensionalen Vektorraums V. Zeigen Sie mithilfe des Satzes von CAYLEY- HAMILTON: Wenn das charakteristische Polynom in Linearfaktoren zerfällt, d. h.

$$P_F = \pm(t - \lambda_1)^{\mu_1} \cdot \ldots \cdot (t - \lambda_k)^{\mu_k},$$

wobei $\lambda_1, \ldots \lambda_k$ die verschiedenen Eigenwerte von F sind, dann gilt

$$V = \operatorname{Ker}(F - \lambda_1 \operatorname{id}_V)^{\mu_1} \oplus \ldots \oplus \operatorname{Ker}(F - \lambda_k \operatorname{id}_V)^{\mu_k}.$$

4. Für einen Endomorphismus F eines K-Vektorraums V gelte

$$V = \operatorname{Ker}(F - \lambda_1 \operatorname{id}_V)^{n_1} \oplus \ldots \oplus \operatorname{Ker}(F - \lambda_k \operatorname{id}_V)^{n_k}.$$

Dabei seien $n_1, \ldots, n_k$ positive ganze Zahlen und $\lambda_1, \ldots, \lambda_k \in K$ paarweise verschieden. Zeigen Sie (ohne den Satz von der JORDANschen Normalform oder den Satz von CAYLEY-HAMILTON zu verwenden):

a) Die Menge $\{\lambda_1, \ldots, \lambda_k\}$ enthält alle Eigenwerte von F.
b) $\operatorname{Ker}(F - \lambda_j \operatorname{id}_V)^{n_j} = \operatorname{Hau}(F; \lambda_j)$.

5. Bestimmen Sie die Haupträume der folgenden Matrizen:

$$\begin{pmatrix} 1 & 4 & 2 & 1 \\ 0 & 1 & 2 & -1 \\ 0 & 0 & 1 & -3 \\ 0 & 0 & 0 & -1 \end{pmatrix}, \quad \begin{pmatrix} 2 & 3 & 3 & 1 & 8 \\ 0 & 2 & 7 & 2 & 8 \\ 0 & 0 & 2 & 5 & 4 \\ 0 & 0 & 0 & -1 & -4 \\ 0 & 0 & 0 & 0 & -1 \end{pmatrix}.$$

6. Bestimmen Sie JORDAN-Basen für die folgenden Matrizen und geben Sie jeweils das charakteristische und das Minimalpolynom an:

$$\begin{pmatrix} 3 & 4 & 3 \\ -1 & 0 & -1 \\ 1 & 2 & 3 \end{pmatrix}, \quad \begin{pmatrix} 2 & 1 & 1 & 0 & -2 \\ 1 & 1 & 1 & 0 & -1 \\ 1 & 0 & 2 & 0 & -1 \\ 1 & 0 & 1 & 2 & -2 \\ 1 & 0 & 1 & 0 & 0 \end{pmatrix}.$$

7. Mit Hilfe des Satzes über die JORDANsche Normalform kann man recht einfach hohe Potenzen von Matrizen berechnen. Zeigen Sie:

a) Ist $A \in M(n \times n; K)$, $S \in GL(n; K)$ und $m \in \mathbb{N}$, so gilt

$$(SAS^{-1})^m = SA^m S^{-1}.$$

b) Sind $A, B \in M(n \times n; K)$ mit $AB = BA$ und $m \in \mathbb{N}$, so gilt

$$(A + B)^m = \sum_{k=0}^{m} \binom{m}{k} A^k B^{m-k}.$$

c) Bestimmen Sie für die Matrix

$$A = \begin{pmatrix} 3 & 4 & 3 \\ -1 & 0 & -1 \\ 1 & 2 & 3 \end{pmatrix}$$

eine Matrix $S \in GL(3; \mathbb{R})$, so dass $A = S(D + N)S^{-1}$, wobei D Diagonalmatrix, N nilpotent und $DN = ND$ ist. Berechnen Sie mit Hilfe von a) und b) (und ohne Computer) A^{50}.

8. Betrachten Sie die Verallgemeinerung der Exponentialfunktion für Matrizen; für jede Matrix $A \in M(n \times n; \mathbb{R})$ existiert

$$\exp(A) := \lim_{m \to \infty} \sum_{k=0}^{m} \frac{1}{k!} A^k.$$

a) Bestimmen Sie $\exp(D)$ für eine Diagonalmatrix D.

b) Ist $A \in M(n \times n; \mathbb{R})$ und $S \in GL(n; \mathbb{R})$, so folgt $\exp(SAS^{-1}) = S \cdot \exp(A) \cdot S^{-1}$.

c) Sind $A, B \in M(n \times n; \mathbb{R})$ mit $AB = BA$, so gilt

$$\exp(A + B) = \exp(A)\exp(B).$$

d) Bestimmen Sie für die Matrix

$$A = \begin{pmatrix} 3 & 0 & -2 \\ -2 & 0 & 1 \\ 2 & 1 & 0 \end{pmatrix}$$

eine Matrix $S \in \mathrm{GL}(3; \mathbb{R})$, so dass $A = S(D + N)S^{-1}$, wobei D Diagonalmatrix, N nilpotent und $DN = ND$ ist, und berechnen Sie $\exp(A)$.

9. Zeigen Sie, dass für die Zahlen $s_1, \ldots, s_d$ im Satz von der Normalform eines nilpotenten Endomorphismus (vgl. 5.7.1) folgende Gleichung gilt:

$$\sum_{k=l}^{d} s_k = \dim \mathrm{Kern}\, G^l - \dim \mathrm{Ker}\, G^{l-1}, \quad 1 \leqslant l \leqslant d.$$

Folgern Sie:

$$s_l = -\dim \mathrm{Ker}\, G^{l+1} + 2\dim \mathrm{Ker} G^l - \dim \mathrm{Ker}\, G^{l-1}.$$

10. Sei V ein 6-dimensionaler $\mathbb{R}$-Vektorraum und F ein Endomorphismus von V mit $P_F(t) = (t - 1)(t + 2)^5$, $M_F(t) = (t - 1)(t + 2)^3$. Bestimmen Sie alle möglichen Jordanschen Normalformen von F.

11. Sei V ein endlichdimensionaler $\mathbb{R}$-Vektorraum und F ein Endomorphismus von V mit $F^3 = F$. Zeigen Sie, dass F diagonalisierbar ist.

12. Der *reellifizierte JORDAN-Block der Größe* $2n$ *zum Eigenwert* $\lambda = a + b\,\mathrm{i} \in \mathbb{C}$ *ist die Matrix*

$$J_n^{\mathbb{R}}(\lambda) = \begin{pmatrix} a & -b & 1 & 0 & & & & & 0 \\ b & a & 0 & 1 & & & & & \\ & & a & -b & 1 & 0 & & & \\ & & b & a & 0 & 1 & & & \\ & & & & \ddots & & \ddots & & \\ & & & & & & a & -b & 1 & 0 \\ & & & & & & b & a & 0 & 1 \\ & & & & & & & & a & -b \\ 0 & & & & & & & & b & a \end{pmatrix} \in \mathrm{M}(2n \times 2n; \mathbb{R}).$$

Beweisen Sie die folgende *reellifizierte Version des Satzes von der JORDANschen Normalform:*

Satz. *Zu jeder Matrix $A \in M(n \times n; \mathbb{R})$ gibt es eine Matrix $T \in$ GL $(n; \mathbb{R})$, sodass TAT^{-1} eine Blockdiagonalmatrix ist, wobei jeder Diagonalblock entweder ein gewöhnlicher* JORDAN-*Block zu einem reellen Eigenwert oder ein reellifizierter* JORDAN-*Block zu einem komplexen Eigenwert ist.*
Diese Blockdiagonalmatrix ist bis auf die Reihenfolge der Blöcke durch A eindeutig bestimmt.

Tipp: Betrachten Sie A als komplexe Matrix und benutzen Sie den Satz von der JORDANschen Normalform. Zeigen Sie, dass es eine (komplexe) JORDAN-Basis gibt, in der die JORDAN-Ketten zu den Paaren von komplex konjugierten (nicht reellen) Eigenwerten λ, $\bar{\lambda}$ in konjugierten Paaren $(v_1, \ldots, v_k)$, $(\bar{v}_1, \ldots, \bar{v}_k)$ vorkommen. Formen Sie eine reelle Basis aus den reellen JORDAN-Ketten zu einer JORDAN-Basis und jeweils einer Familie (re v_1, im(v_1), ..., re v_k, im v_k) für jedes Paar komplex konjugierter nicht reeller JORDAN-Ketten.

6 Bilinearformen und Skalarprodukte

Vektorräume V über den reellen oder komplexen Zahlen sind – zumindest für den Fall dim $V < 3$ – konkret vorstellbar. Daher scheinen viele Aufgaben, gerade zu Beginn des Kapitels, recht leicht und wenig reizvoll.

Auf der anderen Seite gibt es viele Eigenschaften, die bei euklidischen oder unitären Vektorräumen nicht ohne weiteres zu erwarten sind. Aus diesem Grund lohnt es sich, auch an auf den ersten Blick trivial erscheinende Aufgaben oder Probleme einen Gedanken zu verlieren.

6.1 Das kanonische Skalarprodukt im $\mathbb{R}^n$

1. Zeigen Sie, dass für alle $x, y \in \mathbb{R}^n$ gilt:

a) $\langle x + y, x - y \rangle = \|x\|^2 - \|y\|^2$.

b) $\|x - y\|^2 = \|x\|^2 + \|y\|^2 - 2\langle x, y \rangle = \|x\|^2 + \|y\|^2 - 2\|x\| \cdot \|y\| \cos \vartheta$.
   (verallgemeinerter *Satz von* PYTHAGORAS oder *Cosinussatz*)

c) $\|x + y\|^2 - \|x - y\|^2 = 4\langle x, y \rangle$.

d) $\|x + y\|^2 + \|x - y\|^2 = 2\|x\|^2 + 2\|y\|^2$.
   (Parallelogramm-Gleichung)

© Der/die Autor(en), exklusiv lizenziert durch Springer-Verlag GmbH, DE, ein Teil von Springer Nature 2021
H. Stoppel und B. Griese, *Übungsbuch zur Linearen Algebra*, Grundkurs Mathematik,
https://doi.org/10.1007/978-3-662-63744-9_6

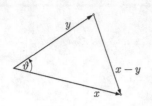 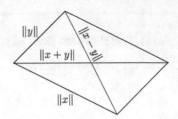

2. Beweisen Sie die CAUCHY- SCHWARZsche Ungleichung durch direkte Rechnung im Fall $n = 1, 2, 3$.

3. Mit Hilfe des Winkels zwischen Vektoren kann man auch den *Winkel zwischen Geraden* erklären. Sind $L = v + \mathbb{R}w$ und $L' = v' + \mathbb{R}w'$ Geraden im $\mathbb{R}^n$, so sei der Winkel zwischen L und L' erklärt durch

$$\sphericalangle(L, L') := \begin{cases} \sphericalangle(w, w') & \text{falls } \langle w, w' \rangle \geq 0, \\ \sphericalangle(-w, w') & \text{sonst .} \end{cases}$$

Zeigen Sie, dass diese Definition unabhängig von der Auswahl von w und w' ist, und dass $0 \leq \sphericalangle(L, L') \leq \frac{\pi}{2}$ gilt.

4. Zwei Vektoren $x, y \in \mathbb{R}^n$ heißen **orthogonal** (in Zeichen $x \perp y$), wenn $\langle x, y \rangle = 0$. Sind $x, y \neq 0$, so gilt offenbar

$$x \perp y \quad \Leftrightarrow \quad \sphericalangle(x, y) = \frac{\pi}{2}.$$

Ist $L = v + \mathbb{R}w \subset \mathbb{R}^n$ eine Gerade, so heißt $s \in \mathbb{R}^n$ orthogonal zu L, wenn $\langle s, x - y \rangle = 0$ für alle $x, y \in L$. Zeigen Sie:

a) Ist $L = v + \mathbb{R}w \subset \mathbb{R}^n$ eine Gerade und $s \in \mathbb{R}^n$, so gilt:

$$s \text{ ist orthogonal zu } L \Leftrightarrow s \perp w.$$

b) Ist $L = \{(x_1, x_2) \in \mathbb{R}^2 : a_1 x_1 + a_2 x_2 = b\}$ eine Gerade im $\mathbb{R}^2$, so ist (a_1, a_2) orthogonal zu L.

Zu einer Geraden orthogonale Vektoren kann man benutzen, um den *kürzesten Abstand zwischen einem Punkt und einer Geraden* zu bestimmen. Ist $L = v + \mathbb{R}w \subset \mathbb{R}^n$ eine Gerade und $u \in \mathbb{R}^n$, so ist der *Abstand zwischen u und L* definiert als

$$d(u, L) := \min\{\|x - u\| : x \in L\}.$$

Zeigen Sie, dass für den Abstand zwischen u und L gilt:

c) Es gibt ein eindeutig bestimmtes $x \in L$, so dass $(x - u)$ orthogonal zu L ist. Für x gilt $d(u, L) = \|x - u\|$ (d.h. *der senkrechte Abstand ist der kürzeste*).

Für Geraden im $\mathbb{R}^2$ kann man den Abstand von einem Punkt noch einfacher beschreiben. Es gilt:

d) Ist $L \subset \mathbb{R}^2$ eine Gerade, $s \in \mathbb{R}^2 \setminus \{0\}$ orthogonal zu L und $v \in L$ beliebig, so ist

$$L = \{x \in \mathbb{R}^2 : \langle s, x - v \rangle = 0\}.$$

Ist $u \in \mathbb{R}^2$, so folgt aus c), dass

$$d(u, L) = \frac{|\langle s, u - v \rangle|}{\|s\|}.$$

Ist speziell $L = \{(x_1, x_2) \in \mathbb{R}^2 : a_1 x_1 + a_2 x_2 = b\}$ und $u = (u_1, u_2)$, so ergibt sich

$$d(u, L) = \frac{|a_1 u_1 + a_2 u_2 - b|}{\sqrt{a_1^2 + a_2^2}},$$

Mithilfe von d) können wir nun für Gleichungen von Geraden im $\mathbb{R}^2$ die sogenannte HESSEsche *Normalform* herleiten: Ist $s \in \mathbb{R}^2 \setminus \{0\}$ orthogonal zur Geraden $L \subset \mathbb{R}^2$, so sei $n := \frac{1}{\|s\|} \cdot s$. Dann ist $\|n\| = 1$. Man nennt n einen *Normalenvektor* zu L; nach d) gilt für beliebiges $v \in L$, dass

$$L = \{x \in \mathbb{R}^2 : \langle n, x - v \rangle = 0\}.$$

Für jedes $u \in \mathbb{R}^2$ gilt dann $d(u, L) = |\langle n, u - v \rangle|$, die Funktion $\langle n, u - v \rangle$ misst also mit Vorzeichen den Abstand von u zu L.

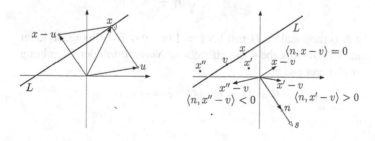

5. Aufgabe 4 lässt sich leicht verallgemeinern, um den *Abstand zwischen einem Punkt und einer Hyperebene im* $\mathbb{R}^n$ zu bestimmen; eine Teilmenge H des $\mathbb{R}^n$ heißt dabei *Hyperebene*, falls H ein affiner Unterraum der Dimension $(n-1)$ ist, d.h. es existiert ein $v \in \mathbb{R}^n$ und ein Untervektorraum $W \subset \mathbb{R}^n$ der Dimension $(n-1)$, so dass $H = v + W$. Ist $H = v + \text{span}\,(w_1, \ldots, w_{n-1}) \subset \mathbb{R}^n$ eine Hyperebene, so heißt $s \in \mathbb{R}^n$ orthogonal zu H, wenn $\langle s, x - y \rangle = 0$ für alle $x, y \in H$. Zeigen Sie:

a) s ist orthogonal zu $H \Leftrightarrow s \perp w_i$ für $i = 1, \ldots, n-1$.

b) Ist die Hyperebene gegeben durch $H = \{(x_1, \ldots, x_n) \in \mathbb{R}^n : a_1 x_1 + \ldots + a_n x_n = b\}$, so ist $(a_1, \ldots, a_n)$ orthogonal zu H.

Ist die Hyperebene H also durch eine Gleichung gegeben, so findet man leicht einen zu H orthogonalen Vektor. Was man tun kann, falls die Ebene in Parameterdarstellung gegeben ist, wird in Aufgabe 6 zu 6.2 gezeigt.

Ist $H \subset \mathbb{R}^n$ eine Hyperebene und $u \in \mathbb{R}^n$, so ist der Abstand zwischen u und H erklärt durch

$$d(u, H) := \min\{\|x - u\| : x \in H\}.$$

Beweisen Sie:

c) Es gibt ein eindeutig bestimmtes $x \in H$, so dass $(x - u)$ orthogonal zu H ist. Es gilt $d(u, H) = \|x - u\|$ (d.h. *der senkrechte Abstand ist der kürzeste*).

d) Ist $H = \{(x_1, \ldots, x_n) \in \mathbb{R}^n : a_1 x_1 + \ldots + a_n x_n = b\}$ und $u = (u_1, \ldots, u_n) \in \mathbb{R}^n$, so gilt

$$d(u, H) = \frac{|a_1 u_1 + \ldots + a_n u_n - b|}{\sqrt{a_1^2 + \ldots + a_n^2}}.$$

Ist N orthogonal zu H mit $\|N\| = 1$ und $v \in H$ beliebig, so leitet man wie in Aufgabe 4 die HESSE*sche Normalform* der Gleichung der Hyperebene ab:

$$H = \{x \in \mathbb{R}^n : \langle N, x - v \rangle = 0\}.$$

6. Seien $\mathcal{N} \subset \mathcal{L}(\mathbb{R})$ wie in Beispiel 2b) aus 3.2.6. Betrachten Sie die Abbildungen

$$\| \ \| : \ \mathcal{L}(\mathbb{R}) \to \mathbb{R}, \quad f \mapsto \int_{\mathbb{R}} |f(t)| \, dt, \quad \text{und}$$

$$\| \ \|' : \ \mathcal{L}(\mathbb{R})/\mathcal{N} \to \mathbb{R}, \quad f + \mathcal{N} \mapsto \|f\| \, .$$

Welche davon ist eine Norm?

6.2   Das Vektorprodukt im $\mathbb{R}^3$

1. Zeigen Sie für $x, y, z \in \mathbb{R}^3$ die **GRASSMANN**-*Identität*

$$x \times (y \times z) = \langle x, z \rangle y - \langle x, y \rangle z$$

und folgern daraus die **JACOBI**-*Identität*

$$x \times (y \times z) + y \times (z \times x) + z \times (x \times y) = 0.$$

2. Für $x, x', y, y' \in \mathbb{R}^3$ gilt:

a) $(x \times y) \times (x' \times y') = x' \cdot \det \begin{pmatrix} x_1 & y_1 & y'_1 \\ x_2 & y_2 & y'_2 \\ x_3 & y_3 & y'_3 \end{pmatrix} - y' \cdot \det \begin{pmatrix} x_1 & y_1 & x'_1 \\ x_2 & y_2 & x'_2 \\ x_3 & y_3 & x'_3 \end{pmatrix}$.

b) $\langle x \times y, x' \times y' \rangle = \langle x, x' \rangle \langle y, y' \rangle - \langle y, x' \rangle \langle x, y' \rangle$.

3. Seien $x, y, z \in \mathbb{R}^3$. Dann gilt:

x, y, z sind linear unabhängig $\Leftrightarrow x \times y, y \times z, z \times x$

sind linear unabhängig.

4. Gegeben sei eine Ebene $E = v + \mathbb{R}w_1 + \mathbb{R}w_2 \subset \mathbb{R}^3$. Zeigen Sie: Setzt man $a := w_1 \times w_2$ und $b := \langle v, a \rangle$, so gilt

$$E = \{x \in \mathbb{R}^3 : \langle x, a \rangle = b\}.$$

5. Wir wollen mit Hilfe des Vektorproduktes eine Parameterdarstellung der Schnittgeraden zweier nichtparalleler Ebenen im $\mathbb{R}^3$ bestimmen. Sind zwei Ebenen $E = v + \mathbb{R}w_1 + \mathbb{R}w_2$, $E' = v' + \mathbb{R}w'_1 + \mathbb{R}w'_2 \subset \mathbb{R}^3$ gegeben, so sei $W = \mathbb{R}w_1 + \mathbb{R}w_2, W' = \mathbb{R}w'_1 + \mathbb{R}w'_2$. Da die beiden Ebenen nicht parallel sind, ist $W \neq W'$, und damit hat $U = W \cap W'$ die Dimension 1. Zeigen Sie:

a) Ist $L = E \cap E'$ und $u \in L$, so ist $L = u + U$.

b) Seien $s = w_1 \times w_2$, $s' = w_1' \times w_2'$ und $w = s \times s'$. Dann gilt
   $U = \mathbb{R}w$.

Bestimmen Sie nach diesem Verfahren eine Parameterdarstellung
von $E \cap E'$, wobei

$$E = (0, 2, 3) + \mathbb{R}(3, 6, 5) + \mathbb{R}(1, 7, -1),$$
$$E' = (-1, 3, 2) + \mathbb{R}(8, 2, 3) + \mathbb{R}(2, -1, -2).$$

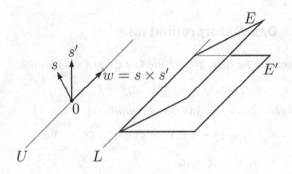

6. Das Vektorprodukt zweier Vektoren im $\mathbb{R}^3$ lässt sich für $n \geq 3$ folgendermaßen zu einem Produkt von $n - 1$ Vektoren im $\mathbb{R}^n$ verallgemeinern: Sind $x^{(1)}, \ldots, x^{(n-1)} \in \mathbb{R}^n$, so sei

$$x^{(1)} \times \ldots \times x^{(n-1)} := \sum_{i=1}^{n} (-1)^{i+1} (\det A_i) \cdot e_i,$$

wobei $A \in M((n - 1) \times n; \mathbb{R})$ die Matrix ist, die aus den Zeilen $x^{(1)}, \ldots, x^{(n-1)}$ besteht und A_i aus A durch Streichen der i-ten Spalte entsteht. Wie im Fall $n = 3$ entsteht $x^{(1)} \times \ldots \times x^{(n-1)}$ also durch formales Entwickeln von

$$\det \begin{pmatrix} e_1 & e_2 & \ldots & e_n \\ x_1^{(1)} & x_2^{(1)} & \ldots & x_n^{(1)} \\ \vdots & \vdots & & \vdots \\ x_1^{(n-1)} & x_2^{(n-1)} & \ldots & x_n^{(n-1)} \end{pmatrix}$$

nach der ersten Zeile. Zeigen Sie, dass für das verallgemeinerte Vektorprodukt gilt:

a) $x^{(1)} \times \ldots \times x^{(i-1)} \times (x+y) \times x^{(i+1)} \times \ldots \times x^{(n-1)} =$
$x^{(1)} \times \ldots \times x^{(i-1)} \times x \times x^{(i+1)} \times \ldots \times x^{(n-1)} +$
$x^{(1)} \times \ldots \times x^{(i-1)} \times y \times x^{(i+1)} \times \ldots \times x^{(n-1)}$,
$x^{(1)} \times \ldots \times x^{(i-1)} \times (\lambda x) \times x^{(i+1)} \times \ldots \times x^{(n-1)} =$
$\lambda(x^{(1)} \times \ldots \times x^{(i-1)} \times x \times x^{(i+1)} \times \ldots \times x^{(n-1)})$.

b) $x^{(1)} \times \ldots \times x^{(n-1)} = 0 \Leftrightarrow x^{(1)}, \ldots, x^{(n-1)}$ linear abhängig.

c) $\langle x^{(1)} \times \ldots \times x^{(n-1)}, y \rangle = \det \begin{pmatrix} y_1 & y_2 & \cdots & y_n \\ x_1^{(1)} & x_2^{(1)} & & x_n^{(1)} \\ \vdots & \vdots & & \vdots \\ x_1^{(n-1)} & x_2^{(n-1)} & \ldots & x_n^{(n-1)} \end{pmatrix}$,

d) $\langle x^{(1)} \times \ldots \times x^{(n-1)}, x^{(i)} \rangle = 0$, für $i = 1, \ldots, n-1$.

6.3 Das kanonische Skalarprodukt im $\mathbb{C}^n$

1. Der komplexe Endomorphismus

$$\mathbb{C} \to \mathbb{C}, \quad z = x + y\mathrm{i} \mapsto \mathrm{i} \cdot z = -y + x\mathrm{i},$$

führt für $n \geq 1$ zu dem reellen Endomorphismus

$$J: \mathbb{R}^{2n} \to \mathbb{R}^{2n}, \quad (x_1, y_1, \ldots, x_n, y_n) \mapsto (-y_1, x_1, \ldots, -y_n, x_n).$$

Zeigen Sie, dass $J^2 = -\mathrm{id}$.

2. Sei V ein reeller Vektorraum mit $\dim_\mathbb{R} V = m < \infty$. Zeigen Sie:

a) Es gibt genau dann einen reellen Endomorphismus

$$J: V \to V \quad \text{mit} \quad J^2 = -\mathrm{id},$$

wenn m gerade ist.

b) Ist ein solches J mit $m = 2n$ gegeben, so wird V zusammen mit der Multiplikation

$$(x + y\mathrm{i}) \cdot v := x \cdot v + y \cdot J(v) \quad \text{für } x, y \in \mathbb{R} \text{ und } v \in V$$

durch komplexe Skalare zu einem komplexen Vektorraum mit $\dim_\mathbb{C} V = n$. Der Endomorphismus J wird auch eine *komplexe Struktur* auf V genannt.

6.4   Bilinearformen und quadratische Formen

1. Sei K ein Körper mit char $K \neq 2$ und V ein K-Vektorraum. Zeigen Sie, dass sich jede Bilinearform auf V in eindeutiger Weise als Summe einer symmetrischen und einer schiefsymmetrischen Bilinearform darstellen lässt.

2. Sei V ein 3-dimensionaler $\mathbb{R}$-Vektorraum, $\mathcal{A} = (v_1, v_2, v_3)$ eine Basis von V und s eine Bilinearform auf V mit

$$M_{\mathcal{A}}(s) = \begin{pmatrix} 1 & 1 & 2 \\ 1 & 1 & 1 \\ 0 & 1 & 1 \end{pmatrix}.$$

Zeigen Sie, dass $\mathcal{B} = (v_1 + v_2, v_2 + v_3, v_2)$ eine Basis von V ist, und berechnen Sie $M_{\mathcal{B}}(s)$.

3. Sei $\mathcal{D} = \mathcal{D}(]-1, 1[;\ \mathbb{R})$ der Vektorraum der auf $]-1, 1[$ differenzierbaren Funktionen.

a) Zeigen Sie, dass $d : \mathcal{D} \times \mathcal{D} \to \mathbb{R}, (f, g) \mapsto (fg)'(0)$ eine symmetrische Bilinearform ist.

b) Bestimmen Sie den Ausartungsraum $\mathcal{D}_0$ von d.

4. Diagonalisieren Sie die folgenden Matrizen mit der symmetrischen Umformungsmethode aus 6.4.7:

$$\begin{pmatrix} 1 & 2 & 2 \\ 2 & 1 & 4 \\ 2 & 4 & 4 \end{pmatrix}, \quad \begin{pmatrix} 1 & 0 & 1 & 0 \\ 0 & 1 & 1 & 2 \\ 1 & 1 & 0 & 0 \\ 0 & 2 & 0 & 2 \end{pmatrix}.$$

5. Sei s die symmetrische Bilinearform auf dem $\mathbb{R}^3$ mit der Matrix

$$\begin{pmatrix} 3 & -2 & 0 \\ -2 & 2 & -2 \\ 0 & -2 & 1 \end{pmatrix}.$$

Bestimmen Sie eine Basis $\mathcal{A}$ des $\mathbb{R}^3$, sodass $M_{\mathcal{A}}(s)$ Diagonalgestalt hat und eine weitere Basis $\mathcal{B}$, sodass

$$M_{\mathcal{B}}(s) = \begin{pmatrix} 1 & 0 & 0 \\ 0 & 1 & 0 \\ 0 & 0 & -1 \end{pmatrix}.$$

6. Überprüfen Sie die folgenden Matrizen auf Definitheit:

$$\begin{pmatrix} 1 & 2 & -2 \\ 2 & 2 & 0 \\ -2 & 0 & -4 \end{pmatrix}, \quad \begin{pmatrix} -3 & 1 & -3 \\ 1 & -2 & 0 \\ -3 & 0 & -4 \end{pmatrix}, \quad \begin{pmatrix} 7 & 0 & -8 \\ 0 & 1 & 2 \\ -8 & 2 & 17 \end{pmatrix}.$$

6.5 Skalarprodukte

1. Beweisen Sie die folgenden Formeln aus 6.5.1:

$$s(v, w) = {}^t x A \bar{y}, \quad A = {}^t T B \bar{T} \quad \text{und} \quad B = {}^t S A \bar{S}.$$

2. Zeigen Sie, dass für einen $\mathbb{R}$-Vektorraum V der folgende Zusammenhang zwischen Normen und Skalarprodukten gilt:

a) Ist $\langle \ , \ \rangle$ ein Skalarprodukt auf V mit zugehöriger Norm $\|v\| = \sqrt{\langle v, v \rangle}$, so gilt die *Parallelogramm-Gleichung*

$$\|v + w\|^2 + \|v - w\|^2 = 2\|v\|^2 + 2\|w\|^2.$$

b) * Ist umgekehrt $\|\ \|$ eine Norm auf V, die die Parallelogramm-Gleichung erfüllt, so existiert ein Skalarprodukt $\langle \ , \ \rangle$ auf V mit $\|v\| = \sqrt{\langle v, v \rangle}$.

3. Wir wollen zeigen, dass auf einem $\mathbb{R}$-Vektorraum nicht jede Metrik aus einer Norm und nicht jede Norm aus einem Skalarprodukt entsteht. (Zur Erinnerung: Eine Norm auf einem $\mathbb{R}$-Vektorraum V ist eine Abbildung $V \to \mathbb{R}_+$ mit den Eigenschaften N1, N2, N3 aus 5.1.2, eine Metrik auf V ist eine Abbildung $V \times V \to \mathbb{R}_+$ mit den Eigenschaften D1, D2, D3 aus 6.1.2.)

a) Zeigen Sie, dass für $n \geq 2$ auf dem $\mathbb{R}^n$ durch $\|x\| := \max\{|x_i| : 1 \leq i \leq n\}$ eine Norm definiert ist, für die kein Skalarprodukt $\langle \ , \ \rangle$ auf $\mathbb{R}^n$ existiert mit $\|x\| = \sqrt{\langle x, x \rangle}$.

b) Sei $V = \mathcal{C}(\mathbb{R}; \mathbb{R})$ der Vektorraum der stetigen Funktionen, und für $k \in \mathbb{N}$, $f \in V$ sei $\|f\|_k := \max\{|f(x)| : x \in [-k, k]\}$. Zeigen Sie, dass durch

$$d(f, g) := \sum_{k=0}^{\infty} 2^{-k} \frac{\|f - g\|_k}{1 + \|f - g\|_k}$$

eine Metrik auf V definiert ist, für die keine Norm $\| \ \| : V \to \mathbb{R}_+$ existiert, so dass $\| f - g \| = d(f, g)$.

4. Sei V ein endlichdimensionaler Vektorraum mit Skalarprodukt $\langle \ , \ \rangle$ und $(v_1, \ldots, v_r)$ eine orthonormale Familie in V. Beweisen Sie, dass die folgenden Bedingungen äquivalent sind:

i) $(v_1, \ldots, v_r)$ ist eine Basis von V.

ii) Ist $v \in V$, so folgt aus $\langle v, v_i \rangle = 0$ für alle i, dass $v = 0$ ist.

iii) Ist $v \in V$, so gilt: $v = \sum\limits_{i=1}^{r} \langle v, v_i \rangle \cdot v_i$.

iv) Für alle $v, w \in V$ gilt: $\langle v, w \rangle = \sum\limits_{i=1}^{r} \langle v, v_i \rangle \cdot \langle v_i, w \rangle$.

v) Für alle $v \in V$ gilt: $\| v \|^2 = \sum\limits_{i=1}^{r} |\langle v, v_i \rangle|^2$.

5. Sei $\mathcal{B} = (\frac{1}{2} \sqrt{2}, \cos x, \sin x, \cos 2x, \sin 2x, \ldots)$ und

$$W = \operatorname{span} \mathcal{B} \subset \mathcal{C}([0, 2\pi]; \mathbb{R}) = V$$

(vgl. mit dem Vektorraum der trigonometrischen Polynome in Aufgabe 4 zu 2.4). Zeigen Sie:

a) Durch $\langle f, g \rangle := \frac{1}{\pi} \int\limits_{0}^{2\pi} f(x) g(x) \, dx$ ist ein Skalarprodukt auf V definiert.

b) $\mathcal{B}$ ist eine Orthonormalbasis (bzgl. $\langle, \rangle$) von W.

c) Ist $f(x) = \frac{a_0}{2} \sqrt{2} + \sum\limits_{k=1}^{n} (a_k \cos kx + b_k \sin kx) \in W$, so gilt $a_k = \langle f, \cos kx \rangle$, $b_k = \langle f, \sin kx \rangle$. Für $f \in V$ heißen die Zahlen

$$a_k = \langle f, \cos kx \rangle, \ k \in \mathbb{N} \setminus \{0\}, \quad b_l = \langle f, \sin lx \rangle, \ l \in \mathbb{N} \setminus \{0\},$$

die *Fourierkoeffizienten* von f.

d) * Ist $f \in V$ und sind a_k, b_k die Fourierkoeffizienten von f, so gilt die Ungleichung von Bessel:

$$\| f \|^2 \geq a_0^2 + \sum\limits_{k=1}^{\infty} (a_k^2 + b_k^2).$$

e) * Sind $f, g \in V$ stückweise stetig differenzierbar, und sind a_k, b_k die Fourierkoeffizienten von f und a_k', b_k' die Fouricrkocffizienten von g, so gilt die Formel von Parseval:

$$\langle f, g \rangle = a_0 a_0' + \sum_{k=1}^{\infty} (a_k a_k' + b_k b_k').$$

6. Bestimmen Sie mit dem Schmidt'schen Verfahren eine Orthonormalbasis des folgenden Untervektorraums des $\mathbb{R}^5$:

$$\text{span} \left(\begin{pmatrix} 1 \\ 0 \\ 0 \\ 0 \\ 0 \end{pmatrix}, \begin{pmatrix} 1 \\ 0 \\ 1 \\ 0 \\ 0 \end{pmatrix}, \begin{pmatrix} 1 \\ 1 \\ 1 \\ 0 \\ 2 \end{pmatrix}, \begin{pmatrix} 2 \\ 1 \\ 0 \\ 2 \\ 3 \end{pmatrix} \right).$$

7. Gegeben sei auf $V = \text{span}\,(1, t, t^2, t^3) \subset \mathbb{R}[t]$ das Skalarprodukt

$$s(f, g) = \int_{-1}^{1} f(t)g(t)\,dt.$$

a) Bestimmen Sie die Matrix von s bezüglich der Basis $(1, t, t^2, t^3)$.
b) Bestimmen Sie eine Orthonormalbasis von V.

8. Ein Parallelotop $P(v_1, v_2, v_3) \subset \mathbb{R}^3$ wird auch **Spat** genannt. Beweisen Sie, dass

$$I_3 (P(v_1, v_2, v_3)) = |\langle v_1 \times v_2, v_3 \rangle| = |\det(v_1, v_2, v_3)|,$$

wobei die Vektoren $v_1, v_2, v_3 \in \mathbb{R}^3$ als Zeilen in die Matrix eingetragen sind (vgl. auch 6.2.2).

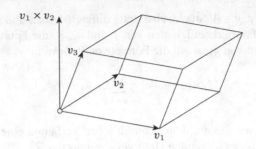

6.6   Orthogonale und unitäre Endomorphismen

1. Zeigen Sie, dass für $F \in O(3)$ gilt: $F(x) \times F(y) = (\det F) \cdot F(x \times y)$.

2. Ist V ein euklidischer Vektorraum und $F \in \mathrm{End}(V)$, so heißt F *winkeltreu*, falls F injektiv ist und

$$\sphericalangle(v, w) = \sphericalangle(F(v), F(w)) \quad \text{für alle } v, w \in V \setminus \{0\}.$$

Zeigen Sie, dass F winkeltreu ist genau dann, wenn ein orthogonales $G \in \mathrm{End}(V)$ und ein $\lambda \in \mathbb{R} \setminus \{0\}$ existieren mit $F = \lambda \cdot G$.

3. Sei $z = x + \mathrm{i}y \in \mathbb{C}^n$, wobei $x, y \in \mathbb{R}^n$. Zeigen Sie: x und y sind linear unabhängig über $\mathbb{R}$ $\Leftrightarrow$ z und $\bar{z}$ sind linear unabhängig über $\mathbb{C}$.

4. Bestimmen Sie für die Matrix

$$A = \frac{1}{90} \begin{pmatrix} 66 & -18\sqrt{6} & 10\sqrt{18} \\ 6\sqrt{6} & 72 & 15\sqrt{12} \\ -14\sqrt{18} & -9\sqrt{12} & 60 \end{pmatrix}$$

eine Matrix $S \in U(3)$, so dass ${}^t\bar{S}AS$ Diagonalgestalt hat und eine Matrix $T \in O(3)$, so dass für ein $\alpha \in [0, 2\pi[$ gilt:

$$ {}^tTAT = \begin{pmatrix} 1 & 0 & 0 \\ 0 & \cos\alpha & -\sin\alpha \\ 0 & \sin\alpha & \cos\alpha \end{pmatrix}. $$

5. Sei $\sigma \in S_n$ eine Permutation und die lineare Abbildung $f_\sigma \colon \mathbb{R}^n \to \mathbb{R}^n$ definiert durch $f_\sigma(x_1, \ldots, x_n) = (x_{\sigma(1)}, \ldots, x_{\sigma(n)})$. Bestimmen Sie die Eigenwerte von f_σ.

6.7 Selbstadjungierte und normale Endomorphismen

1. Sei $F \colon \mathbb{R}^n \to \mathbb{R}^n$ ein selbstadjungierter, nilpotenter Endomorphismus. Zeigen Sie, dass $F = 0$ ist.

2. Seien F und G zwei selbstadjungierte Endomorphismen auf einem endlichdimensionalen euklidischen bzw. unitren Vektorraum V. Zeigen Sie, dass $F \circ G$ selbstadjungiert ist genau dann, wenn $F \circ G = G \circ F$.

3. Bestimmen Sie für die Matrix

$$A = \begin{pmatrix} 2 & -1 & 1 \\ -1 & 2 & 1 \\ 1 & 1 & 2 \end{pmatrix}$$

eine orthogonale Matrix $S \in O(3)$, so dass ${}^t S A S$ eine Diagonalmatrix ist.

4. Sei $A \in \mathrm{M}(n \times n; \mathbb{C})$ antihermitesch, das heißt $-A = {}^t \overline{A}$. Zeigen Sie, dass A normal ist und alle Eigenwerte von A in $i\mathbb{R}$ liegen.

7 Dualität und Tensorprodukte*

Die Inhalte dieses Kapitels sind recht abstrakt und für Anfänger möglicherweise verwirrend. Bei näherer Beschäftigung entwickeln sie jedoch ihre Reize: die benutzten Methoden werden im Vergleich zu den bisherigen Kapiteln eleganter. Zusätzlich kann die hier behandelte Mathematik als Grundstein für tieferes Wissen der Algebra oder als Begleiter zu späteren Inhalten des Grundstudiums oder sogar des Hauptstudiums betrachtet werden. Dies trifft insbesondere für die Abschn. 7.3 und 7.4 zu.

7.1   Dualräume

1. Gegeben sei ein endlichdimensionaler Vektorraum V mit Basen $\mathcal{A}$ und $\mathcal{B}$. Sind $\mathcal{A}^*$ und $\mathcal{B}^*$ die zugehörigen dualen Basen von V^*, so gilt für die Transformationsmatrizen

$$T_{\mathcal{B}^*}^{\mathcal{A}^*} = (^t T_{\mathcal{B}}^{\mathcal{A}})^{-1}.$$

© Der/die Autor(en), exklusiv lizenziert durch Springer-Verlag GmbH, DE, ein Teil von Springer Nature 2021
H. Stoppel und B. Griese, *Übungsbuch zur Linearen Algebra*, Grundkurs Mathematik, https://doi.org/10.1007/978-3-662-63744-9_7

2. Gegeben sei der Untervektorraum

$$U = \mathrm{span}\left(\begin{pmatrix} 2 \\ 3 \\ 1 \\ 4 \\ 3 \end{pmatrix}, \begin{pmatrix} 0 \\ 5 \\ 1 \\ -1 \\ 3 \end{pmatrix}, \begin{pmatrix} 4 \\ 0 \\ 1 \\ 1 \\ -2 \end{pmatrix}\right) \subset \mathbb{R}^5.$$

Bestimmen Sie eine Basis von U^0.

3. Zeigen Sie, dass für Vektorräume V, W durch $\mathrm{Hom}(V, W) \to \mathrm{Hom}(W^*, V^*)$, $F \mapsto F^*$, ein Isomorphismus von Vektorräumen gegeben ist.

4. Sei $F \colon V \to W$ ein Homomorphismus und $U \subset W$ ein Untervektorraum. Zeigen Sie: $F^*(U^0) = (F^{-1}(U))^0$.

5. Es seien $W_1, W_2 \subset V$ Untervektorräume. Zeigen Sie:
a) $(W_1 + W_2)^0 = W_1^0 \cap W_2^0$.
b) $(W_1 \cap W_2)^0 = W_1^0 + W_2^0$.

7.2 Dualität und Skalarprodukte

1. Seien V, W euklidische Vektorräume, $F \colon V \to W$ linear und $U \subset W$ ein Untervektorraum. Dann gilt: $F^{\mathrm{ad}}(U^\perp) = (F^{-1}(U))^\perp$.

2. Ist V ein euklidischer Vektorraum und $F \colon V \to V$ selbstadjungiert, so gilt $F(U^\perp) = (F^{-1}(U))^\perp$ für alle Untervektorräume $U \subset V$. Gilt die Umkehrung auch?

3. Zeigen Sie, dass für einen unitären Vektorraum V durch $\mathrm{End}(V) \to \mathrm{End}(V)$, $F \mapsto F^{\mathrm{ad}}$ ein Semi-Isomorphismus gegeben ist.

4. Seien $L = v + \mathbb{R}w$ und $L' = v' + \mathbb{R}w'$ zwei Geraden im $\mathbb{R}^n$ und $x := v' - v$. Zeigen Sie:

L und L' sind windschief $\Leftrightarrow$ x, w und w' sind linear unabhängig.

5. Gegeben seien zwei windschiefe Geraden $L = v + \mathbb{R}w$ und $L' = v' + \mathbb{R}w'$ im $\mathbb{R}^n$. Wir wollen zwei Methoden angeben, um den Abstand

$$d(L, L') = \min\{d(u, u') = \|u' - u\| : u \in L, \ u' \in L'\}$$

zu berechnen. Zur Vereinfachung nehmen wir $\|w\| = \|w'\| = 1$ an und definieren

$$\delta : \mathbb{R}^2 \to \mathbb{R}, \quad (\lambda, \lambda') \mapsto \|v' + \lambda'w' - v - \lambda w\|^2 .$$

a) Untersuchen Sie die Funktion δ mit Hilfe der Differentialrechnung auf Extrema und bestimmen damit den Abstand $d(L, L')$.

b) Es gilt $\delta(\lambda, \lambda') = \lambda^2 + a\lambda\lambda' + \lambda'^2 + b\lambda + c\lambda' + d$. Setzen Sie $\mu := \lambda + \frac{a}{2}\lambda'$ und $\mu' = \frac{\sqrt{4-a^2}}{2}\lambda'$ und zeigen Sie, dass man auf diese Weise δ durch quadratische Ergänzung schreiben kann als $\delta(\lambda, \lambda') = (\mu - e)^2 + (\mu' - f)^2 + g$. Dann ist $g = d(L, L')$.

7.3 Tensorprodukte*

1. Es sei V ein Vektorraum über einen Körper K und $L \supset K$ ein Erweiterungskörper von L, d. h. L ist ein Körper und K ein Unterring von L (vgl. 2.3.11).

a) Zeigen Sie, dass L eine Struktur als K-Vektorraum trägt.

b) Für Elemente $\sum \lambda_i \otimes v_i \in L \otimes_K V$ und $\lambda \in L$ definieren wir eine skalare Multiplikation durch

$$\lambda \cdot \left(\sum \lambda_i \otimes v_i \right) := \sum \lambda\lambda_i \otimes v_i .$$

Zeigen Sie, dass $L \otimes_K V$ mit der üblichen Addition und dieser skalaren Multiplikation zu einem L-Vektorraum wird.

c) Ist die Familie $(v_i)_{i \in I}$ eine Basis von V über K, so ist die Familie $(1 \otimes v_i)_{i \in I}$ eine Basis von $L \otimes_K V$ über L. Insbesondere gilt $\dim_K V = \dim_L(L \otimes_K V)$.

d) Durch die Abbildung

$$\varphi : \ V \to K \otimes_K V, \quad v \mapsto 1 \otimes v ,$$

ist ein Isomorphismus von K-Vektorräumen gegeben.

2. Es seien U, V, W Vektorräume über demselben Körper K.

a) Zeigen Sie, dass die Menge Bil $(V, W; U)$ mit der Addition von Abbildungen und der üblichen Multiplikation mit Skalaren ein K-Vektorraum ist und dass die kanonische Abbildung

$$\mathrm{Bil}(V, W; U) \to \mathrm{Hom}(V \otimes W, U),$$

$$\xi \mapsto \xi_\otimes,$$

ein Vektorraumisomorphismus ist. Insbesondere erhält man für $V = W$ und $U = K$ einen Isomorphismus

$$\mathrm{Bil}(V; K) \to (V \otimes V)^*, \quad \xi \mapsto \xi_\otimes.$$

b) Zeigen Sie analog, dass die Menge $\mathrm{Alt}^2(V; W)$ mit der Addition von Abbildungen und der üblichen Multiplikation von Skalaren ein K-Vektorraum ist, und dass die kanonische Abbildung

$$\mathrm{Alt}^2(V; W) \to \mathrm{Hom}(V \wedge V, W),$$

$$\xi \mapsto \xi_\wedge,$$

ein Vektorraumisomorphismus ist. Für $W = K$ erhält man einen Isomorphismus

$$\mathrm{Alt}^2(V; K) \to V^* \wedge V^*, \quad \xi \mapsto \xi_\wedge.$$

3. In dieser Aufgabe betrachten wir die kanonische Abbildung

$$\eta: \ V \times W \to V \otimes W, \quad (v, w) \mapsto v \otimes w,$$

noch etwas genauer.

a) Zeigen Sie, dass $Q := \eta(V \times W) \subset V \otimes W$ ein *Kegel* ist, d. h. für $u \in Q$ und $\lambda \in K$ ist $\lambda u \in Q$.

b) * Für $V = K^m$ und $W = K^n$ gebe man Gleichungen für Q in $K^m \otimes K^n = K^{m \cdot n}$ an.

(Hinweis: Beschreiben Sie η durch $z_{ij} := x_i y_j$.)

c) Wann ist η injektiv/surjektiv/bijektiv?

4. Es seien V und W Vektorräume über einen Körper K und $(v_i)_{i \in I}$ bzw. $(w_j)_{j \in J}$ Familien linear unabhängiger Vektoren in V bzw. W.

a) Die Familie

$$(v_i \otimes w_j)_{(i,j) \in I \times J}$$

ist linear unabhängig in $V \otimes_K W$.

b) Für Vektoren $v \in V$ und $w \in W$ gilt:

$$v \otimes w = 0 \Rightarrow v = 0 \text{ oder } w = 0.$$

5. Für K-Vektorräume V, V', W, W' sowie Homomorphismen $F\colon V \to V'$ und $G\colon W \to W'$ definieren wir das Tensorprodukt von F und G durch

$$(F \otimes G)\colon V \otimes W \to V' \otimes W',$$

$$v \otimes w \mapsto F(v) \otimes G(w).$$

Zeigen Sie, dass hierdurch ein Vektorraum-Isomorphismus

$$\mathrm{Hom}_K(V, V') \otimes \mathrm{Hom}_K(W, W') \to \mathrm{Hom}_K(V \otimes W, V' \otimes W')$$

definiert wird.

6. Für Vektoren $v_1, v_2 \in V$ gilt:

$$v_1, v_2 \text{ sind linear abhängig} \Leftrightarrow v_1 \wedge v_2 = 0 \text{ in } V \wedge V.$$

7. Sei A ein K-Vektorraum. A heißt K-*Algebra,* falls es zusätz-lich eine Multiplikationsabbildung

$$\mu\colon A \times A \to A, \quad (a, a') \mapsto \mu(a, a') =: a \cdot a',$$

mit folgenden Eigenschaften gibt:

1) μ ist K-bilinear.
2) A zusammen mit der Vektorraumaddition und der Multiplika-tion μ ist ein Ring.

a) Zeigen Sie, dass die folgenden K-Vektorräume auch K-Algebren sind:

   i) der $\mathbb{R}$-Vektorraum $\mathbb{C}$,

   ii) der K-Vektorraum $\mathrm{M}(n \times n; K)$ bzgl. der Matrizenmulti-plikation,

   iii) der K-Vektorraum $K[t_1, \ldots, t_n]$ bzgl. der üblichen Multi-plikation von Polynomen (vgl. Aufgabe 9 zu 2.3).

b) Sind K-Algebren A und B gegeben, so ist $A \otimes B$ als K-Vektorraum erklärt. Zeigen Sie, dass $A \otimes B$ auf eindeutige Weise so zu einer K-Algebra gemacht werden kann, dass für alle $a, a' \in A$ und $b, b' \in B$

$$(a \otimes b) \cdot (a' \otimes b') = (a \cdot a') \otimes (b \cdot b')$$

gilt.

c) Wird $K[t] \otimes K[t]$ wie in b) zu einer K-Algebra gemacht, so definiert der Vektorraum-Isomorphismus

$$K[t] \otimes K[t] \to K[t_1, t_2], \quad t^i \otimes t^j \mapsto t_1^i t_2^j,$$

aus Beispiel 7.3.4 a) einen Isomorphismus von Ringen mit $1_{K[t] \otimes K[t]} \mapsto 1_{K[t_1, t_2]}$.

8. Zeigen Sie in Analogie zu Satz 7.3.8 die Existenz eines *symmetrischen Produktes*:

Für jeden K-Vektorraum V gibt es einen K-Vektorraum $V \vee V$ zusammen mit einer symmetrischen Abbildung

$$\vee \colon V \times V \to V \vee V,$$

die folgende universelle Eigenschaft erfüllen: zu jedem K-Vektorraum W zusammen mit einer symmetrischen Abbildung $\xi \colon V \times V \to W$ gibt es genau eine lineare Abbildung $\xi_\vee$ derart, dass das Diagramm

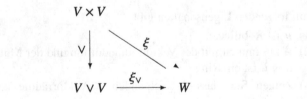

kommutiert. Ist $(v_1, \ldots, v_n)$ eine Basis von V, so ist durch $v_i \vee v_j := \vee(v_i, v_j)$ mit $i \leq j$ eine Basis von $V \vee V$ gegeben. Insbesondere ist

$$\dim(V \vee V) = \binom{n+1}{2} = \frac{(n+1)n}{2}.$$

9. Beweisen Sie mit Hilfe der universellen Eigenschaften aus Satz 7.3.3, Satz 7.3.8 und Aufgabe 8 die Eindeutigkeit von Tensorprodukt, äußerem Produkt und symmetrischem Produkt, d. h.

a) gibt es $\tilde{\eta}$: $V \times W \to V \tilde{\otimes} W$ mit denselben Eigenschaften, dann existiert ein Isomorphismus τ, so dass das Diagramm 1 kommutiert.

b) gibt es $\tilde{\wedge}$: $V \times W \to V \tilde{\wedge} W$ mit denselben Eigenschaften, dann existiert ein Isomorphismus τ, so dass das Diagramm 2 kommutiert.

c) gibt es $\tilde{\vee}$: $V \times W \to V \tilde{\vee} W$ mit denselben Eigenschaften, dann existiert ein Isomorphismus τ, so dass das Diagramm 3 kommutiert.

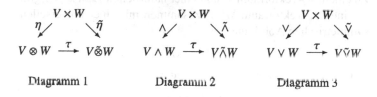

Diagramm 1   Diagramm 2   Diagramm 3

7.4 Multilineare Algebra*

1. Führen Sie die Einzelheiten des Beweises von Satz 7.4.1 aus.

2. Zeigen Sie, dass für K-Vektorräume V_1, V_2 und V_3 die kanonischen Abbildungen, die gegeben sind durch

$$(V_1 \otimes V_2) \otimes V_3 \longrightarrow V_1 \otimes V_2 \otimes V_3 \longleftarrow V_1 \otimes (V_2 \otimes V_3)$$

$$(v_1 \otimes v_2) \otimes v_3 \longmapsto v_1 \otimes v_2 \otimes v_3 \longleftarrow\!\shortmid v_1 \otimes (v_2 \otimes v_3),$$

Isomorphismen sind. Folgern Sie daraus, dass für jeden K-Vektorraum W die Vektorräume

$$\mathrm{Bil}\,((V_1 \otimes V_2), V_3;\, W)\,, \quad \mathrm{Bil}\,(V_1, (V_2 \otimes V_3);\, W)$$

(vgl. Aufgabe 2 zu 7.3) und

Tril $(V_1, V_2, V_3; W) := \{\xi : \; V_1 \times V_2 \times V_3 \to W : \xi \text{ trilinear}\}$

kanonisch isomorph sind.

3. Beweisen Sie Satz 7.4.2.

4. Es sei V ein K-Vektorraum.

a) Für Vektoren $v_1, \ldots, v_k \in V$ gilt:

$v_1, \ldots, v_k$ sind linear abhängig $\Leftrightarrow v_1 \wedge \ldots \wedge v_k = 0$ in $\bigwedge^k V$.

b) Ist dim $V = n$, so gilt $\bigwedge^k V = 0$ für $k > n$.

5. Beweisen Sie die folgende Verallgemeinerung von Aufgabe 7 zu Abschn. 7.3:

Zu einem K-Vektorraum V und einer natürlichen Zahl $k \geqslant 1$ gibt es einen K-Vektorraum $\bigvee^k V$ zusammen mit einer universellen symmetrischen Abbildung

$$\vee : \; V^k \to \bigvee^k V \,,$$

d. h. zu jeder symmetrischen Abbildung

$$\xi : \; V^k \to W$$

gibt es genau eine lineare Abbildung $\xi_\vee$ derart, dass das Diagramm

$$V^k = V \times \ldots \times V$$

$$\bigvee^k V = V \vee \ldots \vee V \xrightarrow{\;\;\xi_\vee\;\;} W$$

kommutiert. Ist $(v_1, \ldots, v_n)$ eine Basis von V, so ist eine Basis von $\bigvee^k V$ gegeben durch die Produkte

$$v_{i_1} \vee \ldots \vee v_{i_k} \quad \text{mit } 1 \leqslant i_1 \leqslant \ldots \leqslant i_k \leqslant n \,.$$

Insbesondere ist dim $\bigvee^k V = \binom{n+k-1}{k}$.

Der Raum $\bigvee^k V$ heißt *symmetrisches Produkt der Ordnung k über V.*

6. Es sei $(e_1, \ldots, e_n)$ eine Basis des Standardraumes K^n. Mit $K[t_1, \ldots, t_n]_{(k)}$ bezeichnen wir den Vektorraum der homogenen

Polynome vom Grad k in den Unbestimmten $t_1, \ldots, t_n$ (vgl. Aufgabe 9 zu 2.3). Zeigen Sie, dass durch die Zuordnung

$$\textstyle\bigwedge^k K^n \to K[t_1, \ldots, t_n]_{(k)}, \quad e_{i_1} \vee \ldots \vee e_{i_k} \mapsto t_{i_1} \cdot \ldots \cdot t_{i_k},$$

ein Isomorphismus von K-Vektorräumen definiert wird.

7. V sei ein endlichdimensionaler K-Vektorraum und $\alpha = (\alpha_1 \wedge \ldots \wedge \alpha_k) \in \bigwedge^k V$ sowie $\beta = (\beta_1 \wedge \ldots \wedge \beta_l) \in \bigwedge^l V$.

a) Zeigen Sie, dass eine bilineare Abbildung

$$\mu \colon \textstyle\bigwedge^k V \times \bigwedge^l V \to \bigwedge^{k+l} V$$

mit

$$(\alpha, \beta) \mapsto \alpha_1 \wedge \ldots \wedge \alpha_k \wedge \beta_1 \wedge \ldots \wedge \beta_l$$

existiert. Das Element $\alpha \wedge \beta := \mu(\alpha, \beta)$ heißt *äußeres Produkt* von α und β.

b) Es gilt

$$\alpha \wedge \beta = (-1)^{k \cdot l} \beta \wedge \alpha.$$

8. Es sei V ein endlichdimensionaler K-Vektorraum mit $\dim V = n$.

a) Zeigen Sie, dass die bilinearen Abbildungen, die durch die folgenden Zuordnungen definiert werden, nicht ausgeartet sind (vgl. 7.2.1).

   i) $\bigwedge^k V \times \bigwedge^{n-k} V \to \bigwedge^n V \cong K$, $\quad (\alpha, \beta) \mapsto \alpha \wedge \beta$.
   Die Isomorphie von $\bigwedge^n V$ und K ergibt sich dabei aus Satz 7.4.2.

   ii) Als Verallgemeinerung des Beispiels aus 7.2.1

$$\textstyle\bigwedge^k V^* \times \bigwedge^k V \to K, \quad (\varphi_1 \wedge \ldots \wedge \varphi_k, v_1 \wedge \ldots \wedge v_k) \mapsto \det \varphi(v),$$

   wobei

$$\varphi(v) = \begin{pmatrix} \varphi_1(v_1) & \cdots & \varphi_1(v_k) \\ \vdots & & \vdots \\ \varphi_k(v_1) & \cdots & \varphi_k(v_k) \end{pmatrix}.$$

b) Folgern Sie aus Teil a), dass es kanonische Isomorphismen

   i) $\bigwedge^k V^* \to \left(\bigwedge^k V \right)^*$ und

   ii) $\bigwedge^k V \to \bigwedge^{n-k} V^*$

gibt.

9. V und W seien K-Vektorräume. Zeigen Sie, dass die Menge

$$\mathrm{Alt}^k(V; W) := \left\{ \xi : \; V^k \to W : \; \xi \text{ ist alternierend} \right\}$$

zusammen mit der Addition von Abbildungen und der üblichen Multiplikation mit Skalaren ein K-Vektorraum ist, und dass die kanonische Abbildung

$$\mathrm{Alt}^k(V; W) \to \mathrm{Hom}(\textstyle\bigwedge^k V, W), \quad \xi \mapsto \xi_\wedge,$$

ein Vektorraumisomorphismus ist. Insbesondere erhält man für $W = K$ einen kanonischen Isomorphismus

$$\mathrm{Alt}^k(V; K) \to \bigwedge^k V^*.$$

Teil II Lösungen

1 Lineare Gleichungssysteme

1.2   Geraden in der Ebene

1. Es soll die Äquivalenz der folgenden Aussagen für Geraden L und L' mit

$$L = v + \mathbb{R}w \quad \text{und} \quad L' = v' + \mathbb{R}w'$$

gezeigt werden:

$$L = L' \iff v' \in L \text{ und } w' = \varrho \cdot w \text{ mit } \varrho \neq 0.$$

$w, w' \neq 0$ ist laut Definition vorausgesetzt. Die Beweise werden für jede Richtung einzeln durchgeführt.

Die Aussage lässt sich grafisch veranschaulichen, vgl. die Abbildung unten. Die Vektoren w und w' sind linear abhängig, womit sich ergibt, dass L und L' parallel sind, vgl. Abbildung links. $L = L'$ ist aber genau dann der Fall, wenn ebenfalls $v \in L'$ und $v' \in L$, siehe Abbildung rechts. Dies entspricht genau der Behauptung.

© Der/die Autor(en), exklusiv lizenziert durch Springer-Verlag GmbH, DE, ein Teil von Springer Nature 2021
H. Stoppel und B. Griese, *Übungsbuch zur Linearen Algebra*, Grundkurs Mathematik,
https://doi.org/10.1007/978-3-662-63744-9_8

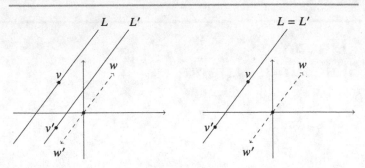

⇒ Für einen Vektor $v' \in L$ existiert in $\lambda \in \mathbb{R}$ mit $v' = \lambda \cdot w$. Ebenso existiert für jeden Vektor $v \in L'$ ein $\mu \in \mathbb{R}$ mit $v = \mu \cdot w'$. Im Fall $v \neq v'$ ist $v' - v = \lambda \cdot w$ und $v - v' = \sigma \cdot w$ mit λ, $\mu \neq 0$.

$$\Rightarrow \mu \cdot w' = -\lambda \cdot w \quad \Rightarrow \quad w' = \frac{\lambda}{\mu} \cdot w.$$

Setzt man $\rho = -\frac{\lambda}{\mu}$, so folgt die Behauptung.

Für $v = v'$ existiert ein ρ mit $v' + w' = v + \rho \cdot w$. Hieraus folgt $w' = \rho \cdot w$. Wegen $w' \neq 0$ gilt auch $\rho \neq 0$.

⇐ Die Behauptung folgt, wenn $L \subset L'$ und $L \supset L'$ gezeigt wird. Wir beginnen mit $L \subset L'$. Es sei $x = v + \lambda \cdot w$ mit $\lambda \in \mathbb{R}$ beliebig. Zu zeigen ist, dass ein $\lambda' \in \mathbb{R}$ existiert mit $x = v' + \lambda' \cdot v'$. Nach Voraussetzung ist $v' \in L$, daher existiert ein μ mit $v' = v + \mu \cdot w$. Wegen $w' = \varrho \cdot w$ gilt $w = \frac{1}{\varrho} \cdot w'$, und damit folgt

$$v = v' - \mu \cdot w = v' - \frac{\mu}{\varrho} \cdot w'.$$

Hiermit ergibt sich

$$x = v' - \frac{\mu}{\varrho} \cdot w' + \frac{\lambda}{\varrho} \cdot w'$$

$$= v' + \underbrace{\frac{1}{\varrho}(\lambda - \mu)}_{\in \mathbb{R}} \cdot w' \in L'.$$

Nun zeigen wir $L \supset L'$. Für $x' \in L'$ existiert ein $\mu \in \mathbb{R}$ mit $x' = v' + \mu \cdot w'$, und damit ist

$$x' = v' + \mu \cdot w' = v + \lambda \cdot w + \mu \cdot \varrho \cdot w = v + \underbrace{(\lambda + \mu \cdot \varrho)}_{\in \mathbb{R}} \cdot w \in L$$

und die Behauptung ist bewiesen.

2.

$\Leftarrow$ Es ist leicht einzusehen, dass $L = L'$ für den Fall der Existenz eines $\varrho \neq 0$ mit $(a_1', a_2', b') = \varrho(a_1, a_2, b) = (\varrho a_1, \varrho a_2, \varrho b)$ gilt.

$\Rightarrow$ Nun sei $L = L'$. Wir beginnen mit dem „Normalfall" $a_1 \neq 0$, $a_2 \neq 0$, $a_1' \neq 0$ und $a_2' \neq 0$.

Gegeben seien zwei Punkte $p = (p_1, p_2)$ und $q = (q_1, q_2)$ mit $p_1 \neq q_1$ und $p_2 \neq q_2$ aus L mit $a_1 x_1 + a_2 x_2 = b$ und L' mit $a_1' x_1 + a_2' x_2 = b'$. Für diese Punkte gilt

$$\left. \begin{array}{l} a_1 p_1 + a_2 p_2 = b \\ a_1 q_1 + a_2 q_2 = b \end{array} \right\} \Rightarrow a_1(p_1 - q_1) + a_2(p_2 - q_2) = 0.$$

$$(1.1)$$

Analog gilt

$$\left. \begin{array}{l} a_1' p_1 + a_2' p_2 = b' \\ a_1' q_1 + a_2' q_2 = b \end{array} \right\} \Rightarrow a_1'(p_1 - q_1) + a_2'(p_2 - q_2) = 0.$$

$$(1.2)$$

Löst man die Gl. (1.1) und (1.2) nach a_2 bzw. nach a_2' auf, so folgt

$$a_2 = -a_1 \left(\frac{p_1 - q_1}{p_2 - q_2} \right) \quad \text{und} \quad a_2' = -a_1' \left(\frac{p_1 - q_1}{p_2 - q_2} \right). \quad (1.3)$$

Durch Division der beiden Gleichungen aus (1.3) ergibt sich

$$\frac{a_1'}{a_1} = \frac{a_2'}{a_2}. \quad (1.4)$$

Wir definieren jetzt $\varrho := \frac{a_2'}{a_2}$. Wegen $a_1, a_1' \neq 0$ folgt $\varrho \neq 0$, und aus Gl. (1.4) folgt

$$a_1' = \frac{a_2'}{a_2} \cdot a_1 = \varrho \cdot a_1. \quad (1.5)$$

Mit der rechten Gl. (1.3) ergibt sich

$$a_2' = -\varrho \dot{a}_1 \left(\frac{p_1 - q_1}{p_2 - q_2} \right).$$ (1.6)

Wegen $p \in L'$ folgt aus Gl. (1.6)

$$a_1' p_1 + a_2' p_2 = b' = \varrho \cdot a_1 p_1 + \varrho \cdot a_2 p_2 = \varrho \cdot b,$$ (1.7)

woraus $b' = \varrho \cdot b$ folgt, womit die Behauptung bewiesen ist.

Es bleibt der Spezialfall $a_2 = 0$ und $a_1 \neq 0$ zu zeigen. (Der Fall $a_1 = 0$ und $a_2 \neq 0$ wird analog bewiesen.) Für beliebige $x_1, x_2 \in L_1$ gilt $a_1 \cdot x_1 = b \Rightarrow x_1 = \frac{b}{a_1}$ und $a_1' \cdot x_1 = b' \Rightarrow x_1 = \frac{b'}{a_1'}$, woraus sich $p_1 = q_1 = \frac{b}{a_1} = \frac{b'}{a_1'}$ ergibt. Mit $\varrho := \frac{a_1'}{a_1} = \frac{b'}{b}$ gilt $a_1' = \varrho \cdot a_1$ und $b' = \varrho \cdot b$. Aus $p_1 = q_1$ und $p \neq q$ folgt $p_1 \neq q_2$. Es gilt jedoch $a_2'(p_2 - q_2) = 0$, woraus $a_2' = 0$ folgt. Damit gilt $\varrho \cdot a_2 = a_2'$ und die Behauptung ist bewiesen.

1.3 „Ebenen und Geraden im Standardraum" $\mathbb{R}^3$

1. a) Hier ist die Äquivalenz von drei Aussagen zu zeigen. Am elegantesten ist es, i) $\Rightarrow$ ii) $\Rightarrow$ iii) $\Rightarrow$ i) zu zeigen. Wenn wir mit einer dieser Beweisrichtungen Probleme bekommen, können wir auf andere Schlussrichtungen zurückgreifen. Das wird hier aber nicht der Fall sein.

i) $\Rightarrow$ ii): Beweis durch Widerspruch. Angenommen, ii) ist falsch. Dann ist entweder $w = 0$, oder es gibt ein $\varrho \in \mathbb{R}$ mit $w = \varrho \cdot v$.

Zunächst sei angenommen, dass $w = 0$ gilt. Dann gilt sicher $w = 0 \cdot v$, was ein Widerspruch zu i) ist.

Nun behandeln wir den Fall, dass ein reelles ϱ mit $v = \varrho \cdot w$ existiert. Dann ist entweder $\varrho = 0$ oder $\varrho \neq 0$; ersteres ist jedoch wegen $0 \cdot w = v = 0$ ein Widerspruch zu i). Ist $\varrho \neq 0$, so ist ϱ invertierbar, d. h. es gilt $w = \frac{1}{\varrho} \cdot v$, ein Widerspruch zu i).

ii) $\Rightarrow$ iii): Sei $\lambda v + \mu w = 0$ mit $\lambda \neq 0$. Dann gilt $v = -\frac{\mu}{\lambda} w$, ein Widerspruch zu ii). Also muss $\lambda = 0$ sein, d. h. $0 \cdot v + \mu \cdot w = 0$, also $\mu w = 0$. Da w nach Voraussetzung nicht der Nullvektor ist, muss $\mu = 0$ gelten. Damit haben wir $\lambda = 0 - \mu$ gezeigt.

iii) $\Rightarrow$ i): Nehmen wir an, es wäre $v = 0$. Dann gilt $1 \cdot v + 0 \cdot w = 0$ im Widerspruch zu iii). Gibt es ein $\varrho \in \mathbb{R}$ mit $w = \varrho \cdot v$, so ist $1 \cdot w - \varrho \cdot v = 0$ im Widerspruch zu iii).

Alle Beweise waren Widerspruchsbeweise. Direkt ausgedrückt haben wir eigentlich folgendes gezeigt: Für $v, w \in \mathbb{R}^n$ sind äquivalent:

i') $v = 0$ oder es gibt ein $\varrho \in \mathbb{R}$ mit $w = \varrho v$.

ii') $w = 0$ oder es gibt ein $\varrho \in \mathbb{R}$ mit $v = \varrho w$.

iii') Es gibt $\lambda, \mu \in \mathbb{R}$, nicht beide 0, mit $\lambda v + \mu w = 0$.

Das führt auf die Definition von *linear abhängigen Vektoren*. Dieser Begriff ist beweistechnisch oft einfacher zu handhaben als lineare Unabhängigkeit. Die Implikationen i') $\Rightarrow$ ii') $\Rightarrow$ iii') $\Rightarrow$ i') kann man direkt ohne Widerspruchsannahmen zeigen.

b) Wir nutzen die Bedingung i) aus Teil a). Es ist $w_1 \neq 0$, weil eine Komponente gleich 1 ist. Falls ein $\varrho \subset \mathbb{R}$ mit $w_1 = \varrho w_2$ existieren würde, so gälte $\varrho \cdot 0 = 1$ und $\varrho \cdot 1 = 0$ sowie $\varrho \cdot \frac{-a_3}{a_1} = \frac{-a_2}{a_1}$. Die erste dieser drei Gleichungen führt direkt zu einem Widerspruch, denn für alle $\varrho \in \mathbb{R}$ gilt $\varrho \cdot 0 = 0 \neq 1$. Also kann ein solches ϱ nicht existieren, und die Vektore w_1 und w_2 sind linear unabhängig.

2.

a) Eine mögliche Parametrisierung ist

$$u = (-\tfrac{1}{3}, 0, 0), \quad v = (-2, -3, 0) \quad \text{und} \quad w = (1, 0, -3),$$

d.h.

$$E = (-\tfrac{1}{3}, 0, 0) + \mathbb{R}(-2, -3, 0) + \mathbb{R}(1, 0, -3).$$

b) Nach der Definition einer Ebene kann man

$$a_1 = 5 \cdot 9 - 6 \cdot 8 = -3, \quad a_2 = 6 \cdot 7 - 4 \cdot 9 = 6,$$

$$a_3 = 4 \cdot 8 - 5 \cdot 7 = -3 \quad \text{und} \quad b = 1 \cdot (-3) + 2 \cdot 6 + 3 \cdot (-3) = 0$$

wählen. Es ist somit

$$E = \{(x_1, x_2, x_3) \in \mathbb{R}^3 : \ -3x_1 + 6x_2 - 3x_3 = 0\}.$$

3. Es ist klar, dass E die Punkte x, y, z enthält, denn:

$$x = x + \quad 0 \cdot (x - y) + \quad 0 \cdot (x - z)$$
$$y = x + (-1) \cdot (x - y) + \quad 0 \cdot (x - z)$$
$$z = x + \quad 0 \cdot (x - y) + (-1) \cdot (x - z) \ .$$

E ist eine Ebene, sofern $x - y$ und $x - z$ linear unabhängig sind. Das beweisen wir mit dem Koeffizientenkriterium. Seien $\lambda, \mu \in \mathbb{R}$ mit

$$\lambda \cdot (x - y) + \mu \cdot (x - z) = 0.$$

Falls $\mu \neq 0$ ist, gilt $z = \frac{\lambda + \mu}{\mu} \cdot x - \frac{\lambda}{\mu} \cdot y$, d. h. z liegt auf der Geraden durch x und y (siehe Abschn. 1.3). Das ist ein Widerspruch. Ist $\mu = 0$, so vereinfacht sich die Gleichung zu

$$\lambda \cdot (x - y) = 0 \Leftrightarrow \lambda = 0 \text{ oder } x - y = 0.$$

Im letzten Fall lägen $x = y$ und z auf einer Geraden. Also muss $\lambda = \mu = 0$ sein, was zu beweisen war.

Gäbe es eine zweite Ebene $\tilde{E} \neq E$, die die Punkte x, y und z enthält, so wäre nach 1.3.4 der Schnitt von E und $\tilde{E}$ eine Gerade. Da x, y und z nach Voraussetzung nicht auf einer Geraden liegen, kann eine solche Ebene $\tilde{E}$ nicht existieren, d. h. E ist eindeutig bestimmt.

1.4   Das Eliminationsverfahren von Gauss

1. a) Hier liegt ein lineares Gleichungssystem (LGS) vor, das man durch eine erweiterte Koeffizientenmatrix darstellen kann. Die Zeilenumformungen dieser Matrix, die wir vornehmen werden, entsprechen Gleichungs- bzw. Äquivalenzumformungen eines LGS.

$$\begin{pmatrix} 0 & 1 & 2 & 3 & | & 0 \\ 1 & 2 & 3 & 4 & | & 0 \\ 2 & 3 & 4 & 5 & | & 0 \\ 3 & 4 & 5 & 6 & | & 0 \end{pmatrix}$$

Wir vertauschen die erste und die zweite Zeile, addieren das (-2)-fache der (neuen) ersten Zeile zur dritten Zeile und das (-3)-fache der (neuen) ersten Zeile zur vierten Zeile. So erhalten wir in

der ersten Spalte eine 1 über lauter Nullen. Danach verfahren wir
analog, um die zweite Spalte „aufzuräumen".

$$\rightsquigarrow \begin{pmatrix} 1 & 2 & 3 & 4 & | & 0 \\ 0 & 1 & 2 & 3 & | & 0 \\ 0 & -1 & -2 & -3 & | & 0 \\ 0 & -2 & -4 & -6 & | & 0 \end{pmatrix} \rightsquigarrow \begin{pmatrix} 1 & 2 & 3 & 4 & | & 0 \\ 0 & 1 & 2 & 3 & | & 0 \\ 0 & 0 & 0 & 0 & | & 0 \\ 0 & 0 & 0 & 0 & | & 0 \end{pmatrix}$$

Um die Lösungen einfacher ablesen zu können, subtrahieren wir
das doppelte der zweiten Zeile von der ersten. Das ergibt

$$\begin{pmatrix} 1 & 0 & -1 & -2 & | & 0 \\ 0 & 1 & 2 & 3 & | & 0 \\ 0 & 0 & 0 & 0 & | & 0 \\ 0 & 0 & 0 & 0 & | & 0 \end{pmatrix}.$$

Die Lösungen haben die Form $\mathbb{R}(1, -2, 1, 0) + \mathbb{R}(2, -3, 0, 1)$.
Es ist auch möglich, die Lösung anders zu parametrisieren; es
gibt dafür sogar unendlich viele Möglichkeiten. b) Alle Lösungen
haben die Form

$$(0, 0, 1, 0) + \mathbb{R}(0, 1, -2, 1) + \mathbb{R}(1, 1, 1, 1),$$

wie wir mit folgender Probe nachweisen können:
Wir setzen $x_1 = \mu, x_2 = \lambda + \mu, x_3 = 1 - 2\lambda + \mu, x_4 = \lambda + \mu$ in
das LGS ein. Es entstehen nur wahre Aussagen.

Die erweiterte Koeffizientenmatrix hat den Rang 2, vgl. 1.4.8,
und ebenfalls nach 1.4.8 ist die Lösungsmenge Lös (A, b) ein affiner Raum der Dimension 2. Es kann also keine weiteren Lösungen
geben.

2. Die Lösung lautet $(\frac{10}{9}, \frac{11}{9}, \frac{17}{9}, -\frac{10}{9})$.

3. Dieses LGS enthält einen reellen Parameter t, der die Anzahl
der Lösungen beeinflusst. Wir verfahren wie bisher:

$$\begin{pmatrix} 2 & 4 & 2 & | & 12t \\ 2 & 12 & 7 & | & 12t + 7 \\ 1 & 10 & 6 & | & 7t + 8 \end{pmatrix}$$

Wir addieren das (-2)-fache der dritten Zeile zu der ersten bzw. zweiten Zeile und verlegen die dritte Zeile in die erste Zeile:

$$\leadsto \begin{pmatrix} 1 & 10 & 6 & 7t+8 \\ 0 & -16 & -10 & -2t-16 \\ 0 & -8 & -5 & -2t-9 \end{pmatrix}$$

Nun wird das 2-fache der dritten Zeile von der zweiten subtrahiert:

$$\leadsto \begin{pmatrix} 1 & 10 & 6 & 7t+8 \\ 0 & 8 & 5 & 2t+9 \\ 0 & 0 & 0 & 2t+2 \end{pmatrix}$$

Wir sehen, dass es nur dann eine Lösung geben kann, wenn $2t + 2 = 0$ ist, denn die dritte Gleichung des LGS lautet jetzt $0 \cdot x_1 + 0 \cdot x_2 + 0 \cdot x_3 = 2t + 2$. Wenn $t = -1$ ist, lautet die Matrix

$$\begin{pmatrix} 1 & 10 & 6 & 1 \\ 0 & 8 & 5 & 7 \\ 0 & 0 & 0 & 0 \end{pmatrix}.$$

Die Lösungen dieser Matrix haben die Form $(-9, 4, -5) + \mathbb{R}(2, -5, 8)$. Zusammenfassend können wir festhalten, dass das LGS keine Lösung hat, wenn $t \neq -1$ ist. Für $t = -1$ gibt es unendlich viele Lösungen. Es gibt kein t, für das genau eine Lösung existiert.

4. Die gemeinsame Lösung der Gleichungen

$$\begin{aligned} x + y &= 2 \quad &\text{I} \\ \varepsilon x + y &= 1 \quad &\text{II} \end{aligned}$$

entspricht dem Schnittpunkt der beiden durch die Gleichungen I und II beschriebenen Geraden im oberen Teil von Abb. 1.1.

Nun formen wir das lineare Gleichungssystem der Gleichungen I und II um, und zwar

a) mit dem maximalen Zeilenpivot 1:

$$\begin{aligned} x + y &= 2 \quad &\text{I} \\ (1 - \varepsilon)y &= 1 - 2\varepsilon \quad &\widetilde{\text{II}}, \end{aligned}$$

b) mit dem Pivot ε:

$$\begin{aligned} \varepsilon x + y &= 1 \quad &\text{II} \\ \left(1 - \tfrac{1}{\varepsilon}\right) y &= 2 - \tfrac{1}{\varepsilon} \quad &\widetilde{\text{I}}. \end{aligned}$$

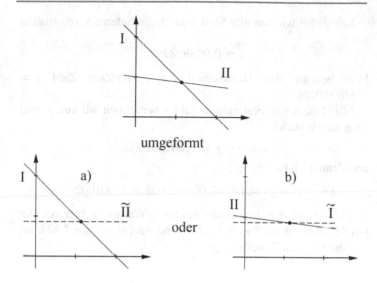

Abb. 1.1

Die den Gleichungssystemen entsprechenden Geraden mit Schnitt-
punkten sieht man im unteren Teil von Abb. 1.1.
Nach den Teilen a) und b) gilt

$$y = \frac{1 - 2\varepsilon}{1 - \varepsilon} = \frac{2 - \frac{1}{\varepsilon}}{1 - \frac{1}{\varepsilon}},$$

die Werte für y bleiben bei beiden Verfahren also unverändert.
Anders verhält es sich jedoch mit den Werten für x, denn es gilt

a) $x = 2 - y$, b) $x = \frac{1}{\varepsilon}(1 - y)$.

Wir berechnen dies ausführlich für $k = 3$, und die untenstehende
Tabelle enthält die Ergebnisse der Berechnungen für $k = 3, 8, 9$.
Man beachte den großen Unterschied zwischen den x-Werten für
$k = 9$.

Für $k = 3$ berechnen wir zunächst exakt

$$y = \frac{0{,}998}{0{,}999} = 0{,}\overline{998} = 0{,}9989989989\ldots.$$

Schneiden wir nun alle Stellen ab der zehnten ab, so erhalten wir

$$y = 0,998998998.$$

Man beachte den Unterschied zur gerundeten Zahl $y = 0,998998999$.

Mit Hilfe der so bestimmten Zahl y berechnen wir nun x, und zwar zuerst nach a)

$$x = 2 - y = 1,001001002,$$

und dann nach b)

$$x = \tfrac{1}{\varepsilon}(1 - y) = 10^3 \cdot 0,001001002 = 1,001002000.$$

Der Unterschied zwischen den beiden x-Werten ist hier von der Größenordnung $10^{-6} = 10^3 \cdot 10^{-9}$ und wächst mit der Zahl k an, wie die folgende Tabelle zeigt:

k	a)	b)
3	$y = 0,998998998$ $x = 1,001001002$	$y = 0,998998998$ $x = 1,001002000$
8	$y = 0,999999989$ $x = 1,000000011$	$y = 0,999999989$ $x = 1,100000000$
9	$y = 0,999999998$ $x = 1,000000002$	$y = 0,999999998$ $x = 2,000000000$

Moral: Eine ungünstige Wahl des Pivots bewirkt

numerisch: Fehler durch *Abrundung* werden durch kleine Nenner hochmultipliziert,

geometrisch: es entsteht eine Konfiguration von Geraden mit „schleifendem Schnitt" (vgl. [Str], Abschn. 1.6).

Hinweis: Mit anderen Rechnern als den unsrigen können unter Umständen andere Ergebnisse erhalten werden. Woran liegt das?

2 Grundbegriffe

2.1   Mengen und Abbildungen

1. Die erste Aufgabe enthält Aussagen, deren Beweise argumentativ sehr einfach sind und am ehesten formell Probleme bereiten könnten. Wir beschränken uns daher auf den Nachweis der ersten de Morganschen Regel aus

d) $X \setminus (M_1 \cap M_2) \stackrel{!}{=} (X \setminus M_1) \cup (X \setminus M_2)$

$$
\begin{aligned}
m \in X \setminus (M_1 \cap M_2) &\Leftrightarrow m \in X \wedge x \notin M_1 \cap M_2 \\
&\Leftrightarrow m \in X \wedge (m \notin M_1 \vee m \notin M_2) \\
&\Leftrightarrow (m \in X \wedge m \notin M_1) \vee (m \in X \wedge m \notin M_2) \\
&\Leftrightarrow m \in X \setminus M_1 \vee m \in X \setminus M_2 \\
&\Leftrightarrow m \in (X \setminus M_1) \cup (X \setminus M_2)
\end{aligned}
$$

2. Wir erinnern zunächst daran, dass zwischen einelementigen Teilmengen und Elementen nicht unterschieden wird.

a) Sei $y \in f(M_1)$. Dann existiert ein $x \in M_1$ mit $f(x) = y$. Also gilt auch $x \in M_2$ und damit $y = f(x) \in f(M_2)$.

Für den Beweis der zweiten Aussage wählen wir ein $x \in f^{-1}(N_1)$. Dann ist $f(x) \in N_1 \subset N_2$, also $f(x) \in N_2$ und somit $x \in f^{-1}(N_2)$.

© Der/die Autor(en), exklusiv lizenziert durch Springer-Verlag GmbH, DE, ein Teil von Springer Nature 2021
H. Stoppel und B. Griese, *Übungsbuch zur Linearen Algebra,*
Grundkurs Mathematik,
https://doi.org/10.1007/978-3-662-63744-9_9

b) Sei $x \in M$. Dann ist $f(x) \in f(M)$, also $x \in f^{-1}(f(M))$.

Für den Beweis des zweiten Teils sei $y \in f(f^{-1}(N))$, d.h. es existiert ein $x \in f^{-1}(N)$ mit $y = f(x)$. Dann muss $f(x) \in N$ sein, also $y \in N$.

c) Sei $x \in f^{-1}(Y \setminus N)$. Dann gilt

$$f(x) \in Y \setminus N \Leftrightarrow f(x) \notin N \Leftrightarrow x \notin f^{-1}(N) \Leftrightarrow x \in X \setminus f^{-1}(N).$$

d) Die ersten drei Behauptungen sind relativ einfach nachzuweisen; wir beschränken uns daher darauf, $f^{-1}(N_1 \cap N_2) = f^{-1}(N_1) \cap f^{-1}(N_2)$ zu zeigen. Es gilt

$$\begin{aligned}
x \in f^{-1}(N_1 \cap N_2) &\Leftrightarrow f(x) \in N_1 \cap N_2 \\
&\Leftrightarrow f(x) \in N_1 \wedge f(x) \in N_2 \\
&\Leftrightarrow x \in f^{-1}(N_1) \wedge x \in f^{-1}(N_2) \\
&\Leftrightarrow x \in f^{-1}(N_1) \cap f^{-1}(N_2).
\end{aligned}$$

Diese Schlussfolgerungen zeigen deutlich die Analogie zwischen den Operatoren $\wedge$ („und") und $\cap$ („geschnitten").

Die vierte Behauptung ist interessant, weil wir uns hier zusätzlich klarmachen müssen, dass eine echte Teilmenge vorliegen kann. Für den Beweis der Behauptung sei $y \in f(M_1 \cap M_2)$. Dann gibt es ein $x \in M_1 \cap M_2$ mit $f(x) = y$, also $y = f(x) \in f(M_1)$ und $y = f(x) \in f(M_2)$. Das jedoch bedeutet $y \in f(M_1) \cap f(M_2)$.

Ein Beispiel für $f(M_1 \cap M_2) \neq f(M_1) \cap f(M_2)$ liefern die Mengen $M_1 = \{0, 1\}$ und $M_2 = \{2, 3\}$ mit einer Abbildung f, die definiert ist durch $0 \mapsto a$, $1 \mapsto b$, $2 \mapsto b$, $3 \mapsto c$ (vgl. Abb. 2.1). Hier gilt $f(M_1 \cap M_2) = f(\emptyset) = \emptyset$, aber

$$f(M_1) \cap f(M_2) = \{a, b\} \cap \{b, c\} = \{b\}.$$

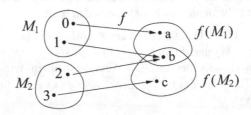

Abb. 2.1

In diesem Beispiel ist das Hindernis für $f(M_1 \cap M_2) = f(M_1) \cap f(M_2)$ dadurch gegeben, dass es Elemente $x_1 \in M_1$ und $x_2 \in M_2$ geben kann, für die $f(x_1) = f(x_2)$ gilt, d.h. f ist nicht injektiv (vgl. 2.1.4). Dass dies auch das einzige Hindernis ist, zeigt die folgende

Ergänzungsaufgabe: Zeigen Sie, dass für eine Abbildung f : $M \to N$ folgende Bedingungen gleichwertig sind:
i) f ist injektiv,
ii) für je zwei Teilmengen $M_1, M_2 \subset M$ gilt

$$f(M_1) \cap f(M_2) = f(M_1 \cap M_2).$$

Wir empfehlen den Beweis dieser Ergänzung als Übung und geben – damit die Versuchung des Nachsehens nicht zu groß ist – den Beweis erst am Ende dieses Abschnittes.

3. Unter a) und b) sind hier jeweils zwei Behauptungen zu zeigen. Da die Beweise recht ähnlich sind, führen wir nur jeweils einen aus.

a) f und g seien injektiv. Wir zeigen, dass dann auch $g \circ f$ injektiv ist. Sei $g \circ f(x_1) = g \circ f(x_2)$. Für die Injektivität von $g \circ f$ müssen wir daraus $x_1 = x_2$ folgern. Das funktioniert so: $g(f(x_1)) = g(f(x_2))$, daraus folgt $f(x_1) = f(x_2)$ weil g injektiv ist, woraus $x_1 = x_2$ folgt, weil f injektiv ist.

b) Sei $g \circ f$ surjektiv. Wir zeigen, dass dann auch g surjektiv ist. Sei $z \in Z$ beliebig. Da $g \circ f$ surjektiv ist, existiert ein $x \in X$ mit $z = g \circ f(x) = g(f(x))$ und $y := f(x) \in Y$, also $g(y) = z$. Damit haben wir gezeigt, dass jedes beliebige $z \in Z$ durch die Abbildung g „getroffen" wird.

4. In dieser Aufgabe sollen einige Abbildungen auf Injektivität bzw. Surjektivität untersucht werden. Um zu begründen, dass eine Abbildung eine Eigenschaft nicht besitzt, reicht es aus, ein einziges Gegenbeispiel anzugeben. Wollen wir jedoch zeigen, dass eine Abbildung z. B. injektiv ist, muss das anhand der Definition von Injektivität für alle Elemente des Definitionsbereiches nachgewiesen werden. Eine anschauliche Argumentation ist nicht zulässig, denn die Anschauung ist für Beweiszwecke manchmal zu ungenau; sie liefert aber oft Ideen.

a) f_1 ist nicht injektiv, denn $f_1(1, 0) = 1 = f_1(0, 1)$ aber $(1, 0) \neq (0, 1)$, d. h. zwei verschiedene Elemente aus der Definitionsmenge werden auf dasselbe Element der Wertemenge abgebildet.

f_1 ist surjektiv, denn für alle $r \in \mathbb{R}$ ist $(r, 0) \in \mathbb{R}^2$ und $f_1(r, 0) = r + 0 = r$; jedes Element der Bildmenge $\mathbb{R}$ wird also „getroffen".

b) f_2 ist nicht injektiv, denn $f_2^{-1}(0)$ ist der gesamte Einheits-kreis.

f_2 ist auch nicht surjektiv, $x^2 + y^2 - 1 \geqslant -1$ für alle $x, y \in \mathbb{R}$.

c) f_3 ist injektiv. Das weisen wir wie folgt nach: Sei

$$(x_1 + 2y_1, 2x_1 - y_1) = (x_2 + 2y_2, 2x_2 - y_2).$$

Wir folgern

$$x_1 + 2y_1 = x_2 + 2y_2 \quad \text{und} \quad 2x_1 - y_1 = 2x_2 - y_2$$
$$\Rightarrow x_1 = x_2 + 2y_2 - 2y_1 \quad \text{und} \quad 2(x_2 + 2y_2 - 2y_1) - y_1 = 2x_2 - y_2$$
$$\Rightarrow x_1 = x_2 + 2y_2 - 2y_1 \quad \text{und} \quad y_1 = y_2$$
$$\Rightarrow x_1 = x_2 \quad \text{und} \quad y_1 = y_2$$
$$\Rightarrow (x_1, y_1) = (x_2, y_2).$$

f_3 ist auch surjektiv. Ein beliebiges Element $(\lambda, \mu) \in \mathbb{R}^2$ hat stets ein Urbild, nämlich $(\frac{1}{5}\lambda + \frac{2}{5}\mu, \frac{2}{5}\lambda - \frac{1}{5}\mu)$, wie man durch Nach-rechnen bestätigen kann. Wenn wir uns mehr mit der Theorie und Praxis linearer Abbildungen beschäftigt haben, werden wir eine schnellere Argumentation für diese Aufgabe gefunden haben. Die Abbildung $f_3 : \mathbb{R}^2 \to \mathbb{R}^2$ kann durch die Matrix

$$\begin{pmatrix} 1 & 2 \\ 2 & -1 \end{pmatrix}$$

beschrieben werden, die maximalen Rang hat, was man schon dar-an sehen kann, dass die zweite Spalte kein Vielfaches der ersten ist. Quadratische Matrizen maximalen Ranges beschreiben bijektive Abbildungen (vgl. Bemerkung 2 aus 3.5.6).

5. Die in dieser Aufgabe eingeforderten Beweise kann man mit gutem Gewissen als klassisch bezeichnen. Man kann nicht verlan-gen, dass jedem an Mathematik interessierten Menschen die Ideen zu diesen Beweisen selbst kommen. Wichtig ist jedoch, dass man die Ideen versteht und kennt. Das spiegelt sich auch in der Tatsache wider, dass kaum jemand die Beweise jemals ausführlich aufgeschrieben hat. Auch wir werden uns auf die Darstellung der Beweisidee beschränken.

a) $\mathbb{Z}$ ist abzählbar (unendlich), da man eine bijektive Abbildung $\mathbb{N} \to \mathbb{Z}$ angeben kann. Wir geben nur die Abbildung an und lassen den Beweis der Bijektivität aus. Es sei $0 \mapsto 0, 2k + 1 \mapsto k, 2k \mapsto -k$ für $k \in \mathbb{N}$. Die ungeraden natürlichen Zahlen werden also auf die positiven ganzen Zahlen abgebildet; die geraden natürlichen Zahlen gehen auf die negativen ganzen Zahlen.

Um zu zeigen, dass auch $\mathbb{Q}$ abzählbar ist, verwendet man das *Erste Cantorsche Diagonalverfahren*. Wir stellen uns alle positiven Brüche als unendlich großes Schema vor:

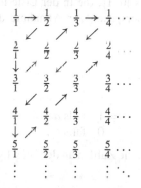

Wie durch die Pfeile angedeutet, lassen sich so alle hier aufgeführten Brüche in eine Reihenfolge bringen. Das ist schon eine Vorform der bijektiven Abbildung $\mathbb{N} \to \mathbb{Q}$. Nun streichen wir alle ungekürzten Brüche, damit keine rationalen Zahlen mehrfach auftreten. Unter den obigen Brüchen müssten wir $\frac{2}{2}, \frac{2}{4}, \frac{3}{3}, \frac{4}{2}$ und $\frac{4}{4}$ streichen. Nach einem systematischen Hinzufügen der Null und der negativen Brüche (z. B. nach dem Konzept, das wir für den Nachweis der Abzählbarkeit von $\mathbb{Z}$ verwendet haben), erhalten wir so eine bijektive Abbildung $\mathbb{N} \to \mathbb{Q}$.

b) Der Beweis, dass $\mathbb{R}$ nicht abzählbar ist, ist als *Zweites Cantorsches Diagonalverfahren* berühmt geworden. Er wird als Widerspruchsbeweis geführt.

Wir nehmen an, $\mathbb{R}$ sei doch abzählbar. Dann ist auch das Intervall $]0; 1[$ abzählbar, also muss man eine (unendlich lange) Liste aller reellen Zahlen aus $]0; 1[$ angeben können. Wir stellen uns vor, diese Liste sei in Dezimalschreibweise gegeben. Ohne Einschränkungen kann man verlangen, dass jeder dieser Dezimalbrüche in unendlicher Dezimalbruchentwicklung gegeben ist, indem man eventuell noch Nullen anfügt. Die Liste sähe dann etwa so aus:

$$a_1 := 0, a_{11}\, a_{12}\, a_{13}\, a_{14} \ldots$$
$$a_2 := 0, a_{21}\, a_{22}\, a_{23}\, a_{24} \ldots$$
$$a_3 := 0, a_{31}\, a_{32}\, a_{33}\, a_{34} \ldots$$
$$\vdots\quad \vdots\ \vdots\quad\ \ \vdots\quad\ \vdots\quad\ \vdots\quad ,$$

wobei $a_{ij} \in \{0, 1, 2, 3, 4, 5, 6, 7, 8, 9\}$ gilt. Nun konstruieren wir eine reelle Zahl z aus $]0; 1[$, die in der Liste nicht vorhanden ist. Das stellt einen Widerspruch zur Annahme dar, die Liste wäre vollständig.

Es sei

$$z := 0, b_1\, b_2\, b_3\, b_4\, b_5 \ldots$$

mit

$$b_i = 1 \quad \text{falls } a_{ii} \neq 1,$$
$$b_i = 0 \quad \text{falls } a_{ii} = 1.$$

$z \neq a_i$ für alle i, weil die Zahlen an der i-ten Dezimale nicht übereinstimmen.

c) Die Argumentation ist ähnlich dem zweiten Cantorschen Diagonalverfahren (s. o.). Sei $M \neq \emptyset$. Wir zeigen, dass es in diesem Fall keine surjektive Abbildung $M \to \text{Abb}\,(M, \{0, 1\})$ geben kann.

Nehmen wir an, es existiert eine solche Abbildung. Diese ordnet jedem $m \in M$ ein eindeutiges Element $f \in \text{Abb}\,(M, \{0, 1\})$ zu, das wir mit f_m bezeichnen wollen, d. h. diese Abbildung ist von der Form

$$\varphi: \ M \to \text{Abb}\,(M, \{0, 1\}), \quad m \mapsto f_m.$$

Wir konstruieren nun eine Abbildung $g \in \text{Abb}\,(M, \{0, 1\})$, die nicht im Bild von φ liegt. Dazu definieren wir

$$g: \ M \to \{0, 1\}$$

durch

$$g(m) \neq f_m(m) \quad \text{für alle } m \in M.$$

Da $\{0, 1\}$ mehr als ein Element hat, existiert ein solches g. Nach Konstruktion liegt g nicht im Bild von φ, denn wäre $g = f_{m_0}$ für ein $m_0 \in M$, so wäre $g(m_0) = f_{m_0}(m_0)$ im Widerspruch zur Konstruktion von g.

6. Das Mathematikerhotel ist ein weiteres berühmtes Beispiel, mit dem man den Umgang mit bijektiven Abbildungen üben kann. Es veranschaulicht außerdem auf amüsante Weise die eigentlich unbegreifliche Unendlichkeit der natürlichen Zahlen.

a) Trifft ein neuer Gast ein, so zieht jeder Gast von Zimmer N nach $N + 1$ um. So wird Zimmer 0 für den Neuankömmling frei.

b) Bei n neuen Gästen ist das Vorgehen ähnlich: Jeder Gast zieht von Zimmer N nach $N + n$ um. Die Zimmer $0, 1, 2, \ldots n - 1$ werden frei und können von den neu eintreffenden Gästen bezogen werden.

c) Treffen $\mathbb{N}$ neue Gäste ein, so muss jeder Gast aus Zimmer N nach $2N$ umziehen. So werden die Zimmer mit den ungeraden Nummern frei.

d) Bei $n \cdot \mathbb{N}$ neuen Gästen müssen wieder alle alten Gäste umziehen, diesmal von Zimmer N nach $(n + 1)N$.

e) Wenn $\mathbb{N} \cdot \mathbb{N}$ Neuankömmlinge eintreffen, wird es etwas komplizierter. Zunächst weisen wir jedem Gast ein Element aus $\mathbb{N} \times \mathbb{N}$ zu.

$$(0, 0) \ (0, 1) \ (0, 3) \ \cdots \text{ für die alten Gäste}$$
$$(1, 0) \ (1, 1) \ (1, 3) \ \cdots \text{ für die Gäste aus Bus 1}$$
$$(2, 0) \ (2, 1) \ (2, 3) \ \cdots \text{ für die Gäste aus Bus 2}$$
$$\vdots$$
$$(n, 0) \ (n, 1) \ (n, 3) \ \cdots \text{ für die Gäste aus Bus } n$$
$$\vdots$$

Nach dem Cantorschen Verfahren (siehe Lösung zu Aufgabe 5a) bekommen nun die Gäste ihre neuen Zimmer zugewiesen.

Fazit: Schlafe nie in einem Mathematikerhotel, du wirst immer umziehen müssen, sobald neue Gäste eintreffen!

2.2   Gruppen

1. Die Behauptung lautet $ab = ba$ für alle $a, b \in G$. Seien $a, b \in G$ beliebig. Nach der Voraussetzung gilt wegen der Eindeutigkeit von inversen Elementen $a = a^{-1}$ und $b = b^{-1}$ sowie $ab = (ab)^{-1}$. Mit Hilfe der Bemerkung 2.2.3 c) folgt daraus

$$ab = (ab)^{-1} = b^{-1}a^{-1} = ba,$$

also $ab = ba$, was zu beweisen war.

2. Diese auf den ersten Blick einfach erscheinende Aufgabe zeigt einen elementaren Spezialfall des allgemeinen Problems, für jedes $n \geqslant 1$ bis auf Isomorphie alle Gruppen mit n Elementen zu bestimmen. Aber dieses Problem ist bisher nur für abelsche Gruppen allgemein gelöst. Entscheidend sind dabei die zyklischen Gruppen

$$\mathbb{Z}/m\mathbb{Z} = \{\bar{0}, \bar{1}, \ldots, \overline{m-1}\},$$

oder anders notiert

$$Z_m = \{0, 1, \ldots, m-1\} \quad \text{mit} \quad (m-1) + 1 = 0$$

aus 2.2.8.

Für $n = 2$ gibt es dann bis auf Isomorphie nur die eine Möglichkeit. Es sind

$G_2 = \{e, a\}$ mit

·	e	a
e	e	a
a	a	e

bzw. $Z_2 = \{0, 1\}$ mit

+	0	1
0	0	1
1	1	0

mit dem Isomorphismus $\varphi\colon G_2 \to Z_2$ mit $\varphi(e) = 0$ und $\varphi(a) = 1$.

Analog sieht es für $n = 3$ aus; dort gibt es nur die Möglichkeiten

$G_3 = \{e, a, b\}$ mit

·	e	a	b
e	e	a	b
a	a	b	e
b	b	e	a

bzw.

$$Z_3 = \{0, 1, 2\} \quad \text{mit} \quad
\begin{array}{c|ccc}
+ & 0 & 1 & 2 \\
\hline
0 & 0 & 1 & 2 \\
1 & 1 & 2 & 0 \\
2 & 2 & 0 & 1
\end{array}$$

sowie dem Isomorphismus $\varphi: G_3 \to Z_3$ mit $\varphi(e) = 0$, $\varphi(a) = 1$ und $\varphi(b) = 2$. Für $n \leqslant 3$ gibt es also bis auf Isomorphie nur die zyklischen Gruppen Z_1, Z_2 und Z_3. Diese sind abelsch, wie alle zyklischen Gruppen.

Für $n = 4$ greifen wir auf die Verknüpfungstafeln aus 2.2.5 zurück:

$$G_4 \quad \text{mit} \quad
\begin{array}{c|cccc}
\cdot & e & a & b & c \\
\hline
e & e & a & b & c \\
a & a & b & c & e \\
b & b & c & e & a \\
c & c & e & a & b
\end{array}
\quad \text{und} \quad
G_4^{\odot} \quad \text{mit} \quad
\begin{array}{c|cccc}
\odot & e & a & b & c \\
\hline
e & e & a & b & c \\
a & a & e & c & b \\
b & b & c & e & a \\
c & c & b & a & e
\end{array}$$

Eine weitere Möglichkeit für eine Gruppe mit vier Elementen ist

$$Z_4 \quad \text{mit} \quad
\begin{array}{c|cccc}
+ & 0 & 1 & 2 & 3 \\
\hline
0 & 0 & 1 & 2 & 3 \\
1 & 1 & 2 & 3 & 0 \\
2 & 2 & 3 & 0 & 1 \\
3 & 3 & 0 & 1 & 2
\end{array}$$

Analog zum Fall Z_3 und G_3 findet sich der Isomorphismus $\varphi: Z_4 \to G_4$ mit

$$\varphi(e) = 0, \quad \varphi(a) = 1, \quad \varphi(b) = 2 \quad \text{und} \quad \varphi(c) = 3.$$

Es ist $4 = 2 \cdot 2$. Die Anzahlen der Elemente von Mengen werden bei der Bildung des in Abschn. 2.1.6 definierten *direkten Produktes* multipliziert, womit sich

$$Z_2 \times Z_2 = \{(0, 0), (1, 0), (0, 1), (1, 1)\}$$

mit der Addition als weitere Menge mit vier Elementen ergibt. Die Addition in der „Klein'schen Vierergruppe" $Z_2 \times Z_2$ ist in der folgenden Abbildung notiert:

+	(0, 0)	(1, 0)	(0, 1)	(1, 1)
(0, 0)	(0, 0)	(1, 0)	(0, 1)	(1, 1)
(1, 0)	(1, 0)	(0, 0)	(1, 1)	(0, 1)
(0, 1)	(0, 1)	(1, 1)	(0, 0)	(1, 0)
(1, 1)	(1, 1)	(0, 1)	(1, 0)	(0, 0)

Ganz offensichtlich gibt es einen Isomorphismus $\psi: Z_2 \times Z_2 \to G_4^{\odot}$, bei dem jedes Element an der Stelle (i, j) für $0 \leqslant i, j \leqslant 1$ aus der Verknüpfungstafel von $Z_2 \times Z_2$ auf das Element an derselben Stelle der Verknüpfungstafel von $G_4^{\odot}$ abgebildet wird.

Da die zyklischen Gruppen assoziativ sind, ist durch den Isomorphismus die Assoziativität von $G_3^{\cdot}$ und $G_4^{\odot}$ gesichert. Dass es keinen Isomorphismus von $G_4^{\cdot}$ nach $G_4^{\odot}$ gibt, ist einfach zu sehen, denn für $x \in G_4^{\cdot}$ gilt $x^2 = e$ nur für $x = e$ und $x = b$. In $G_4^{\odot}$ jedoch gilt $y^2 = e$ für alle $y \in G_4^{\odot}$.

Genauer notiert: Angenommen, es gäbe einen Isomorphismus $\varphi: G_4^{\circ} \to G_4^{\odot}$ und $y := \varphi(a)$. Wegen $\varphi(e) = e$ ist $\varphi(b) \neq e$. Daraus folgt

$$e = y^2 = (\varphi(a))^2 = \varphi(a^2) = \varphi(b) \neq e.$$

Mit $G_4^{\cdot}$ und $G_4^{\odot}$ haben wir zwei Gruppen mit jeweils vier Elementen gefunden und auch schon gesehen, dass Z_4 und $Z_2 \times Z_2$ keine weiteren Gruppen ergeben. Trotzdem ist noch zu zeigen, dass es keine weiteren Gruppen mit vier Elementen gibt. Dies jedoch ginge nur für abelsche Gruppen, denn es gilt die folgende

Bemerkung. *Jede Gruppe* $G = \{e, a, b, c\}$ *mit vier Elementen ist abelsch.*

Beweis. Es genügt, $ab = ba$ zu zeigen. Möglich ist $ab = e$ oder $ab = c$, nicht aber $ab = a$ oder $ab = b$. Ist $ab = e$, so folgt $b = a^{-1}$ und $ba = a^{-1}a = aa^{-1} = ab$.

Für $ab = c$ ist $ba = c$ oder $ba = e$. Falls $ba = e$, ist $b = a^{-1}$. Dieser Fall ist aber schon erledigt, also bleibt $ba = c = ab$. □

Der Rest ist quasi ein „Sudoku für Verknüpfungstafeln". Es gibt lediglich zwei brauchbare Vorgaben:

1. $a \cdot b = c$ und $b \cdot c = a$,
2. $a \cdot b = c$ und $a \cdot c = e$.

Die Gültigkeit dieser Regeln werden wir jetzt zeigen.

1. $a \cdot b = c$ und $b \cdot c = a$: Die Verknüpfungstafel ist dann

·	e	a	b	c
e	e	a	b	c
a	a		c	
b	b	c		a
c	c		a	

Einige Einträge der Tafel sind noch zu füllen. Für a^2 gibt es hierbei zwei Möglichkeiten: $a^2 = b$ oder $a^2 = e$. Die übrigen Einträge der Tafel sind dann eindeutig bestimmt.

Nehmen wir an, dass $a^2 = b$ gilt. Damit ergibt sich die Verknüpfungstafel

·	e	a	b	c
e	e	a	b	c
a	a	c	c	e
b	b	c	e	a
c	c	e	a	b

$= G_4$.

Für $a^2 = c$ ergibt sich die folgende Verknüpfungstafel:

·	e	a	b	c
e	e	a	b	c
a	a	e	c	b
b	b	c	e	a
c	c	b	a	e

$= G_4$.

Damit existiert neben den bereits bekannten keine weitere Gruppe mit vier Elementen.

2. $a \cdot b = c$ und $a \cdot c = e$: Dies führt zur Verknüpfungstafel

·	e	a	b	c
e	e	a	b	c
a	a		c	e
b	b	c		
c	e			

.

Analoge Überlegungen zu Fall 1 führen zu

$$
\begin{array}{c|cccc}
\cdot & e & a & b & c \\
\hline
e & e & a & b & c \\
a & a & b & c & e \\
b & b & c & e & a \\
c & c & e & a & b
\end{array} = G_4^{\cdot}
$$

Auch hier ergibt sich keine neue Gruppe mit vier Elementen.

Für die Assoziativität in G_4^* und $G_4^{\odot}$ reicht es zu zeigen, dass $(ab)c = a(bc)$ gilt. In beiden Fällen gilt $(ab)c = c^2$ und $a(bc) = a^2$. In $G_4^{\cdot}$ ist $a^2 = c^2 = b$, in $G_4^{\odot}$ gilt $a^2 = c^2 = e$.

Eine Liste aller möglichen Gruppen mit bis zu 15 Elementen findet man z. B. in [Fi4], 1.6.9, Beispiel 5.

3. Um zu testen, ob ein Gruppenhomomorphismus vorliegt, müssen wir sorgfältig beachten, welche Verknüpfungen in der Ausgangsgruppe und welche in der Bildgruppe gemeint sind.

a) f_1 ist ein Gruppenhomomorphismus, denn für alle $x, y \in G$ gilt

$$f_1(x + y) = 2(x + y) = 2x + 2y = f_1(x) + f_1(y).$$

b) f_2 ist kein Gruppenhomomorphismus, denn $f_2(1 + 0) = f_2(1) = 2$, aber $f_2(1) + f_2(0) = 2 + 1 = 3$.

c) f_3 ist ebenfalls kein Gruppenhomomorphismus, weil

$$f_3(1 + 1) = f_3(2) = 2^2 + 1 = 5,$$

aber

$$f_3(1) \cdot f_3(1) = (1^2 + 1) \cdot (1^2 + 1) = 4.$$

d) Hier sind die Gruppen multiplikativ geschrieben. f_4 ist ein Gruppenhomomorphismus, denn für alle $a + \imath b, c + \imath d \in \mathbb{C}^*$ gilt:

$$
\begin{aligned}
f_4((a + \imath b)(c + \imath d)) &= f_4((ac - bd) + \imath(ad + bc)) \\
&= \sqrt{(ac - bd)^2 + (ad + bc)^2} \\
&= \sqrt{(a^2 + b^2) \cdot (c^2 + d^2)} = \sqrt{a^2 + b^2} \cdot \sqrt{c^2 + d^2} \\
&= f_4(a + \imath b) \cdot f_4(c + \imath d).
\end{aligned}
$$

e) f_5 ist für $(\mathbb{C}, +)$ und $(\mathbb{R}, +)$ kein Gruppenhomomorphismus, denn es gilt z. B. $f_5(1) + f_5(1) = 1 + 1 = 2$, aber $f_5(1 + 1) = \sqrt{2}$.

f) Bei f_6 liegt wieder ein Gruppenhomomorphismus vor. Für alle $x, y \in \mathbb{Z}$ gilt nämlich

$$f_6(x + y) - f_6(x) - f_6(y) = (x + y)^p - x^p - y^p = \sum_{i=1}^{p-1} \binom{p}{i} x^i y^{p-i}$$

$$= \sum_{i=1}^{p-1} \frac{p!}{i!(p-i)!} x^i y^{p-i} = p \cdot \sum_{i=1}^{p-1} \underbrace{\frac{(p-1)!}{i!(p-i)!}}_{\in \mathbb{Z}} x^i y^{p-i} \in p\mathbb{Z},$$

d. h. $f_6(x + y)$ und $f_6(x) + f_6(y)$ liegen in derselben Restklasse in $\mathbb{Z}/p\mathbb{Z}$. Der Quotient ist ganzzahlig, weil $\binom{p}{i}$ ganzzahlig sowie p prim ist und i von 1 bis $p - 1$ läuft, woraus $i < p$ und $p - i < p$ für alle hier auftretenden i folgt.

4. Die Behauptungen sind einfach einzusehen; wir verzichten daher auf einen Beweis. Wir können uns jedoch an dieser Aufgabe klarmachen, dass das neutrale Element einer Gruppe auch das neutrale Element jeder Untergruppe ist. Zusätzlich sind in einer Untergruppe die inversen Elemente dieselben wie in der ursprünglichen Gruppe.

Für den Fall, dass A nur ein Element a umfasst, gilt

$$\text{erz}(\{a\}) = \{e, a^n, (a^{-1})^n : n \in \mathbb{N}\},$$

wobei e das neutrale Element bezeichnet. Eine solche Gruppe muss nicht notwendigerweise unendlich viele Elemente haben, vgl. Aufgabe 6. Eine Gruppe, die von nur einem Element erzeugt werden kann, heißt *zyklisch*. Gilt $a = e$, so besteht die von $\{a\}$ erzeugte Untergruppe nur aus dem neutralen Element.

5. Die Diedergruppen („Di-e-der" spricht sich dreisilbig) sind ein relativ einfaches Beispiel für eine nicht kommutative Gruppe mit endlich vielen Elementen. Wir machen uns zunächst einige Zusammenhänge klar, um diese Symmetriegruppen von Vielecken (siehe Abb. 1.2 für $n = 5$ und $n = 6$) besser zu verstehen.

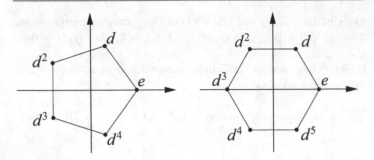

Abb. 2.2

Für beliebiges $n \in \mathbb{N}$ gilt $d^n = e$ und $s^2 = e$. Stellt man die Gruppenelemente als Matrizen dar (vgl. 2.4 und 2.5), so gilt

$$d = \begin{pmatrix} \cos(\frac{2\pi}{n}) & -\sin(\frac{2\pi}{n}) \\ \sin(\frac{2\pi}{n}) & \cos(\frac{2\pi}{n}) \end{pmatrix} \quad \text{und} \quad s = \begin{pmatrix} 1 & 0 \\ 0 & -1 \end{pmatrix}.$$

Man kann nachweisen, dass $sd = d^{n-1}s$ ist. Dies ist an Bild 2.2 zu erkennen, und mit Hilfe der Multiplikation von Matrizen (vgl. 3.5) sowie der oben angegebenen Matrizen kann die Behauptung leicht bewiesen werden.

Daraus können wir schließen, dass D_n genau $2n$ Elemente besitzt, nämlich

$$e, d, d^2, d^3, \ldots d^{n-1}, s, sd, sd^2, sd^3, \ldots sd^{n-1}.$$

Um eine Verknüpfungstafel angeben zu können, helfen folgende Gleichheiten, die alle aus $sd = d^{n-1}s$ und $d^n = e$ gefolgert werden können:

$$d^i \circ sd^j = \begin{cases} sd^{j-i} & \text{für } j \geq i, \\ sd^{n+j-i} & \text{für } j < i. \end{cases} \quad \text{und} \quad sd^i \circ sd^j = \begin{cases} d^{j-i} & \text{für } j \geq i, \\ d^{n+j-i} & \text{für } j < i. \end{cases}$$

Für die nach diesen Erkenntnissen also sechselementige Diedergruppe D_3 gilt konkret $d^3 = e, s^2 = e, d^2 s = sd$ und $ds = sd^2$. Somit lautet die Verknüpfungstafel (erster Faktor senkrecht) von D_3:

·	e	d	d^2	s	sd	sd^2
e	e	d	d^2	s	sd	sd^2
d	d	d^2	e	sd^2	s	sd
d^2	d^2	e	d	sd	sd^2	s
s	s	sd	sd^2	e	d	d^2
sd	sd	sd^2	s	d^2	e	d
sd^2	sd^2	s	sd	d	d^2	e

6. a) Wir wissen bereits aus Aufgabe 4, dass die Gruppe G aus Elementen der Gestalt $e, g, g^2, g^3, \ldots, g^{-1}, g^{-2}, g^{-3}, \ldots$ bestehen muss. Ist G endlich, so gibt es ein $n \in \mathbb{N}$ mit $g^n = e$. Ohne Einschränkungen wählen wir uns das kleinste n mit dieser Eigenschaft. Dann ist $G = \{e = g^n, g, g^2, g^3, \ldots, g^{n-1}\}$. Die Gruppentafel lautet

·	e	g	g^2	g^3	$\cdots$	g^{n-1}
e	e	g	g^2	g^3	$\cdots$	g^{n-1}
g	g	g^2	g^3	$\cdots$		e
g^2	g^2	g^3	g^4	$\cdots$		g
g^3	g^3	g^4	$\cdots$			$\vdots$
$\vdots$	$\vdots$	$\vdots$				$\vdots$
g^{n-1}	g^{n-1}	e	g	g^2	$\cdots$	g^{n-2}.

Ist G unendlich, so gilt $g^n g^m = g^{n+m}$ für alle $n, m \in \mathbb{Z}$. Es ist offensichtlich, dass eine solche zyklische Gruppe immer kommutativ ist. Entsprechend den Konventionen können wir die Verknüpfung also auch additiv schreiben.

b) * Sei G (additiv geschrieben) eine zyklische Gruppe mit erzeugendem Element g. Nun müssen wir zwei Fälle unterscheiden.

i) Ist g von endlicher Ordnung, so existiert ein $n \in \mathbb{N}$ mit

$$ng := \underbrace{g + g + \ldots + g}_{n\text{-mal}} = 0.$$

n sei minimal mit dieser Eigenschaft. Dann ist die Abbildung $G \to \mathbb{Z}/n\mathbb{Z}, kg \mapsto k + n\mathbb{Z}$, ein Isomorphismus von Gruppen. Das Nachrechnen der Linearität und Bijektivität lassen wir an dieser Stelle aus.

ii) Ist g von unendlicher Ordnung, d. h. $g + g + \ldots + g \neq 0$, egal, wie oft man g addiert, so gilt $G \cong \mathbb{Z}$ via $kg \mapsto k$.

7. In dieser Aufgabe ist G eine abelsche Gruppe, wurde jedoch multiplikativ geschrieben. Das sollte uns nicht weiter verwirren.

Zunächst müssen wir zeigen, dass $\sim$ eine Äquivalenzrelation ist. Dafür testen wir die drei Eigenschaften Reflexivität, Symmetrie und Transitivität. Das bereitet keine weiteren Probleme, denn es gilt:

$$x \sim x \text{ bedeutet nach Definition } xx^{-1} = e \in H.$$

$x \sim y$ entspricht $xy^{-1} \in H$, also $(xy^{-1})^{-1} \in H$, und damit

$$yx^{-1} \in H, \text{ d. h. } y \sim x.$$

$x \sim y$ und $y \sim z$ ist gleichbedeutend mit $xy^{-1} \in H$ und $yz^{-1} \in H$,

$$\text{also} \qquad xy^{-1} \cdot yz^{-1} = xz^{-1} \in H,$$

$$\text{das bedeutet gerade} \quad x \sim z.$$

Damit die Verknüpfung auf Restklassen wohldefiniert ist, muss sie unabhängig von der Wahl des Repräsentanten aus einer Restklasse sein, mit dem man konkret rechnet. Seien also x und x' sowie y und y' jeweils aus derselben Restklasse, d. h. $x \sim x'$ und $y \sim y'$. Wir zeigen $xy \sim x'y'$. Nach Voraussetzung gilt $xx'^{-1} \in H$ und $yy'^{-1} \in H$. Liegt $xy(x'y')^{-1}$ in H, so ist die Behauptung gezeigt.

$$xy(x'y')^{-1} = xyy'^{-1}x'^{-1}$$
$$\overset{G \text{ abelsch}}{=} \underbrace{xx'^{-1}}_{\in H}\underbrace{yy'^{-1}}_{\in H} \in H.$$

G/H wird so zu einer abelschen Gruppe (Gruppeneigenschaften nachprüfen!). Das neutrale Element ist $\bar{1}$, die Restklasse, die das neutrale Element 1 enthält. Invers zu $\bar{x}$ ist $\overline{x^{-1}}$, die Restklasse, die das in G inverse Element zu x enthält. Die Kommutativität vererbt sich von G auf G/H.

Die abelschen Gruppen $\mathbb{Z}$ und $n\mathbb{Z}$ schreibt man immer additiv, die Übertragung der hier dargestellten Restklassenbildung könnte also auf Probleme bei der Übertragung multiplikativ gedachter

Sachverhalte auf eine additive Gruppe stoßen. Deshalb wollen wir noch angeben, dass die Äquivalenzrelation nun

$$x \sim y \Leftrightarrow x + (-y) \text{ ist teilbar durch } n$$

lautet.

8. Die Verknüpfung $\circ$ wird durch die folgende Tabelle definiert, dabei steht die erste „Zahl" senkrecht:

$$
\begin{array}{c|ccc}
\circ & 1 & 2 & 3 \\
\hline
1 & 1 & 3 & 2 \\
2 & 3 & 2 & 1 \\
3 & 2 & 1 & 3
\end{array}
$$

Wie an den Zeilen bzw. den Spalten der Tabelle erkennbar ist, sind alle Translationen $_a\tau$ und τ_a surjektiv (sie sind bijektiv), denn in jeder Zeile und in jeder Spalte kommt jedes Element aus G vor.

Diese Verknüpfung ist nicht assoziativ, denn es gilt

$$(1 \circ 1) \circ 2 = 1 \circ 2 = 3 \neq 2 = 1 \circ 3 = 1 \circ (1 \circ 2).$$

Es handelt sich um keine Gruppe, denn es existiert kein neutrales Element, und die Verknüpfung ist nicht kommutativ.

9. Wir nutzen die Definition aus 2.2.6. Für $a, b \in G'$ gilt $a \cdot b \in G'$ nach Voraussetzung. Sei nun $a \in G'$ beliebig. Wir wollen zeigen, dass a^{-1} ebenfalls in G' liegt. Dass $a^{-1} \in G$ existiert, brauchen wir nicht zu zeigen, denn das ist aufgrund der Gruppeneigenschaft von G gegeben. Wir betrachten die Translation $_a\tau$, $x \mapsto ax$, die nach Voraussetzung G' in G' abbildet. $_a\tau$ ist nach Lemma 2.2.4 injektiv, denn aus $ax_1 = ax_2$ (mit $x_1, x_2 \in G' \subset G$) folgt

$$\underbrace{\underbrace{a^{-1}}_{\in G} a}_{=1} x_1 = \underbrace{a^{-1} a}_{=1} x_2, \quad \text{also } x_1 = x_2 \,.$$

Nach dem Satz aus 2.1.4 ist $_a\tau$ bijektiv auf G', d. h. es gibt ein $x_0 \in G'$ mit $a \cdot x_0 = a$ und ein $b \in G'$ mit $a \cdot b = x_0$. Dabei ist entscheidend, dass x_0 und b Elemente aus G' und nicht aus $G \setminus G'$ sind.

Insgesamt folgt

$$a \cdot a \cdot b = a \cdot x_0 = a \quad \text{und damit} \quad a \cdot b = 1$$

(da a^{-1} als Element von G existiert). Dies ist gleichbedeutend mit $b = a^{-1}$. Da $b' \in G'$ war, ist damit die Behauptung bewiesen.

2.3   Ringe, Körper und Polynome

1. Es gibt bis auf Isomorphie nur jeweils einen Körper mit drei bzw. vier Elementen, wie man durch systematisches Ausprobieren zeigen kann. Mit etwas Theorie im Hintergrund kann man allgemein zeigen, dass jeder endliche Körper durch die Anzahl seiner Elemente bis auf Isomorphie eindeutig bestimmt ist (vgl. [St], §16).

Nach Aufgabe 2 zu Abschn. 2.2 existiert bis auf Isomorphie nur eine Gruppe mit drei Elementen, nämlich $(\mathbb{Z}/3\mathbb{Z}, +)$. Also muss jeder Körper mit drei Elementen bezüglich der Addition dieselbe Form haben. Bezeichnen wir die Elemente in unserem dreielementigen Körper (in weiser Voraussicht) mit 0, 1, 2, so lautet die Verknüpfungtafel der Addition

$$
\begin{array}{c|ccc}
+ & 0 & 1 & 2 \\
\hline
0 & 0 & 1 & 2 \\
1 & 1 & 2 & 0 \\
2 & 2 & 0 & 1
\end{array} .
$$

In der Verknüpfungstabelle der Multiplikation sind durch $0 \cdot m = 0$ und $1 \cdot m = m$ für alle $m \in M$ bis auf die Verknüpfung $2 \cdot 2$ bereits alle Ergebnisse klar. Es ist jedoch

$$2 \cdot 2 = (1 + 1) \cdot 2 = 1 \cdot 2 + 1 \cdot 2 = 2 + 2 = 1,$$

und damit sieht die Verknüpfungstabelle der Multiplikation so aus:

$$
\begin{array}{c|ccc}
\cdot & 0 & 1 & 2 \\
\hline
0 & 0 & 0 & 0 \\
1 & 0 & 1 & 2 \\
2 & 0 & 2 & 1
\end{array} ,
$$

was unsere Bezeichnungsweise nachträglich rechtfertigt, da M nun isomorph zu $(\mathbb{Z}/3\mathbb{Z}, +, \cdot)$ ist.

Beim Körper mit vier Elementen nennen wir die Elemente nun a, b, c, d, um zu verdeutlichen, dass diese Bezeichnungen völlig unerheblich sind. Der Ring $(\mathbb{Z}/4\mathbb{Z}, +, \cdot)$ ist nicht nullteilerfrei, kommt also als ein Kandidat für einen Körper mit vier Elementen nicht in Frage (vgl. 2.3.4 d)). Wie man nachprüfen kann, ist die einzige Möglichkeit der Verknüpfungen, die $(\{a, b, c, d\}, +, \cdot)$ zu einem Körper macht, die folgende (vgl. auch Aufgabe 2 zu 2.2):

$+$	a	b	c	d
a	a	b	c	d
b	b	a	d	c
c	c	d	a	b
d	d	c	b	a

$\cdot$	a	b	c	d
a	a	a	a	a
b	a	b	c	d
c	a	c	d	b
d	a	d	b	c

a ist dabei das Nullelement, b die Eins.

2. Angenommen, $\varphi \colon K \to K'$ ist nicht injektiv. Dann existieren $x, y \in K$, $x \neq y$, mit $\varphi(x) = \varphi(y)$ in K'. Somit gilt $0 = \varphi(x) - \varphi(y) = \varphi(x - y)$ und $x - y \neq 0$, also ist $x - y$ invertierbar. Nun zeigen wir, dass φ dann der Nullhomomorphismus ist. Sei dazu $z \in K$ beliebig. Es gilt

$$\varphi(z) = \varphi(z \cdot (x - y) \cdot (x - y)^{-1})$$
$$= \varphi(z) \cdot \varphi(x - y) \cdot \varphi((x - y)^{-1})$$
$$= \varphi(z) \cdot 0 \cdot \varphi((x - y)^{-1}) = 0,$$

d. h. φ bildet alle $z \in K$ auf null ab.

3. a) Wir wollen an dieser Stelle darauf verzichten, die Ringeigenschaften von S nachzuweisen. Es sei nur angemerkt, dass die Nullabbildung das Nullelement ist. Die Abbildung, die jedes Element aus M auf 1 abbildet, ist das Einselement von S. Die inverse Abbildung bezüglich der Addition einer Abbildung f ist die Abbildung g mit $g(m) = -f(m)$ für alle $m \in M$.

b) Auch wenn R ein Körper ist, wird $S = \mathrm{Abb}(M; R)$ im Allgemeinen nicht zu einem Körper. Genauer gilt: S ist genau dann ein Körper, wenn R ein Körper ist und M aus einem Element besteht.

Nehmen wir zunächst an, dass $M = \{m\}$ aus einem Element besteht. Nach Teil a) ist die Nullabbildung das Null-element und die Abbildung f mit $f(m) = 1$ das Einselement von S. Ist für $f \in$

S das Bild $f(m) \notin \{0, 1\}$, so existiert ein $r \in R$ mit $r \cdot f(m) = 1$. Die Abbildung $g \in S$ mit $g(m) = r$ ist dann das inverse Element zu f in S.

Hat M mehr als ein Element, so definieren wir eine Abbildung $f \colon M \to R$ durch $f(m_1) = 1$ für ein $m_1 \in M$ und $f(m) = 0$ für alle $m \in M \setminus \{m_1\}$. Falls ein Inverses $g \in S$ zu f existierte, so müsste für alle $m \in M \setminus \{m_1\}$

$$1 = (f \cdot g)(m) = f(m) \cdot g(m) = 0 \cdot g(m) = 0$$

gelten, was wegen $1 \neq 0$ in einem Körper nicht sein kann.

4. Wir zeigen

$$t^n - 1 = (t - 1) \cdot \sum_{i=0}^{n-1} t^i = (t - 1) \cdot (t^{n-1} + t^{n-2} + \ldots + t + 1), \quad (*)$$

denn dann gilt $(t^n - 1) : (t - 1) = \displaystyle\sum_{i=0}^{n-1} t^i$.

Um $(*)$ zu zeigen, lösen wir die Klammer auf der rechten Seite auf und erhalten nach dem „Reißverschlussverfahren"

$$(t - 1) \cdot (t^{n-1} + t^{n-2} + \ldots + t + 1)$$
$$= t \cdot (t^{n-1} + t^{n-2} + \ldots + t + 1) - (t^{n-1} + t^{n-2} + \ldots + t + 1)$$
$$= t^n + t^{n-1} + \ldots + t^2 + t - t^{n-1} - t^{n-2} - \ldots - t - 1$$
$$= t^n + (t^{n-1} - t^{n-1}) + (t^{n-2} - t^{n-2}) \pm \ldots + (t^1 - t^1) - 1 = t^n - 1.$$

Damit ist die Behauptung bewiesen.

Alternativ lässt sich die Behauptung auch mit einer Polynomdivision zeigen. Diese Division sieht folgendermaßen aus:

$$\begin{array}{l}
(\quad t^n \qquad\qquad\qquad -1) : (t - 1) = t^{n-1} + t^{n-2} + \ldots + t + 1 \\
\underline{-t^n + t^{n-1}} \\
\qquad t^{n-1} \qquad\qquad\quad -1 \\
\qquad\qquad \ddots \qquad\quad \vdots \\
\qquad\qquad\qquad \underline{\quad t^2 \quad -1} \\
\qquad\qquad\qquad \underline{-t^2 + t} \\
\qquad\qquad\qquad\quad t - 1 \\
\qquad\qquad\qquad\quad \underline{-t + 1} \\
\qquad\qquad\qquad\qquad\quad 0
\end{array}$$

Man sollte der Sicherheit halber noch eine Probe machen. Diese ist jedoch bereits im Nachweis der Gleichung ⊛ enthalten.

5. Als erstes wollen wir geeignete Bezeichnungen wählen. Es sei

$$f = a_n X^n + a_{n-1} X^{n-1} + \ldots + a_1 X + a_0,$$
$$g = c_m X^m + c_{m-1} X^{m-1} + \ldots + c_1 X + c_0,$$
$$q = b_l X^l + b_{l-1} X^{l-1} + \ldots + b_1 X + b_0$$

mit

$$a_i, c_j \in K \subset K' \text{ für } 0 \leqslant i \leqslant n \text{ und } 0 \leqslant j \leqslant m$$

sowie

$$b_i \in K' \text{ für } 0 \leqslant i \leqslant l.$$

Ohne Einschränkung seien a_n, c_m und b_l ungleich null. Damit ist auch festgelegt, dass $n = m + l$ ist. Die Behauptung lautet nun, dass $b_i \in K$ gilt für alle i.

Da $f = q \cdot g$ ist, gilt $a_n = b_l \cdot c_m$, also $b_l = \frac{a_n}{c_m} \in K$. Desweiteren ist $a_{n-1} = b_{l-1} \cdot c_m + b_l \cdot c_{m-1}$, und somit $b_{l-1} = \frac{a_{n-1} - c_{m-1} \cdot b_l}{c_m} \in K$. So können wir uns weiter die verschiedenen b_i „entlanghangeln" und nacheinander zeigen, dass sie alle in K liegen.

6. Die Behauptung bedeutet geometrisch, dass ein Polynom höchstens n-ten Grades bereits durch $n + 1$ verschiedene Punkte eindeutig festgelegt ist.

In der Aufgabenstellung wird ein Tipp gegeben, den wir wie folgt nutzen können: Wenn wir die g_k mit den angegebenen Eigenschaften konstruiert haben, lässt sich

$$f = \sum_{k=0}^{n} y_k \cdot g_k$$

verifizieren, denn für $0 \leqslant i \leqslant n$ gilt

$$f(x_i) = \sum_{k=0}^{n} y_k \cdot g_k(x_i) = y_i \cdot 1 = y_i.$$

Die g_k konstruieren wir so:

$$g_k := \frac{1}{\prod_{\substack{i=0 \\ i \neq k}}^{n}(x_k - x_i)} \cdot \prod_{\substack{i=0 \\ i \neq k}}^{n}(t - x_i).$$

($\prod$ bezeichnet dabei das Produkt der bezeichneten Elemente, analog zu $\sum$ für die Summe.) Hier geht die Bedingung ein, dass alle x_i verschieden sein sollen, denn andernfalls könnte eine Null im Nenner auftreten. Wir rechnen nach:

$$g_k(x_i) = 0 \quad \text{für } i \neq k \quad \text{und}$$

$$g_k(x_k) = \frac{1}{\prod_{\substack{i=0 \\ i \neq k}}^{n}(x_k - x_i)} \cdot \prod_{\substack{i=0 \\ i \neq k}}^{n}(x_k - x_i) = y_k.$$

Damit gelten die an die g_k gestellten Bedingungen. Wie oben schon dargelegt, können wir damit die Existenz (mindestens) eines $f \in K[t]$ nachweisen. Wir sollen aber zeigen, dass es genau ein solches Polynom gibt. Es ist ja bis jetzt noch nicht klar, ob man nicht ein anderes Polynom f auf eine andere Weise konstruieren könnte, das ebenfalls die geforderten Eigenschaften besitzt.

Nehmen wir also an, es gäbe ein weiteres Polynom $g \neq f$ vom Grad $\leq n$ mit $g(x_i) = y_i$ für $i = 0, \ldots, n$. Dann ist $f - g$ nicht das Nullpolynom, und es gilt $(f - g)(x_i) = 0$ für $i = 0, \ldots, n$, d. h. $f - g$ besitzt mindestens $n + 1$ Nullstellen. Da jedoch

$$\deg(f - g) \leq \max\{\deg f, \deg g\} \leq n$$

ist, kann $f - g \neq 0$ nach Korollar 1 zu 2.3.10 maximal n Nullstellen haben, was einen Widerspruch bedeutet. Also ist $g = f$, und damit gibt es genau ein f mit den gewünschten Voraussetzungen.

7. In $\mathbb{C}[t]$ besitzen f und g eindeutige Zerlegungen in Linearfaktoren, weil $\mathbb{C}$ ein algebraisch abgeschlossener Körper ist. Die Voraussetzung bedeutet, dass jeder Linearfaktor, der in f vorkommt, mit mindestens derselben Vielfachheit auch in g auftritt. In g können auch noch andere Linearfaktoren auftreten. Das umschreibt gerade die Tatsache, dass g ein Vielfaches von f ist.

In $\mathbb{R}[t]$ gibt es keine analoge Aussage, weil nicht jedes Polynom in Linearfaktoren zerfällt. Ein mögliches Beispiel lautet $f = (t - 1)(t^2 + 1)$ und $g = (t - 1)^2$.

8. Die Abbildung $\tilde{}$ ist surjektiv. (Achtung: Die Tatsache, dass der Körper endlich ist, geht entscheidend ein. Für unendliche Körper ist die Behauptung falsch.)

$\tilde{}$ ist nicht injektiv, da $K[t]$ unendlich viele Elemente enthält, Abb (K, K) jedoch nur endlich viele. Ersteres folgt daraus, dass $t^k \in K[t]$ für alle $k \in \mathbb{N}$ gilt, die zweite Behauptung gilt auch nach Ergänzungsaufgabe E1 zu Abschn. 1.1 in [S-G2].

· **9. a)** Es seien

$$f = \sum_{0 \leqslant i_1, \ldots, i_n \leqslant k} a_{i_1 \cdots i_n} \cdot t_1^{i_1} \cdot \ldots \cdot t_n^{i_n}$$

und

$$g = \sum_{0 \leqslant j_1, \ldots, j_n \leqslant l} b_{j_1 \cdots j_n} \cdot t_1^{j_1} \cdot \ldots \cdot t_n^{j_n}$$

gegeben. Durch Hinzufügen von entsprechenden $a_{j_1 \cdots j_n} = 0$ und $b_{i_1 \cdots i_n} = 0$ können wir o.B.d.A. annehmen, dass die Summen über dieselben n-Tupel gebildet werden, d. h.

$$f = \sum_{0 \leqslant i_1, \ldots, i_n \leqslant k} a_{i_1 \cdots i_n} \cdot t_1^{i_1} \cdot \ldots \cdot t_n^{i_n}$$

und

$$g = \sum_{0 \leqslant i_1, \ldots, i_n \leqslant k} b_{i_1 \cdots i_n} \cdot t_1^{i_1} \cdot \ldots \cdot t_n^{i_n}.$$

Damit folgt dann sofort

$$f + g = \sum_{0 \leqslant i_1, \ldots, i_n \leqslant k} \left(a_{i_1 \cdots i_n} + b_{i_1 \cdots i_n} \right) \cdot t_1^{i_1} \cdot \ldots \cdot t_n^{i_n}.$$

Eine Formel für die Multiplikation können wir angeben durch

$$f \cdot g = \sum_{\substack{0 \leqslant i_1, \ldots, i_n \leqslant k \\ 0 \leqslant j_1, \ldots, j_n \leqslant k}} a_{i_1 \cdots i_n} \cdot b_{j_1 \cdots j_n} \cdot t_1^{i_1 + j_1} \cdot \ldots \cdot t_n^{i_n + j_n}.$$

Der Nachweis der Ringeigenschaften von $K[t_1, \ldots, t_n]$ ist Routine; wir lassen ihn hier aus. Die Kommutativität der Multiplikation ist klar nach der Konstruktion.

Die Nullteilerfreiheit ist deutlich leichter einzusehen, wenn wir die Teile b) bis d) gelöst haben; wir verschieben ihren Beweis daher auf später.

b) Ist

$$h(t_1, \ldots, t_n) = \sum_{i_1 + \ldots + i_n = d} a_{i_1 \cdots i_n} \cdot t_1^{i_1} \cdot \ldots \cdot t_n^{i_n},$$

so folgt

$$h(\lambda t_1, \ldots, \lambda t_n) = \sum_{i_1 + \ldots + i_n = d} a_{i_1 \cdots i_n} \cdot (\lambda t_1)^{i_1} \cdot \ldots \cdot (\lambda t_n)^{i_n}$$

$$= \sum_{i_1 + \ldots + i_n = d} a_{i_1 \cdots i_n} \cdot \lambda^{i_1} \cdot t_1^{i_1} \cdot \ldots \cdot \lambda^{i_n} t_n^{i_n}$$

$$= \lambda^d \sum_{i_1 + \ldots + i_n = d} a_{i_1 \cdots i_n} \cdot t_1^{i_1} \cdot \ldots \cdot t_n^{i_n}$$

$$= \lambda^d \cdot h(t_1, \ldots, t_n).$$

c) Es sei

$$f = f_{(0)} + \ldots + f_{(k)}$$

die Zerlegung von f in homogene Komponenten, d. h. die $f_{(i)}$ sind die Summe aller homogenen Summanden vom Grad i. Für festes $t := (t_1, \ldots, t_n) \in K^n$ gilt dann nach Teil b)

$$f(\lambda t) = \underbrace{f_{(0)}(t)}_{\in K} + \lambda \cdot \underbrace{f_{(1)}(t)}_{\in K} + \ldots + \lambda^k \cdot \underbrace{f_{(k)}(t)}_{\in K} \in K[\lambda].$$

Andererseits ist

$$f(\lambda t) = \lambda^d \cdot \underbrace{f(t)}_{\in K} \in K[\lambda]$$

nach Voraussetzung. Damit folgt für alle $\lambda \in K$

$$g(\lambda) := f_{(0)}(t) + \lambda \cdot f_{(1)}(t) + \ldots + \lambda^k \cdot f_{(k)}(t) - \lambda^d \cdot f(t)$$
$$= f_{(0)}(t) + \ldots + \lambda^{d-1} \cdot f_{(d-1)}(t) + \lambda^d \cdot \left(f_{(d)}(t) - f(t)\right)$$
$$+ \lambda^{d+1} \cdot f_{(d+1)}(t) + \ldots + \lambda^k \cdot f_{(k)}(t)$$
$$= 0.$$

Da K unendlich viele Elemente besitzt, ist g nach Korollar 1 aus Abschn. 2.3.10 das Nullpolynom, d. h. $f(t) = f_{(d)}(t)$. Da diese Aussage für beliebiges $t \in K^n$ gilt, ist $f_{(d)} = f$.

d) Diese Aussage sieht man durch einfaches Ausmultiplizieren.
Wir kommen nun zum Beweis der Nullteilerfreiheit von $R :=$ $K[t_1, \ldots, t_n]$ aus Teil a). Dazu betrachten wir die homogenen Zerlegungen

$$f = f_{(0)} + \ldots + f_{(k)} \quad \text{und} \quad g = g_{(0)} + \ldots + g_{(l)}$$

zweier Polynome f und g aus R. Für das Produkt dieser beiden Polynome gilt

$$f \cdot g = \sum_{d=0}^{k+l} \sum_{i+j=d} f_{(i)} \cdot g_{(j)}.$$

Falls $f \cdot g = 0$ ist, so gilt für alle $0 \leqslant d \leqslant k + l$

$$\sum_{i+j=d} f_{(i)} \cdot g_{(j)} = 0.$$

Sei nun $d_f := \min\{d : f_{(d)} \neq 0\}$ und $d_g := \min\{d : g_{(d)} \neq 0\}$. Dann gilt

$$0 = \sum_{i+j=d_f+d_g} f_{(i)} \cdot g_{(j)} = f_{(d_f)} \cdot g_{(d_g)} = \sum_{i_1+\ldots+i_n=d_f+d_g} c_{i_1 \cdots i_n} t^{i_1} \cdot \ldots \cdot t^{i_n}.$$

Da in je zwei Summanden mindestens zwei der i_j verschieden sind, folgt $c_{i_1 \cdots i_n} = 0$ für alle Tupel $(i_1, \ldots, i_n)$, und damit entweder $f_{(d_f)} = 0$ oder $g_{(d_g)} = 0$ im Widerspruch zur Annahme. Damit ist R nullteilerfrei.

Nach Aufgabe 3 zu Abschn. 2.5 ist eine rundere Argumentation möglich, da die $t^{i_1} \cdot \ldots \cdot t^{i_n}$ mit $i_1 + \ldots + i_n = d$ eine Basis des Vektorraumes der homogenen Polynome vom Grad d sind.

10. Die Konstruktion ist analog zu den rationalen Zahlen als *Quotientenkörper* der ganzen Zahlen und kann an geeigneter Stelle nachgesehen werden (z. B. in [E], Kap. 1, §4, oder [K-P], Kapitel III). Es sollte jedoch nicht unerwähnt bleiben, dass der Körper der rationalen Funktionen in der algebraischen Geometrie eine gewisse Bedeutung hat, da durch ihn Einblicke in die Struktur von *algebraischen Varietäten* gewonnen werden kann (vgl. z. B. [Ku2], Kapitel IV, §2).

Teil d) deutet darauf hin, was nicht zuletzt bereits bei der Einführung der rationalen Zahlen in der Schule vorausgesetzt wird: Ganze Zahlen werden als Unterring der rationalen Zahlen angesehen. Dies findet in der Multiplikation ganzer Zahlen a mit einem Bruch $\frac{b}{c}$ Anwendung, indem $a \cdot \frac{b}{c} = \frac{a}{1} \cdot \frac{b}{c} = \frac{a \cdot b}{c}$ gerechnet wird.

Für den Beweis von Teil d) seien $g, h \in K[t]$ mit $\frac{g}{1} = \frac{h}{1}$. Es gilt

$$\frac{g}{1} = \frac{h}{1} \Leftrightarrow g \cdot 1 = h \cdot 1 \Leftrightarrow g = h,$$

also ist die Abbildung injektiv. Die Homomorphismus-Eigenschaften vererben sich problemlos.

11. a) Zu Beginn sei notiert, dass das neutrale Element der Addition durch $0 = 0 + 0 \cdot \sqrt{2}$ gegeben ist. Zunächst zeigen wir, dass R abgeschlossen bzgl. der Addition und der Multiplikation ist. Es seien $a, b \in R$, also $a = m_1 + n_1\sqrt{2}$ und $b = m_2 + n_2\sqrt{2}$. Für die Summe ergibt sich damit

$$a + b = m_1 + n_1\sqrt{2} + m_2 + n_2\sqrt{2} = (m_1 + m_2) + (n_1 + n_2)\sqrt{2} \in R.$$

Für das Inverse von a gilt $-a = -m_1 - n_1\sqrt{2}$, denn

$$\begin{aligned}
a + (-a) &= (m_1 + n_1\sqrt{2}) + (-m_1 - n_1\sqrt{2}) \\
&= (m_1 - m_1) + (n_1\sqrt{2} - n_1\sqrt{2}) \\
&= 0 - (n_1 - n_1)\sqrt{2} = 0.
\end{aligned}$$

$(\mathbb{R}, +)$ ist abelsch, damit auch $(R, +)$.

Es steht aus, zu zeigen, dass für $a, b \in R$ auch $a \cdot b \in R$ gilt. Dazu wählen wir $a = m_1 + n_1\sqrt{2}$ und $b = m_2 + n_2\sqrt{2}$ aus R und bilden das Produkt. Es ergibt sich

$$a \cdot b = (m_1 + n_1\sqrt{2}) \cdot (m_2 + n_2\sqrt{2})$$
$$= m_1 \cdot m_2 + m_1 \cdot n_2\sqrt{2} + n_1\sqrt{2} \cdot m_2 + n_1\sqrt{2} \cdot n_2\sqrt{2}$$
$$= m_1 \cdot m_2 + (m_1 n_2 + n_1 m_2)\sqrt{2} + n_1 n_2 \underbrace{\left(\sqrt{2}\right)^2}_{=2}$$
$$= (m_1 \cdot m_2 + 2n_1 n_2) + (m_1 n_2 + n_1 m_2)\sqrt{2} \in R.$$

Damit ist die Behauptung bewiesen.

Als Unterring des Körpers $\mathbb{R}$ ist R auch Integritätsring.

b) Wir zeigen zunächst, dass ε selbst eine Einheit ist, und nehmen an, dass m, n mit $\varepsilon^{-1} = m + n \cdot \sqrt{2}$ existieren. Hierfür gilt

$$1 = \varepsilon \cdot \varepsilon^{-1} = (1 + \sqrt{2})(m + n \cdot \sqrt{2}) = m + 2n + (m + n) \cdot \sqrt{2},$$

Damit diese Gleichung gültig ist, müssen $m = -1$ und $n = 1$ sein, womit $\varepsilon^{-1} = -1 + \sqrt{2}$ folgt.

Jetzt wollen wir zeigen, dass ε^k für beliebiges $k \in \mathbb{Z}$ eine Einheit ist, und behaupten, dass für jedes k genau $\varepsilon^k \cdot (\varepsilon^{-1})^k = 1$ ist.

Dieser Beweis läuft per Induktion über k. Schaut man aber in 2.1.1 auf das Prinzip der vollständigen Induktion, so liegt ihr Grundgedanke darin, in einer sortierten Menge ein kleinstes Element zu finden und dann jeweils zu zeigen, dass das folgende Element der Menge ebenfalls die Bedingung erfüllt. Die ganzen Zahlen besitzen jedoch kein kleinstes Element. Dies ist aber kein wirkliches Hindernis, da wir zeigen werden, dass $(\varepsilon^{-1})^k = \varepsilon^{-k}$ das Inverse von ε^k mit $k > 0$ ist, damit haben wir die Behauptung auch für negative Exponenten gezeigt.

Der Induktionsanfang ist bereits erledigt. Wir müssen noch den Induktionsschritt $k - 1 \Rightarrow k$ vornehmen. Dieser ergibt sich mit

$$\varepsilon^k \cdot (\varepsilon^{-1})^k = \varepsilon \cdot \underbrace{\left(\varepsilon^{k-1} \cdot (\varepsilon^{-1})^{k-1}\right)}_{=1} \cdot \varepsilon = \varepsilon \cdot \varepsilon^{-1} = 1,$$

wobei sich das „$= 1$" über die Induktionsvoraussetzung ergibt.

Für einzelne Bespiele sieht es so aus:

$$\varepsilon^2 = 3 + 2\sqrt{2} \qquad \varepsilon^{-2} = 3 - 2\sqrt{2}$$
$$\varepsilon^3 = 7 + 5\sqrt{2} \qquad \varepsilon^{-3} = -(7 - 5\sqrt{2})$$
$$\varepsilon^4 = 17 + 12\sqrt{2} \qquad \varepsilon^{-4} = 17 - 12\sqrt{2}$$

Schaut man sich die Rechnung genauer an, so wird hier sichtbar, dass für

$$\varepsilon^k = m + n\sqrt{2} \quad \text{und} \quad \varepsilon^{k+1} = m' + n'\sqrt{2}$$

mit $m, n, m', n' \in \mathbb{Z}$

$$m' = m + 2n \quad \text{und} \quad n' = m + n$$

gilt.

Mithilfe der ε^{-k} für $k \in \mathbb{N}$ ergibt sich eine Beziehung zwischen m und n, denn für $\varepsilon^k = m + n\sqrt{2}$ gilt, wie oben auch an den Beispielen erkennbar ist, $\pm\varepsilon^{-k} = -m + n\sqrt{2}$, und es gilt

$$1 = (m + n\sqrt{2})(-m + n\sqrt{2}) = -m^2 + 2n^2.$$

Hiermit folgt $2n^2 - m^2 = 1$. Analog folgt $2n^2 - m^2 = -1$ für $-\varepsilon^{-k}$. Damit folgt $2n^2 - m^2 = \pm 1 \Rightarrow m + n\sqrt{2}$ ist eine Einheit. Hier lässt sich auch die Rückrichtung zeigen. Für Genaueres vgl. auch [Fi5], Abschn. 2.4.3.

2.4   Vektorräume

1. a) Es ist

$$W := \{(x_1, x_2, x_3) \in \mathbb{R} : \ x_1 = x_2 = 2x_3\} \subset \mathbb{R}^3.$$

Zu zeigen sind die Eigenschaften UV1, UV2 und UV3 aus 2.4.2.
UV1: $(0, 0, 0) \in W$, also $W \neq \emptyset$.
UV2: Es seien $v = (v_1, v_2, v_3) \in W$ und $w = (w_1, w_2, w_3) \in W$. Dann gilt

$$v = (v_1, v_1, \tfrac{1}{2}v_1) \quad \text{und} \quad w = (w_1, w_1, \tfrac{1}{2}w_1),$$

also

$$v + w = (v_1 + w_1, v_1 + w_1, \tfrac{1}{2}(v_1 + w_1)) \in W.$$

UV3: Es seien $v = (v_1, v_1, v_3) \in W$ und $\lambda \in K$. Es ist

$$v = (v_1, v_1, \tfrac{1}{2}v_1),$$

also

$$\lambda v = (\lambda v_1, \lambda v_1, \tfrac{1}{2}\lambda v_1) \in W.$$

Also ist W ein Untervektorraum von $\mathbb{R}^3$.

b) Nun ist $W := \{(x_1, x_2) \in \mathbb{R}^2 : x_1^2 + x_2^4 = 0\} \subset \mathbb{R}^2$. Für alle $x \in \mathbb{R} \setminus 0$ gilt $x^2 > 0$ und $x^4 > 0$, woraus folgt, dass für alle $(x_1, x_2) \in \mathbb{R}^2 \setminus (0, 0)$ gerade $x_1^2 + x_2^4 > 0$ gilt. Also ist $W = \{(0, 0)\}$, und die Bedingungen UV1 und UV2 sind trivialerweise erfüllt.

c) Die Menge $W := \{(\mu + \lambda, \lambda^2) \in \mathbb{R}^2 : \lambda, \mu \in \mathbb{R}\} \subset \mathbb{R}^2$ ist kein Untervektorraum. Zwar gelten UV1 und UV2, jedoch ist UV3 nicht erfüllt. Das sieht man wie folgt: Für alle $\lambda \in \mathbb{R}$ ist $\lambda^2 \geqslant 0$. Wähle $\lambda = 1, \mu = 0, \alpha = -1$. Dann ist $\alpha \cdot (\mu + \lambda, \lambda^2) - (-1) \cdot (1, 1) - (-1, -1) \notin W$.

d) In $W := \{f \in \mathrm{Abb}(\mathbb{R}, \mathbb{R}) : f(x) = f(-x) \text{ für alle } x \in \mathbb{R}\}$ ist die Nullabbildung sicherlich in W enthalten; das zeigt UV1. Die Eigenschaft UV2 folgt für $f, g \in W$ aus

$$(f + g)(x) = f(x) + g(x) = f(-x) + g(-x) = (f + g)(-x).$$

UV3 schließlich folgt aus

$$(\lambda f)(x) = \lambda \cdot f(x) = \lambda \cdot f(-x) = (\lambda f)(-x)$$

für alle $f \in W$ und alle $\lambda \in \mathbb{R}$. Also ist W ein Untervektorraum von $\mathrm{Abb}(\mathbb{R}, \mathbb{R})$.

e) Wie bereits in Teil c) gelten für $W := \{(x_1, x_2, x_3) \in \mathbb{R}^3 : x_1 \geqslant x_2\} \subset \mathbb{R}^3$ die Eigenschaften UV1 und UV2, jedoch nicht UV3. Für $v = (2, 1, 1) \in W$ und $\lambda = -1 \in \mathbb{R}$ folgt

$$\lambda \cdot v = (-2, -1, -1) \notin W, \quad \text{da} \quad x_1 = -2 < -1 = x_2.$$

W ist also kein Untervektorraum von $\mathbb{R}^3$.

f) Die Menge $W := \{A \in \mathrm{M}(m \times n; \mathbb{R}) : A\}$ ist in Zeilenstufenform ist kein Untervektorraum von $\mathrm{M}(m \times n; \mathbb{R})$. Anders als in den Aufgabe c) und e) ist hier bereits die Summe zweier Vektoren im Allgemeinen nicht mehr in W enthalten. Für

$$A = \begin{pmatrix} 1 & 1 \\ 0 & 1 \end{pmatrix} \in W \quad \text{und} \quad B = \begin{pmatrix} -1 & 1 \\ 0 & 0 \end{pmatrix} \in W$$

ist

$$A + B = \begin{pmatrix} 1 & 1 \\ 0 & 1 \end{pmatrix} + \begin{pmatrix} -1 & 1 \\ 0 & 0 \end{pmatrix} = \begin{pmatrix} 0 & 2 \\ 0 & 1 \end{pmatrix}$$

nicht in W. Also ist W kein Untervektorraum.

2. Die Eigenschaft V1 folgt unmittelbar aus der Tatsache, dass es sich bei V und W bereits um abelsche Gruppen handelt. Für die Eigenschaft V2 zeigen wir stellvertretend:

$$(\lambda + \mu)(v, w) = ((\lambda + \mu)v, (\lambda + \mu)w) = (\lambda v + \mu v, \lambda w + \mu w)$$
$$= (\lambda v, \lambda w) + (\mu v, \mu w) = \lambda(v, w) + \mu(v, w).$$

3. Es sind die Eigenschaften V1 und V2 zu zeigen. Für V1 sind die Gruppenaxiome G1 und G2 aus 2.2.2 nachzuweisen. G1 ist dabei klar.

Das Nullelement ist die Abbildung $f(x) = 0$ für alle $x \in X$, das zur Abbildung $f \in \text{Abb}(X, V)$ negative Element ist gegeben durch g mit $g(x) = -f(x)$ für alle $x \in X$, wobei für $f(x) \in V$ auch $-f(x) \in V$ gilt, da V ein Vektorraum ist. Die Kommutativität von $\text{Abb}(X, V)$ folgt aus der Kommutativität von V als Gruppe, denn für alle $g \in \text{Abb}(X, V)$ gilt

$$(f + g)(x) = f(x) + g(x) = g(x) + f(x) = (g + f)(x) \quad \text{für alle } x \in X.$$

Auch die Eigenschaft V2 folgt aus der entsprechenden Eigenschaft für V:

$$((\lambda + \mu) \cdot f)(x) = (\lambda + \mu)f(x) = \lambda f(x) + \mu f(x) = (\lambda f)(x) + (\mu f)(x)$$

für alle $f, g \in \text{Abb}(X, V)$ und alle $x \in X$.

4. a) Die Sinus-Funktion ist 2π-periodisch, also ist die Menge V nicht leer. Die Eigenschaften UV1 und UV2 folgen unmittelbar aus der Definition der Addition und skalaren Multiplikation in Aufgabe 3.

b) Bevor wir die Eigenschaften UV1 bis UV3 nachweisen, müssen wir zeigen, dass $W \subset V$ gilt. Die 2π-Symmetrie von $\sin(x)$ und $\cos(x)$ ist bekannt. Für ein beliebiges $m \in \mathbb{N}$ gilt

$$\sin(m(x + 2\pi)) = \sin(mx + m2\pi) = \sin((mx + (m-1)2\pi) + 2\pi)$$
$$= \sin(mx + (m-1)2\pi) = \ldots = \sin(mx).$$

Analog zeigt man die 2π-Periodizität von $\cos(mx)$.

Nun kommen wir zu den Nachweisen der Eigenschaften UV1 bis UV3. Die Menge W ist nicht leer. Sind $f, g \in W$, so gibt es Darstellungen

$$f(x) = \sum_{i=1}^{k} \lambda_i \cos(n_i x) + \sum_{j=1}^{l} \mu_j \sin(m_j x) \quad \text{und}$$

$$g(x) = \sum_{i=k+1}^{\tilde{k}} \lambda_i \cos(n_i x) + \sum_{j-l+1}^{\tilde{l}} \mu_j \sin(m_j x).$$

Daraus folgt

$$(f + g)(x) = f(x) + g(x)$$
$$= \sum_{i=1}^{k} \lambda_i \cos(n_i x) + \sum_{j=1}^{l} \mu_j \sin(m_j x)$$
$$+ \sum_{i=k+1}^{\tilde{k}} \lambda_i \cos(n_i x) + \sum_{j=l+1}^{\tilde{l}} \mu_j \sin(m_j x)$$
$$= \sum_{i=1}^{\tilde{k}} \lambda_i \cos(n_i x) + \sum_{j=1}^{\tilde{l}} \mu_j \sin(m_j x) \in W.$$

Analog folgt die Eigenschaft UV3.

5. Wir zeigen zunächst, dass die Inklusionen $\ell^1 \subset \ell^2 \subset \ell \subset \ell_\infty$ der entsprechenden Mengen gelten. Dabei werden an einigen Stellen Grenzwertsätze für reelle Zahlenfolgen benutzt, die, sofern sie nicht aus Schule oder Studium bekannt sind, in [Fo1], §4 nachgesehen werden können.

Um die Inklusion $\ell \subset \ell_\infty$ zu zeigen, wählen wir ein $(x_i)_{i \in \mathbb{N}} \in \ell$ mit Grenzwert g, d. h. zu jedem $\varepsilon > 0$ gibt es ein $N(\varepsilon) \in \mathbb{N}$ mit $|x_i - g| < \varepsilon$ für alle $i \geqslant N(\varepsilon)$. Speziell für $\varepsilon = 1$ gilt $|x_i - g| < 1$ für alle $i \geqslant N(1)$, woraus

$$|x_i| < |g| + 1 \quad \text{für alle } i \geqslant N(1)$$

folgt. Wählen wir

$$M := \max\left(|x_1|, \ldots, |x_{N(1)-1}|, |g| + 1\right),$$

so gilt $|x_i| \leqslant M$ für alle $i \in \mathbb{N}$, d. h. $(x_i)_{i \in \mathbb{N}}$ ist beschränkt.

Es sei nun $(x_i)_{i \in \mathbb{N}} \in \ell^2$. Dann existiert ein $c \in \mathbb{R}$ mit

$$\sum_{i=0}^{\infty} |x_i|^2 = c.$$

Wegen

$$|x_n|^2 = x_n^2 = \sum_{i=0}^{n} x_i^2 - \sum_{i=0}^{n-1} x_i^2$$

für beliebiges $n \in \mathbb{N}$ folgt

$$\lim_{n \to \infty} x_i^2 = \lim_{n \to \infty} \left(\sum_{i=0}^{n} x_i^2 - \sum_{i=0}^{n-1} x_i^2 \right) = \lim_{n \to \infty} \sum_{i=0}^{n} x_i^2 - \lim_{n \to \infty} \sum_{i=0}^{n-1} x_i^2$$
$$= c - c = 0.$$

Aus $\lim_{n \to \infty} x_n^2 = 0$ folgt jedoch sofort $\lim_{n \to \infty} x_i = 0$, d. h. $(x_i)_{i \in \mathbb{N}} \in \ell$.

Nun kommen wir zur Inklusion $\ell^1 \subset \ell^2$. Dazu wählen wir ein $(x_i)_{i \in \mathbb{N}}$ mit

$$c := \sum_{i=0}^{\infty} |x_i|,$$

woraus folgt

$$c^2 = \left(\sum_{i=0}^{\infty} |x_i| \right)^2.$$

Für beliebiges $n \in \mathbb{N}$ gilt

$$\left(\sum_{i=0}^{n} |x_i| \right)^2 - \sum_{i=0}^{n} |x_i|^2 = \sum_{i \neq j} 2|x_i| \cdot |x_j| \geqslant 0,$$

da jeder einzelne Summand auf der rechten Seite größer oder gleich 0 ist. Umgeformt ergibt dies

$$\left(\sum_{i=0}^{n} |x_i| \right)^2 \geqslant \sum_{i=0}^{n} |x_i|^2$$

für alle $n \in \mathbb{N}$, woraus folgt

$$c^2 = \lim_{n \to \infty} \left(\sum_{i=0}^{n} |x_i| \right)^2 \geqslant \lim_{n \to \infty} \sum_{i=0}^{n} |x_i|^2 = \sum_{i=0}^{\infty} |x_i|^2.$$

Insbesondere ist $\sum_{i=0}^{\infty} |x_i|^2 < \infty$ und $(x_i)_{i \in \mathbb{N}} \in \ell^2$.

Es sind nun für unsere Mengen die Eigenschaften UV1, UV2 und UV3 zu zeigen. Für $(x_i)_{i \in \mathbb{N}}$ mit $x_i = 0$ für alle i ist

$$(x_i)_{i \in \mathbb{N}} \in \ell^1 \subset \ell^2 \subset \ell \subset \ell_\infty,$$

also sind alle Mengen nicht leer.

Die restlichen Eigenschaften müssen für alle Mengen einzeln gezeigt werden. Es reicht nicht, die Eigenschaften für eine Obermenge zu zeigen, da überhaupt nicht klar ist, ob man bei der Addition von Vektoren oder der skalaren Multiplikation nicht „aus der Menge fällt"; genau das soll ja letztlich erst gezeigt werden.

Für eine beschränkte Folge $(x_i)_{i \in \mathbb{N}}$ mit Schranke $m \in \mathbb{R}$ ist λm eine Schranke der Folge $(\lambda x_i)_{i \in \mathbb{N}}$, und sind zwei beschränkte Folgen (x_i) und (y_i) mit Schranken m und n gegeben, so ist für alle $i \in \mathbb{N}$

$$|x_i + y_i| \leqslant |x_i| + |y_i| \leqslant m + n,$$

also ist $(x_i + y_i)_{i \in \mathbb{N}}$ beschränkt. Damit ist gezeigt, dass ℓ_∞ ein Untervektorraum von Abb$(\mathbb{N}, \mathbb{R})$ ist.

Aus den Grenzwertsätzen folgt, dass ℓ ein Untervektorraum von ℓ_∞ ist.

Für $(x_i)_{i \in \mathbb{N}} \in \ell^2$ und $\lambda \in \mathbb{R}$ gilt

$$\sum_{i=0}^{\infty} |\lambda x_i|^2 = \lambda^2 \cdot \sum_{i=0}^{\infty} |x_i|^2 < \infty \,.$$

Sind (x_i), $(y_i) \in \ell^2$ gegeben, so gilt für alle $i \in \mathbb{N}$

$$|x_i| \cdot |y_i| \leqslant \max \left(|x_i|^2, |y_i|^2 \right) \leqslant |x_i|^2 + |y_i|^2 \,. \qquad (*)$$

Damit folgt

$$\sum_{i=0}^{\infty} |x_i + y_i|^2 \leqslant \sum_{i=0}^{\infty} \left(|x_i|^2 + |y_i|^2 + 2|x_i| \cdot |y_i| \right)$$

$$\overset{(*)}{\leqslant} 3 \sum_{i=0}^{\infty} \left(|x_i|^2 + |y_i|^2 \right) < \infty \,,$$

also ist $(x_i + y_i)_{i \in \mathbb{N}} \in \ell^2$.

Zum Schluss folgt für (x_i), $(y_i) \in \ell^1$ und $\lambda \in \mathbb{R}$

$$\sum_{i=0}^{\infty} |\lambda \cdot x_i| = |\lambda| \cdot \sum_{i=0}^{\infty} |x_i| < \infty$$

und

$$\sum_{i=0}^{\infty} |x_i + y_i| \leqslant \sum_{i=0}^{\infty} (|x_i| + |y_i|) < \infty \,.$$

Damit ist alles gezeigt.

6. Jeder Vektorraum enthält einen Untervektorraum, der isomorph zum zugrundeliegenden Körper ist. Daher kann eine abzählbar unendliche Teilmenge keine $\mathbb{R}$-Vektorraumstruktur besitzen, denn $\mathbb{R}$ ist überabzählbar, siehe Aufgabe 5 zu Abschn. 2.1.

7. Für eine skalare Multiplikation $\mathbb{C} \times \mathbb{R} \to \mathbb{R}$ mit den gewünschten Eigenschaften gibt es ein $r \in \mathbb{R}$ mit $\imath \cdot 1 = r$. Dann aber ist nach den Eigenschaften V2 einer skalaren Multiplikation

$$-1 = (-1) \cdot 1 = \imath^2 \cdot 1 = \imath \cdot (\imath \cdot 1) = \imath \cdot r = \imath \cdot 1 \cdot r = r^2 \,.$$

Da es keine reelle Zahl r mit $r^2 = -1$ gibt, kann die gesuchte skalare Multiplikation nicht existieren.

8. a) Sei $a \cdot 1 + b \cdot \sqrt{2} + c \cdot \sqrt{3} = 0$ mit $a, b, c \in \mathbb{Q}$. Dann gilt

$$b \cdot \sqrt{2} + c \cdot \sqrt{3} = -a \in \mathbb{Q}, \qquad (*)$$

also auch

$$(-a)^2 = 2b^2 + 2bc \cdot \sqrt{6} + 3c^2 \in \mathbb{Q}. \qquad (**)$$

Gilt $b \neq 0$ und $c \neq 0$, so ist nach $(**)$

$$\sqrt{6} = \frac{(-a)^2 - 2b^2 - 3c^2}{2bc} \in \mathbb{Q},$$

was ein Widerspruch ist. Ist entweder $b \neq 0$ und $c = 0$ oder $c \neq 0$ und $b = 0$, so folgt aus $(*)$

$$\sqrt{2} = -\tfrac{a}{b} \in \mathbb{Q} \quad \text{oder} \quad \sqrt{3} = -\tfrac{a}{c} \in \mathbb{Q},$$

dies ist ebenfalls ein Widerspruch. Also gilt $b = c = 0$, woraus nach Gleichung $(*)$ auch $a = 0$ folgt. Damit sind 1, $\sqrt{2}$ und $\sqrt{3}$ über $\mathbb{Q}$ linear unabhängig.

b) Nein, es gilt $2 \cdot (4, 5, 6) - (1, 2, 3) = (7, 8, 9)$.

c) Es bezeichne $f_n(x) := \left(\frac{1}{n+x} \right)$. Für eine Summe

$$\sum_{i=1}^{k} \lambda_i f_i = 0 \quad \text{mit } \lambda_i \in \mathbb{R}$$

wollen wir zeigen, dass alle λ_i verschwinden müssen. Da die Summe endlich ist, können wir den Hauptnenner der Brüche bilden. Damit erhält man im Zähler ein Polynom vom Grad $k - 1$ in der Variablen x. Ein solches Polynom hat maximal $k - 1$ Nullstellen. Da $\mathbb{R}_+^*$ aber unendlich viele Elemente besitzt, muss das Polynom im Zähler das Nullpolynom sein. Dies führt aufgrund von $x \in \mathbb{R}_+^*$ zu einem Gleichungssystem in den λ_i, dessen Lösung sich zu $\lambda_1 = \ldots = \lambda_k = 0$ ergibt.

d) Ja, sie sind linear unabhängig. Es gibt zwar Verknüpfungen zwischen den trigonometrischen Funktionen, die aus der Schule bekannten Additionstheoreme, jedoch sind dies Verknüpfungen im *Ring* Abb $(\mathbb{R}, \mathbb{R})$, nicht im reellen Vektorraum Abb $(\mathbb{R}, \mathbb{R})$.

Die lineare Unabhängigkeit lässt sich trotzdem durch eine simple Rechnung zeigen. Dabei ist es hinreichend, $x \in \mathbb{R}$ zu betrachten, an denen eine der beiden trigonometrischen Funktionen gleich 0 ist. Es seien $\lambda, \mu \in \mathbb{R}$ und

$$\lambda \cdot \cos nx + \mu \cdot \sin mx = 0 \quad \text{für alle} x \in \mathbb{R} \qquad \circledast.$$

Für $x = 0$ gilt

$$\lambda \cdot 1 + \mu \cdot 0 = 0 \Rightarrow \lambda = 0.$$

Hieraus folgt $\mu \cdot \sin mx = 0$ für alle $x \in \mathbb{R}$, was ausschließlich für $\mu = 0$ sein kann.

Es ist nicht ganz so einfach, $\mu = 0$ zu zeigen. Die naheliegende Idee, analog vorzugehen, z. B. $x = \frac{\pi}{2n}$ zu wählen und dann

$$\lambda \cdot \underbrace{\cos\left(\frac{\pi}{2}\right)}_{=0} + \mu \cdot \sin\left(\frac{m}{n} \cdot \frac{\pi}{2}\right) = 0$$

zu erhalten, woraus man gerne $\mu = 0$ folgern würde, funktioniert leider nicht. Der Grund ist in der folgenden Abbildung am Beispiel von $\sin 2x$ und $\cos x$ sichtbar:

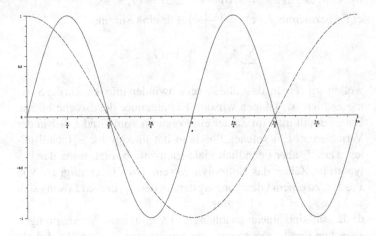

Wie hier deutlich wird, kann es durchaus passieren, dass $\cos mx = 0$ nur dann gilt, wenn auch $\sin nx = 0$ ist. Dies ist dann der

Fall, wenn $\frac{m}{n}$ ein ganzzahliges Vielfaches von 2 ist, wenn also $\sin\left(\frac{m}{n} \cdot \frac{\pi}{2}\right) = 0$ ist.

Diese Schwierigkeit lässt sich mit einem Trick beseitigen. Wir bilden die Ableitung der Gleichung ⊛. Das ergibt

$$\lambda \cdot n \cdot (-\sin nx) + \mu \cdot m \cdot \cos mx = 0.$$

Setzen wir jetzt $x = 0$, dann gilt

$$\lambda \cdot n \cdot \underbrace{(-\sin n \cdot 0)}_{=0} + \mu \cdot m \cdot \underbrace{\cos m \cdot 0}_{=1} = 0.$$

Hiermit gilt $m \cdot \mu = 0$. Da $m \neq 0$ ist, folgt $\mu = 0$. Dasselbe Argument wie oben ergibt $\lambda \cdot n \cdot (-\sin nx) = 0$ für alle $x \in \mathbb{R}$, was lediglich für $\lambda = 0$ möglich ist. Damit ist die Behauptung bewiesen.

Dieser Trick mit der ersten Ableitung ist ein Blick in Richtung eines Beweises mit Hilfe von Fourier-Zerlegungen, dessen Grundgedanken sich teilweise auf beliebige, unendlich oft differenzierbare, Funktionen übertragen lässt, vgl. dazu [Fo3], §13 und Aufgabe 5 zu Abschn. 6.5.

9. Das zur Aufgabe gehörige lineare Gleichungssystem führt auf die Matrix

$$\begin{pmatrix} 1 & 3 & 4 \\ 3 & t & 11 \\ -1 & -4 & 0 \end{pmatrix}.$$

Diese Matrix formen wir mittels elementarer Zeilenumformungen um zu

$$\rightsquigarrow \begin{pmatrix} 1 & 3 & 4 \\ 0 & t-9 & -1 \\ 0 & -1 & 4 \end{pmatrix} \rightsquigarrow \begin{pmatrix} 1 & 3 & 4 \\ 0 & 4t-37 & 0 \\ 0 & -1 & 4 \end{pmatrix}.$$

Die lineare Abhängigkeit der drei Vektoren ist gleichbedeutend damit, dass die zweite Zeile der Matrix verschwindet, also $4t - 37 = 0$ oder $t = \frac{37}{4}$.

10. a) $w = \frac{35}{48}v_1 + \frac{37}{48}v_2 - \frac{1}{16}v_3$. **b)** $w = -v_1 + v_2 + v_3$.

2.5   Basis und Dimension

Basen von Vektorräumen sind im Allgemeinen alles andere als eindeutig. Daher kann im Folgenden immer nur *ein* Beispiel für eine Basis gegeben werden. Sollte der/die LeserIn eine andere gefunden haben: don't worry. Die ultimative Basis gibt es nicht, auch wenn die Anzahl der Basiselemente eines endlichdimensionalen Vektorraumes fest ist! Es gibt höchstens Basen, die besonders einfach sind oder bestimmte Bedingungen erfüllen, wie zum Beispiel, dass ein gegebener Endomorphismus (siehe 3.1.2) eine besonders einfache Form hat (siehe 5.3 oder 5.5).

1. a) Eine mögliche Basis, die man wie in Beispiel 2 aus 1.5.7 erhalten kann, ist

$$w_1 = (1, 1, 1, 1, 1), \quad w_2 = (0, 1, 4, -1, 2), \quad w_3 = (0, 0, 9, -7, 0).$$

b) Es gelten folgende Zusammenhänge:

$$v_3 = v_1 + 2v_2, \quad v_5 = -2v_2, \quad v_5 = v_1 - v_3.$$

Daraus ergeben sich als mögliche Basen für V aus $v_1, \ldots, v_5$:

$$\{v_1, v_2, v_4\}, \{v_1, v_3, v_4\}, \quad \{v_1, v_4, v_5\}, \quad \{v_2, v_3, v_4\}, \{v_3, v_4, v_5\}.$$

Die Darstellungen der jeweils nicht in den Basen enthaltenen v_i ergeben sich aus den oben angegebenen Gleichungen.

2. a) Eine Basis ist gegeben durch (v_1, v_2) mit $v_1 = (1, 0, 1)$ und $v_2 = (0, 1, 0)$.
b) $v_1 = (3, -1, -5, 0)$ und $v_2 = (-1, 1, 1, -1)$ bilden eine Basis.
c) Für $V = \mathrm{span}\, (t^2, \ t^2 + t, \ t^2 + 1, \ t^2 + t + 1, \ t^7 + t^5)$ ist

$$\mathcal{B} = \left(t^2, t^2 + 1, t^2 + t, t^7 + t^5 \right)$$

eine Basis. Dazu ist zu zeigen, dass diese Polynome ber $\mathbb{R}$ linear unabhängig sind, und dass $V = \mathrm{span}\,\mathcal{B}$ gilt. Die zweite Aussage folgt aus

$$t^2 + t + 1 = 1 \cdot (t^2 + t) + 1 \cdot (t^2 + 1) - 1 \cdot t^2.$$

Die Aussage $t^7 + t^5 \notin \text{span}(t^2, t^2 + t, t^2 + 1)$ folgt durch Betrachtung der Grade der Polynome. Bleibt also die lineare Unabhängigkeit der drei Polynome t^2, $t^2 + t$, und $t^2 + 1$ zu zeigen. Seien $\alpha, \beta, \gamma \in \mathbb{R}$ gegeben mit

$$\alpha \cdot t^2 + \beta \cdot (t^2 + t) + \gamma \cdot (t^2 + 1) = 0.$$

Zusammenfassen nach Potenzen von t ergibt

$$(\alpha + \beta + \gamma) \cdot t^2 + \beta \cdot t + \gamma \cdot 1 = 0,$$

woraus unmittelbar $\alpha = \beta = \gamma = 0$ folgt.

d) Eine Basis von

$$V := \{f \in \text{Abb}(\mathbb{R}, \mathbb{R}) : f(x) = 0 \text{ bis auf endlich viele } x \in \mathbb{R}\}$$

ist gegeben durch

$$(f_r \in V : f_r(x) = \delta_{xr}),$$

wobei δ das *Kronecker-Symbol*

$$\delta_{xr} := \begin{cases} 1 & \text{für } x = r, \\ 0 & \text{sonst.} \end{cases}$$

ist. Die lineare Unabhängigkeit der Funktionen f_r ist unmittelbar klar. Ist andererseits $f \in V$ gegeben, so existieren $x_1, \ldots, x_n \in \mathbb{R}$, so dass $a_i := f(x_i) \neq 0$ für alle $i = 1, \ldots, n$ und $f(x) = 0$ für alle $x \in \mathbb{R} \setminus \{x_1, \ldots, x_n\}$. Dann aber gilt $f = \sum_{i=1}^{n} a_i \cdot f_{x_i}$.

3. Zunächst zeigen wir, dass die Menge $W := K[t_1, \ldots, t_n]_{(d)}$ der homogenen Polynome vom Grad d in n Veränderlichen vereinigt mit dem Nullpolynom einen Untervektorraum des Polynomringes über K in n Veränderlichen bilden. Wegen $0 \in W$ ist $W \neq \emptyset$. Dass für $f, g \in W$ auch $f + g \in W$ gilt, haben wir in Aufgabe 9 zu Abschn. 2.3 gezeigt.

Die Aussage für die Multiplikation mit $\lambda \in K$ ist klar; aus den Koeffizienten $a_{i_1 \cdots i_n}$ von $f = \sum_{0 \leqslant i_1, \ldots, i_n \leqslant k} a_{i_1 \cdots i_n} t_1^{i_1} \cdot \ldots \cdot t_n^{i_n}$ werden Koeffizienten $\lambda a_{i_1 \cdots i_n}$ von λf.

Nach den obigen Ausführungen und ähnlichen Überlegungen wie in der Lösung zu Aufgabe 2 ist klar, dass die Polynome $t_1^{d_1} \cdot \ldots \cdot t_n^{d_n}$ mit $d_1 + \ldots + d_n = d$ eine Basis von W bilden. Wir behaupten, dass es davon $\binom{n+d-1}{d}$ Stück gibt. Der Beweis wird per Induktion über n geführt.

Für $n = 1$ ist $W = \text{span}\,(t^d)$, also ist $\dim W = 1$, was mit $\binom{1+d-1}{d} = 1$ übereinstimmt.

Für den Induktionschritt nehmen wir an, die Aussage sei für $n - 1$ Variablen richtig. Da der Grad von $t_1^{d_1} \cdot \ldots \cdot t_n^{d_n}$ gleich d ist, gilt

$$\deg \left(t_1^{d_1} \cdot \ldots \cdot t_{n-1}^{d_{n-1}} \right) = d - d_n \, .$$

Aufgrund der Induktionsannahme gilt

$$\dim K[t_1, \ldots, t_{n-1}]_{(d-d_n)} = \binom{n - 1 + d - d_n - 1}{d - d_n} \, .$$

Für jedes $d_n = 0, \ldots, d$ erhält man so die Dimension des Untervektorraumes von W, der aus homogenen Polynomen mit dem Exponenten d_n von t_n besteht.

Daraus folgt

$$\dim K[t_1, \ldots, t_n]_{(d)} = \sum_{d_n=0}^{d} \dim K[t_1, \ldots, t_{n-1}]_{(d-d_n)}$$

$$= \sum_{d_n=0}^{d} \binom{n - 2 + d - d_n}{d - d_n} = \sum_{k=0}^{d} \binom{n - 2 + k}{k}$$

$$\overset{(*)}{=} \binom{n + d - 1}{d} \, .$$

Es bleibt der Beweis von $(*)$; er wird durch Induktion über d geführt. Für $d = 0$ gilt $\binom{n-1+0}{0} = 1 = \binom{n-1}{0}$. Für den Induktionsschritt betrachtet man

$$\sum_{k=0}^{d} \binom{n - 2 + k}{k} = \sum_{k=0}^{d-1} \binom{n - 2 + k}{k} + \binom{n - 2 + d}{d}$$

$$= \binom{n - 2 + d}{d - 1} + \binom{n - 2 + d}{d} \, ,$$

wobei im letzten Schritt die Induktionsannahme benutzt wurde. Aufgrund der Beziehungen im Pascalschen Dreieck (vgl. [Fo1], §1) gilt

$$\binom{n-2+d}{d-1} + \binom{n-2+d}{d} = \binom{n-1+d}{d}.$$

4. Wir zeigen zunächst, dass $\mathbb{C}$ endlich erzeugt über $\mathbb{R}$ ist. Das folgt leicht aus Abschn. 2.3.4, denn $\mathbb{C} = \mathbb{R} \times \mathbb{R}$, und $\{(1,0),(0,1)\}$ ist endliches Erzeugendensystem, da $(a,b) = a \cdot (1,0) + b \cdot (0,1)$ für alle $(a,b) \in \mathbb{C}$ gilt.

Um einzusehen, dass $\mathbb{R}$ nicht endlich erzeugt über $\mathbb{Q}$ ist, bemerken wir, dass $\mathbb{Q}$ als Menge abzählbar ist. Wäre $\mathbb{R}$ endlich erzeugt über $\mathbb{Q}$, so gäbe es $r_1, \ldots, r_n \in \mathbb{R}$, so dass für alle $r \in \mathbb{R}$ eine Darstellung

$$r = \sum_{i=1}^{n} q_i r_i \quad \text{mit} \quad q_i \in \mathbb{Q}$$

existiert. Damit wäre $\mathbb{R}$ abzählbar, was nach Aufgabe 5 zu Abschn. 1.1 nicht der Fall ist.

Mit dem gleichen Argument kann man auch zeigen, dass $\mathbb{R}$ nicht abzählbar erzeugt über $\mathbb{Q}$ ist.

5. Wir beginnen damit, nachzuweisen, dass die $\big((v_i, 0)\big)_{i \in I} \cup \big((0, w_j)\big)_{j \in J}$ ein Erzeugendensystem sind. Dazu sei $(v, w) \in V \times W$ gegeben. Wegen $v \in V$ gilt $v = \sum'_{i \in I} a_i v_i$, wobei der Strich am Summenzeichen andeuten soll, dass nur endlich viele der formal unendlich vielen aufgeschriebenen Summanden ungleich null sind (vgl. [F-S], 7.3.2). Wegen $w \in W$ gibt es eine Darstellung $w = \sum'_{j \in J} b_j w_j$. Aufgrund der Definitionen der Verknüpfungen in $V \times W$ folgt damit

$$(v, w) = (v, 0) + (0, w) = (\sum_{i \in I}' a_i v_i, 0) + (0, \sum_{j \in J}' b_j w_j)$$

$$= \sum_{i \in I}' a_i (v_i, 0) + \sum_{j \in J}' b_j (0, w_j),$$

also wird $V \times W$ von den $\big((v_i, 0)\big)_{i \in I} \cup \big((0, w_j)\big)_{j \in J}$ erzeugt.

Die lineare Unabhängigkeit ist wie folgt einzusehen; sei

$$\sum_{i \in I}{}' a_i (v_i, 0) + \sum_{j \in J}{}' b_j (0, w_j) = 0$$

$$\Leftrightarrow (\sum_{i \in I}{}' a_i v_i, 0) + (0, \sum_{j \in J}{}' b_j w_j) = 0$$

$$\Leftrightarrow (\sum_{i \in I}{}' a_i v_i, \sum_{j \in J}{}' b_j w_j) = 0$$

$$\Leftrightarrow \sum_{i \in I}{}' a_i v_i = 0 \quad \text{und} \quad \sum_{j \in J}{}' b_j w_j = 0.$$

Da $(v_i)_{i \in I}$ eine Basis von V und $(w_j)_{j \in J}$ eine Basis von W ist, folgt $a_i = 0$ für alle i und $b_j = 0$ für alle j.

6. Die Dimension des von den fünf Vektoren a, b, c, d, e aufgespannten Raumes ist kleiner oder gleich fünf. Nach dem Austauschsatz in 2.5.4 ist die Dimension eines Vektorraumes die maximale Anzahl linear unabhängiger Vektoren, in unserem Fall höchstens fünf. Also sind die sechs Vektoren $v_1, \ldots v_6$ in jedem Falle linear abhängig.

7. Die Terminologie dieser Aufgabe kommt aus der algebraischen Geometrie, wo die $h(V)$ für Primideale in kommutativen Ringen definiert wird und *Höhe* heißt (vgl. [Ku2], Kapitel VI, Definition 1.4). Die hier vorgestellte Höhe eines Vektorraumes ist sozusagen der triviale Fall.

Wir zeigen $\dim V \leqslant h(V)$ sowie $\dim V \geqslant h(V)$, daraus folgt dann die Gleichheit.

Sei $m := \dim V$ und $\{v_1, \ldots, v_m\}$ eine Basis von V. Setzt man $V_0 := \{0\}$ und $V_i := \mathrm{span}(v_1, \ldots, v_i)$ für $1 \leqslant i \leqslant m$, so ist

$$V_0 \subsetneqq V_1 \subsetneqq \ldots \subsetneqq V_m$$

eine aufsteigende Kette von Untervektorräumen der Länge $\dim V$, also gilt $\dim V \leqslant h(V)$.

Sei andererseits

$$V_0 \subsetneqq V_1 \subsetneqq \ldots \subsetneqq V_{n-1} \subsetneqq V_n$$

eine aufsteigende Kette von Untervektorräumen. Für jedes $0 \leqslant i \leqslant n - 1$ ist $V_i \subsetneqq V_{i+1}$ ein Untervektorraum. Aus Korollar 3 in 2.5.5 folgt daher, dass $\dim V_i < \dim V_{i+1}$ für alle $0 \leqslant i \leqslant n - 1$ gilt. Wegen $0 \leqslant \dim V_0$ folgt daraus

$$i \leqslant \dim V_i \quad \text{für alle } 0 \leqslant i \leqslant n . \qquad (*)$$

Andererseits ist $\dim V_n \leqslant m$, daraus folgt nach Korollar 3

$$\dim V_{n-i} \leqslant m - i \quad \text{für alle } 0 \leqslant i \leqslant n . \qquad (**)$$

Aus $(*)$ und $(**)$ ergibt sich

$$n - i \leqslant \dim V_{n-i} \leqslant m - i \quad \text{und damit} \quad n \leqslant m .$$

Da dies für jede mögliche Kette gilt, folgt $h(V) \leqslant \dim V$.

8. a) Zu zeigen ist $W = \operatorname{span}_R (f_k)_{k \in \mathbb{N}}$. Wir sollten bedenken, dass nicht die lineare Hülle über einen Körper, sondern über den Ring der auf $\mathbb{R}$ stetigen Funktionen gebildet wird. Nach 2.3.6 ist W also ein Modul über R. Wir zeigen beide Inklusionen.

Für $f = \sum_{i=1}^{n} f^{(i)} f_{k_i} \in \operatorname{span}_R (f_k)_{k \in \mathbb{N}}$ mit $f^{(i)} \in R$ (wobei die Indizes zur Unterscheidung oben geschrieben wurden) sei $k := \max_{i=1,\ldots,n} \{k_i\}$. Es gilt dann für alle $x \geqslant k$

$$f(x) = \sum_{i=1}^{n} f^{(i)}(x) \cdot f_{k_i}(x) = \sum_{i=1}^{n} f^{(i)}(x) \cdot 0 = 0 .$$

Für die Inklusion $W \subset \operatorname{span}_R (f_k)_{k \in \mathbb{N}}$ genügt es zu zeigen, dass für alle $k \in \mathbb{N}$ die Funktion

$$g_k(x) = \begin{cases} 0 & \text{für } x \geqslant k, \\ k - x & \text{für } k - 1 \leqslant x \leqslant k, \\ 1 & \text{für } x \leqslant k - 1 \end{cases}$$

in $\operatorname{span}_R (f_k)_{k \in \mathbb{N}}$ liegt. Da für ein $f \in W$ ein $\varrho \in \mathbb{R}$ existiert mit $f(x) = 0$ für alle $x \geqslant \varrho$, wähle ein beliebiges $k \in \mathbb{N}$ mit $k - 1 \geqslant \varrho$, und es gilt

$$f = f \cdot g_k \in \operatorname{span}_R (f_k)_{k \in \mathbb{N}} .$$

$g_k \in \operatorname{span}_R (f_k)_{k \in \mathbb{N}}$ ist einfach zu sehen, denn es gilt $g_k(x) = f_k(x) - f_{k-1}(x)$.

b) Wir nehmen das Gegenteil an, also $W = \text{span}_R(g_1, \ldots, g_n)$ mit $g_i(x) = 0$ für alle $x \geqslant \varrho_i$. Ohne Beschränkung der Allgemeinheit sei $\varrho_n = \max(\varrho_i)$. Wähle ein $\varrho \in \mathbb{N}$ mit $\varrho > \varrho_n$. Wegen $f_\varrho \in W$ gibt es eine Darstellung $f_\varrho = \sum_{i=1}^n f^{(i)} g_i$ mit $f^{(i)} \in R$. Es gilt dann für alle $x \in \mathbb{R}$ mit $\varrho > x \geqslant \varrho_n$

$$0 \neq \varrho - x = f_\varrho(x) = \sum_{i=1}^n f^{(i)}(x) \cdot g_i(x) = \sum_{i=1}^n f^{(i)}(x) \cdot 0 = 0 \,,$$

ein Widerspruch. Also ist W über R nicht endlich erzeugt.

Andererseits ist R ein Ring mit Einselement $f(x) = 1$ für alle $x \in \mathbb{R}$, somit wird R über R durch das Einselement erzeugt.

c) Die Familie $(f_k)_{k \in \mathbb{N}}$ ist linear abhängig, da $W \subset R$ gilt und zum Beispiel $f_1 \cdot f_0 + (-f_0) \cdot f_1 = 0$ in $\text{span}_R(f_k)_{k \in \mathbb{N}}$ mit f_1, $-f_0 \neq 0$.

9. Die Inklusion $2\mathbb{Z} + 3\mathbb{Z} \subset \mathbb{Z}$ ist klar, da $2\mathbb{Z} \subset \mathbb{Z}$ und $3\mathbb{Z} \subset \mathbb{Z}$ gilt. Für die Umkehrung genügt es zu zeigen, dass $1 \in 2\mathbb{Z} + 3\mathbb{Z}$. Das jedoch folgt aus $1 = 3 + (-1) \cdot 2$.

Es ist $2\mathbb{Z} = \text{span}_\mathbb{Z}(2) \subsetneqq \mathbb{Z}$ und $3\mathbb{Z} = \text{span}_\mathbb{Z}(3) \subsetneqq \mathbb{Z}$, aber $\text{span}_\mathbb{Z}(2, 3) = \mathbb{Z}$. (2,3) ist also unverkürzbares Erzeugendensystem der Länge 2. Andererseits ist $\text{span}_\mathbb{Z}(1) = \mathbb{Z}$, also (1) ein unverkürzbares Erzeugendensystem der Länge 1.

10. Ist k die Anzahl der Elemente in K und $\dim_K V = n$, so ist die Anzahl der Elemente in V gleich k^n. Um dies einzusehen, betrachten wir einen beliebigen Vektor $v \in V$. Ist $v_1, \ldots, v_n$ eine Basis von V, so existiert für jedes $v \in V$ eine eindeutige Darstellung

$$v = \lambda_1 \cdot v_1 + \ldots + \lambda_n \cdot v_n$$

mit $\lambda_i \in K$ für alle $i = 1, \ldots, n$. Nun definieren wir uns eine Abbildung

$$\varphi \colon V \to K^n \,, \quad v \mapsto (\lambda_1, \ldots, \lambda_n) \,.$$

φ ist wohldefiniert, da die Darstellung für jedes $v \in V$ eindeutig ist. Ferner ist φ bijektiv (φ ist ein Isomorphismus von Vektorräumen, siehe [F-S], Abschn. 3.1.2), also besitzt V genauso viele Elemente wie K^n; dies sind jedoch genau k^n.

11. * **a)** Es sei P der Schnitt aller Unterkörper von K. Man sieht einfach ein, dass P ein Unterkörper von K ist. P ist daher der eindeutig bestimmte kleinste Unterkörper von K; er heißt *Primkörper* von K.

P enthält als Unterkörper von K insbesondere die Elemente 0 und 1. Daher enthält P auch die Elemente $\tilde{n}$, die definiert sind durch

$$\tilde{n} = \underbrace{1 + \ldots + 1}_{n-\text{mal}}, \quad \text{falls } n > 0,$$

$$\tilde{0} = 0,$$

$$\tilde{n} = -(\widetilde{-n}), \quad \text{falls } n < 0.$$

Man sieht unmittelbar, dass die Abbildung

$$\varphi \colon \mathbb{Z} \to P, \quad n \mapsto \tilde{n},$$

ein Ringhomomorphismus ist (vgl. Aufgabe 2 zu 2.3). Da die Charakteristik von P gleich p ist (P „erbt" diese Eigenschaft selbstverständlich von K), gilt $\tilde{p} = 0$. Eine einfache Rechnung zeigt nun, dass die Abbildung

$$\tilde{\varphi} \colon \mathbb{Z}/p\mathbb{Z} \to P, \quad a + p\mathbb{Z} \mapsto \tilde{a},$$

die das Diagramm

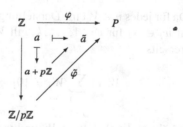

kommutativ macht, ein Isomorphismus von Körpern ist. Der Rest der Behauptung ist klar.

Ist die Charakteristik von K gleich null, so kann man mit einem ähnlichen Argument zeigen, dass der Primkörper von K in diesem Falle gleich $\mathbb{Q}$ ist. (Siehe hierzu [St], §1.2, wo der Begriff der Charakteristik eines Körpers über den Primkörper eingeführt wird.)

Insbesondere wird damit gezeigt, dass die Körper $\mathbb{Q}$ bzw. $\mathbb{Z}/p\mathbb{Z}$ die „einfachsten" Körper der Charakteristik 0 bzw. p sind.

b) Ist K ein endlicher Körper mit Charakteristik $p > 0$, so ist nach a) K ein $\mathbb{Z}/p\mathbb{Z}$-Vektorraum. Wegen $|K| < \infty$ ist K als $\mathbb{Z}/p\mathbb{Z}$-Vektorraum endlichdimensional. Damit folgt die Behauptung aus der Lösung von Aufgabe 10.

2.6   Summen von Vektorräumen*

1. i) $\Rightarrow$ ii): Die erste Eigenschaft von iii) ist genau DS. 1. Eine Darstellung $w_1 + \ldots + w_k = 0$ des Nullvektors ist nichts anderes als eine Linearkombination $\lambda_1 w_1 + \ldots + \lambda_k w_k = 0$ mit $\lambda_i = 1$ für alle i. Falls ein $w_i \neq 0$ wäre, so stünde dies im Widerspruch zur Eigenschaft DS. 2.

Wegen $V = W_1 + \ldots + W_k$ existiert für $v \in V$ mindestens eine Darstellung $v = w_1 + \ldots + w_k$ mit $w_i \in W_i$ für alle i. Für eine zweite Darstellung $v = \tilde{w}_1 + \ldots + \tilde{w}_k$ mit $\tilde{w}_i \in W_i$ für alle i gilt

$$0 = v - v = (w_1 - \tilde{w}_1) + \ldots + (w_k - \tilde{w}_k),$$

wobei $w_i - \tilde{w}_i \in W_i$ für alle i gilt. Daraus folgt $w_i - \tilde{w}_i = 0$ für alle i.

ii) $\Rightarrow$ iii): Da für jedes $v \in V$ eine Darstellung $v = w_1 + \ldots + w_k$ existiert mit $w_i \in W_i$ für $i = 1, \ldots, k$, gilt $V = W_1 + \ldots + W_k$. Wäre andererseits

$$W_i \cap \sum_{\substack{j=1 \\ j \neq i}}^{k} W_j \neq \{0\}$$

für ein i, so gäbe es ein $0 \neq w_i \in W_i$ und $w_j \in W_j$ für $j \neq i$ mit

$$w_i = \sum_{\substack{j=1 \\ j \neq i}}^{k} w_j.$$

Wegen $W_i \subset V$ wäre das ein Widerspruch zur Eindeutigkeit der Darstellung von w_i.

iii) $\Rightarrow$ iv) folgt unmittelbar.

iv) $\Rightarrow$ i): Die Eigenschaft DS. 1 ist klar. Seien $w_1 \subset W_1, \ldots,$ $w_k \in W_k$ gegeben und $\lambda_1 w_1 + \ldots + \lambda_k w_k = 0$. Sind nicht alle $\lambda_i = 0$, so gibt es ein kleinstes i mit $\lambda_i \neq 0$. Daraus folgt $\lambda_i w_i = -\lambda_{i+1} w_{i+1} - \ldots - \lambda_k w_k$, also $W_i \cap (W_{i+1} + \ldots + W_k) \neq \{0\}$, ein Widerspruch.

Ein einfaches Gegenbeispiel zur Äquivalenz zur Bedingung $W_1 \cap \ldots \cap W_k = \{0\}$ für $k > 2$ ist für den Fall $V = K^3$ gegeben durch

$$W_1 = \text{span}\,((1,0,0),(0,1,0))\,, \quad W_2 = \text{span}\,((0,1,0),(0,0,1))\,,$$

$$W_3 = \text{span}\,((1,0,0),(0,0,1))\,.$$

Es gilt $W_1 \cap W_2 \cap W_3 = \{0\}$, aber $(1,0,0) \in W_1$, $(0,1,0) \in W_2$, $(1,0,0) \in W_3$ sind linear abhängig.

Ein Gegenbeispiel zur Bedingung $W_i \cap W_j = \{0\}$ für alle $i \neq j$ ist durch Bild 2.3 gegeben, das sich auf $n + 1$ eindimensionale Untervektorräume im K^{n+1} verallgemeinern lässt.

2. Ist $(v, w) \in V \times W$, so gilt $(v, w) = (v, 0) + (0, w)$, daraus folgt DS. 1. Für $(v, w) \in (V \times \{0\}) \cap (\{0\} \times W)$ ist $v = 0$ und $w = 0$, also $(v, w) = (0, 0)$.

3. a) Die Einheitsmatrix ist symmetrisch, also gilt $\text{Sym}\,(n; K)$ $\neq \emptyset$. Für zwei Matrizen $A, B \in \text{Sym}\,(n; K)$ und $\lambda \in K$ gilt nach den Rechenregeln für transponierte Matrizen

$${}^t(A + B) = {}^tA + {}^tB = (A + B) \quad \text{und}$$

Abb. 2.3

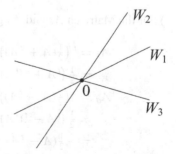

$$^t(\lambda \cdot A) = \lambda \cdot {}^tA = \lambda \cdot A,$$

also ist Sym $(n; K) \subset \mathrm{M}(n \times n; K)$ ein Untervektorraum.
Eine Basis von Sym $(n; K)$ ist durch die Matrizen

$$A_{kl} = (a_{ij}) \text{ mit } a_{kl} = a_{lk} = 1 \text{ und } a_{ij} = 0 \text{ sonst}$$

für $1 \leqslant k < l \leqslant n$ und

$$A_k = (a_{ij}) \text{ mit } a_{kk} = 1 \text{ und } a_{ij} = 0 \text{ sonst}$$

für $1 \leqslant k \leqslant n$ gegeben. Davon gibt es $\sum_{i=1}^{n} i = \frac{n(n+1)}{2}$ Stück, also ist

$$\dim \mathrm{Sym}\,(n; K) = \frac{n(n+1)}{2}.$$

b) Der Nachweis der Untervektorraumeigenschaften verläuft wie oben, nur dass an den entsprechenden Stellen das $+$ durch ein $-$ ersetzt werden muss.
Die Matrizen

$$A_{kl} = (a_{ij}) \text{ mit } a_{kl} = 1 = -a_{lk} \text{ und } a_{ij} = 0 \text{ sonst}$$

für $1 \leqslant k < l \leqslant n$ bilden eine Basis von Alt $(n; K)$. (Achtung: Man beachte, dass im Gegensatz zu den symmetrischen Matrizen bei den schiefsymmentrischen Matrizen in der Diagonalen keine Einträge ungleich null stehen dürfen. Dies macht den Unterschied in den Dimensionen der Vektorräume aus.) Daher gilt

$$\dim \mathrm{Alt}\,(n; K) = \frac{(n-1)n}{2}.$$

c) Für die Matrizen A_s und A_a gilt

$$
\begin{aligned}
{}^tA_s &= {}^t\left(\tfrac{1}{2}(A + {}^tA)\right) = \tfrac{1}{2} \cdot {}^t(A + {}^tA) \\
&= \tfrac{1}{2}\left({}^tA + {}^t({}^tA)\right) = \tfrac{1}{2}({}^tA + A) = A_s, \\
{}^tA_a &= {}^t\left(\tfrac{1}{2}(A - {}^tA)\right) = \tfrac{1}{2} \cdot {}^t(A - {}^tA) \\
&= \tfrac{1}{2}\left({}^tA - {}^t({}^tA)\right) = \tfrac{1}{2}({}^tA - A) \\
&= -\tfrac{1}{2}(A - {}^tA) = -A_a
\end{aligned}
$$

und

$$A_s + A_a = \tfrac{1}{2}(A + {}^tA) + \tfrac{1}{2}(A - {}^tA)$$
$$= \tfrac{1}{2}A + \tfrac{1}{2}{}^tA + \tfrac{1}{2}A - \tfrac{1}{2}{}^tA = A\,.$$

d) Für jedes $A \in \mathrm{M}(n \times n; K)$ ist $A = A_s + A_a$, also gilt

$$\mathrm{M}(n \times n; K) = \mathrm{Sym}\,(n; K) + \mathrm{Alt}\,(n; K)\,.$$

Nach den Ergebnissen aus Teil b) und c) folgt

$$\dim \mathrm{M}(n \times n; K) = n^2 = \frac{n(n+1)}{2} + \frac{n(n-1)}{2}$$
$$= \dim \mathrm{Sym}(n; K) + \dim \mathrm{Alt}(n; K)\,,$$

und daraus folgt die Behauptung.

3 Lineare Abbildungen

3.1   Beispiele und Definitionen

1. Für alle $\lambda_1, \lambda_2 \in K$ und alle $f_1, f_2 \in V$ gilt

$$
\begin{aligned}
F_\varphi(\lambda_1 f_1 + \lambda_2 f_2)(x) &= (\lambda_1 f_1 + \lambda_2 f_2) \circ \varphi(x) \\
&= (\lambda_1 f_1 + \lambda_2 f_2)\,(\varphi(x)) \\
&\overset{(*)}{=} \lambda_1 \cdot f_1\,(\varphi(x)) + \lambda_2 \cdot f_2\,(\varphi(x)) \\
&= \lambda_1 \cdot f_1 \circ \varphi(x) + \lambda_2 \cdot f_2 \circ \varphi(x) \\
&= \left(\lambda_1 \cdot F_\varphi(f_1)\right)(x) + \left(\lambda_2 \cdot F_\varphi(f_2)\right)(x) \\
&= \left(\lambda_1 \cdot F_\varphi(f_1) + \lambda_2 \cdot F_\varphi(f_2)\right)(x),
\end{aligned}
$$

wobei im Schritt $(*)$ die Definition aus Aufgabe 3 zu 2.4 benutzt wurde.

2. Die in den einzelnen Teilaufgaben gegebenen Abbildungen werden außer in Aufgabe e) durchgehend mit F bezeichnet.

© Der/die Autor(en), exklusiv lizenziert durch Springer-Verlag GmbH, DE, ein Teil von Springer Nature 2021
H. Stoppel und B. Griese, *Übungsbuch zur Linearen Algebra*, Grundkurs Mathematik,
https://doi.org/10.1007/978-3-662-63744-9_10

a) Es gilt für alle $\lambda_1, \lambda_2 \in \mathbb{R}$ und alle $(x_1, y_1), (x_2, y_2) \in \mathbb{R}^2$

$$
\begin{aligned}
F(\lambda_1(x_1, y_1) + \lambda_2(x_2, y_2)) &= F(\lambda_1 x_1 + \lambda_2 x_2, \lambda_1 y_1 + \lambda_2 y_2) \\
&= (3(\lambda_1 x_1 + \lambda_2 x_2) + 2(\lambda_1 y_1 + \lambda_2 y_2), \\
&\quad\ \ \lambda_1 x_1 + \lambda_2 x_2) \\
&= \lambda_1(3x_1 + 2y_1, x_1) + \lambda_2(3x_2 + 2y_2, x_2) \\
&= \lambda_1 F(x_1, y_1) + \lambda_2 F(x_2, y_2),
\end{aligned}
$$

somit ist F linear.

b) Für $b \neq 0$ gilt $F(0) \neq 0$ im Widerspruch zu Bemerkung 3.1.2 a). Ist $b = 0$, so erinnern wir an Beispiel c) aus 3.1.1 für $K = \mathbb{R}$ und $m = n = 1$.

c) Analog zu a) kann man die Linearität dieser Abbildung nachrechnen.

d), f) Für alle $z = x + \mathrm{i}y \in \mathbb{C}$ gilt $F(x + \mathrm{i}\,y) = x - \mathrm{i}y$. Wähle $\lambda = \mathrm{i}$ und $z = \mathrm{i}$. Dann folgt

$$
F(\lambda \cdot z) = F(\mathrm{i}^2) = F(-1) = -1,
$$

aber

$$
\lambda \cdot F(z) = \mathrm{i} \cdot F(\mathrm{i}) = \mathrm{i} \cdot (-\mathrm{i}) = 1.
$$

Beschränkt man sich jedoch auf die $\mathbb{R}$-Linearität, so gilt für alle $\lambda_1, \lambda_2 \in \mathbb{R}$ und alle $z_1 = x_1 + \mathrm{i}y_1, z_2 = x_2 + \mathrm{i}y_2 \in \mathbb{C}$

$$
\begin{aligned}
F(\lambda_1 z_1 + \lambda_2 z_2) &= F(\lambda_1(x_1 + \mathrm{i}y_1) + \lambda_2(x_2 + \mathrm{i}y_2)) \\
&= F(\lambda_1 x_1 + \lambda_2 x_2 + \mathrm{i}(\lambda_1 y_1 + \lambda_2 y_2)) \\
&\overset{(*)}{=} \lambda_1 x_1 + \lambda_2 x_2 - \mathrm{i}(\lambda_1 y_1 + \lambda_2 y_2) \\
&= \lambda_1(x_1 - \mathrm{i}y_1) + \lambda_2(x_2 - \mathrm{i}y_2) \\
&= \lambda_1 F(z_1) + \lambda_2 F(z_2).
\end{aligned}
$$

Dabei wurde an der Stelle $(*)$ benutzt, dass $\lambda_i x_i$ und $\lambda_i y_i$ für $i = 1, 2$ reell sind. Somit ist die Abbildung F gerade $\mathbb{R}$-linear, jedoch nicht $\mathbb{C}$-linear.

e) Es bezeichne φ die gegebene Abbildung. Die $\mathbb{R}$-Linearität von φ folgt unmittelbar aus den Eigenschaften des Vektorraumes $\mathrm{Abb}(\mathbb{R}, \mathbb{R})$ und des Körpers der reellen Zahlen:

$$
\begin{aligned}
\varphi(\lambda_1 f_1 + \lambda_2 f_2) &= (\lambda_1 f_1 + \lambda_2 f_2)(1) \\
&= (\lambda_1 f_1)(1) + (\lambda_2 f_2)(1) = \lambda_1 \cdot f_1(1) + \lambda_2 \cdot f_2(1) \\
&= \lambda_1 \cdot \varphi(f_1) + \lambda_2 \cdot \varphi(f_2).
\end{aligned}
$$

3. a) Wegen $F(0) = 0$ ist Fix $F \neq \emptyset$. Die Eigenschaften UV2 und UV3 folgen aus der Linearität von F. Auf dieselbe Art kann man für beliebiges $\lambda \in K$ zeigen, dass $\{v \in V : F(v) = \lambda \cdot v\}$ ein Untervektorraum ist. Dies führt auf die Definition des *Eigenraumes* zum *Eigenwert* λ, vgl. Kap. 4.

b) i) Es gilt

$$F(x) = x \Leftrightarrow \begin{cases} x_1 +2x_2 +2x_3 = x_1 \\ \qquad\quad x_2 \qquad\ = x_2 \\ 3x_1 \qquad\quad +x_3 = x_3. \end{cases}$$

Aus der letzten Gleichung folgt $x_1 = 0$ und damit aus der ersten Gleichung $x_2 = -x_3$. Somit ist eine Basis von Fix F durch $(0, 1, -1)$ gegeben. Eine elegantere Möglichkeit zur Lösung des gegebenen Problems ist mit Hilfe des in Kap. 5 entwickelten Formalismus möglich. Man bestimmt dann den Vektorraum Eig $(F; 1)$ der Eigenvektoren zum Eigenwert 1, siehe Kap. 5, insbesondere Bemerkung 5.2.4.

ii) Für $\deg P > 0$ ist $\deg P' = \deg P - 1$, also insbesondere $F(P) \neq P$. Ist $\deg P = 0$, so folgt $F(P) = 0$, also $\deg P' = \infty$. Damit ist Fix $F = \{0\}$ und die leere Menge eine Basis von Fix F.

iii) Fix F ist die Lösung der Differentialgleichung $f' = f$, deren Lösungen durch die Funktionen $f = \lambda \cdot \exp$ mit $\lambda \in \mathbb{R}$ gegeben sind (vgl. [Fo2], Beispiel 11.2). Also gilt Fix $F = \operatorname{span}(\exp)$.

Mit iii) ist ii) leicht zu lösen, denn $\mathbb{R}[t] \subset \mathcal{D}(\mathbb{R}, \mathbb{R})$ ist ein Untervektorraum, und damit gilt

$$\text{Fix}\ \left(F|_{\mathbb{R}[t]}\right) = \text{Fix}\ (F) \cap \mathbb{R}[t] = 0 \cdot \exp = 0.$$

4. Die Assoziativität ist klar. Neutrales Element ist $F = \operatorname{id}_V$. Da für jedes $v \in V$ die Menge $F^{-1}(v)$ aus genau einem Element besteht, definiert man

$$F^{-1} : V \to V, \quad v \mapsto F^{-1}(v),$$

wobei die Abbildung ebenfalls mit F^{-1} bezeichnet wird. F^{-1} ist die inverse Abbildung zu F. Damit ist Aut (V) eine Gruppe.

5. Es ist $F^k(v) \neq 0$ für alle $k < n$, da sonst $F(F^l(v)) = 0$ für alle $l \geq k$ wäre im Widerspruch zu $F^n(v) \neq 0$. Sei

$$\lambda_0 v + \lambda_1 F(v) + \ldots + \lambda_n F^n(v) = 0.$$

Dann folgt

$$F(\lambda_0 v + \ldots + \lambda_n F^n(v)) = \lambda_0 F(v) + \ldots + \lambda_{n-1} F^n(v) + \lambda_n \underbrace{F^{n+1}(v)}_{=0} = 0.$$

Wendet man F weitere $(n-1)$-mal an, so erhält man ein Gleichungssystem

$$
\begin{array}{llllll}
\lambda_0 v & + \ldots & \ldots & & \ldots & +\lambda_n F^n(v) = 0 \\
\lambda_0 F(v) & + \ldots & \ldots & & +\lambda_{n-1} F^n(v) & = 0 \\
\lambda_0 F^2(v) & + \ldots & +\lambda_{n-2} F^n(v) & & & = 0 \\
\vdots & & & & & \vdots \\
\lambda_0 F^n(v) & & & & & = 0.
\end{array}
$$

Aus der letzten Gleichung folgt $\lambda_0 = 0$ wegen $F^n(v) \neq 0$. Jeweils durch einsetzen in die darüberstehende Gleichung folgt daraus sukzessive $\lambda_i = 0$ für alle $i = 0, \ldots, n$. Ein Endomorphismus F, für den ein $n \in \mathbb{N} \setminus 0$ existiert mit $F^n = 0$, heißt *nilpotent*, vgl. Abschn. 5.7.1.

6. F ist surjektiv, also gilt $F(U_1) + F(U_2) = W$. Ist $w \in F(U_1) \cap F(U_2)$ gegeben, so gilt $w \in F(U_1)$, also gibt es ein $v_1 \in U_1$ mit $w = F(v_1)$. Analog gibt es wegen $w \in F(U_2)$ ein $v_2 \in U_2$ mit $w = F(v_2)$. Aus der Injektivität von F folgt $v_1 = v_2 =: v$ und $v \in U_1 \cap U_2 = \{0\}$, also $v = 0$. Wegen der Linearität von F gilt $F(v) = F(0) = 0 = w$ und damit $F(U_1) \cap F(U_2) = \{0\}$. Insgesamt ist $W = F(U_1) \oplus F(U_2)$.

3.2   Bild, Fasern und Kern, Quotientenvektorräume*

1. i) Gegeben ist $F: \mathbb{R}^3 \to \mathbb{R}^2, x \mapsto \begin{pmatrix} 1 & 2 & 3 \\ 4 & 5 & 6 \end{pmatrix} \cdot x = A \cdot x$. Nach Abschn. 3.2.1 ist

$$\operatorname{Im} A = \operatorname{span}\left(\begin{pmatrix} 1 \\ 4 \end{pmatrix}, \begin{pmatrix} 2 \\ 5 \end{pmatrix}, \begin{pmatrix} 3 \\ 6 \end{pmatrix} \right),$$

eine Basis ist gegeben durch zwei beliebige dieser drei Vektoren, z. B. $^t(1, 4)$ und $^t(2, 5)$.

Nach Satz 3.2.4 ist dim $\operatorname{Ker} F = 1$. Wenn man nicht das zugehörige lineare Gleichungssystem lösen möchte, genügt es, einen Vektor $v \neq 0$ mit $F(v) = 0$ zu finden. Der Vektor $v = {}^t(1, -2, 1)$ erfüllt diese Eigenschaft, also gilt $\operatorname{Ker} F = \operatorname{span}(v)$.

ii) Für die Abbildung

$$F \colon \ \mathbb{R}^5 \to \mathbb{R}^4, \quad x \mapsto \begin{pmatrix} 1 & 1 & 0 & 1 & 0 \\ 0 & 1 & 1 & 0 & 0 \\ 1 & 1 & 0 & 0 & 1 \\ 0 & 1 & 1 & 0 & 0 \end{pmatrix} \cdot x = B \cdot x,$$

ist ebenfalls das Bild von F gegeben durch die lineare Hülle der Spaltenvektoren von B, eine Basis ist gegeben durch

$$\mathcal{B} := \left({}^t(1,0,1,0), \ {}^t(0,1,0,1), \ {}^t(1,0,0,0) \right).$$

Wiederum nach Satz 3.2.4 gilt dim $\operatorname{Ker} F = 2$. Um eine Basis zu finden, lösen wir das zur Matrix B gehörige homogene lineare Gleichungssystem. Da durch elementare Zeilenumformungen nach Satz 1.4.6 die Lösungsmenge des Gleichungssystems nicht verändert wird, rechnen wir

$$\begin{pmatrix} 1 & 1 & 0 & 1 & 0 \\ 0 & 1 & 1 & 0 & 0 \\ 1 & 1 & 0 & 0 & 1 \\ 0 & 1 & 1 & 0 & 0 \end{pmatrix} \rightsquigarrow \begin{pmatrix} 1 & 1 & 0 & 1 & 0 \\ 0 & 1 & 1 & 0 & 0 \\ 0 & 0 & 0 & -1 & 1 \\ 0 & 0 & 0 & 0 & 0 \end{pmatrix}.$$

Wir erhalten daraus die Basis

$$\left({}^t(1, -1, 1, 0, 0), \ {}^t(-1, 0, 0, 1, 1) \right) \quad \text{von } \operatorname{Ker} F.$$

2. Die $\mathbb{R}$-Linearität von d folgt aus den Ableitungsregeln

$$(f + g)'(x) = f'(x) + g'(x) \quad \text{und} \quad (\lambda f)'(x) = \lambda \cdot f'(x)$$

für alle $x \in I$. Der Kern von d besteht aus allen auf I konstanten differenzierbaren Abbildungen, daher gilt $\operatorname{Ker} d = \operatorname{span}_{\mathbb{R}}(1)$.

Falls $I = \bigcup_{j \in J} I_j$ mit $I_{j_0} \cap \bigcup_{j \neq j_0} I_j = \emptyset$ für alle $j_0 \in I$ eine disjunkte Vereinigung von Intervallen ist, so gilt

$$\operatorname{Ker} d = \left\{ f \in \mathcal{D}(I, \mathbb{R}) \colon \text{es gibt } (c_j)_{j \in J} \text{ mit } f|_{I_j} = c_j \text{ für alle } j \in J \right\}.$$

In diesem Falle ist $\operatorname{Ker} d$ im Allgemeinen nicht endlichdimensional, denn die Indexmenge J braucht nicht endlich zu sein.

3. Es genügt zu zeigen, dass ein $m \in \mathbb{N}$ existiert mit $W_{m+1} = W_m$, denn dann gilt

$$W_{m+i} = F(W_{m+i-1}) = \ldots = F^i(W_m)$$
$$= F^{i-1}(F(W_m)) = F^{i-1}(W_m) = \ldots = W_m$$

für alle $i \geq 1$.

Wir können F als lineare Abbildung

$$F: \quad W_{l-1} \to W_l$$

auffassen. Nach Korollar 1 zu 3.2.4 gilt

$$\dim W_l \leq \dim W_{l-1}.$$

Ist $\dim W_{l-1} = \dim W_l$, so sind wir wegen $W_l \subset W_{l-1}$ fertig. Ansonsten ist $\dim W_l \leq \dim W_{l-1} - 1$, und durch wiederholte Anwendung dieses Arguments gilt

$$\dim W_l \leq \dim W_{l-1} - 1 \leq \ldots \leq \dim W_{l-i} - i$$

für $1 \leq i \leq l$. Speziell für $i = l$ erhalten wir mit $W_0 = V$

$$0 \leq \dim W_l \leq \dim W_{l-l} - l = \dim V - l.$$

Da $\dim V = n < \infty$, gilt nach spätestens n Schritten $\dim W_n = 0$, also ist W_n der Nullvektorraum, und wir sind fertig.

Man beachte, dass dies nicht heißt, dass für jeden Endomorphismus F notwendig $W_m = 0$ für ein $m \in \mathbb{N}$ ist. Zum Beispiel ist für $F = \mathrm{id}_V$ bereits $m = 0$ und $W_0 = V$.

4. Sei $W := \mathrm{Ker}\, F$ und $(v_1, \ldots, v_k)$ eine Basis von W. Wir wählen

$$U := \mathrm{Im}\, F,$$

und wegen $F^2 = F$ und Korollar 1 aus 3.2.4 gilt $V = U \oplus W$. Ist $u \in U$, so folgt

$$F(u - F(u)) = F(u) - F^2(u) = F(u) - F(u) = 0$$

und damit

$$u - F(u) \in U \cap \mathrm{Ker}\, F = (0).$$

Das heißt gerade $u = F(u)$ für alle $u \in U$.

Ein Endomorphismus $F \neq 0$ mit $F^2 = F$ heißt *idempotent*, siehe auch Aufgabe 8 zu 3.4.

5. a) Die angegebene Matrix hat Rang 1, also gilt dim Ker $F = 2$. Eine Möglichkeit der Darstellung ist

$$\text{Ker } F = \text{span} \left({}^t(1, -2, 0), \ {}^t(0, 3, -1) \right) = \text{span} \, (v_1, v_2).$$

Nach dem Faktorisierungssatz 3.2.5* ist es gleich, wie wir (v_1, v_2) zu einer Basis des $\mathbb{R}^3$ ergänzen. Wir wählen $u := {}^t(1, 0, 0)$ und bezeichnen $U := \text{span} \, (u)$; dann ist (u, v_1, v_2) eine Basis des $\mathbb{R}^3$. Ferner ist

$$F|_U : \ U \to \text{Im } F$$

ein Isomorphismus. Für $F(u) = {}^t(2, -4) =: w$ gilt Im $F = \text{span} \, (w)$, und wir wählen $w' := {}^t(1, 0)$ zur Ergänzung zu einer Basis des $\mathbb{R}^2$.

b) Ist $x \in \text{Im } F$, so existiert ein $v \in \mathbb{R}^3$ mit $F(v) = x$. Bezeichnet (v_1, v_2) die unter a) berechnete Basis von Ker F, so gilt für jedes Paar $(\lambda_1, \lambda_2) \in \mathbb{R}^2$

$$F(v + \lambda_1 v_1 + \lambda_2 v_2) = F(v) + \lambda_1 F(v_1) + \lambda_2 F(v_2) = F(v) = x,$$

und die gesuchte Parametrisierung ist gegeben durch

$$\varphi : \ \mathbb{R}^2 \to F^{-1}(x), \quad (\lambda_1, \lambda_2) \mapsto v + \lambda_1 v_1 + \lambda_2 v_2.$$

F^{-1} ist eine Ebene E im $\mathbb{R}^3$, genauer ist sie der um den Vektor v parallelverschobene Kern von F, siehe Abb. 3.1. Damit ist anschaulich sofort klar, dass $F^{-1}(x)$ mit der Geraden span (u) genau einen Schnittpunkt hat. Die Aussage folgt aber auch aus dem Faktorisierungssatz 3.2.5*, Teil 2), denn danach gibt es für ein $x \in \text{Im } F$ genau ein $v \in U$ mit $F(v) = x$.

6. Es sei $V = \tilde{V} \oplus \text{Ker } F$ eine Zerlegung gemäß des Faktorisierungssatzes 3.2.5*. Da $F|_{\tilde{V}} : \ \tilde{V} \to \text{Im } F$ ein Isomorphismus ist, ist auch

$$F|_{F^{-1}(U) \cap \tilde{V}} : \ F^{-1}(U) \cap \tilde{V} \to U \cap \text{Im } F$$

ein Isomorphismus, also gilt

$$\dim \left(F^{-1}(U) \cap \tilde{V} \right) = \dim(U \cap \text{Im } F). \qquad (*)$$

Abb. 3.1

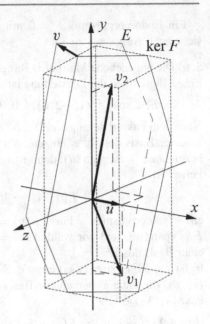

Wegen $V = \tilde{V} \oplus \operatorname{Ker} F$ gilt mit $\operatorname{Ker} F \subset F^{-1}(U)$ gerade

$$F^{-1}(U) = \left(F^{-1}(U) \cap \tilde{V} \right) \oplus \operatorname{Ker} F.$$

Dann folgt

$$\dim F^{-1}(U) = \dim \left(F^{-1}(U) \cap \tilde{V} \right) + \dim \operatorname{Ker} F$$

$$\overset{(*)}{=} \dim(U \cap \operatorname{Im}) + \dim \operatorname{Ker} F.$$

7. Die Behauptung folgt aus

$$v' \in X \Leftrightarrow v - v' \in W \Leftrightarrow v' + W = v + W \in V/W$$

und der Tatsache, dass es sich bei $\underset{W}{\sim}$ um eine Äquivalenzrelation handelt. (Beachte auch den einleitenden Text in 3.2.7*.)

8. Nach Satz 3.2.7* ist für eine lineare Abbildung $F: V \to W$ mit $U \subset \operatorname{Ker} F$ die Abbildung $\bar{F}: V/U \to W$ mit $F = \bar{F} \circ \varrho$ eindeutig bestimmt, also ist die Abbildung

$\varphi\colon\ \{F \in \mathrm{Hom}\,(V,\,W)\colon\ F|_U = 0\} \to \mathrm{Hom}\,(V/U,\,W),\quad F \mapsto \bar{F},$

wohldefiniert.

Die Linearität von φ folgt sofort aus der Kommutativität des Diagramms

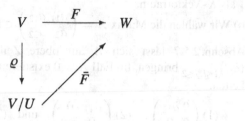

nach Abschn. 3.2.7*.

Um den Kern von φ zu bestimmen, betrachten wir die Nullabbildung $\bar{F}_0 \in \mathrm{Hom}\,(V/U,\,W)$ und wählen ein $F_0 \subset \{F \in \mathrm{Hom}(V,\,W)\colon\ F|_U = 0\}$ mit $\bar{F}_0 = \varphi(F_0)$. Für alle $v + U \in V/U$ gilt dann $\bar{F}_0(v + U) = 0$. Aus der Bedingung $F_0 = \bar{F}_0 \circ \varrho$ folgt für alle $v \in V$

$$F_0(v) = \bar{F}_0\,(\varrho(v)) = \bar{F}_0(v + U) = 0,$$

also ist F_0 wegen $F_0|_U = 0$ die Nullabbildung, und φ ist injektiv.

Um die Surjektivität von φ zu zeigen, wählen wir ein $\bar{F} \in \mathrm{Hom}\,(V/U,\,W)$ und definieren $F := \bar{F} \circ \varrho$. Für ein $u \in U$ gilt $u \sim_U 0$, und damit folgt

$$F(u) = \bar{F} \circ \varrho(u) = \bar{F}(u + U) = \bar{F}(0 + U) = 0,$$

d. h. $F|_U = 0$ und $\bar{F} = \varphi(F)$. Also ist φ surjektiv.

3.3 Lineare Gleichungssysteme und der Rang einer Matrix

1. Der Rank-Satz besitzt die folgende Aussage:

Für jede Matrix $A \in \mathrm{M}(m \times n;\,K)$ mit $m,\,n \geq 1$ ist der Zeilenrang $\mathrm{zr}(A)$ *von A gleich dem Spaltenrang* $\mathrm{sr}(A)$ *von A.*

a) Es sei $A \in \mathrm{M}(1 \times n;\,K)$. Dann besitzt sie die Form $A = (a_{11},\ldots,a_{1n})$ mit $a_{1j} \in K$. Im Fall $a_{1j} = 0$ für alle j handelt es sich um einen Nullmatrix mit $\operatorname{zr} A = \operatorname{sr}(A) = 0$. Andernfalls ist der Zeilenrang von A gleich 1, da A lediglich aus einer Zeile besteht, also $\operatorname{zr}(A) = 1$.

Es existieren n Spaltenvektoren $(a_{11}), (a_{12}), \ldots, (a_{1n}) \in K$. Jeweils zwei dieser Vektoren sind linear abhängig, denn $\dim K = 1$ als K-Vektorraum.

b) Wir wählen die Matrix $A = \begin{pmatrix} a_{11} & a_{12} \\ a_{21} & a_{22} \end{pmatrix} \in \mathrm{M}(2 \times 2; K)$. Nach Abschn. 2.5.7 lässt sich A auf obere Zeilenstufenform $\tilde{A} = (\tilde{a}_{ij})_{1 \le i,j \le 2}$ bringen. Im Fall $\tilde{A} \ne 0$ existieren folgende Möglichkeiten:

$$(1) \begin{pmatrix} 0 & \tilde{a}_{12} \\ 0 & 0 \end{pmatrix}, \quad (2) \begin{pmatrix} \tilde{a}_{11} & 0 \\ 0 & \tilde{a}_{22} \end{pmatrix} \quad \text{und} \quad (3) \begin{pmatrix} \tilde{a}_{11} & \tilde{a}_{12} \\ 0 & \tilde{a}_{22} \end{pmatrix}.$$

Wie sich an der Achsensymmetrie der Matrizen zur Diagonalen durch $\tilde{a}_{12}$ und $\tilde{a}_{21}$ zeigt, ist $\dim \mathrm{ZR} = \dim \mathrm{SR}$.

c) Nach Beispiel b) aus 2.4.5 ist eine Matrix $A \in \mathrm{M}(m \times n; K)$ in oberer Zeilenstufenform gegeben durch

Der Zeilenrang dieser Matrix ist gleich r. Jeder Zeilenumbruch in der Spalte k ist auch mit einem Spaltenumbruch in der Zeile j_k verbunden und umgekehrt, d. h. es existieren genauso viele Spaltenumbrüche wie Zeilenumbrüche. Damit gilt $\operatorname{zr}(A) = \operatorname{sr}(A)$.

2. Das lineare Gleichungssystem der Aufgabe lässt sich in Matrizenform bringen. Es sei dabei $A = \begin{pmatrix} \bar{3} & \bar{2} \\ \bar{4} & \bar{3} \end{pmatrix}$ und $b = \begin{pmatrix} \bar{4} \\ \bar{1} \end{pmatrix}$.

Für das lineare Gleichungssystem ergeben sich dann mit der Addition der ersten zur zweiten Zeile und anschließender Addition der zweiten Zeile zur ersten Zeile der Matrix folgende Umformungen:

$$\begin{pmatrix} \bar{3} & \bar{2} & \bar{4} \\ \bar{4} & \bar{3} & \bar{1} \end{pmatrix} \rightsquigarrow \begin{pmatrix} \bar{3} & \bar{2} & \bar{4} \\ \bar{2} & \bar{0} & \bar{0} \end{pmatrix} \rightsquigarrow \begin{pmatrix} \bar{0} & \bar{2} & \bar{4} \\ \bar{2} & \bar{0} & \bar{0} \end{pmatrix}$$

Eine Lösung ist gegeben durch $x_1 = \bar{0}$ und $x_2 = \bar{2}$, damit Lös$(A, b) = \{{}^t(\bar{0}, \bar{2})\}$. Der Rang von A ist gleich 2, damit ist die Lösung nach Bemerkung 3.3.4 eindeutig.

3. Wir lösen zunächst das lineare Gleichungssystem, das durch folgende Matrix dargestellt wird.

$$\begin{pmatrix} 2 & 1 & 1 & 0 & 0 & 7,5 \\ 5 & 6 & 2 & 0 & 1 & 22,5 \\ 0 & 3 & 2 & 1 & 3 & 6,5 \\ 3 & 0 & 3 & 4 & 3 & 16 \\ 0 & 0 & 2 & 5 & 3 & 7,5 \end{pmatrix}.$$

Es hat die Lösung $(3, 1, 0,5, 1, 0,5)$. Dieser Vektor beschreibt die Beiträge in Gewichtseinheiten (GE), den die Stationen leisten. Z. B. trägt der Landwirt 3 GE zur Gesamtschadstoffbelastung bei. Da er ausschließlich das Mittel A aufbringt, dessen Zusammensetzung wir kennen, kann man schließen, dass er für 0,6 GE des Schadstoffes S_1, 1,5 GE von S_2 und 0,9 GE von S_4 verantwortlich ist. Entsprechende Folgerungen gelten analog für die übrigen Stationen.

4. Wir lösen die Aufgabe mittels Zeilenumformungen

$$\begin{pmatrix} 20 & 70 & 50 & 40 \\ 60 & 10 & 50 & 50 \\ 20 & 20 & 0 & 10 \end{pmatrix} \rightsquigarrow \begin{pmatrix} 1 & 0 & 0 & 0,4 \\ 0 & 1 & 0 & 0,1 \\ 0 & 0 & 1 & 0,5 \end{pmatrix},$$

um die gewünschte Mischung aus 40 % Kupfer, 50 % Silber und 10 % Gold zu bekommen; das liefert $(0,4, 0,1, 0,5)$. Für die gewünschte Mischung nimmt man also 40 % der Mischung M_1, 10 % der Mischung M_2 und 50 % der Mischung M_3.

5. Es seien $a_{1j_1}, \ldots, a_{rj_r}$ die Pivots von A, d. h.

$$
A = \begin{pmatrix}
& a_{1j_1} \cdots & & & * \\
& & a_{2j_2} \cdots & & \\
& & & \ddots & \\
& & & & a_{rj_r} \cdots \\
0 & & & &
\end{pmatrix}.
$$

Wegen $a_{ij_i} \neq 0$ kann man die Vektoren

$$
v_i = {}^t(0, \ldots, 0, \underbrace{(a_{ij_i})^{-1}}_{j_i}, 0, \ldots, 0)
$$

für $i = 1, \ldots, r$ definieren. Es gilt $Av_i = e_i$ nach Konstruktion, und damit ist

$$
\operatorname{span}(e_1, \ldots, e_r) \subset \operatorname{Im} A.
$$

Aus Hauptsatz 3.3.3, Aussage 2, folgt $\dim \operatorname{Ker} A = n - r$, also $\dim \operatorname{Im} A = r$. Damit erhalten wir

$$
\operatorname{span}(e_1, \ldots, e_r) = \operatorname{Im} A.
$$

6. Die Matrizen lauten

$$
D = \begin{pmatrix}
0 & 0 & 0 & 0 & 0 \\
1 & \frac{1}{2} & \frac{3}{2} & \frac{3}{7} & -\frac{25}{28} \\
0 & \frac{1}{2} & -\frac{1}{2} & 0 & \frac{1}{2} \\
0 & 0 & -1 & 0 & \frac{3}{4} \\
0 & 0 & 0 & 0 & 0 \\
0 & 0 & 0 & -\frac{1}{7} & -\frac{1}{28} \\
0 & 0 & 0 & 0 & -\frac{1}{4}
\end{pmatrix}, \quad
C = \begin{pmatrix}
1 & 0 \\
0 & -7 \\
0 & 1 \\
0 & 4 \\
0 & 1 \\
0 & 0 \\
0 & 0
\end{pmatrix}.
$$

7. Wir lösen zunächst Teilaufgabe b), was auch eine Lösung für den Spezialfall a) liefert. $Ax = b$ ist universell lösbar mit der Lösung

$$
\left(\tfrac{1}{2}b_2 - b_3, \, -4b_1 + \tfrac{5}{2}b_2 + 2b_3, \, 3b_1 - 2b_2 - b_3 \right).
$$

Für

$$Ax = \begin{pmatrix} 2 \\ 4 \\ 9 \end{pmatrix}$$

ergibt sich somit die Lösung $x = (-7, 20, -11)$.

$Bx = b$ ist universell lösbar mit der Lösung

$$x = \left(-b_1 + 2b_2, \tfrac{1}{2}b_1 - \tfrac{9}{8}b_2 + \tfrac{3}{8}b_3, \tfrac{1}{2}b_1 - \tfrac{5}{8}b_2 - \tfrac{1}{8}b_3, 0\right)$$
$$+ \lambda(-4, -3, 1, 4).$$

Die spezielle in Teil a) gefragte Lösung lautet also

$$\left(-2, \tfrac{7}{2}, \tfrac{1}{2}, 0\right) + \lambda(-4, -3, 1, 4).$$

8. Das gesuchte Polynom f ist gegeben durch $f := \sum\limits_{i=1}^{m} \varphi_i^2$. Für alle $x \in \mathbb{R}^n$ gilt $\varphi^2(x) \geq 0$, und die Summe von reellen Quadratzahlen ist genau dann gleich 0, wenn alle Quadratzahlen gleich 0 sind. Daher gilt $W = \{x \in \mathbb{R}^n : f(x) = 0\}$.

9. Wir zeigen beide Schlussrichtungen.

„$\Leftarrow$": Existiert eine Matrix $A \in M(2 \times 3; \mathbb{R})$ mit $L = \{x \in \mathbb{R}^3 : Ax = b\}$, so ist $L = \text{Lös}(A, b) \subset \mathbb{R}^3$ nach 3.3 ein affiner Raum und wegen $\text{rang}(A) = 2$ ist $\dim L = 1$, also $L = v + \mathbb{R} \cdot w$ mit $w \neq 0$.

„$\Rightarrow$": L sei eine Gerade, d. h. es existiert ein $w \neq 0$, so dass $L = \mathbb{R}w$ ist. Die Gerade lässt sich als Schnitt $L = E_1 \cap E_2$ von zwei Ebenen E_1, E_2 beschreiben. Jede Ebene $E \subset \mathbb{R}^3$ ist gegeben durch eine lineare Gleichung $a_1 x_1 + a_2 x_2 + a_3 x_3 = b$. Es sind geeignete a_i und b zu finden, die diese Gleichung erfüllen.

Um Lösungen zu finden, betrachten wir zunächst den Fall $v = 0$, also die zu L parallele Gerade $L_0 = \mathbb{R} \cdot w$ durch 0, siehe Abb. 3.2. Die Bedingung $w = (w_1, w_2, w_3) \in L_0$ bedeutet für $L_0 \subset E$, dass

$$(w_1, w_2, w_3) \begin{pmatrix} a_1 \\ a_2 \\ a_3 \end{pmatrix} = 0.$$

Diese lineare Gleichung für die Koeffizienten a_1, a_2, a_3 lässt sich lösen: Wegen $w \neq 0$ ist mindestens ein $w_i \neq 0$. Ist $w_1 \neq 0$, so erhält man eine Lösung mit $(a_2, a_3) = (1, 0)$ und (a_2, a_3) $= (0, 1)$ zwei linear unabhängige Lösungen

$$\left(-\frac{w_2}{w_1}, 1, 0 \right) \quad \text{und} \quad \left(-\frac{w_3}{w_1}, 0, 1 \right).$$

Durch Multiplikation dieser Vektoren mit w_1 gelangt man zur Matrix

$$A = \begin{pmatrix} -w_2 & w_1 & 0 \\ -w_3 & 0 & w_1 \end{pmatrix} \quad \text{und} \quad L_0 = \text{Lös} \left(A, \begin{pmatrix} 0 \\ 0 \end{pmatrix} \right).$$

Es gilt noch, den Vektor $b = \begin{pmatrix} b_1 \\ b_2 \end{pmatrix}$ mit $L = \text{Lös}(A, b)$ zu finden. Wie in Abb. 3.2 sichtbar ist, genügt es hierfür, ein $v = {}^t(v_1, v_2, v_3)$ zu finden mit $b = A \cdot v$. Dies bedeutet

$$b = A \cdot v = \begin{pmatrix} -v_1 w_2 + v_2 w_1 \\ -v_1 w_3 + v_3 w_1 \end{pmatrix}.$$

Im Extremfall $w_2 = w_3 = 0$ lässt sich $w_1 = 1$ setzen, und es ist

$$A = \begin{pmatrix} 0 & 1 & 0 \\ 0 & 0 & 1 \end{pmatrix} \quad \text{und} \quad b = \begin{pmatrix} v_1 \\ v_2 \end{pmatrix}.$$

Die Geraden E_1 und E_2 sind dann gegeben durch $x_2 = v_2$ und $x_3 = v_3$.

Nach Voraussetzung ist mindestens eines der $w_i \neq 0$. Für den Fall, dass $w_1 = 0$ sein sollte, lassen sich Überlegungen und Rechnung auf $w_2 \neq 0$ oder $w_3 \neq 0$ übertragen (vgl. auch 1.2.1 oder, mit Blick nach vorne, 7.1.7).

Nach den Ergebnissen können wir das Szenario auch anschaulich deuten: Der Richtungsvektor w entspricht einem Basisvektor des Kerns von A. Der Stützvektor v einem Urbild von b unter der Abbildung A. Der Lösungsraum des affinen linearen Gleichungssystems $A \cdot x = b$ entspricht dem um v verschobenen Kern von A, siehe Abb. 3.2.

10. Siehe Fußnote im Aufgabenteil: Die Aufgabenstellung wurde leicht verändert; auf diese Version beziehen wir uns hier.
a) Nach der Rechenregel 4 in 3.5.4 gilt für Matrizen $A \in \text{M}(m \times n; K)$ und $B \in \text{M}(n \times r; K)$

$$ {}^t(A \cdot B) = {}^t B \cdot {}^t A. \tag{3.1}$$

Abb. 3.2

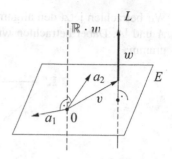

Wählen wir $B = {}^t A$ und berücksichtigen

$${}^t({}^t A) = A, \tag{3.2}$$

so folgt

$${}^t(A \cdot {}^t A) \overset{(1)}{=} {}^t({}^t A) \cdot {}^t A \overset{(2)}{=} A \cdot {}^t A,$$

was zu zeigen war.

b) Es sei $A \in M(m \times n; \mathbb{R})$. Gezeigt werden soll, dass rang $({}^t A \cdot A) = $ rang A gilt. Zu Beginn betrachten wir zwei simple Spezialfälle.

(1) Im Fall $m = n = 1$ ist $A \in M(1 \times 1; \mathbb{R})$. Damit ergibt sich sofort $A = (a_{11}) = {}^t A$.

(2) Für den Fall $n = 1$ ist $A \in M(m \times 1; \mathbb{R})$ und damit ein $A = {}^t(a_{11}, \dots, a_{m1})$. Die transponierte Matrix ist ${}^t A$ ist dann ${}^t A = (a_{11}, \dots, a_{m1})$. Im Fall $A \neq 0$ ist rang $A = $ rang ${}^t A = 1$.
Für das Produkt ${}^t A \cdot A$ gilt

$${}^t A \cdot A = (a_{11}, \dots, a_{m1}) \cdot \begin{pmatrix} a_{11} \\ \vdots \\ a_{m1} \end{pmatrix} = \left(\sum_{k=1}^{m} a_{k1}^2 \right).$$

${}^t A \cdot A$ besitzt also den Rang 1.
Man beachte, dass die Summe über die Zeilenzahl m von A verläuft und dieser Index letztlich verschwindet, wohingegen der Index der Spalte unberührt bleibt.

Wir betrachten jetzt den allgemeinen Fall der Multiplikation von A und ^tA. Dabei betrachten wir das folgende kommutative Diagramm:

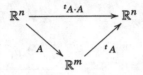

Nach der Dimensionsformel aus Satz 3.2.4 gilt

$$n = \dim \mathbb{R}^n = \underbrace{\dim \operatorname{Im} A}_{=\operatorname{rang} A} + \dim \ker A,$$

$$n = \dim \mathbb{R}^n = \underbrace{\dim \operatorname{Im} {}^tA \cdot A}_{=\operatorname{rang} {}^tA \cdot A} + \dim \ker {}^tA \cdot A.$$

Um die Behauptung zu beweisen, reicht es also, $\ker {}^tA \cdot A = \ker A$ nachzuweisen.

Aus Teil a) folgt rang $A = \operatorname{rang} {}^tAA$. Damit reicht es aus,

$$\ker {}^tA \cdot A = \ker A \qquad \qquad \circledast$$

zu zeigen. Hierfür sei $v \in \mathbb{R}^n$; das Bild unter A ist gegeben durch

$$w = {}^t(w_1, w_2, \ldots, w_m) = A \cdot v \in \mathbb{R}^m.$$

„$\supset$": Liegt $v \in \ker A$, so folgt $w = 0$ und damit

$$0 = {}^tAw = {}^tA \cdot Av,$$

also gilt $v \in \ker {}^tA \cdot A$.

„$\subset$": Im Fall $v \in \ker {}^tA \cdot A$ ist ${}^tA \cdot Av = 0 \in \mathbb{R}^n$. Damit gilt auch

$$\underbrace{{}^tv\,{}^tA}_{={}^tw} \cdot \underbrace{Av}_{=w} = 0 \in \mathbb{R}.$$

Daraus folgt $w = A \cdot v = 0$ und damit $v \in \ker A$.

c) Es reichen Gegenbeispiele. Wir beginnen mit $K = \mathbb{F}_2$ und wählen $A = \begin{pmatrix} \bar{1} & \bar{1} \\ \bar{0} & \bar{0} \end{pmatrix} \in M(2 \times 2; \mathbb{F}_2)$. Es gilt rang $A = 1$. Für das Produkt von A mit seiner Transponierten gilt

$$A \cdot {}^t A = \begin{pmatrix} \bar{1} & \bar{1} \\ \bar{0} & \bar{0} \end{pmatrix} \cdot \begin{pmatrix} \bar{1} & \bar{0} \\ \bar{1} & \bar{0} \end{pmatrix} = \begin{pmatrix} 0 & 0 \\ 0 & 0 \end{pmatrix}.$$

Der Rang dieses Produkts ist gleich Null.

Im Fall $K = \mathbb{C}$ wählen wir $A = \begin{pmatrix} 1 & i \\ 0 & 0 \end{pmatrix}$ mit rang $A = 1$. Das Produkt von A mit seiner Transponierten ist wegen $i^2 = -1$ gleich

$$A \cdot {}^t A = \begin{pmatrix} 1 & i \\ 0 & 0 \end{pmatrix} \cdot \begin{pmatrix} 1 & 0 \\ i & 0 \end{pmatrix} = \begin{pmatrix} 0 & 0 \\ 0 & 0 \end{pmatrix}$$

und hat den Rang Null.

3.4 Lineare Abbildungen und Matrizen

1. Es gilt

$$-(2, 0) + 4 \cdot (1, 1) = 2 \cdot (1, 2).$$

Für eine lineare Abbildung F mit $F(2, 0) = (0, 1)$, $F(1, 1) = (5, 2)$ und $F(1, 2) = (2, 3)$ gilt dann

$$\begin{aligned} F(-(2, 0) + 4 \cdot (1, 1)) &= -F(2, 0) + 4 \cdot F(1, 1) \\ &= -(0, 1) + 4 \cdot (5, 2) = (20, 7) \\ &\neq (4, 6) = 2 \cdot F(1, 2) = F(2 \cdot (1, 2)), \end{aligned}$$

daher gibt es keine lineare Abbildung mit den geforderten Eigenschaften.

2. a) Es ist nur die lineare Unabhängigkeit der Elemente aus $\mathcal{B}$ zu zeigen. Seien dazu $\lambda_1, \ldots, \lambda_5 \in \mathbb{R}$ mit

$$\lambda_1 \cdot \sin + \lambda_2 \cdot \cos + \lambda_3 \cdot \sin \cdot \cos + \lambda_4 \cdot \sin^2 + \lambda_5 \cdot \cos^2 = 0$$

in Abb $(\mathbb{R}, \mathbb{R})$, also die Nullabbildung. Wir wenden sie auf $x_1 = 0$, $x_2 = \frac{\pi}{4}$, $x_3 = \frac{\pi}{3}$, $x_4 = \frac{\pi}{2}$ und $x_5 = \frac{2\pi}{3}$ an. Das liefert die fünf Gleichungen

$$
\begin{array}{rcl}
\lambda_2 \qquad\qquad + \qquad \lambda_5 &=& 0 \\
\sqrt{0{,}5}\lambda_1 + \sqrt{0{,}5}\lambda_2 + \qquad 0{,}5\lambda_3 + 0{,}5\lambda_4 + 0{,}5\lambda_5 &=& 0 \\
\sqrt{0{,}75}\lambda_1 + 0{,}5\lambda_2 + 0{,}5\sqrt{0{,}75}\lambda_3 + 0{,}75\lambda_4 + 0{,}25\lambda_5 &=& 0 \\
\lambda_1 \qquad\qquad + \qquad \lambda_4 \qquad\quad &=& 0 \\
\sqrt{0{,}75}\lambda_1 - 0{,}5\lambda_2 - 0{,}5\sqrt{0{,}75}\lambda_3 + 0{,}75\lambda_4 + 0{,}25\lambda_5 &=& 0,
\end{array}
$$

die wir als Einträge einer Matrix A mit

$$
A = \begin{pmatrix}
0 & 1 & 0 & 0 & 1 \\
\sqrt{0{,}5} & \sqrt{0{,}5} & 0{,}5 & 0{,}5 & 0{,}5 \\
\sqrt{0{,}75} & 0{,}5 & 0{,}5\sqrt{0{,}75} & 0{,}75 & 0{,}25 \\
1 & 0 & 0 & 1 & 0 \\
\sqrt{0{,}75} & -0{,}5 & -0{,}5\sqrt{0{,}75} & 0{,}75 & 0{,}25
\end{pmatrix}
$$

auffassen können. Wegen rang $A = 5$ müssen alle $\lambda_i = 0$ sein.
b) Nach 3.4.4 ist $M_{\mathcal{B}}(F)$ bestimmt durch

$$
F(v_j) = \sum_{i=1}^{5} a_{ij} v_i \quad \text{für } j = 1, \ldots, 5.
$$

Bezeichnet $v_1 = \sin$, $v_2 = \cos$, $v_3 = \sin \cdot \cos$, $v_4 = \sin^2$, $v_5 = \cos^2$, so folgt

$$
\begin{array}{rll}
F(v_1) = \cos & = a_{21}v_2, \\
F(v_2) = -\sin & = a_{12}v_1, \\
F(v_3) = \cos^2 - \sin^2 & = a_{53}v_5 + a_{43}v_4, \\
F(v_4) = 2\sin \cdot \cos & = a_{34}v_3, \\
F(v_5) = -2\sin \cdot \cos & = a_{35}v_3.
\end{array}
$$

Insgesamt folgt daraus

$$
M_{\mathcal{B}}(F) = \begin{pmatrix}
0 & -1 & 0 & 0 & 0 \\
1 & 0 & 0 & 0 & 0 \\
0 & 0 & 0 & 2 & -2 \\
0 & 0 & -1 & 0 & 0 \\
0 & 0 & 1 & 0 & 0
\end{pmatrix}.
$$

c) Aus den Spalten von $M_B(F)$ bestimmt man eine Basis von Im F. Wie man leicht erkennt, sind die vierte und die fünfte Spalte von $M_B(F)$ linear abhängig, die ersten vier Spalten jedoch linear unabhängig. Daher ist eine Basis von Im F gegeben durch (cos, $-\sin$, $\cos^2 - \sin^2$, $2\sin\cos$).

Aus den Spalten vier und fünf von $M_B(F)$ erkennt man, dass $\sin^2 + \cos^2$ im Kern von F liegt, was aus $\sin^2 x + \cos^2 x = 1$ für alle $x \in \mathbb{R}$ auch sofort nachzuvollziehen ist. Da dim Ker $F = $ dim $V - $ dim Im $F = 5 - 4 = 4$

gilt, ist somit Ker $F = \mathrm{span}\,(v_4 + v_5)$.

3. a) Es gilt $t^i \overset{D_n}{\mapsto} i \cdot t^{i-1}$ für $0 \le i \le n$, also

$$
M_{\mathcal{B}_{n-1}}^{\mathcal{B}_n}(D_n) = \left.\left(\begin{array}{ccccccc}
0 & 1 & 0 & \cdots\cdots & & \cdots & 0 \\
\vdots & \ddots & 2 & \ddots & & & \vdots \\
\vdots & & \ddots & 3 & \ddots & & \vdots \\
\vdots & & & & \ddots\ddots & 0 & \vdots \\
\vdots & & & & 0 & n-1 & 0 \\
0 & \cdots\cdots\cdots\cdots & & & & 0 & n
\end{array}\right)\right\} n.
$$

$$\underbrace{}_{n+1}$$

b) Wir definieren $\mathcal{I}_n$ als lineare Fortsetzung von $t^i \mapsto \frac{1}{i+1}t^{i+1}$. Dann gilt die notwendige Bedingung $D_n \circ \mathcal{I}_n = \mathrm{id}_{V_{n-1}}$. Die Matrix von $\mathcal{I}_n$ lautet

$$
M_{\mathcal{B}_n}^{\mathcal{B}_{n-1}}(\mathcal{I}_n) = \left.\left(\begin{array}{ccccc}
0 & \cdots\cdots\cdots & & & 0 \\
1 & \ddots & & & \vdots \\
0 & \frac{1}{2} & \ddots & & \vdots \\
\vdots & \ddots & \frac{1}{3} & \ddots & \vdots \\
\vdots & & \ddots & \ddots & 0 \\
0 & \cdots\cdots & & 0 & \frac{1}{n}
\end{array}\right)\right\} n+1.
$$

$$\underbrace{}_{n}$$

4. a) Wir bestimmen zunächst die Bilder der Basisvektoren aus $\mathcal{B}$. Es gilt:

$$F(1) = \int_{-1}^{1} 1 dt = 2, \quad F(t) = \int_{-1}^{1} t dt = 0,$$

$$F(t^2) = \int_{-1}^{1} t^2 = \tfrac{2}{3}, \quad F(t^3) = \int_{-1}^{1} t^3 dt = 0,$$

und

$$G(1) = (1, 1, 1), \quad G(t) = (-1, 0, 1),$$
$$G(t^2) = (1, 0, 1), \quad G(t^3) = (-1, 0, 1).$$

Somit ist

$$M^{\mathcal{B}}_{\mathcal{K}}(F) = \left(2, 0, \tfrac{2}{3}, 0\right) \in M(1 \times 4, \mathbb{R})$$

und

$$M^{\mathcal{B}}_{\mathcal{K}'}(G) = \begin{pmatrix} 1 & -1 & 1 & -1 \\ 1 & 0 & 0 & 0 \\ 1 & 1 & 1 & 1 \end{pmatrix} \in M(3 \times 4, \mathbb{R}).$$

b) Wir vereinfachen $M^{\mathcal{B}}_{\mathcal{K}'}(G)$ durch Zeilenumformungen und erhalten

$$\begin{pmatrix} 1 & 0 & 0 & 0 \\ 0 & 1 & 0 & 1 \\ 0 & 0 & 1 & 0 \end{pmatrix}.$$

Daher gilt Ker $(G) = \text{span} \{t - t^3\}$. Es genügt, $t - t^3 \overset{F}{\mapsto} 0$ zu zeigen. Das ist leicht einzusehen: $F(t - t^3) = F(t) - F(t^3) = 0 - 0 = 0$. Die $\subset$-Relation ist echt, denn an der Matrix $M^{\mathcal{B}}_{\mathcal{K}}(F)$ sehen wir, dass Ker F Dimension 3 hat. Es gilt Ker $F = \text{span} \{t, t^3, 1 - 3t^2\}$.

c) Wir bestimmen die Matrix $M^{\mathcal{K}'}_{\mathcal{K}}(H)$. Es gilt $M^{\mathcal{K}'}_{\mathcal{K}}(H) \in M(1 \times 3, \mathbb{R})$ und $M^{\mathcal{K}'}_{\mathcal{K}}(H) \cdot M^{\mathcal{B}}_{\mathcal{K}'}(G) = M^{\mathcal{B}}_{\mathcal{K}}(F)$. Eine Rechnung liefert $M^{\mathcal{K}'}_{\mathcal{K}}(H) = \left(\tfrac{1}{3}, \tfrac{4}{3}, \tfrac{1}{3}\right)$. H ist also die Abbildung $\mathbb{R}^3 \to \mathbb{R}$, $(x, y, z) \overset{H}{\mapsto} \tfrac{1}{3}x + \tfrac{4}{3}y + \tfrac{1}{3}z$.

5. Es seien $\mathcal{A}_1 = (v_1, \ldots, v_r)$ bzw. $\mathcal{A}_2 = (\bar{v}_1, \ldots, \bar{v}_s)$ Basen von V_1 bzw. V_2 und $\mathcal{B}_1 = (w_1, \ldots, w_k)$ bzw. $\mathcal{B}_2 = (\bar{w}_1, \ldots, \bar{w}_l)$ Basen von $F(V_1) \subset W_1$ bzw. $F(V_2) \subset W_2$. Wir ergänzen $\mathcal{B}_1$ bzw. $\mathcal{B}_2$ zu Basen $\mathcal{B}_1'$ von W_1 bzw. $\mathcal{B}_2'$ von W_2. Wegen $W = W_1 \oplus W_2$ ist $\mathcal{B} := \mathcal{B}_1' \cup \mathcal{B}_2'$ eine Basis von W. Analog ist wegen $V = V_1 \oplus V_2$ gerade $\mathcal{A} := \mathcal{A}_1 \cup \mathcal{A}_2$ eine Basis von V (vgl. Satz 2.6.4). Bezüglich der Basen $\mathcal{A}$ und $\mathcal{B}$ hat $M_\mathcal{B}^\mathcal{A}$ die angegebene Gestalt.

6. Wir zeigen zuerst, dass die F_i^j ein Erzeugendensystem sind. Dazu nehmen wir ein beliebiges $F \in \mathrm{Hom}\,(V, W)$. Ein solches F ist durch die Bilder der Basisvektoren $v_1, \ldots, v_n$ eindeutig bestimmt. Ist

$$F(v_k) = \sum_{j=1}^m a_{kj} \cdot w_j \quad \text{für } k = 1, \ldots, n,$$

so gilt

$$F = \sum_{j=1}^m \sum_{i=1}^n a_{ij} \cdot F_i^j.$$

Das zeigt, dass die F_i^j ein Erzeugendensystem bilden.

Sei nun

$$F = \sum_{j=1}^m \sum_{i=1}^n a_{ij} F_i^j = 0$$

die Nullabbildung. Dann gilt für beliebiges $k = 1, \ldots, n$

$$0 = F(v_k) = \sum_{j=1}^m \sum_{i=1}^n a_{ij} F_i^j (v_k) = \sum_{j=1}^m a_{kj} w_j.$$

Da die w_j linear unabhängig sind, folgt daraus $a_{kj} = 0$ für $j = 1, \ldots, m$. Dies gilt für beliebiges k, also müssen alle $a_{ij} = 0$ sein; damit sind die F_i^j linear unabhängig.

7. Wir berechnen mittels Zeilenumformungen von A eine Basis des Kerns von F:

$\mathrm{Ker}\, F = \mathrm{span}\,(a_3, a_4)$ mit $a_3 := {}^t(12, 7, 0, 1)$, $a_4 := {}^t(10, 6, 1, 0)$.

Mit Hilfe von Spaltenumformungen erhalten wir eine Basis des Bildes von F:

$$\text{Im } F = \text{span}(b_1, b_2) \quad \text{mit} \quad b_1 := {}^t(1, 0, -1), \quad b_2 := {}^t(0, 1, 1).$$

Im nächsten Schritt berechnen wir spezielle Urbilder dieser Basisvektoren. Wir erhalten

$$F(\underbrace{{}^t(-5, -3, 0, 0)}_{=:a_1}) = b_1 \quad \text{und} \quad F(\underbrace{{}^t(3, 2, 0, 0)}_{=:a_2}) = b_2.$$

Damit steht $\mathcal{A} = (a_1, a_2, a_3, a_4)$ fest. b_1, b_2 müssen noch zu einer Basis des $\mathbb{R}^3$ ergänzt werden. Wir wählen $b_3 := {}^t(0, 0, 1)$. Dann ist $\mathcal{B} = (b_1, b_2, b_3)$ eine Basis des $\mathbb{R}^3$, und $M_{\mathcal{B}}^{\mathcal{A}}(F)$ hat die gewünschte Form.

8. Nach Aufgabe 4 zu 3.2 gibt es Untervektorräume V_1 und V_2 von V mit $V = V_1 \oplus V_2$ und $F|_{V_1} = \text{id}_{V_1}$ sowie $F|_{V_2} = 0$. Insbesondere gilt $F(V_1) \subset V_1$ und $F(V_2) \subset V_2$. Nach Aufgabe 5 existieren Basen $\mathcal{A}$ und $\mathcal{B}$ von V mit

$$M_{\mathcal{B}}^{\mathcal{A}}(F) = \begin{pmatrix} A & 0 \\ 0 & B \end{pmatrix}.$$

Wegen $V = W$ und den obigen Überlegungen können wir sogar $\mathcal{A} = \mathcal{B}$ wählen. Aus $F|_{V_2} = 0$ folgt $B = 0$, wegen $F|_{V_1} = \text{id}_{V_1}$ gilt $A = E_r$, wobei $r = \dim V_1$ ist.

9. Es sei $\mathcal{B}_1 = (v_1, \ldots, v_r)$ eine Basis von Fix F. Wir ergänzen sie zu einer Basis $\mathcal{B}$ von V. Nach Satz 3.4.2 hat $M_{\mathcal{B}}(F)$ die angegebene Gestalt.

Man beachte die Ähnlichkeit zu Aufgabe 8. Ein Endomorphismus F mit $F^2 = F$ ist ein spezieller Fall der hier betrachteten Endorphismen mit $V = \text{Fix } F \oplus \text{Ker } F$.

3.5   Multiplikation von Matrizen

1. Die möglichen Produkte der Matrizen lauten:

$$A^2 = \begin{pmatrix} 3 & 12 & -17 \\ 5 & 49 & -20 \\ -6 & -33 & 91 \end{pmatrix}, \quad AB = \begin{pmatrix} 1 & -1 & -1 & 1 \\ 5 & 3 & -5 & -3 \\ -8 & 8 & 8 & -8 \end{pmatrix},$$

$$AE = \begin{pmatrix} 13 & 15 \\ 30 & 55 \\ -41 & -12 \end{pmatrix}, \quad BC = \begin{pmatrix} 7 \\ 7 \\ -7 \end{pmatrix},$$

$$CD = \begin{pmatrix} -1 & 2 & 0 & 8 \\ 0 & 0 & 0 & 0 \\ -8 & 16 & 0 & 64 \\ 7 & -14 & 0 & -56 \end{pmatrix}, \quad DC = (-57).$$

2. a) Es sei $M \in \mathrm{M}(m \times n; K)$ mit $M = (m_{ij})_{1 \le i \le m; 1 \le j \le n}$. Für die Diagonaleneinträge gilt $i = j$. Die Einträge auf der Geraden L von der Stelle $(1, k)$ bis zu $(n + 1 - k, n)$ oberhalb der Diagonale lauten m_{ij} mit

$$j = i - 1 + k \Leftrightarrow i = j + 1 - k.$$

Für die Einträge m_{ij} auf der Geraden L' von $(k, 1)$ bis $(n, n + 1 - k)$ gilt

$$j = i + 1 - k \Leftrightarrow i = j - 1 + k.$$

Dementsprechend gilt für die Einträge m_{ij} in H oberhalb von L

$$j > i - 1 + k \Leftrightarrow i < j + 1 - k$$

und für die Einträge in H' unterhalb von L'

$$i > j - 1 + k \Leftrightarrow j < i + 1 - k.$$

Diese etwas lästig zu formulierenden Zusammenhänge werden wir für den formalen Beweis der Aussagen aus Aufgabe b) brauchen.
b) Die Formulierungen der Aussagen gelingen unseren LeserInnen bestimmt mindestens genauso gut wie uns; wir lassen sie daher aus.

Für die erste Matrix $A = (a_{ij})$ gilt: $a_{ij} \ne 0$ ist nur für $i \le j \le i - 1 + k$ möglich. Andererseits ist für $B = (b_{jm})$ gerade $b_{jm} \ne 0$

nur für $m \leq j \leq m - 1 + k$ möglich. Sei nun $i < m$, also c_{im} im oberen Dreieck von $(c_{im}) = C$ mit $C = AB$. Dann gilt

$$c_{im} = \sum_{j=1}^{n} a_{ij} b_{jm} = \sum_{j=m}^{i-1+k} a_{ij} b_{jm}.$$

Insbesondere ist $c_{im} = 0$ falls $m > i - 1 + k$, falls also c_{im} im Bereich von H liegt.

Sei nun $i > m$, d. h. c_{im} liegt im unteren Dreieck von C. Dann gilt

$$c_{im} = \sum_{j=i}^{m-1+k} a_{ij} b_{jm},$$

insbesondere $c_{im} = 0$ für $i > m - 1 + k$, was so viel bedeutet wie $(i, m) \in H'$.

Nun kommen wir zur zweiten Gleichung. Wenn wir die erste obere Dreiecksmatrix mit $D = (d_{ij})$ bezeichnen, ist $d_{ij} \neq 0$ nur für $j > i - 1 + k$ möglich. Die zweite Dreiecksmatrix soll nun $E = (e_{jm})$ heißen; es gilt dann $e_{jm} \neq 0$ nur für $j \leq m$. Für das Produkt $DE = F = (f_{im})$ gilt dann

$$f_{im} = \sum_{j=0}^{n} d_{ij} e_{jm} = \sum_{j=i+k}^{m} d_{ij} e_{jm}.$$

Insbesondere ist $f_{im} = 0$, wenn $m < i + k$, d. h. wenn f_{im} echt unterhalb der Indexgerade durch $(1, k + 1)$, $(2, k + 2) \ldots$ liegt, was zu beweisen war.

c) Wir zeigen zunächst eine Hilfsbehauptung, aus der wir dann die hier beschriebene Tatsache folgern können.

Sei $A = (a_{ij}) \in M(n \times n; K)$ mit $a_{ij} = 0$ für $i \geq j$. Die Hilfsbehauptung lautet: Für $A^m =: B_m = (b_{ij}^m)$ gilt $b_{ij}^m = 0$ für $i \geq j + 1 - m$ für alle $m \in \mathbb{N} \setminus \{0\}$. Den Beweis führen wir durch Induktion über m. Für $m = 1$ haben wir die Voraussetzung in etwas neuer Form. Angenommen, die Behauptung sei für m bereits gezeigt. Dann gilt

$$B_{m+1} = A^{m+1} = A^m \cdot A = B_m \cdot A,$$

wobei B_m und A die Gestalt haben, die den Matrizen D und E aus der zweiten Aussage von b) entsprechen. Nach b) folgt dann

$$b_{ij}^m = 0 \text{ für } i > j - m \Leftrightarrow i \geq j + 1 - m.$$

Nachdem wir diese Hilfsbehauptung bewiesen haben, gilt für den Spezialfall $m = n + 1$ gerade $(j + 1) - (n + 1) = j - n \leq 0$, damit ist $i \geq j + 1 - m$ stets gegeben, B_{n+1} ist somit die Nullmatrix.

Zur Veranschaulichung berechnen wir die Potenzen von

$$M = \begin{pmatrix} 0 & 1 & 1 & 1 & 1 \\ 0 & 0 & 1 & 1 & 1 \\ 0 & 0 & 0 & 1 & 1 \\ 0 & 0 & 0 & 0 & 1 \\ 0 & 0 & 0 & 0 & 0 \end{pmatrix}.$$

Es gilt

$$M^2 = \begin{pmatrix} 0 & 0 & 1 & 2 & 3 \\ 0 & 0 & 0 & 1 & 2 \\ 0 & 0 & 0 & 0 & 1 \\ 0 & 0 & 0 & 0 & 0 \\ 0 & 0 & 0 & 0 & 0 \end{pmatrix}, \quad M^3 = \begin{pmatrix} 0 & 0 & 0 & 1 & 3 \\ 0 & 0 & 0 & 0 & 1 \\ 0 & 0 & 0 & 0 & 0 \\ 0 & 0 & 0 & 0 & 0 \\ 0 & 0 & 0 & 0 & 0 \end{pmatrix},$$

$$M^4 = \begin{pmatrix} 0 & 0 & 0 & 0 & 1 \\ 0 & 0 & 0 & 0 & 0 \\ 0 & 0 & 0 & 0 & 0 \\ 0 & 0 & 0 & 0 & 0 \\ 0 & 0 & 0 & 0 & 0 \end{pmatrix}, \quad M^5 = (0).$$

3. a) Diese Teilmenge ist ein Unterring. Die Abgeschlossenheit bezüglich der Multiplikation folgt aus Aufgabe 2 b). Dass die angegebene Menge bzgl. der Addition eine Gruppe bildet, rechnet man ohne Schwierigkeiten nach.

b) Die Matrizen sind von der Form wie auf der rechten Seite der ersten Gleichung von Aufgabe 2 b). Aus diesem Grunde bilden sie, wie man dort erkennen kann, für $k \geq 2$ keinen Unterring, da bei der Multiplikation die Anzahl der Diagonalreihen ungleich 0 ansteigen kann.

Für $k = 0$ besteht die Menge hingegen nur aus der Nullmatrix, und für $k = 1$ nur aus Diagonalmatrizen. Diese Mengen sind Unterringe von $M(n \times n; K)$.

c) Diese Menge ist ein Unterring. Die wesentliche Eigenschaft ist

$$\begin{pmatrix} a & b \\ 0 & c \end{pmatrix} \cdot \begin{pmatrix} a' & b' \\ 0 & c' \end{pmatrix} \begin{pmatrix} aa' & ab' + bc' \\ 0 & cc' \end{pmatrix},$$

denn aus $a, a' \in \mathbb{Q}$ folgt $aa' \in \mathbb{Q}$.

d) Diese Menge ist ebenfalls ein Unterring, denn es gilt

$$\begin{pmatrix} 0 & a \\ 0 & b \end{pmatrix} \cdot \begin{pmatrix} 0 & a' \\ 0 & b' \end{pmatrix} = \begin{pmatrix} 0 & ab' \\ 0 & bb' \end{pmatrix}.$$

e) Die Menge enhält alle Matrizen der Form

$$\begin{pmatrix} \lambda_1 & & & 0 \\ & \ddots & & \\ 0 & & \lambda_{k-1} & \\ \hline & & 0 & \end{pmatrix},$$

wobei in den letzten $n - k$ Zeilen lauter Nullen stehen. Diese Menge ist sicher ein Unterring.

4. a) Es seien $B = (b_{ij})$, $\lambda E_n B = (a_{ij}) =: A$ und $B(\lambda E_n) = (c_{ij}) =: C$. Dann gilt

$$a_{ij} = \sum_{k=1}^{n} \lambda \delta_{ik} b_{kj} = \lambda b_{ij} \quad \text{und} \quad c_{ij} = \sum_{k=1}^{n} b_{ik} \lambda \delta_{kj} = b_{ij} \lambda.$$

Dabei steht δ_{ij} wie üblich für das *Kronecker-Symbol*

$$\delta_{ij} := \begin{cases} 1 \text{ für } i = j, \\ 0 \text{ sonst.} \end{cases}$$

Damit ist die Behauptung gezeigt, weil in K das Kommutativgesetz für die Multiplikation gilt.

b) Sei nun $A \in M(n \times n; K)$ mit $AB = BA$ für alle B. Daraus wollen wir $A = \lambda E_n$ folgern. Zum Beweis betrachten wir ein spezielles B. Es sei

$$\begin{pmatrix} & 1 & \\ 0 & \vdots & 0 \\ & 1 & \end{pmatrix} A = A \begin{pmatrix} & 1 & \\ 0 & \vdots & 0 \\ & 1 & \end{pmatrix},$$

wobei die Spalte aus Einsen an i-ter Stelle stehen soll. Multipliziert man diese Gleichung aus, so ergibt sich

$$\begin{pmatrix} a_{i1} & a_{i2} & \cdots & a_{in} \\ \vdots & \vdots & & \vdots \\ a_{i1} & a_{i2} & \cdots & a_{in} \end{pmatrix} = \begin{pmatrix} & a_{11} + \ldots + a_{1n} & \\ 0 & \vdots & 0 \\ & a_{n1} + \ldots + a_{nn} & \end{pmatrix},$$

wobei in der Matrix auf der rechten Seite nur in der i-ten Spalte Einträge ungleich null stehen können. Ein Vergleich der beiden Seiten liefert

$$a_{ij} = 0 \quad \text{für } j \neq i$$

und

$$a_{11} = \sum_{j=1}^{n} a_{1j} = \ldots = \sum_{j=1}^{n} a_{nj} = a_{nn},$$

was zu beweisen war.

5. In dieser Aufgabe geht es um eine Matrizendarstellung des Körpers der komplexen Zahlen.

a) Zunächst ist zu zeigen, dass die Menge $C = \{ \begin{pmatrix} a & -b \\ b & a \end{pmatrix} : a, b \in \mathbb{R} \}$ ein Körper ist. Es sollte klar sein, dass C in Bezug auf die Addition eine kommutative Gruppe ist, denn C ist abgeschlossen gegenber Addition, die Nullmatrix liegt in C und inverse Elemente bzgl. Addition liegen ebenfalls in C. Betrachten wir nun die Eigenschaften von C im Hinblick auf Multiplikation. Die Einheitsmatrix liegt in C. Eine kurze Rechnung

$$\begin{pmatrix} a & -b \\ b & a \end{pmatrix} \begin{pmatrix} c & -d \\ d & c \end{pmatrix} = \begin{pmatrix} ac - bd & -ad - bc \\ ad + bc & ac - bd \end{pmatrix} \in C$$

zeigt, dass C bzgl. der Multiplikation abgeschlossen ist. Die Distributivgesetze für Matrizen brauchen nicht erneut nachgerechnet werden; das haben wir allgemeiner schon getan. In C ist die Multiplikation sogar kommutativ, denn es gilt

$$\begin{pmatrix} a & -b \\ b & a \end{pmatrix} \begin{pmatrix} c & -d \\ d & c \end{pmatrix} = \begin{pmatrix} ac - bd & -ad - bc \\ ad + bc & ac - bd \end{pmatrix}$$

$$= \begin{pmatrix} c & -d \\ d & c \end{pmatrix} \begin{pmatrix} a & -b \\ b & a \end{pmatrix}.$$

Nun wird es spannend, weil wir zu jedem Element $\neq 0$ aus C ein Inverses bzgl. der Multiplikation finden müssen, das zudem noch in der Menge C enthalten sein muss. Das ist für Matrizen im Allgemeinen weder möglich noch besonders einfach, falls es möglich ist. Hier gelingt es jedoch, es gilt nämlich

$$\begin{pmatrix} a & -b \\ b & a \end{pmatrix}^{-1} = \begin{pmatrix} \frac{a}{a^2+b^2} & \frac{b}{a^2+b^2} \\ \frac{-b}{a^2+b^2} & \frac{a}{a^2+b^2} \end{pmatrix}.$$

Dieses Inverse ist definiert, denn für $\begin{pmatrix} a & -b \\ b & a \end{pmatrix} \neq 0$ ist $a^2 + b^2 > 0$, also insbesondere ungleich null.

b) Angenommen, $X^2 + 1 = 0$ hat eine Lösung in C. Dann existieren $a, b \in \mathbb{R}$ mit

$$\begin{pmatrix} a & -b \\ b & a \end{pmatrix}^2 + \begin{pmatrix} 1 & 0 \\ 0 & 1 \end{pmatrix} = 0$$

$$\Leftrightarrow \begin{pmatrix} a^2 - b^2 & -2ab \\ 2ab & a^2 - b^2 \end{pmatrix} = \begin{pmatrix} -1 & 0 \\ 0 & -1 \end{pmatrix}$$

$$\Leftrightarrow a^2 - b^2 = -1 \text{ und } 2ab = 0$$

$$\Leftrightarrow a = 0 \text{ und } b = \pm 1,$$

womit nicht nur die Existenz einer Lösung gezeigt, sondern auch eine Lösung angegeben ist.

c) Der Isomorphismus ist gegeben durch die Zuordnung

$$\begin{pmatrix} a & -b \\ b & a \end{pmatrix} \mapsto a + ib;$$

das Nachrechnen ist dann nur noch eine Formalität.

Die Ergebnisse dieser Aufgabe ermöglichen es uns, die Multiplikation mit komplexen Zahlen als Drehstreckungen in der Ebene zu sehen, bei der die x-Achse den reellen Punkten und die y-Achse den imaginären Punkten entspricht (vgl. auch 3.1.1 b)). Die Multiplikation mit i entspricht beispielsweise einer Drehung um $\frac{\pi}{2}$ gegen den Uhrzeigersinn. Zu dieser Darstellung der komplexen Zahlen siehe auch [E], Kap. 3, §2.5 und §5.

6. Um diese Aufgabe lösen zu können, müssen wir zuerst eine Topologie definieren; wir wählen hierzu die Standard-Topologie oder metrische Topologie in den Standard-Räumen $\mathbb{R}^{m \cdot n}$ und $\mathbb{R}^{m \cdot k}$, die durch die Standard-Metrik induziert wird (vgl. [O], Abschn. 2.1 oder [C-V], 1.C, insbesondere Example 4). Für eine Matrix $B = (b_{ij}) \in M(n \times k; \mathbb{R})$ und eine beliebige Matrix $A = (a_{ij}) \in M(m \times n; \mathbb{R})$ gilt

$$A \cdot B = (c_{ij}) \quad \text{mit} \quad c_{ij} = \sum_{l=1}^{n} a_{il} b_{lj},$$

d. h. die Einträge der Matrix $A \cdot B$ sind lineare Polynome $\mathbb{R}^{m \cdot n} \to \mathbb{R}$ in den Unbestimmten a_{il}. Diese sind bzgl. der Standard-Topologien in $\mathbb{R}^{m \cdot n}$ und $\mathbb{R}$ selbstverständlich stetig. Wer das nicht glaubt, möge mit offenen Bällen in $\mathbb{R}$ und $\mathbb{R}^{m \cdot n}$ hantieren; dies ist eine Schlacht gegen die Indizes, bringt jedoch keine weiteren Einblicke.

7. Ein mögliches Beispiel für rang A + rang $B - n =$ rang (AB) findet man für $A = \begin{pmatrix} 0 & 0 \\ 0 & E_{n-r} \end{pmatrix}$, $B = \begin{pmatrix} E_r & 0 \\ 0 & 0 \end{pmatrix}$, und somit $AB = (0)$, denn es gilt $(n - r) + r - n = 0$. Die Schärfe der zweiten Abschätzung

$$\text{rang}(AB) = \min\{\text{rang}\, A, \text{rang}\, B\}$$

liefert das Beispiel $A = B = E_n$, womit $AB = E_n$ ist und $\min\{n, n\} = n$.

8. Die hier beschriebene Methode ist die gängigste, um die Inverse einer Matrix zu berechnen. Da das Verfahren für einige unserer LeserInnen neu sein wird, führen wir die Rechnung ausführlich vor. Es ist zu empfehlen, in dieser Art der Rechentechnik gewisse Fertigkeiten und Routine zu erlangen; das geht nur, wenn man immer wieder viele Aufgaben rechnet. Zu diesem Zweck haben wir im Aufgabenteil dieses Buches im Anschluss an Abschn. 3.7 einige invertierbare Matrizen aufgeführt. Ihre Inversen befinden sich im Lösungsteil nach den Lösungen der Aufgaben zu 3.7.

Zunächst wollen wir allerdings die Behauptung beweisen. Tragen wir die Vektoren e_i als Spaltenvektoren in eine Matrix ein, so lautet sie in Matrizenschreibweise

$$A \cdot \begin{pmatrix} x_{11} & \cdots & x_{1n} \\ \vdots & & \vdots \\ x_{n1} & \cdots & x_{nn} \end{pmatrix} = (e_1, \cdots, e_n) = E_n.$$

Daraus folgt jedoch sofort die Behauptung.

Nun kommen wir zur Berechnung der Inversen der angegebenen Matrix A. Unsere Kürzel und Hieroglyphen zur Rechnung auf der folgenden Seite sollen dabei folgende Bedeutung haben: Die römischen Ziffern am rechten Rand bezeichnen die Zeilenumformung, aus der diese Zeile der beiden Matrizen entstanden ist. Z. B. heißt II − 2 · I, dass das Doppelte der ersten Zeile von der zweiten abgezogen wurde und an der Stelle dieser Notierung plaziert wurde. IIneu bedeutet, dass mit der neuen zweiten Zeile, die gerade in diesem Schritt erst erstellt wurde, gerechnet wurde.

1	1	2	4	1	0	0	0	
1	3	4	-2	0	1	0	0	
0	1	3	6	0	0	1	0	
1	3	5	3	0	0	0	1	
1	1	2	4	1	0	0	0	
0	2	2	-6	-1	1	0	0	II – I
0	1	3	6	0	0	1	0	
0	2	3	-1	-1	0	0	1	IV – I
1	1	2	4	1	0	0	0	
0	1	3	6	0	0	1	0	III
0	0	-4	-18	-1	1	-2	0	II – 2 · III
0	0	1	5	0	-1	0	1	IV – II
1	1	2	4	1	0	0	0	
0	1	3	6	0	0	1	0	
0	0	1	5	0	-1	0	1	IV
0	0	0	2	-1	-3	-2	4	III + 4 · IV
1	1	2	0	3	6	4	-8	I – 4 · IVneu
0	1	3	0	3	9	7	-12	II – 6 · IVneu
0	0	1	0	2.5	6.5	5	-9	III – 5 · IVneu
0	0	0	1	-0.5	-1.5	-1	2	0.5 · IV
1	1	0	0	-2	-7	-6	10	I – 2 · IIIneu
0	1	0	0	-4.5	-10.5	-8	15	II – 2 · IIIneu
0	0	1	0	2.5	6.5	5	-9	
0	0	0	1	-0.5	-1.5	-1	2	
1	0	0	0	2.5	3.5	2	-5	I – II
0	1	0	0	-4.5	-10.5	-8	15	
0	0	1	0	2.5	6.5	5	-9	
0	0	0	1	-0.5	-1.5	-1	2	

Die gesuchte inverse Matrix ist also

$$0{,}5 \cdot \begin{pmatrix} 5 & 7 & 4 & -10 \\ -9 & -21 & -16 & 30 \\ 5 & 13 & 10 & -18 \\ -1 & -3 & -2 & 4 \end{pmatrix},$$

was man sich immer durch eine Probe bestätigen sollte.

9. a) Sei $A = (a_{ij})_{1 \le i \le m; 1 \le j \le n}$ und $x = {}^t(x_1, \ldots, x_n)$. Dann gilt

$$Ax = \begin{pmatrix} \sum_{k=1}^{n} a_{1k} x_k \\ \vdots \\ \sum_{k=1}^{n} a_{mk} x_k \end{pmatrix}.$$

Die zugehörige Jacobi-Matrix hat an der Stelle (i, j) den Eintrag

$$\frac{\partial}{\partial x_j} \sum_{k=1}^{n} a_{ik} x_k = \sum_{k=1}^{n} a_{ik} \frac{\partial}{\partial x_j} x_k = \sum_{k=1}^{n} a_{ik} \delta_{jk} = a_{ij}.$$

Hierbei bezeichnen wir wie in der Lösung von Aufgabe 4 a) zu 3.5 δ_{ij} das *Kronecker-Symbol*. Die Jacobi-Matrix der Abbildung $x \mapsto Ax$ ist also A selbst, wie es für eine lineare Abbildung zu erwarten war.

b) Wir betrachten nun die Abbildung

$$P: \ \mathbb{R}^n \to \mathbb{R}, \quad (x_1, \ldots, x_n) \mapsto \sum_{i \leq j} a_{ij} x_i x_j + \sum_{i=1}^{n} b_i x_i.$$

Die Jacobi-Matrix von P ist ein Element von $\mathrm{M}(1 \times n; \mathbb{R})$ und hat an der k-ten Stelle den Eintrag

$$\frac{\partial}{\partial x_k} \left(\sum_{i \leq j} a_{ij} x_i x_j + \sum_{i=1}^{n} b_i x_i \right) = \frac{\partial}{\partial x_k} \left(\sum_{j=1}^{n} \sum_{i=1}^{j} a_{ij} x_i x_j + \sum_{i=1}^{n} b_i x_i \right)$$

$$= \sum_{j=1}^{n} \sum_{i=1}^{j} a_{ij} \frac{\partial}{\partial x_k} x_i x_j + \sum_{i=1}^{n} b_i \underbrace{\frac{\partial}{\partial x_k} x_i}_{= \delta_{ik}}$$

(Dabei kann $\frac{\partial}{\partial x_k} x_i x_j$ nur dann $\neq 0$ sein, wenn $i = k$ oder $j = k$ ist.)

$$= \sum_{i=1}^{k} a_{ik} \frac{\partial}{\partial x_k} x_i x_k + \sum_{j=k+1}^{n} a_{kj} \frac{\partial}{\partial x_k} x_k x_j + b_k$$

$$= \sum_{i=1}^{k-1} a_{ik} \frac{\partial}{\partial x_k} x_i x_k + a_{kk} \frac{\partial}{\partial x_k} x_k^2$$

$$\quad + \sum_{j=k+1}^{n} a_{kj} \frac{\partial}{\partial x_k} x_k x_j + b_k$$

$$= \sum_{i=1}^{k-1} a_{ik} x_i + 2a_{kk} x_k + \sum_{j=k+1}^{n} a_{kj} x_j + b_k.$$

Die Hesse-Matrix von P hat n Spalten und n Zeilen, und an der Stelle (l, k) den Eintrag

$$\frac{\partial}{\partial x_l}\left(\sum_{i=1}^{k-1} a_{ik}x_i + 2a_{kk}x_k + \sum_{j=k+1}^{n} a_{kj}x_j + b_k\right)$$

$$= \sum_{i=1}^{k-1} a_{ik}\frac{\partial}{\partial x_l}x_i + 2a_{kk}\frac{\partial}{\partial x_l}x_k + \sum_{j=k+1}^{n} a_{kj}\frac{\partial}{\partial x_l}x_j.$$

Im Fall $l < k$ ist dieser Term a_{lk}, im Fall $l = k$ ist er $2a_{kk} = 2a_{ll}$. Falls aber $l > k$ ist, ist er a_{kl}. Somit haben wir

$$\mathrm{Hess}_x\,P = \begin{pmatrix} 2a_{11} & a_{12} & a_{13} & \cdots & & a_{1n} \\ a_{21} & 2a_{22} & \ddots & & & \vdots \\ a_{31} & \ddots & \ddots & \ddots & & \vdots \\ \vdots & & \ddots & \ddots & a_{n-1,n} \\ a_{n1} & \cdots & \cdots & a_{n,n-1} & 2a_{nn} \end{pmatrix}.$$

Zum Ende dieses Abschnitts erlauben wir uns noch drei Bemerkungen:

i) Im Zeitalter des Computers werden Jacobi- und Hesse-Matrizen nur noch in seltenen Fällen von Hand berechnet. Computer-Algebra-Systeme stellen effektive Algorithmen hierfür zur Verfügung, vgl. [B-M], §29.

ii) Die Hesse-Matrix tritt in der Analysis bei der Untersuchung der Extremwerte von Funktionen auf, vgl. [Fo2], §7.

iii) Mit Hilfe der Determinante der Hesse-Matrix kann man für eine ebene algebraische Kurve (das ist die Nullstellenmenge eines Polynoms in zwei Veränderlichen) die sogenannte *Hesse-Kurve* erklären, die die Wendepunkte der Kurve liefert (vgl. [Fi2], 4.4–4.6).

3.6   Basiswechsel

1. Zu zeigen ist $T_{\mathcal{C}}^{\mathcal{A}} = T_{\mathcal{C}}^{\mathcal{B}} \cdot T_{\mathcal{B}}^{\mathcal{A}}$. Wir müssen diese Gleichheit unter Bezug auf die in 2.6.2 beschriebene Eigenschaft der Transformationsmatrizen zeigen. Zunächst legen wir einige Bezeichnungen fest. Es seien $\mathcal{A} = (v_1, \ldots, v_n)$, $\mathcal{B} = (w_1, \ldots, w_n)$ und $\mathcal{C} = (u_1, \ldots, u_n)$ drei Basen des n-dimensionalen Vektorraums V. Desweiteren sei $v \in V$ mit

$$v = \sum_{i=1}^{n} x_i v_i = \sum_{j=1}^{n} y_j w_j = \sum_{k=1}^{n} z_k u_k.$$

Die Voraussetzungen können wir nun als

(i): $\begin{pmatrix} y_1 \\ \vdots \\ y_n \end{pmatrix} = T_{\mathcal{B}}^{\mathcal{A}} \begin{pmatrix} x_1 \\ \vdots \\ x_n \end{pmatrix}$ und   (ii): $\begin{pmatrix} z_1 \\ \vdots \\ z_n \end{pmatrix} = T_{\mathcal{C}}^{\mathcal{B}} \begin{pmatrix} y_1 \\ \vdots \\ y_n \end{pmatrix}$

schreiben. Die Behauptung lautet analog

$$\begin{pmatrix} z_1 \\ \vdots \\ z_n \end{pmatrix} = T_{\mathcal{C}}^{\mathcal{B}} \cdot T_{\mathcal{B}}^{\mathcal{A}} \begin{pmatrix} x_1 \\ \vdots \\ x_n \end{pmatrix},$$

denn $T_{\mathcal{C}}^{\mathcal{B}} \cdot T_{\mathcal{B}}^{\mathcal{A}}$ soll Koordinaten von $\mathcal{A}$ nach $\mathcal{C}$ transformieren. Diese Aussage lässt sich nach all der Vorarbeit nun verhältnismäßig leicht nachrechnen:

$$\begin{pmatrix} z_1 \\ \vdots \\ z_n \end{pmatrix} \overset{(ii)}{=} T_{\mathcal{C}}^{\mathcal{B}} \begin{pmatrix} y_1 \\ \vdots \\ y_n \end{pmatrix} \overset{(i)}{=} T_{\mathcal{C}}^{\mathcal{B}} \cdot T_{\mathcal{B}}^{\mathcal{A}} \begin{pmatrix} x_1 \\ \vdots \\ x_n \end{pmatrix},$$

was zu beweisen war.

2. In dieser Aufgabe soll nun das bisher theoretisch erworbene Wissen auf einen konkreten Fall angewendet werden. Als kleine zusätzliche Schwierigkeit sind die Vektoren hier als Zeilen geschrieben, daher müssen alle Matrizen transponiert werden, was wir jedoch einfach meistern werden.

a) Wegen $T_{\mathcal{B}}^{\mathcal{A}} = M_{\mathcal{B}}^{\mathcal{A}}(\text{id})$ berechnen wir die Koordinaten der Basisvektoren aus $\mathcal{A}$ bzgl. der Basis $\mathcal{B}$. Aufgrund der in 3.6.2 beschriebenen Eigenschaft von Transformationsmatrizen liefert dies die Spalten von $T_{\mathcal{B}}^{\mathcal{A}}$. Es gilt

$$(1, -1, 2) = 1 \cdot (1, 2, 2) + 6 \cdot (-1, 3, 3) - 3 \cdot (-2, 7, 6),$$
$$(2, 3, 7) = 2{,}6 \cdot (1, 2, 2) + 8{,}6 \cdot (-1, 3, 3) - 4 \cdot (-2, 7, 6),$$
$$(2, 3, 6) = 2{,}4 \cdot (1, 2, 2) + 6{,}4 \cdot (-1, 3, 3) - 3 \cdot (-2, 7, 6),$$

und damit

$$T_{\mathcal{B}}^{\mathcal{A}} = \begin{pmatrix} 1 & 2{,}6 & 2{,}4 \\ 6 & 8{,}6 & 6{,}4 \\ -3 & -4 & -3 \end{pmatrix}.$$

b) Die gesuchten Koordinaten erhalten wir nun schnell durch

$$T_{\mathcal{B}}^{\mathcal{A}} \cdot \begin{pmatrix} 2 \\ 9 \\ 8 \end{pmatrix} = \begin{pmatrix} 1 & 2{,}6 & 2{,}4 \\ 6 & 8{,}6 & 6{,}4 \\ 3 & 4 & 3 \end{pmatrix} \begin{pmatrix} 2 \\ 9 \\ -8 \end{pmatrix} = \begin{pmatrix} 6{,}2 \\ 38{,}? \\ -18 \end{pmatrix}$$

Zur Probe bestätigen wir

$$2 \cdot (1, -1, 2) + 9 \cdot (2, 3, 7) - 8 \cdot (2, 3, 6) = (4, 1, 19)$$
$$= 6{,}2 \cdot (1, 2, 2) + 38{,}2 \cdot (-1, 3, 3) - 18 \cdot (-2, 7, 6).$$

3. a) Die Behauptung folgt direkt aus dem Austauschsatz aus 2.5.4. Wir erhalten die Transformationsmatrizen quasi geschenkt, nämlich

$$T_{\mathcal{B}}^{\mathcal{B}'} = \begin{pmatrix} 1 & 1 & -1 & 1 & 1 \\ 0 & 1 & 0 & 0 & 0 \\ 0 & 0 & 1 & 0 & 0 \\ 0 & 0 & 0 & 1 & 0 \\ 0 & 0 & 0 & 0 & 1 \end{pmatrix} \quad \text{und} \quad T_{\mathcal{A}}^{\mathcal{A}'} = \begin{pmatrix} 1 & 0 & 0 & 0 \\ 1 & 1 & 0 & 0 \\ 0 & 1 & 1 & 0 \\ 0 & 0 & 1 & 1 \end{pmatrix}.$$

Beide Matrizen haben vollen Rang, und nach dem Austauschsatz sind $\mathcal{A}'$ bzw. $\mathcal{B}'$ daher Basen von V bzw. W.

b) Wir berechnen durch Invertieren (siehe Aufgabe 8 zu 3.5) die Matrix

$$T_{\mathcal{B}'}^{\mathcal{B}} = \begin{pmatrix} 1 & -1 & 1 & -1 & -1 \\ 0 & 1 & 0 & 0 & 0 \\ 0 & 0 & 1 & 0 & 0 \\ 0 & 0 & 0 & 1 & 0 \\ 0 & 0 & 0 & 0 & 1 \end{pmatrix}.$$

Mit Hilfe der Transformationsformel aus 3.6.5 errechnen sich die gesuchten Matrizen wie folgt:

$$M_{\mathcal{B}}^{\mathcal{A}'} = M_{\mathcal{B}}^{\mathcal{A}}(F) \cdot T_{\mathcal{A}}^{\mathcal{A}'} = \begin{pmatrix} 4 & -1 & 0 & 2 \\ -4 & 5 & 4 & -3 \\ 4 & 3 & 4 & 1 \\ 4 & 15 & 16 & 4 \\ 4 & -13 & -12 & 5 \end{pmatrix},$$

$$M_{\mathcal{B}'}^{\mathcal{A}} = T_{\mathcal{B}'}^{\mathcal{B}} \cdot M_{\mathcal{B}}^{\mathcal{A}}(F) = \begin{pmatrix} 8 & -4 & -1 & -3 \\ -2 & -2 & 7 & -3 \\ 4 & 0 & 3 & 1 \\ 1 & 3 & 12 & 4 \\ 0 & 4 & -17 & 5 \end{pmatrix},$$

$$M_{\mathcal{B}'}^{\mathcal{A}'} = T_{\mathcal{B}'}^{\mathcal{B}} \cdot M_{\mathcal{B}}^{\mathcal{A}}(F) \cdot T_{\mathcal{A}}^{\mathcal{A}'} = T_{\mathcal{B}'}^{\mathcal{B}} \cdot M_{\mathcal{B}}^{\mathcal{A}'}(F) = \begin{pmatrix} 4 & -5 & -4 & -3 \\ -4 & 5 & 4 & -3 \\ 4 & 3 & 4 & 1 \\ 4 & 15 & 16 & 4 \\ 4 & -13 & -12 & 5 \end{pmatrix}.$$

c) Zur Berechnung von $F^{-1}(\text{span}\,(w_1, w_2, w_3))$ müssen wir die Lösung von

$$M_{\mathcal{B}}^{\mathcal{A}}(F)x = {}^t(a, b, c, 0, 0),$$

für beliebige $a, b, c \in \mathbb{R}$ finden. $v_1 + 5v_2 - 4v_4$ ist eine Basis des Kerns von F, und damit ist $\text{span}\,(v_1 + 5v_2 - 4v_4)$ in jedem Urbild unter F enthalten. Eine einfache Rechnung ergibt, dass weiterhin genau die Vielfachen des Vektors $-99v_1 + 17v_2 + 4v_3$ im Urbild von $\text{span}\,(w_1, w_2, w_3)$ liegen, da sich einige Bedingungen an a, b, c stellen (nämlich $a = -1{,}5b$ und $c = -2b$), um das lineare Gleichungssystem lösen zu können. Somit ist

$$F^{-1}(\text{span}\,(w_1, w_2, w_3)) = \text{span}\,(v_1 + 5v_2 - 4v_4, -99v_1 + 17v_2 + 4v_3).$$

4. Seien $A, B \in M(m \times n; K)$. Wir betrachten die Relation

$$A \sim B \Leftrightarrow A \text{ und } B \text{ sind äquivalent.}$$

Nach Definition bedeutet dies gerade, dass $S \in GL(m; K)$ und $T \in GL(n; K)$ existieren mit $B = SAT^{-1}$. Wir wollen nun zeigen, dass $\sim$ eine Äquivalenzrelation ist, wie es die Bezeichnung „äquivalent" vorwegnimmt. Die Reflexivität $A \sim A$ erhalten wir durch $A = E_m \cdot A \cdot E_n^{-1}$. Die Transitivität weisen wir wie folgt nach: Seien $A \sim B$ und $B \sim C$, d.h. $B = SAT^{-1}$ und $C = XBY^{-1}$ mit geeigneten Matrizen S, T, X, Y. Dann gilt auch

$$C = XBY^{-1} = X(SAT^{-1})Y^{-1} = (XS) \cdot A \cdot (YT)^{-1},$$

also $A \sim C$. Die Relation ist auch symmetrisch, denn aus $B = SAT^{-1}$ folgt $A = S^{-1}BT = (S^{-1}) \cdot B \cdot (T^{-1})^{-1}$. Für Matrizen quadratischer Größe und die Ähnlichkeitsrelation geht der Beweis analog.

5. Es ist $A = M_{\mathcal{K}}(A)$ zur kanonischen Basis $\mathcal{K} = \left(\begin{pmatrix} 1 \\ 0 \end{pmatrix}, \begin{pmatrix} 0 \\ 1 \end{pmatrix} \right)$.
Die Transformationsmatrix von der kanonischen Basis $\mathcal{K}$ zur Basis $\mathcal{B} = \left(\begin{pmatrix} 1 \\ 1 \end{pmatrix}, \begin{pmatrix} -2 \\ 1 \end{pmatrix} \right)$ ist gegeben durch

$$T_{\mathcal{K}}^{\mathcal{B}} = \begin{pmatrix} 1 & -2 \\ 1 & 1 \end{pmatrix}$$

(Basisvektoren von $\mathcal{B}$ als Spalten). Zur Berechnung ihrer Inversen $T_{\mathcal{B}}^{\mathcal{K}}$ ergibt sich durch die Lösungsmenge eines linearen Gleichungssystems. Ist $T_{\mathcal{B}}^{\mathcal{K}} = \begin{pmatrix} k_{11} & k_{12} \\ k_{21} & k_{22} \end{pmatrix}$, so muss gelten:

$$\begin{pmatrix} 1 & -2 \\ 1 & 1 \end{pmatrix} \begin{pmatrix} k_{11} & k_{12} \\ k_{21} & k_{22} \end{pmatrix} = \begin{pmatrix} 1 & 0 \\ 0 & 1 \end{pmatrix}.$$

Hiermit ergibt sich das folgende lineare Gleichungssystem:

$$k_{11} - 2k_{21} = 1 \qquad \text{(I)}$$

$$k_{11} + k_{21} = 0 \qquad \text{(II)}$$

$$k_{12} - 2k_{22} = 0 \qquad \text{(III)}$$

$$k_{12} + k_{22} = 1 \qquad \text{(IV)}$$

Aus (I) und (II) folgt $3k_{11} = 1$, also

$$k_{11} = \frac{1}{3} \quad \text{und} \quad k_{21} = -\frac{1}{3}.$$

Aus (III) und (IV) ergibt sich $3k_{12} = 2$, damit folgt

$$k_{12} = \frac{2}{3} \quad \text{und} \quad k_{22} = \frac{1}{3}.$$

Somit ist

$$T_{\mathcal{B}}^{\mathcal{K}} = \begin{pmatrix} \frac{1}{3} & \frac{2}{3} \\ -\frac{1}{3} & \frac{1}{3} \end{pmatrix}.$$

Das Produkt

$$M_{\mathcal{B}} = T_{\mathcal{B}}^{\mathcal{K}} \cdot \underbrace{M_{\mathcal{K}}(A)}_{=A} \cdot T_{\mathcal{K}}^{\mathcal{B}}$$

berechnen wir „von rechts nach links", also zunächst

$$A \cdot T_{\mathcal{K}}^{\mathcal{B}} = \begin{pmatrix} -1 & 4 \\ 2 & 1 \end{pmatrix} \cdot \begin{pmatrix} 1 & -2 \\ 1 & 1 \end{pmatrix} = \begin{pmatrix} 3 & 6 \\ 3 & -3 \end{pmatrix}.$$

Dieses Zwischenergebnis multiplizieren wir von links mit $T_{\mathcal{K}}^{\mathcal{B}}$; das ergibt

$$B = M_{\mathcal{B}}(A) = T_{\mathcal{B}}^{\mathcal{K}} \cdot \left(A \cdot T_{\mathcal{K}}^{\mathcal{B}}\right) = \begin{pmatrix} \frac{1}{3} & \frac{2}{3} \\ -\frac{1}{3} & \frac{1}{3} \end{pmatrix} \cdot \begin{pmatrix} 3 & 6 \\ 3 & -3 \end{pmatrix} = \begin{pmatrix} 3 & 0 \\ 0 & -3 \end{pmatrix}.$$

Damit haben wir das Ziel erreicht.

In Kap. 5 wird deutlich, dass wir hiermit auch eine Klassifikation von A erreicht haben, da B Diagonalform hat.

3.7 Elementarmatrizen und Matrizenumformungen

1. Die Darstellung von A als Produkt von Elementarmatrizen, die wir angeben, ist keineswegs eindeutig. Wir haben sie durch zweimaliges Invertieren von A mit dem üblichen Verfahren und durch das Notieren der Umformungen erhalten. Es gilt

$$A = S_2(-1) \cdot S_1(-1) \cdot Q_1^2(2) \cdot Q_1^3 \cdot Q_2^3(-1) \cdot Q_3^2(3) \cdot P_3^2 \cdot Q_2^1(2) \cdot P_2^1.$$

2.

$$\begin{pmatrix} 0\,0\,0\,1 \\ 0\,0\,1\,0 \\ 0\,1\,0\,0 \\ 1\,0\,0\,0 \end{pmatrix}^{-1} = \begin{pmatrix} 0\,0\,0\,1 \\ 0\,0\,1\,0 \\ 0\,1\,0\,0 \\ 1\,0\,0\,0 \end{pmatrix}$$

$$\begin{pmatrix} 6\,3\,4\,5 \\ 1\,2\,2\,1 \\ 2\,4\,3\,2 \\ 3\,3\,4\,2 \end{pmatrix}^{-1} = \frac{1}{6}\begin{pmatrix} -1 & -21 & 6 & 7 \\ -1 & -9 & 6 & 1 \\ 0 & 12 & -6 & 0 \\ 3 & 21 & -6 & -9 \end{pmatrix}$$

$$\begin{pmatrix} 1\,2\,0 \\ 1\,1\,1 \\ 2\,0\,1 \end{pmatrix}^{-1} = \frac{1}{3}\begin{pmatrix} 1 & -2 & 2 \\ 1 & 1 & -1 \\ -2 & 4 & -1 \end{pmatrix}$$

Als Element von $M(3 \times 3; \mathbb{Z}/3\mathbb{Z})$ ist diese letzte Matrix jedoch nicht invertierbar, weil sie nur Rang zwei hat.

3. Wir versuchen, A auf die herkömmliche Weise zu invertieren, und beobachten, welche Bedingungen sich an a, b, c und d stellen. Eine solche Rechnung zeigt, dass die einzig mögliche inverse Matrix

$$\frac{1}{ad - bc} \cdot \begin{pmatrix} d & -b \\ -c & a \end{pmatrix}$$

lauten müsste, die nur genau dann existieren kann, wenn $ad - bc \neq 0$ gilt. An dieser Stelle sei auch auf das folgende Kapitel über Determinanten verwiesen, denn $\det A = ad - bc$.

4. Benutzt man die Inversen der Elementarmatrizen aus 3.7.2, so ist mit den Bezeichnungen in 3.7.6 S^{-1} gegeben durch $B_1^{-1} \cdot \dots \cdot B_k^{-1}$, denn

$$B_k \cdot \dots \cdot B_1 \cdot E_m \cdot B_1^{-1} \cdot \dots \cdot B_k^{-1} = E_m.$$

Da Inverse von Elementarmatrizen nach 3.7.2 einfach zu bestimmen sind, kann das Verfahren folgendermaßen modifiziert werden:

E_m	A
$E_m \cdot B_1^{-1}$	$B_1 \cdot A$
$\vdots$	$\vdots$
$E_m \cdot B_1^{-1} \cdot \dots \cdot B_k^{-1}$	$B_k \cdot \dots \cdot B_1 \cdot A$

Dabei ist die Bearbeitung beendet, wenn $B_k \cdot \ldots \cdot B_1 \cdot A$ Zeilen-stufenform hat. Der Rest des Verfahrens bleibt unberührt.

5. i) Für die Matrix

$$A = \begin{pmatrix} 1\ 1\ 1 \\ 1\ 2\ 3 \\ 2\ 3\ 6 \end{pmatrix} \quad \text{und} \quad b = \begin{pmatrix} -6 \\ -10 \\ -18 \end{pmatrix}$$

erhalten wir

$$\tilde{A} = \begin{pmatrix} 1\ 1\ 1 \\ 0\ 1\ 2 \\ 0\ 0\ 2 \end{pmatrix}.$$

Die Transformationsmatrix lautet

$$S = Q_3^2(-1) \cdot Q_3^1(-2) \cdot Q_2^1(-1) = \begin{pmatrix} 1 & 0 & 0 \\ -1 & 1 & 0 \\ -1 & -1 & 1 \end{pmatrix},$$

und es gilt

$$\tilde{b} = S \cdot b = \begin{pmatrix} -6 \\ -4 \\ -2 \end{pmatrix}.$$

ii) Nun betrachten wir die Matrix

$$A = \begin{pmatrix} 1 & -1 & 2 & -3 \\ 4 & 0 & 3 & 1 \\ 2 & -5 & 1 & 0 \\ 3 & -1 & -1 & 2 \end{pmatrix} \quad \text{und} \quad b = \begin{pmatrix} 7 \\ 9 \\ -2 \\ -2 \end{pmatrix}.$$

Durch elementare Zeilenumformungen bringen wir A auf Zeilen-stufenform

$$\tilde{A} = \begin{pmatrix} 1 & -1 & 2 & -3 \\ 0 & 4 & -5 & 13 \\ 0 & 0 & 27 & -63 \\ 0 & 0 & 0 & 24 \end{pmatrix}.$$

Dabei erhalten wir die Transformationsmatrix

$$S = Q_4^3(-\tfrac{2}{3}) \cdot S_4(-4) \cdot S_3(-4) \cdot Q_4^2(-\tfrac{1}{2})$$
$$\cdot Q_3^2(\tfrac{3}{4}) \cdot Q_4^1(-3) \cdot Q_3^1(-2) \cdot Q_2^1(-4)$$

$$= \begin{pmatrix} 1 & 0 & 0 & 0 \\ -4 & 1 & 0 & 0 \\ 20 & -3 & -4 & 0 \\ -\tfrac{28}{3} & 4 & \tfrac{8}{3} & -4 \end{pmatrix},$$

und es ergibt sich $\tilde{b} = S \cdot b = {}^t(7, -19, 121, -\tfrac{80}{3})$.

6. a) Wir zeigen die erste der angegebenen Gleichheiten, der zweite Beweis verläuft ganz analog. Es gilt

$$(E_n - A) \sum_{i=0}^{m-1} A^i = \sum_{i=0}^{m-1} A^i - \sum_{i=0}^{m-1} A^{i+1}$$

$$= A^0 + \sum_{i=1}^{m-1} A^i - \sum_{i=1}^{m-1} A^i - A^m$$

$$= A^0 - A^m = E_n - A^m.$$

Diese soeben durchgeführte Umformung ist aus der elementaren Analysis bekannt, wo die Vorteile einer *Teleskopsumme* öfter benutzt werden.

b) Sei $A \in M(n \times n; K)$ mit $A^m = (0)$. Solche Matrizen nennt man *nilpotent* (vgl. Aufgabe 5 zu 3.1). Zum Beispiel sind echte obere Dreiecksmatrizen stets nilpotent, wie wir in Aufgabe 2 c) zu Abschn. 3.5 gezeigt haben. Sei m minimal mit $A^m = (0)$; nach a) gilt dann

$$E_n = E_n - A^m = (E_n - A) \sum_{i=0}^{m-1} A^i,$$

d.h. $E_n - A$ ist invertierbar mit inverser Matrix $\sum_{i=0}^{m-1} A^i$.

4 Determinanten

4.1 Beispiele und Definitionen

1. Die Determinanten betragen 4 bzw. 18.

2. Bei der folgenden Rechnung haben wir stets angegeben, welche Eigenschaft der Determinante wir verwendet haben:

$$\det \begin{pmatrix} x & 1 & 1 \\ 1 & x & 1 \\ 1 & 1 & x \end{pmatrix} \overset{D7}{=} \det \begin{pmatrix} 0 & 1-x & 1-x^2 \\ 0 & x-1 & 1-x \\ 1 & 1 & x \end{pmatrix}$$

$$\overset{D6}{=} -\det \begin{pmatrix} 1 & 1 & x \\ 0 & x-1 & 1-x \\ 0 & 1-x & 1-x^2 \end{pmatrix} \overset{D9}{=} -\det(1) \cdot \det \begin{pmatrix} x-1 & 1-x \\ 1-x & 1-x^2 \end{pmatrix}$$

$$\overset{D4}{=} -1 \cdot (x-1)^2 \cdot \det \begin{pmatrix} 1 & -1 \\ -1 & -x-1 \end{pmatrix}$$

$$\overset{D7}{=} -1 \cdot (x-1)^2 \cdot \det \begin{pmatrix} 1 & -1 \\ 0 & -x-2 \end{pmatrix} \overset{D8}{=} (x-1)^2(x+2).$$

© Der/die Autor(en), exklusiv lizenziert durch Springer-Verlag GmbH, DE, ein Teil von Springer Nature 2021
H. Stoppel und B. Griese, *Übungsbuch zur Linearen Algebra*, Grundkurs Mathematik,
https://doi.org/10.1007/978-3-662-63744-9_11

$$\det \begin{pmatrix} a^2+1 & ab & ac \\ ab & b^2+1 & bc \\ ac & bc & c^2+1 \end{pmatrix}$$

$$\overset{\underline{D7}}{=} \det \begin{pmatrix} a^2+1 & ab & ac \\ 0 & \frac{-a^2b^2}{a^2+1}+b^2+1 & \frac{-a^2bc}{a^2+1}+bc \\ 0 & \frac{-a^2bc}{a^2+1}+bc & \frac{-a^2c^2}{a^2+1}+c^2+1 \end{pmatrix}$$

$$\overset{\underline{D9}}{=} (a^2+1)\cdot \det \begin{pmatrix} \frac{-a^2b^2}{a^2+1}+b^2+1 & \frac{-a^2bc}{a^2+1}+bc \\ \frac{-a^2bc}{a^2+1}+bc & \frac{-a^2c^2}{a^2+1}+c^2+1 \end{pmatrix}$$

$$\overset{(*)}{=} (a^2+1)\left[\left(\frac{-a^2b^2}{a^2+1}+b^2+1\right)\left(\frac{-a^2c^2}{a^2+1}+c^2+1\right)\right.$$
$$\left.-\left(\frac{-a^2bc}{a^2+1}+bc\right)\left(\frac{-a^2bc}{a^2+1}+bc\right)\right]$$

$$= a^2+b^2+c^2+1,$$

wobei an der Stelle $(*)$ das Ergebnis aus Beispiel 4.1.4 b) benutzt wurde.

3.

$$\det \begin{pmatrix} \begin{array}{|cc|} \sin\alpha & \cos\alpha \\ -\cos\alpha & \sin\alpha \end{array} & & * \\ & 1 & \\ 0 & & \begin{array}{|cc|} a & b \\ -b & a \end{array} \end{pmatrix}$$

$$\overset{\underline{D9}}{=} \det \begin{pmatrix} \sin\alpha & \cos\alpha \\ -\cos\alpha & \sin\alpha \end{pmatrix} \cdot \det(1) \cdot \det \begin{pmatrix} a & b \\ -b & a \end{pmatrix}$$

$$= (\sin^2\alpha + \cos^2\alpha)\cdot 1 \cdot (a^2+b^2)$$

$$= a^2+b^2.$$

4. Sei $A = (a_{ij})$ und $B = ((-1)^{i+j}a_{ij})$. Ist m die große gerade Zahl $\leq n$, so gilt:

$$\det B = \det(S_m(-1) \cdot S_{m-2}(-1) \cdot \ldots \cdot S_4(-1) \cdot S_2(-1) \cdot A$$
$$\cdot S_2(-1) \cdot S_4(-1) \cdot \ldots \cdot S_m(-1))$$
$$\overset{\text{D11}}{=} (-1)^m \cdot \det A = \det A,$$

weil m gerade ist. In dieser Rechnung bezeichnet $S_i(-1)$ dieselbe Elementarmatrix wie in 3.7.1.

5. Setzen wir

$$a = v - u = (v_1 - u_1, v_2 - u_2)$$

und

$$b = w - u = (w_1 - u_1, w_2 - u_2),$$

so gilt nach 2) in 4.1.1 für die Fläche F des Parallelogramms, das doppelt so groß ist wie das hier betrachtete Dreieck

$$F = \left| \det \begin{pmatrix} v_1 - u_1 & v_2 - u_2 \\ w_1 - u_1 & w_2 - u_2 \end{pmatrix} \right|.$$

Berechnet man die Determinante dieser Matrix, so ergibt sich

$$\det \begin{pmatrix} v_1 - u_1 & v_2 - u_2 \\ w_1 - u_1 & w_2 - u_2 \end{pmatrix}$$
$$\overset{(1)}{=} (v_1 - u_1)(w_2 - u_2) - (w_1 - u_1)(v_2 - u_2)$$
$$= v_1 w_2 - v_1 u_2 - u_1 w_2 + u_1 u_2 \quad (w_1 v_2 - w_1 u_2 - u_1 v_2 + u_1 u_2)$$
$$= v_1 w_2 - v_1 u_2 - u_1 w_2 + u_1 u_2 - w_1 v_2 + w_1 u_2 + u_1 v_2 - u_1 u_2$$
$$= 1 \cdot (u_1 v_2 - v_1 u_2) - 1 \cdot (u_1 w_2 - u_2 w_1) + 1 \cdot (v_1 w_2 - w_1 v_2)$$
$$\overset{(2)}{=} \det \begin{pmatrix} 1 & u_1 & u_2 \\ 1 & v_1 & v_2 \\ 1 & w_1 & w_2 \end{pmatrix}.$$

An der Stelle (1) fand die Regel $\begin{pmatrix} a & b \\ c & d \end{pmatrix} = ad - bc$ aus Beispiel b) in 4.1.4

Anwendung. (2) zeigt eine Anwendung der Regel von Sarrus, vgl. Abschn. 4.2.6.

6.* i) $\Leftrightarrow$ ii): Es sei V der Vektorraum der $f \in K[t]$ mit $\deg f < m + n$. Dann sind die Zeilen der Resultantenmatrix gerade die Komponenten der Vektoren

$$f, tf, \ldots, t^{n-1} f, g, tg, \ldots, t^{m-1} g \qquad (*)$$

bezüglich der Basis

$$1, t, \ldots, t^{m+n-1} \quad \text{von } V.$$

Die lineare Abhängigkeit der Polynome in $(*)$ ist also gleichbedeutend mit $\text{Res}_{f,g} = 0$.

ii) $\Rightarrow$ iii): Die lineare Abhängigkeit der Polynome

$$f, tf, \ldots, t^{n-1} f, g, tg, \ldots, t^{m-1} g$$

ist gleichbedeutend mit der Existenz von $\mu_0, \ldots, \mu_{n-1}, \lambda_0, \ldots, \lambda_{m-1} \in K$, die nicht alle gleich 0 sind, so dass

$$\mu_0 f + \mu_1 tf + \ldots + \mu_{n-1} t^{n-1} f + \lambda_0 g$$
$$+ \lambda_1 tg + \ldots + \lambda_{m-1} t^{m-1} g = 0$$

gilt. Da $\deg t^i f < \deg t^j f$ und $\deg t^i g < \deg t^j g$ für $i < j$ gilt, sind $f, tf, \ldots, t^{n-1} f$ linear unabhängig in $K[t]$ und $g, tg, \ldots, t^{m-1} g$ linear unabhängig in $K[t]$. Damit existieren mindestens ein $\lambda_i \neq 0$ sowie mindestens ein $\mu_j \neq 0$. Mit den Definitionen

$$p := \mu_{n-1} t^{n-1} + \ldots + \mu_1 t + \mu_0 \quad \text{und}$$
$$q := -\lambda_{m-1} t^{m-1} - \ldots - \lambda_1 t - \lambda_0$$

sind wir fertig, denn nach den vorausgegangenen Definitionen erfüllen p und q die verlangten Bedingungen.

iii) $\Rightarrow$ ii): Es seien

$$p = \mu_{n-1} t^{n-1} + \ldots + \mu_1 t + \mu_0 \quad \text{und}$$
$$q = \lambda_{m-1} t^{m-1} + \ldots + \lambda_1 t + \lambda_0$$

mit $pf = qg$ gegeben. Da $p, q \neq 0$ gilt, existieren ein $\mu_i \neq 0$ sowie ein $\lambda_j \neq 0$. Es folgt

$$0 = pf - qg$$
$$= \mu_0 f + \mu_1 tf + \ldots + \mu_{n-1} t^{n-1} f - \lambda_0 g$$
$$- \lambda_1 tg - \ldots - \lambda_{m-1} t^{m-1} g,$$

also sind $f, tf, \ldots t^{n-1} f, g, tg, \ldots, t^{m-1} g$ linear abhängig.

Wir zeigen nun noch die Äquivalenz der Aussagen iii) und iv). Die hierbei benutzte Teilbarkeitstheorie von Polynomen findet sich z. B. in [Ku1]. Genauere Hinweise geben wir im Verlauf der Lösung.

iii) $\Rightarrow$ iv): Wir zerlegen die Polynome p, f, q, g in Primfaktoren

$$p = p_1 \cdot \ldots \cdot p_k, \quad f = f_1 \cdot \ldots \cdot f_r,$$
$$q = q_1 \cdot \ldots \cdot q_l \quad \text{und} \quad g = g_1 \cdot \ldots \cdot g_s;$$

dann schreibt sich die Gleichung $pf = qg$ als

$$p_1 \cdot \ldots \cdot p_k \cdot f_1 \cdot \ldots \cdot f_r = q_1 \cdot \ldots \cdot q_l \cdot g_1 \cdot \ldots \cdot g_s,$$

wobei auch Faktoren vom Grad 0 auftreten können. Aus der Eindeutigkeit der Primfaktorzerlegung (vgl. [Ku1], Satz 4.21) folgt, dass bis auf Einheiten die $g_1, \ldots, g_s$ auch auf der linken Seite vorkommen. Da aber $\deg p < \deg g$ ist, muss mindestens ein g_i vom Grad > 1 bis auf eine Einheit eines der f_l und damit ein Teiler von f sein.

iv) $\Rightarrow$ iii): Ist h ein gemeinsamer nichtkonstanter Teiler von f und g, so gilt

$$f = f_1 \cdot h \quad \text{und} \quad g = g_1 \cdot h \quad \text{mit } f_1, g_1 \in K[t].$$

Da h nicht konstant ist, gilt $\deg f_1 \leq m - 1$ und $\deg g_1 \leq n - 1$. Wir definieren daher

$$p := g_1 \quad \text{und} \quad q := f_1.$$

Schaut man sich die obigen Beweise genau an, so stellt man fest, dass die Behauptungen im wesentlichen auch dann gelten, wenn der Körper K durch einen faktoriellen Ring (siehe [Ku1], 4.III) ersetzt wird, vgl. hierzu auch Aufgabe 7 zu 2.2. Dies ermöglicht es, die Resultante auch von Polynomen mehrerer Veränderlicher zu bestimmen, vergleiche hierzu etwa [Fi2], Anhang 1.

Ein wichtiger Spezialfall der Resultante ist die Diskriminante, die definiert ist durch $D_f := \text{Res}_{f,f'}$, wobei f' die formale Ableitung von f ist (zum Begriff „formale Ableitung" vergleiche die Lösung von Aufgabe 4 zu Abschn. 1.3). Auf diese Art kann geprüft werden, ob ein Polynom einen mehrfachen Primfaktor besitzt, denn dies ist äquivalent zu $D_f = 0$.

4.2   Existenz und Eindeutigkeit

1. τ_{ij} sei die Transposition, die i und j vertauscht. Dann gilt $\sigma = \tau_{2,4} \circ \tau_{1,5}$.

2. Die Vandermonde-Determinante ist eine klassische Aufgabe, die auch einige Anwendungen bietet. Diese Determinante findet sich in fast jedem Buch über Determinanten oder lineare Algebra; ihre Lösung ist daher in verschiedenen Exaktheitsstufen an vielen Stellen nachzulesen. Wir führen eine ganz ausführliche Lösung vor, die für jeden N nachvollziehbar sein sollte. Zu zeigen ist

$$\det \begin{pmatrix} 1 & x_1 & \cdots & x_1^{n-1} \\ \vdots & \vdots & & \vdots \\ 1 & x_n & \cdots & x_n^{n-1} \end{pmatrix} = \prod_{1 \le i < j \le n} (x_j - x_i).$$

Systematisch betrachtet steht also an der Stelle (i, j) der Matrix der Eintrag x_i^{j-1}. Die x_i stehen für Einträge aus einem beliebigen Körper (allgemeiner: aus einem kommutativen Ring; für diese lassen sich Determinanten- und Matrizentheorien entwickeln). Wir beweisen die Aussage durch Induktion über n. Der Induktionsanfang $n = 1$ lautet:

$$\det(1) = \prod_{1 \le i < j \le 1} (x_j - x_i) = 1,$$

weil es sich um das „leere" Produkt handelt, dessen Wert als 1 definiert ist. Angenommen, die Aussage sei für n bereits bewiesen. Wir zeigen, dass sie dann auch für $n + 1$ gelten muss. Wir müssen

$$\begin{vmatrix} 1 & x_1 & x_1^2 & \cdots & x_1^{n-1} & x_1^n \\ \vdots & \vdots & \vdots & & \vdots & \vdots \\ 1 & x_n & x_n^2 & \cdots & x_n^{n-1} & x_n^n \\ 1 & x_{n+1} & x_{n+1}^2 & \cdots & x_{n+1}^{n-1} & x_{n+1}^n \end{vmatrix}$$

berechnen. Durch Addieren des $(-x_{n+1})$-fachen der k-ten Spalte zur $(k+1)$-ten Spalte (k durchläuft hier 1 bis n) erhalten wir

$$= \begin{vmatrix} 1 & x_1 - x_{n+1} & x_1(x_1 - x_{n+1}) & \cdots & x_1^{n-2}(x_1 - x_{n+1}) & x_1^{n-1}(x_1 - x_{n+1}) \\ \vdots & \vdots & \vdots & & \vdots & \vdots \\ 1 & x_n - x_{n+1} & x_n(x_n - x_{n+1}) & \cdots & x_n^{n-2}(x_n - x_{n+1}) & x_n^{n-1}(x_n - x_{n+1}) \\ 1 & 0 & 0 & \cdots & 0 & 0 \end{vmatrix}.$$

Nun können wir durch Zeilenvertauschungen die letzte Zeile in die erste Zeile bringen und die Eigenschaften D9 sowie D1 b) verwenden·

$$= (-1)^n \cdot \underbrace{(x_1 - x_{n+1}) \cdot \ldots \cdot (x_n - x_{n+1})}_{\prod\limits_{i-1}^{n}(x_i - x_{n+1})} \cdot \begin{vmatrix} 1 & x_1 & \cdots & x_1^{n-1} \\ \vdots & \vdots & & \vdots \\ 1 & x_n & \cdots & x_n^{n-1} \end{vmatrix}$$

$$\overset{(*)}{=} \prod_{i=1}^{n}(x_{n+1} - x_i) \cdot \prod_{1 \le i < j \le n}(x_j - x_i) = \prod_{1 \le i < j \le n+1}(x_j - x_i),$$

wobei an der durch $(*)$ markierten Stelle die Induktionsannahme eingeht.

3. Die Vandermonde-Determinante, mit der wir uns in der letzten Aufgabe beschäftigt haben, liefert die Idee: Wir wählen die unendliche Teilmenge

$$M := \{(1, k, k^2, \ldots, k^{n-1}) \colon k \in \mathbb{N}\}$$

des $\mathbb{R}^n$. Für paarweise verschiedene $k_1, \ldots, k_n \in \mathbb{N}$ sind die Vektoren

$$(1, k_1, \ldots, k_1^{n-1}), \ldots, (1, k_n, \ldots, k_n^{n-1})$$

aus M sind linear unabhängig, weil die Determinante der Matrix, deren Zeilen von den Vektoren gebildet werden, gerade

$$\det \begin{pmatrix} 1 & k_1 & k_1^2 & \cdots & k_1^{n-1} \\ \vdots & \vdots & \vdots & & \vdots \\ 1 & k_n & k_n^2 & \cdots & k_n^{n-1} \end{pmatrix} = \prod_{1 \le i < j \le n} (k_j - k_i)$$

beträgt. Dieses Produkt kann jedoch nie null sein, weil die k_i alle verschieden sind.

4. Wir zeigen $\det(a_{ij}) = \det((-1)^{i+j} a_{ij})$ mit Hilfe der Formel von Leibniz, die die Determinante über

$$\det(a_{ij}) = \sum_{\sigma \in S_n} \operatorname{sign}(\sigma) a_{1\sigma(1)} \cdot \ldots \cdot a_{n\sigma(n)}$$

sehr formell definiert, was für Rechnungen und Beweise zunächst sehr unhandlich erscheint. Hier gilt

$$\det((-1)^{i+j} a_{ij})$$
$$= \sum_{\sigma \in S_n} \operatorname{sign}(\sigma)(-1)^{1+\sigma(1)} a_{1\sigma(1)} \cdot \ldots \cdot (-1)^{n+\sigma(n)} a_{n\sigma(n)}$$
$$= \sum_{\sigma \in S_n} \operatorname{sign}(\sigma)(-1)^{\sum_i \sigma(i) + \sum_i i} a_{1\sigma(1)} \cdot \ldots \cdot a_{n\sigma(n)}.$$

Da $\sum_{i=1}^{n} \sigma(i) = \sum_{i=1}^{n} i = \frac{n(n+1)}{2}$ ist, ist diese Summe gleich

$$= (-1)^{n(n+1)} \cdot \sum_{\sigma \in S_n} \operatorname{sign}(\sigma) \cdot a_{1\sigma(1)} \cdot \ldots \cdot a_{n\sigma(n)}$$
$$= (-1)^{n(n+1)} \cdot \det(a_{ij}).$$

$n(n+1)$ ist jedoch stets eine gerade Zahl; damit ist die Behauptung gezeigt.

5. Es sei $A = (a_{ij}) \in \mathrm{M}(n \times n; k)$.
a) Wenn wir $\det A$ mit Hilfe der Leibniz-Formel berechnen, erhalten wir $n!$ Summanden, die aus jeweils $n+1$ Faktoren bestehen. Das ergibt insgesamt $(n+1)n! = (n+1)!$ Multiplikationen und $n!$ Additionen. Wenn wir jedoch A erst mit Hilfe des Gauß-Algorithmus auf Zeilenstufenform bringen und die Determinante durch Multiplikation der Diagonalenelemente berechnen, benötigen wir folgende Rechenoperationen:

Anzahl der Additionen	Anzahl der Multiplikationen	
$n(n-1)$	$n(n-1)$	erste Spalte
$(n-1)(n-2)$	$(n-1)(n-2)$	zweite Spalte
$\vdots$	$\vdots$	$\vdots$
$2 \cdot 1$	$2 \cdot 1$	Zeilenstufenform
0	n	Diagonalelemente

Das ergibt

$$n + \sum_{i=1}^{n-1} i(i+1) = \frac{n(n^2+2)}{3} \quad \text{Multiplikationen}$$

und

$$\sum_{i=1}^{n-1} i(i+1) - \frac{n(n^2-1)}{3} \quad \text{Additionen.}$$

Dabei sollte jedoch beachtet werden, dass wir hier das Vorzeichen, das als Signum der Permutation bei Leibniz auftritt, als Rechenoperation mitgezählt haben. Unter diesen Voraussetzungen ist die Gauß-Methode stets günstiger.

Zählt man das Vorzeichen nicht als Rechenoperation mit (in der Praxis ist ein Vorzeichenwechsel ja auch nicht sehr mühsam), so muss man, wenn man die Leibniz-Formel anwenden möchte, nur $n \cdot n!$ Multiplikationen und $n!$ Additionen durchführen. Damit hat man insgesamt folgende Anzahlen von Rechnungen zu leisten:

$$\frac{n(n^2-1)}{3} + \frac{n(n^2+2)}{3} = \frac{n(2n^2+1)}{3} \quad \text{(Gauß)}$$

$$n \cdot n! + n! = n!(n+1) = (n+1)! \quad \text{(Leibniz)}$$

Demnach wäre es für $n = 2$ egal, welches Verfahren man benutzt. Für $n = 3$ macht die Wahl keinen sehr großen Unterschied (19 Rechenoperationen nach Gauß gegener 24 nach Leibniz), für $n \geq 4$ wird der Aufwand tatsächlich sehr unterschiedlich, das Gauß-Verfahren gewinnt mit wachsendem n immer mehr an Vorteil. Diese Erkenntnisse entsprechen ganz der bewährten Rechenpraxis, für $n = 2$ und $n = 3$ die Formel von Leibniz zu verwenden, und für größere n die Matrix mittels des Gauß-Algorithmus in Zeilenstufenform zu bringen.

b) 48 h entsprechen $1728 \cdot 10^{11}$ Mikrosekunden. In diesem Zeitraum sind also $5 \cdot 1.728 \cdot 10^{11} = 8.64 \cdot 10^{11}$ Rechenoperationen möglich. Mit der Formel von Leibniz kann die Determinante einer (13×13)-Matrix unter den gegebenen Umstnden in zwei Tagen ausgerechnet werden. Mit Hilfe der Vorgehensweise nach Gauß ist jedoch die Determinante einer Matrix mit bis zu 10 902 Zeilen und Spalten zu kalkulieren. Das belegt eindrucksvoll, welche Vorteile dieses Verfahren bei großen Matrizen bietet.

Hinweis. Bei der Anzahl an Rechenschritten in Algorithmen spricht man von der *Effizienz* oder der *Ordnung* des Algorithmen, vgl. [S4], Abschn. 1.5.

6. D4:

$$\det(\lambda A) = \sum_{\sigma \in S_n} \text{sign}(\sigma) \cdot \lambda a_{1\sigma(1)} \cdot \ldots \cdot \lambda a_{n\sigma(n)}$$

$$= \lambda^n \cdot \sum_{\sigma \in S_n} \text{sign}(\sigma) a_{1\sigma(1)} \cdot \ldots \cdot a_{n\sigma(n)}$$

$$= \lambda^n \cdot \det A.$$

D5: Ist die i-te Zeile von A gleich null, d.h. $a_{i1} = \ldots = a_{in} = 0$, so gilt

$$\det A = \sum_{\sigma \in S_n} \text{sign}(\sigma) a_{1\sigma(1)} \cdot \ldots \cdot \underbrace{a_{i\sigma(i)}}_{=0} \cdot \ldots \cdot a_{n\sigma(n)} = 0.$$

D6: Ohne Einschränkung sei B aus A durch Vertauschung der ersten und zweiten Zeile entstanden, d.h. $b_{1j} = a_{2j}$ und $b_{2j} = a_{1j}$ für $j = 1, \ldots, n$ sowie $b_{ij} = a_{ij}$ für $i \neq 1, 2$. Es gilt

$$\det B = \sum_{\sigma \in \mathbf{S}_n} \mathrm{sign}\,(\sigma) \cdot b_{1\sigma(1)} \cdot b_{2\sigma(2)} \cdot b_{3\sigma(3)} \cdot \ldots \cdot b_{n\sigma(n)}$$

$$= \sum_{\sigma \in \mathbf{S}_n} \mathrm{sign}\,(\sigma) \cdot a_{2\sigma(1)} \cdot a_{1\sigma(2)} \cdot a_{3\sigma(3)} \cdot \ldots \cdot a_{n\sigma(n)}$$

$$= \sum_{\sigma \in \mathbf{S}_n} \mathrm{sign}\,(\sigma) \cdot a_{2\sigma\tau(2)} \cdot a_{1\sigma\tau(1)} \cdot a_{3\sigma\tau(3)} \cdot \ldots \cdot a_{n\sigma\tau(n)},$$

wobei τ die Transposition ist, die 1 und 2 vertauscht. Bezeichnen wir $\varrho := \sigma \circ \tau$ und benutzen, dass die Abbildung $\mathbf{S}_n \to \mathbf{S}_n, \sigma \mapsto \sigma \circ \tau$, bijektiv ist, so folgt mit $\mathrm{sign}\,(\sigma) = -\mathrm{sign}\,(\varrho)$

$$\det B = -\sum_{\varrho \in \mathbf{S}_n} \mathrm{sign}\,(\varrho) \cdot a_{1\varrho(1)} \cdot \ldots \cdot a_{n\varrho(n)} = -\det A.$$

D7: O.E. sei B aus A durch Addition des λ-fachen der zweiten Zeile zur ersten Zeile entstanden, d. h. $b_{1j} = a_{1j} + \lambda a_{2j}$ für $j = 1, \ldots, n$ und $b_{ij} = a_{ij}$ für $i \neq 1$. Dann gilt

$$\det B = \sum_{\sigma \in \mathbf{S}_n} \mathrm{sign}\,(\sigma) \cdot b_{1\sigma(1)} \cdot b_{2\sigma(2)} \cdot \ldots \cdot b_{n\sigma(n)}$$

$$= \sum_{\sigma \in \mathbf{S}_n} \mathrm{sign}\,(\sigma) \cdot (a_{1\sigma(1)} + \lambda a_{2\sigma(1)}) \cdot a_{2\sigma(2)} \cdot \ldots \cdot a_{n\sigma(n)}$$

$$= \sum_{\sigma \in \mathbf{S}_n} \mathrm{sign}\,(\sigma) \cdot a_{1\sigma(1)} \cdot a_{2\sigma(2)} \cdot \ldots \cdot a_{n\sigma(n)}$$

$$+ \lambda \sum_{\sigma \in \mathbf{S}_n} \mathrm{sign}\,(\sigma) \cdot a_{2\sigma(1)} \cdot a_{2\sigma(2)} \cdot \ldots \cdot a_{n\sigma(n)}.$$

Die zweite Summe ist null, weil sie die Determinante einer Matrix ist, die zwei gleiche Zeilen hat, siehe auch D2 in 4.2.5.

D8: A sei eine obere Dreiecksmatrix, d. h. $a_{ij} = 0$ für $i > j$. Es gilt

$$\det A = \sum_{\sigma \in \mathbf{S}_n} \mathrm{sign}\,(\sigma) \cdot a_{1\sigma(1)} \cdot \ldots \cdot a_{n\sigma(n)}.$$

In jedem Summanden ist mindestens ein Faktor null, falls $\sigma \neq \mathrm{id}$ ist, da in diesem Fall mindestens ein i mit $i > \sigma(i)$ existiert. Dann gilt für die Determinante von A

$$\det A = \mathrm{sign}\,(\mathrm{id}) \cdot a_{11} \cdot a_{22} \cdot \ldots \cdot a_{nn},$$

sie entspricht also dem Produkt der Diagonaleneintrge.

D9: Mit einer analogen Idee wie im Beweis von D8 lässt sich auch diese Aussage zeigen.

Sei $A = (a_{ij}) \in M(n \times n; K)$ gegeben durch

$$A = \begin{pmatrix} A_1 & C \\ 0 & A_2 \end{pmatrix}$$

mit

$$A_1 = \left(a_{ij}^{(1)}\right)_{1 \le i,j \le k}, \quad A_2 = \left(a_{ij}^{(2)}\right)_{k+1 \le i,j \le n} \quad C = (c_{ij})_{\substack{1 \le i \le k \\ k+1 \le j \le n}}.$$

Für die Determinante gilt

$$\det A = \sum_{\sigma \in S_n} \text{sign}(\sigma) \cdot a_{1\sigma(1)} \cdot \ldots \cdot a_{n\sigma(n)}.$$

Gilt $k + 1 \le i \le n$ sowie $1 \le j = \sigma(i) \le k$ für eines der a_{ij}, so ist $a_{ij} = 0$, d.h. jeder Summand, der ein solches a_{ij} enthält, verschwindet und muss bei der Bestimmung der Determinante nicht berücksichtigt werden. In jedem weiteren Summanden ist, falls $k + 1 \le i \le n$ gilt, $\sigma(i) \in \{k + 1, \ldots, n\}$, d.h. $a_{i\sigma(i)} = a_{i\sigma(i)}^{(2)}$. (Man beachte, dass ein solcher Summand trotzdem gleich null sein kann, da nicht notwendig alle Einträge der Matrix A_2 von null verschieden sein müssen.) In diesem Summanden gilt dann jedoch aufgrund der Bijektivität von σ für alle $1 \le i \le k$ gerade $a_{i\sigma(i)} = a_{i\sigma(i)}^{(1)}$. Bezeichnen wir die Menge aller Permutationen in S_n, die diese Voraussetzung erfüllen, d.h. die Mengen $\{1, \ldots, k\}$ sowie $\{k + 1, \ldots, n\}$ invariant lassen, mit $\mathbf{S}$, so folgt

$\det A$

$$= \sum_{\sigma \in \mathbf{S}} \text{sign}(\sigma) a_{1\sigma(1)}^{(1)} \cdot \ldots \cdot a_{k\sigma(k)}^{(1)} \cdot a_{k+1\sigma(k+1)}^{(2)} \cdot \ldots \cdot a_{n\sigma(n)}^{(2)}$$

$$= \sum_{\substack{\varrho_1 \in S_k \\ \varrho_2 \in S_{n-k}}} \text{sign}(\varrho_1)\text{sign}(\varrho_2) a_{1\varrho_1(1)}^{(1)} \cdot \ldots \cdot a_{k\varrho_1(k)}^{(1)} \cdot a_{k+1\varrho_2(k+1)}^{(2)} \cdot \ldots \cdot a_{n\varrho_2(n)}^{(2)}$$

$$= \sum_{\sigma \in S_k} \text{sign}(\sigma) a_{1\sigma(1)}^{(1)} \cdot \ldots \cdot a_{k\sigma(k)}^{(1)} \cdot \sum_{\varrho \in S_{n-k}} \text{sign}(\varrho) a_{k+1\varrho(k+1)}^{(2)} \cdot \ldots \cdot a_{n\varrho(n)}^{(2)}$$

$$= \det A_1 \cdot \det A_2.$$

D10: O.E. kann man die Matrix mittels Gaußverfahren auf Zeilenstufenform bringen. Das verändert die Determinante nicht. D8 liefert die Behauptung.

D11: Wir betrachten für zwei Matrizen $A = (a_{ij})$ und $B = (b_{ij})$ zunächst $\det(A \cdot B)$. Es gilt

$$A \cdot B = \begin{pmatrix} \sum\limits_{j=1}^{n} a_{1j}b_{j1} & \cdots & \sum\limits_{j=1}^{n} a_{1j}b_{jn} \\ \vdots & & \vdots \\ \sum\limits_{j=1}^{n} a_{nj}b_{j1} & \cdots & \sum\limits_{j=1}^{n} a_{nj}b_{jn} \end{pmatrix}.$$

woraus folgt

$$\det(A \cdot B)$$

$$= \sum_{\sigma \in S_n} \text{sign}(\sigma) \cdot \sum_{j_1=1}^{n} a_{1j_1}b_{j_1\sigma(1)} \cdot \ldots \cdot \sum_{j_n=1}^{n} a_{nj_n}b_{j_n\sigma(n)}$$

$$= \sum_{\sigma \in S_n} \text{sign}(\sigma) \cdot \sum_{j_1,\ldots,j_n=1}^{n} a_{1j_1}b_{j_1\sigma(1)} \cdot \ldots \cdot a_{nj_n}b_{j_n\sigma(n)}. \quad (*)$$

Existieren in einem Summanden einer Permutation σ in $(*)$ $k \neq l$ mit $j_k = j_l$, so gibt es eine eindeutige Permutation $\sigma' \in S_n$ mit $\sigma'(k) = \sigma(l)$ sowie $\sigma'(l) = \sigma(k)$ und $\sigma'(i) = \sigma(i)$ für $i \neq k, l$. Daraus folgt $\text{sign}(\sigma') = -\text{sign}(\sigma)$ und

$$\text{sign}(\sigma') \cdot a_{1j_1}b_{j_1\sigma'(1)} \cdot \ldots \cdot a_{nj_n}b_{j_n\sigma'(n)}$$
$$+ \text{sign}(\sigma) \cdot a_{1j_1}b_{j_1\sigma(1)} \cdot \ldots \cdot a_{nj_n}b_{j_n\sigma(n)} = 0.$$

Also bleiben in $(*)$ nur Summanden übrig, für die $j_k \neq j_l$ für alle $k \neq l$ gilt. Damit existiert eine eindeutige Permutation $\bar{\sigma} \in S_n$ mit $j_k = \bar{\sigma}(k)$ für alle k, d.h. $(*)$ wird zu

$$\det(A \cdot B)$$

$$= \sum_{\sigma,\bar{\sigma} \in S_n} \text{sign}(\sigma) \cdot a_{1\bar{\sigma}(1)}b_{\bar{\sigma}(1)\sigma(1)} \cdot \ldots \cdot a_{n\bar{\sigma}(n)}b_{\bar{\sigma}(n)\sigma(n)}. \quad (**)$$

Nun wenden wir uns dem Produkt

$\det A \cdot \det B$

$$= \sum_{\bar{\sigma} \in \mathbf{S}_n} \text{sign}\,(\bar{\sigma}) \cdot a_{1\bar{\sigma}(1)} \cdot \ldots \cdot a_{n\bar{\sigma}(n)}$$

$$\cdot \sum_{\pi \in \mathbf{S}_n} \text{sign}\,(\pi) \cdot b_{1\pi(1)} \cdot \ldots \cdot b_{n\pi(n)}$$

$$= \sum_{\bar{\sigma},\pi \in \mathbf{S}_n} \text{sign}\,(\bar{\sigma}) \cdot \text{sign}\,(\pi) \cdot a_{1\bar{\sigma}(1)} b_{1\pi(1)} \cdot \ldots \cdot a_{n\bar{\sigma}(n)} b_{n\pi(n)} \qquad (\ast\ast\ast)$$

zu. Zu jedem $i \in \{1, \ldots, n\}$ existiert ein eindeutiges $j \in \{1, \ldots, n\}$ mit $j = \bar{\sigma}(i)$. Daher können wir $(\ast\ast\ast)$ mit Hilfe der Kommutativität der Faktoren umformen zu

$\det A \cdot \det B$

$$= \sum_{\bar{\sigma},\pi \in \mathbf{S}_n} \text{sign}\,(\bar{\sigma}) \cdot \text{sign}\,(\pi) \cdot a_{1\bar{\sigma}(1)} b_{\bar{\sigma}(1)\pi(\bar{\sigma}(1))} \cdot \ldots \cdot a_{n\bar{\sigma}(n)} b_{\bar{\sigma}(n)\pi(\bar{\sigma}(n))}.$$

Die Abbildung $\sigma := \pi \circ \bar{\sigma}$ ist nach Satz 4.2.3 eine Permutation mit $\text{sign}\,(\sigma) = \text{sign}\,(\bar{\sigma}) \cdot \text{sign}\,(\pi)$, und aufgrund der Bijektivität der Abbildung $\mathbf{S}_n \to \mathbf{S}_n$, $\pi \cdot \mapsto \pi \circ \bar{\sigma}$, folgt

$$\det A \cdot \det B = \sum_{\sigma,\bar{\sigma} \in \mathbf{S}_n} \text{sign}\,(\sigma) \cdot a_{1\bar{\sigma}(1)} b_{\bar{\sigma}(1)\sigma(1)} \cdot \ldots \cdot a_{n\bar{\sigma}(n)} b_{\bar{\sigma}(n)\sigma(n)}$$

$$\overset{(\ast\ast)}{=} \det(A \cdot B).$$

7. Wir wählen einen einzelnen Summanden

$$a := \text{sign}\,(\sigma) \cdot a_{1\sigma(1)} \cdot \ldots \cdot a_{n\sigma(n)}$$

von

$$\det A = \sum_{\sigma \in \mathbf{S}_n} \text{sign}\,(\sigma) \cdot a_{1\sigma(1)} \cdot \ldots \cdot a_{n\sigma(n)}.$$

Von Bedeutung sind nur die $\sigma \in \mathbf{S}_n$, für die kein ungerader *Zykel* existiert, d.h. keine ungerade Zahl $1 \leq j < n$ mit $\{i_1, \ldots, i_j\} = \{\sigma(i_1), \ldots, \sigma(i_j)\}$. Wir betrachten $\{i_1, \ldots, i_j\} = \{1, \ldots, j\}$; der allgemeine Fall verläuft analog, er ist nur schwerer zu notieren. Nach Aufgabe 5 a) aus 4.1 gilt dann

$$\sum_{\varrho \in \mathbf{S}_j} \text{sign}\,(\varrho) \cdot a_{1\varrho(1)} \cdot \ldots \cdot a_{j\varrho(j)} \cdot a_{j+1,l_1} \cdot \ldots \cdot a_{n,l_{n-j}} = 0$$

für $l_1, \ldots, l_{n-j}$ fest. Die Permutation σ enthält also o. B. d. A. höchstens gerade Zykel.

Wir zerlegen nun die Menge der Paare $(i, \sigma(i))$ aus a in zwei disjunkte Mengen M_1 und M_2, so dass in jeder dieser Mengen alle Zahlen $1 \le j \le n$ genau einmal vorkommen. Das geht so: Wir wählen das Paar $(1, \sigma(1))$ für M_1. Es existiert genau ein weiteres Paar (k_2, l_2) mit $k_2 = \sigma(1)$, nämlich $(\sigma(1), \sigma(\sigma(1)))$. Dieses wählen wir für M_2. Gilt $l_2 = 1$, so starten wir unsere Überlegungen mit dem kleinsten i der verbleibenden Paare $(i, \sigma(i))$ erneut. Ansonsten gibt es genau ein weiteres Paar (k_3, l_3) mit $k_3 = l_2$. Dieses wählen wir für M_1. Da σ keine ungeraden Zykel enthält, gilt $l_3 \ne 1$. Also gibt es genau ein weiteres Paar (k_4, l_4) mit $k_4 = l_3$. Dieses wählen wir für M_2. Gilt $l_4 = 1$, so beginnen wir unsere Überlegungen mit dem kleinsten i der verbleibenden $(i, \sigma(i))$ erneut. Ansonsten gibt es genau ein weiteres Paar (k_5, l_5) mit $k_5 = l_4$. Fahren wir so fort, erhalten wir Mengen M_1 und M_2 von Paaren (k, l), so dass in jeder Menge jede Zahl $1 < j \le n$ in genau einem Paar vorkommt.

Es seien $(i_1, \sigma(i_1)), \ldots, (i_s, \sigma(i_s))$ die Paare $(i, \sigma(i))$ mit $i > \sigma(i)$. Da A schiefsymmetrisch ist, folgt

$$a_{i_1 \sigma(i_1)} \cdot \ldots \cdot a_{i_s \sigma(i_s)} = (-1)^s \cdot a_{\sigma(i_1) i_1} \cdot \ldots \cdot a_{\sigma(i_s) i_s}. \qquad (*)$$

Vertauschen wir die Elemente der Paare (k_i, l_i) in M_1 und M_2, so dass $k_i < l_i$ für alle i gilt, ordnen dann die Paare $(k_i^{(1)}, l_i^{(1)})$ in M_1 und $(k_i^{(2)}, l_i^{(2)})$ in M_2 für $1 \le i \le m$ so an, dass $k_i^{(j)} < k_{i+1}^{(j)}$ für alle i und $j = 1, 2$ gilt, können wir den so geordneten Paaren eindeutig Permutationen $\sigma_1, \sigma_2 \in \mathbf{S}_n$ zuordnen mit $\sigma_j(2i) > \sigma_j(2i - 1)$ für $i = 1, \ldots, m$ und $\sigma_j(2i + 1) > \sigma_j(2i - 1)$ für $i = 1, \ldots, m - 1$ sowie $j = 1, 2$.

Die Vertauschung der Einträge eines Paares (k, l) von σ_1 bzw. σ_2 entspricht nach 4.2.2 der Multiplikation mit einer Transposition, und die Vertauschung zweier Paare (k_i, l_i) und (k_j, l_j) von σ_1 bzw. σ_2 der Multiplikation mit einer geraden Anzahl von Transpositionen. Daher gilt nach Korollar 1, Teil 2) in 4.2.3

$$\mathrm{sign}(\sigma) = (-1)^s \cdot \mathrm{sign}(\sigma_1) \cdot \mathrm{sign}(\sigma_2),$$

und mit (∗) folgt daraus

$$
\begin{aligned}
a &= \operatorname{sign}(\sigma) \cdot a_{1\sigma(1)} \cdot \ldots \cdot a_{n\sigma(n)} \\
&= (-1)^s \operatorname{sign}(\sigma_1) \cdot \operatorname{sign}(\sigma_2) \cdot (-1)^s a_{\sigma_1(1)\sigma_1(2)} \cdot \ldots \cdot a_{\sigma_1(2m-1)\sigma_1(2m)} \cdot \\
&\qquad \cdot a_{\sigma_2(1)\sigma_2(2)} \cdot \ldots \cdot a_{\sigma_2(2m-1)\sigma_2(2m)} \\
&= \operatorname{sign}(\sigma_1) \cdot \operatorname{sign}(\sigma_2) \cdot a_{\sigma_1(1)\sigma_1(2)} \cdot \ldots \cdot a_{\sigma_1(2m-1)\sigma_1(2m)} \cdot \\
&\qquad \cdot a_{\sigma_2(1)\sigma_2(2)} \cdot \ldots \cdot a_{\sigma_2(2m-1)\sigma_2(2m)}.
\end{aligned}
\qquad (\ast\ast)
$$

Damit gehört zu jedem Summanden a von $\det A$ ein eindeutiges Produkt $(\ast\ast)$ mit $\sigma_j(2i) > \sigma_j(2i-1)$ für $i = 1, \ldots, m$ als auch mit $\sigma_j(2i+1) > \sigma_j(2i-1)$ für $i = 1, \ldots, m-1$ sowie $j = 1, 2$, wobei die Reihenfolge von σ_1 und σ_2 von Bedeutung ist. Es gibt genau $m!$ verschiedene Möglichkeiten, das Produkt

$$
a_{\sigma_i(1)\sigma_i(2)} \cdot \ldots \cdot a_{\sigma_i(2m-1)\sigma_i(2m)}
$$

für $i = 1, 2$ umzuordnen, indem die zweite der obigen Bedingungen unberücksichtigt bleibt. Durch Berücksichtigung dieser zweiten Bedingung werden also gerade $m!$ Summanden von P zusammengefasst; dies erklärt den Faktor $\frac{1}{m!}$.

Um zu sehen, dass auch jeder Summand von $(P(a_{11}, \ldots, a_{nn}))^2$ in $\det A$ auftritt, kann eine ähnliche Konstruktion wie oben umgekehrt durchgeführt werden. Da die Reihenfolge im Produkt $(\ast\ast)$ wichtig ist, ist die Konstruktion eindeutig. Insgesamt folgt

$$
\det A = \left(\tfrac{1}{m!} P(a_{11}, \ldots, a_{nn}) \right)^2,
$$

also die Behauptung.

8. Sind $v = (v_1, v_2)$ und $w = (w_1, w_2)$ aus K^2 und L die Gerade durch v und w, so ist das gleichbedeutend mit

$$
\begin{aligned}
L = \{ (x_1, x_2) \in K^2 : \text{ es gibt ein } \lambda \in K \text{ mit } x_i \\
= v_i + \lambda(w_i - v_i) \text{ für } i = 1, 2 \}.
\end{aligned}
$$

Andererseits berechnen wir

$$
\det \begin{pmatrix} 1 & v_1 & v_2 \\ 1 & w_1 & w_2 \\ 1 & x_1 & x_2 \end{pmatrix} = \det \begin{pmatrix} 1 & v_1 & v_2 \\ 0 & w_1 - v_1 & w_2 - v_2 \\ 0 & x_1 - v_1 & x_2 - v_2 \end{pmatrix}
$$

$$
= \det \begin{pmatrix} w_1 - v_1 & w_2 - v_2 \\ x_1 - v_1 & x_2 - v_2 \end{pmatrix}.
$$

Wenn diese Determinante null sein soll, bedeutet das gerade, dass ein $\lambda \in K$ existiert mit

$$\lambda(w_i - v_i) = x_i - v_i \quad \text{für } i = 1, 2.$$

9.[*] Für zwei Matrizen $C, D \in \mathrm{SL}\,(2; \mathbb{Z})$ gilt nach D11

$$\det(C \cdot D) = \det C \cdot \det D = 1 \cdot 1 = 1,$$

also folgt $C \cdot D \in \mathrm{SL}\,(2; \mathbb{Z})$, und die Multiplikation

$$\cdot : \ \mathrm{SL}\,(2; \mathbb{Z}) \times \mathrm{SL}\,(2; \mathbb{Z}) \to \mathrm{SL}\,(2; \mathbb{Z})$$

ist wohldefiniert. Aus der Assoziativität der Matrizenmultiplikation folgt die Assoziativität der Multiplikation in $\mathrm{SL}\,(2; \mathbb{Z})$.

Ist $C = \begin{pmatrix} a & b \\ c & d \end{pmatrix} \in \mathrm{SL}\,(2; \mathbb{Z})$, so gilt $C^{-1} = \begin{pmatrix} d & -b \\ -c & a \end{pmatrix} \in$ $\mathrm{SL}\,(2; \mathbb{Z})$, da $\det C^{-1} = \frac{1}{\det C} = 1$.

Es bleibt, $\mathrm{SL}\,(2; \mathbb{Z}) = \mathrm{erz}\,(A, B)$ mit

$$A = \begin{pmatrix} 1 & 1 \\ 0 & 1 \end{pmatrix} \quad \text{und} \quad B = \begin{pmatrix} 0 & 1 \\ -1 & 0 \end{pmatrix}$$

zu zeigen. Die Inklusion $\mathrm{SL}\,(2; \mathbb{Z}) \supset \mathrm{erz}\,(A, B)$ ist dabei klar.

Der Beweis der verbleibenden Inklusion ist trickreich und wird an der entscheidenden Stelle durch eine Induktion über den Betrag eines der Matrizen-Einträge erfolgen. Zuvor betrachten wir jedoch Matrizen, die mindestens einen Eintrag mit 0 enthalten.

Im Folgenden bezeichnen wir für $m \in \mathbb{N} \setminus 0$ mit A^m und B^m die Potenzen von A und B sowie mit A^{-m} die m-te Potenz der inversen Matrix $A^{-1} = \begin{pmatrix} 1 & -1 \\ 0 & 1 \end{pmatrix}$ von A, und $A^0 = E_2$. Für die Matrix B gilt $B^4 = E_2$, und für $m \in \mathbb{Z}$ gilt $A^m = \begin{pmatrix} 1 & m \\ 0 & 1 \end{pmatrix}$.

Ist in einer Matrix $C = \begin{pmatrix} a & b \\ c & d \end{pmatrix}$ der Eintrag $a = 0$, so folgt aus $\det C = 1$

$$C = \begin{pmatrix} 0 & -1 \\ 1 & m \end{pmatrix} \quad \text{oder} \quad C = \begin{pmatrix} 0 & 1 \\ -1 & m \end{pmatrix}$$

mit $m \in \mathbb{Z}$. C hat in diesem Falle die Darstellung

$$C = B^3 \cdot A^m \quad \text{oder} \quad C = B \cdot A^{-m},$$

d. h. $C \in \text{erz}(A, B)$.

Analog gilt für den Fall $d = 0$

$$C = \begin{pmatrix} m & 1 \\ -1 & 0 \end{pmatrix} \quad \text{oder} \quad C = \begin{pmatrix} m & -1 \\ 1 & 0 \end{pmatrix}$$

mit $m \in \mathbb{Z}$, woraus folgt

$$C = A^{-m} \cdot B \quad \text{oder} \quad C = A^m \cdot B^3.$$

Genauso zeigt man, dass für $b = 0$ oder $c = 0$ die entsprechenden Matrizen in $\text{erz}(A, B)$ liegen.

Jetzt kommt der schwierige Teil, denn wir müssen für eine beliebige Matrix $C = \begin{pmatrix} a & b \\ c & d \end{pmatrix} \in \text{SL}(2; \mathbb{Z})$, in der auch alle Einträge ungleich 0 sein können, zeigen, dass sie in $\text{erz}(A, B)$ liegt.

Dazu nehmen wir zunächst an, dass $|c| = \min\{|a|, |b|, |c|, |d|\}$ gilt und führen Induktion über $|c|$.

Den Fall $|c| = 0$ haben wir bereits oben ausführlich behandelt. Ist $|c| = 1$, so hat C die Gestalt

$$C_\pm = \begin{pmatrix} a & b \\ \pm 1 & d \end{pmatrix},$$

und damit folgt für $c = 1$

$$A^{-a} \cdot C_+ = \begin{pmatrix} 1 & -a \\ 0 & 1 \end{pmatrix} \cdot C_+ = \begin{pmatrix} 0 & -ad + b \\ 1 & d \end{pmatrix} =: D_1,$$

sowie für $c = -1$

$$A^a \cdot C_- = \begin{pmatrix} 1 & a \\ 0 & 1 \end{pmatrix} \cdot C_- = \begin{pmatrix} 0 & ad + b \\ -1 & d \end{pmatrix} =: D_{-1},$$

und nach den obigen Ausführungen gilt $D_1, D_{-1} \in \text{erz}(A, B)$. Durch Multiplikation von links mit der Inversen Matrix von A^{-a} erkennen wir daran, dass $C \in \text{erz}(A, B)$ gilt.

Ist nun $|c| \geq 2$, so sind a und c wegen der Bedingung $ad - bc = 1$ teilerfremd. Da c der vom Betrag her minimale Eintrag der Matrix C ist, existiert nach dem euklidischen Algorithmus (vgl. [B], Kap. 2 sowie [W], Satz 1.6) ein $n \in \mathbb{N} \setminus 0$ mit

$$|nc| < |a| < |(n+1)c|,$$

und damit existiert ein $m \in \mathbb{Z}$ mit

$$|mc + a| < |c|.$$

Nun multiplizieren wir die Matrix C von links mit der Matrix $B^3 \cdot A^m$ und erhalten

$$C' = \begin{pmatrix} -c & -d \\ mc + a & md + b \end{pmatrix}.$$

Auf die Matrix C' können wir wegen $|mc + a| < |c|$ die Induktionsvoraussetzung anwenden, also gilt $C' \in \mathrm{erz}\,(A, B)$, und damit folgt durch Linksmultiplikation mit der inversen Matrix von $B^3 \cdot A^m$ auch $C \in \mathrm{erz}\,(A, B)$.

Falls eines der anderen Matrixelemente minimal ist, verläuft der Beweis analog, so lauten die Multiplikationen im Induktionsschritt für minimales $|a|$

$$A^{-m} \cdot B \cdot C = \begin{pmatrix} m & 1 \\ -1 & 0 \end{pmatrix} \begin{pmatrix} a & b \\ c & d \end{pmatrix} = \begin{pmatrix} ma + c & mb + d \\ -a & -b \end{pmatrix},$$

für minimales $|b|$

$$C \cdot B \cdot A^{-m} = \begin{pmatrix} a & b \\ c & d \end{pmatrix} \begin{pmatrix} 0 & 1 \\ -1 & m \end{pmatrix} = \begin{pmatrix} -b & a + mb \\ -d & c + md \end{pmatrix},$$

und für minimales $|d|$

$$B^3 \cdot A^m \cdot C = \begin{pmatrix} 0 & -1 \\ 1 & m \end{pmatrix} \begin{pmatrix} a & b \\ c & d \end{pmatrix} = \begin{pmatrix} -c & -d \\ a + mc & b + md \end{pmatrix}.$$

Damit ist alles gezeigt.

10. a) Ist gezeigt, dass $\mathcal{L}_0 \subset \mathcal{D}$ ein Untervektorraum ist, so ist $\mathcal{L}$ wegen $\mathcal{L} = b + \mathcal{L}_0$ ein affiner Unterraum.

Es bleibt also zu zeigen, dass $\mathcal{L}_0$ ein Untervektorraum von $\mathcal{D}$ ist. Wegen $0 = A \cdot 0$ ist $\mathcal{L}_0$ nicht leer, das zeigt UV1. Sind $\lambda \in \mathbb{R}$ und $\varphi, \varphi_1, \varphi_2 \in \mathcal{L}$ gegeben, so folgt mit der Linearität der Ableitung (vgl. Aufgabe 2 zu 3.2)

$$A \cdot (\lambda \varphi) = \lambda \cdot A \cdot \varphi = \lambda \varphi' = (\lambda \varphi)'$$

und

$$A \cdot (\varphi_1 + \varphi_2) = A \cdot \varphi_1 + A \cdot \varphi_2 = \varphi_1' + \varphi_2' = (\varphi_1 + \varphi_2)',$$

das zeigt UV2 und UV3.

b) Um die Folgerung i) $\Rightarrow$ ii) zu zeigen, wählen wir ein beliebiges $x_0 \in I$ und $\lambda_1, \ldots, \lambda_n \in \mathbb{R}$ mit

$$\varphi(x_0) := \lambda_1 \varphi^{(1)}(x_0) + \ldots + \lambda_n \varphi^{(n)}(x_0) = 0.$$

Eine Lösung dieser Gleichung ist sicherlich durch $\varphi = 0$ gegeben. Nach dem Existenz- und Eindeutigkeitssatz ([Fo2], §12, Satz 1) existiert jedoch genau eine Lösung φ zu x_0 und dem Anfangswert $c = 0$. Damit gilt in $\mathcal{L}_0$

$$\lambda_1 \varphi^{(1)} + \ldots + \lambda_n \varphi^{(n)} = \varphi = 0.$$

Da $\varphi^{(1)}, \ldots, \varphi^{(n)}$ nach Voraussetzung über $\mathbb{R}$ linear unabhängig sind, folgt $\lambda_1 = \ldots = \lambda_n = 0$, d.h. $\varphi^{(1)}(x_0), \ldots, \varphi^{(n)}(x_0) \in \mathbb{R}^n$ sind linear unabhängig.

Wir haben mehr gezeigt als verlangt war, nämlich

ii)* Für beliebiges $x \in I$ sind die Vektoren $\varphi^{(1)}(x), \ldots,$ $\varphi^{(n)}(x) \in \mathbb{R}^n$ linear unabhängig.

Tatsächlich ist diese Aussage äquivalent zu den Aussagen i) bis iii), da die Implikation ii)* $\Rightarrow$ ii) trivial ist.

Die Folgerung ii) $\Rightarrow$ i) ist klar, denn wären $\varphi^{(1)}, \ldots, \varphi^{(n)}$ linear abhängig, so gäbe es $\lambda_1, \ldots, \lambda_n \in \mathbb{R}$, die nicht alle gleich 0 sind, so dass

$$\lambda_1 \varphi^{(1)} + \ldots + \lambda_n \varphi^{(n)} = 0$$

die Nullfunktion ist. Insbesondere wäre für alle $x \in I$

$$\lambda_1 \varphi^{(1)}(x) + \ldots + \lambda_n \varphi^{(n)}(x) = 0$$

im Widerspruch zu ii).

Es bleibt, die Äquivalenz von ii) und iii) zu zeigen. Es gilt $\varphi_i^{(j)} \in \mathcal{D}$ für alle i, j, und $\mathcal{D}$ ist kein Körper. Daher dürfen wir nicht mit dem Rang der Matrix $\left(\varphi_i^{(j)} \right)$ argumentieren (vgl. die Lösung von Aufgabe 7). Allerdings ist $\det \left(\varphi_i^{(j)} \right) \neq 0$ gleichbedeutend damit, dass es sich nicht um die Nullfunktion in $\mathcal{D}$ handelt, d. h. es existiert ein $x_0 \in I$ mit

$$\det\left(\varphi_i^{(j)}\right)(x_0) = \det\left(\varphi_i^{(j)}(x_0)\right) \neq 0.$$

Da jedoch die $\varphi_i^{(j)}(x_0)$ Elemente eines Körpers sind, ist dies gleichbedeutend mit rang $\left(\varphi_i^{(j)}(x_0)\right) = n$, was nach D10 äquivalent zur linearen Unabhängigkeit von $\varphi^{(1)}(x_0), \ldots, \varphi^{(n)}(x_0)$ ist. Dies zeigt die Äquivalenz von ii) und iii).

c) Nach Teil a) genügt es, dim $\mathcal{L}_0 = n$ zu zeigen. Dazu wählen wir ein $x_0 \in I$ und definieren

$$F_{x_0}: \mathcal{L}_0 \to \mathbb{R}^n, \quad \varphi \mapsto \varphi(x_0) =: c.$$

Mit Hilfe der Definition der Vektorraum-Struktur auf $\mathcal{D}$ (vgl. Aufgabe 3 zu 3.4) folgt, dass F_{x_0} linear ist. Aus dem Existenz- und Eindeutigkeitssatz folgt, dass F_{x_0} bijektiv ist. Also ist F_{x_0} ein Isomorphismus, es gilt dim $\mathcal{L} = $ dim $\mathbb{R}^n = n$.

Eine Basis von $\mathcal{L}_0$, d. h. $\varphi^{(1)}, \ldots, \varphi^{(n)} \in \mathcal{L}$, welche die Bedingungen unter b) erfüllen, heißt *Fundamentalsystem* der Differentialgleichung $\varphi' = A \cdot \varphi$. Die allgemeine Lösung φ dieser Differentialgleichung hat dann die Form

$$\varphi = \lambda_1 \varphi^{(1)} + \ldots + \lambda_n \varphi^{(n)} \quad \text{mit } \lambda_1, \ldots, \lambda_n \in \mathbb{R}.$$

Mit Hilfe der Wronski-Determinante kann man leicht prüfen, ob Funktionen $\varphi^{(1)}, \ldots, \varphi^{(n)}$ ein Fundamentalsystem der Differentialgleichung $\varphi' = A \cdot \varphi$ bilden. Diese Aussage ist nach Bedingung iii) aus Teil b) äquivalent dazu, dass mindestens ein $x_0 \in I$ existiert mit $\det\left(\varphi_i^{(j)}\right)(x_0) \neq 0$, vergleiche auch mit der Lösung von Aufgabe 11.

11. Es sei wie in der Aufgabenstellung $y_0 = y$, $y_1 = y'$. Die Differentialgleichung schreibt sich dann

$$\begin{pmatrix} y_0' \\ y_1' \end{pmatrix} = A \begin{pmatrix} y_0 \\ y_1 \end{pmatrix}, \tag{$*$}$$

und wegen $y'' = -y$ gilt

$$\begin{aligned} y_0' &= y_1 \\ y_1' &= -y_0; \end{aligned}$$

damit lautet die Matrix

$$A = \begin{pmatrix} 0 & 1 \\ -1 & 0 \end{pmatrix}.$$

Nach Aufgabe 10 c) gilt dim $\mathcal{L}_0 = 2$, und wir wählen zwei Funktionen

$$\varphi^{(1)} = (\cos, -\sin) \quad \text{und} \quad \varphi^{(2)} = (\sin, \cos).$$

Die Wronski-Determinante lautet

$$\det \begin{pmatrix} \cos & \sin \\ -\sin & \cos \end{pmatrix} = \cos^2 + \sin^2,$$

und wegen $\cos^2(x) + \sin^2(x) = 1$ für alle $x \in \mathbb{R}$ ist sie ungleich 0, damit bilden $\varphi^{(1)}$ und $\varphi^{(2)}$ ein Fundamentalsystem der Differentialgleichung ($*$).

Da φ genau dann eine Lösung von $y'' = -y$ ist, wenn (φ, φ') eine Lösung des linearen Systems ist (was nach der Konstruktion von ($*$) unmittelbar klar ist), ist die allgemeine Lösung von $y'' = -y$ gegeben durch

$$\varphi = \lambda_1 \cos + \lambda_2 \sin \quad \text{mit } \lambda_1, \lambda_2 \in \mathbb{R}.$$

4.3   Minoren*

1. a) Für $n = 2$ ist die Abbildung $A \mapsto A^\sharp$ noch linear, für $n > 2$ jedoch nicht. Im ersten Fall gilt

$$\begin{pmatrix} a & b \\ c & d \end{pmatrix}^\sharp = \begin{pmatrix} d & -b \\ -c & a \end{pmatrix}.$$

Die Abbildung entspricht also in etwas anderer Schreibweise

$$^t(a, b, c, d) \mapsto {}^t(d, -b, -c, a),$$

also der Linksmultiplikation durch die Matrix

$$\begin{pmatrix} 0 & 0 & 0 & 1 \\ 0 & -1 & 0 & 0 \\ 0 & 0 & -1 & 0 \\ 1 & 0 & 0 & 0 \end{pmatrix}.$$

Für $n \geq 3$ gibt es folgendes Gegenbeispiel, das die Linearität ausschließt.

$$\begin{pmatrix} \underline{1} & & 0 \\ & 0 & \\ 0 & & \ddots \\ & & & 0 \end{pmatrix}^{\#} = (0) \quad , \quad \begin{pmatrix} 0 & \cdots & & 0 \\ & \boxed{\begin{matrix} 1 & & 0 \\ & \ddots & \\ 0 & & 1 \end{matrix}} & \\ \vdots & & & \vdots \\ 0 & \cdots & & 0 \end{pmatrix}^{\#} = (0),$$

aber

$$\begin{pmatrix} 1 & 0 & \cdots & 0 \\ 0 & \ddots & & \vdots \\ \vdots & & 1 & \vdots \\ 0 & \cdots & & 0 \end{pmatrix}^{\#} = \begin{pmatrix} 0 & & & 0 \\ & \ddots & & \\ & & 0 & \\ 0 & & & \boxed{1} \end{pmatrix}.$$

b) Die Lösung dieser Aufgabe birgt keine besondere Schwierigkeit in sich; es handelt sich um eine geradlinige Rechnung mit einigen Indizes, die wir unseren LeserInnen ohne weiteres zutrauen und aus diesem Grunde auslassen.

c) Mit Hilfe der Eigenschaft D11 der Determinante, Satz 4.3.1 und Eigenschaft D1 b) der Determinante folgt

$$\det A^{\#} \cdot \det A = \det \left(A^{\#} \cdot A \right) = \det (\det A \cdot E_n) = (\det A)^n \, .$$

Für $\det A \neq 0$ folgt daraus sofort $\det A^{\#} = (\det A)^{n-1}$.

Ist $\det A = 0$, so bleibt $\det A^{\#} = 0$ zu zeigen. Für $A = 0$ folgt $A^{\#} = 0$, also $\det A^{\#} = 0$.

Falls $A \neq 0$ ist, gilt $1 \leq \text{rang} \, A \leq n - 1$. Mit Hilfe von Lemma 3.5.5 bekommen wir die Abschätzung

$$\text{rang} \, A^{\#} + 1 - n \leq \text{rang} \, A^{\#} + \text{rang} \, A - n \leq \text{rang} \left(A^{\#} \cdot A \right)$$
$$= \text{rang} \left((\det A) \cdot E_n \right) = 0,$$

woraus $\text{rang} \, A^{\#} \leq n - 1$ und damit $\det A^{\#} = 0$ folgt.

d) Bevor wir die Behauptung zeigen, bemerken wir, dass $n \geq 3$ sein muss. Für $n = 1$ ist $n - 2 < 0$, d.h. für $\det A = 0$ ist die Aussage falsch. Ferner ist für $n = 2$ die Aussage im Prinzip zwar richtig, aber 0^0 keine „vernünftige" Zahl.

Wie in Teil c) bestimmen wir mit Satz 4.3.1

$$\left(A^\sharp\right)^\sharp \cdot A^\sharp = (\det A^\sharp) \cdot E_n \overset{\text{c)}}{=} (\det A)^{n-1} \cdot E_n \,.$$

Andererseits gilt wegen der Assoziativität der Matrizen-Multiplikation

$$(\det A)^{n-1} \cdot A = \left(\left(A^\sharp\right)^\sharp \cdot A^\sharp\right) \cdot A = \left(A^\sharp\right)^\sharp \cdot \left(A^\sharp \cdot A\right)$$

$$= \left(A^\sharp\right)^\sharp \cdot (\det A) \cdot E_n,$$

woraus folgt

$$0 = (\det A)^{n-1} \cdot A - \det A \cdot \left(A^\sharp\right)^\sharp$$

$$= \det A \cdot \left((\det A)^{n-2} \cdot A - \left(A^\sharp\right)^\sharp\right).$$

Ist $\det A \neq 0$, so gilt $(\det A)^{n-2} \cdot A - \left(A^\sharp\right)^\sharp = 0$, also $\left(A^\sharp\right)^\sharp = (\det A)^{n-2} \cdot A$.

Im Fall $\det A = 0$ nehmen wir an, es gilt $\left(A^\sharp\right)^\sharp \neq 0$. Dann existiert ein $(n-1)$-Minor von $A^\sharp$, der ungleich 0 ist, und nach Satz 4.3.5 ist rang $A^\sharp \geq n-1$. Mit derselben Argumentation folgt rang $A \geq n-1$. (Es folgt wegen $\det A = 0$ sogar rang $A^\sharp = n-1 = $ rang A.) Da jedoch aus $\det A = 0$ wie in Teil c) rang $(A^\sharp \cdot A) = 0$ folgt, gilt nach Korollar 3 aus 2.5.5

$$n - 2 \leq \text{rang } A^\sharp + \text{rang } A - n \leq \text{rang } \left(A^\sharp \cdot A\right) = 0\,.$$

Wegen $n \geq 3$ ist $n - 2 > 0$, was ein Widerspruch ist. Also ist im Fall $\det A = 0$ ebenfalls $\left(A^\sharp\right)^\sharp = 0$, was zu zeigen war.

2. Wegen $m > n$ folgt rang $A \leq n$ und rang $B = $ rang $^t B \leq n$. Aus Lemma 3.5.5 erhalten wir die Abschätzung

$$\text{rang } (A \cdot {}^t B) \leq \min \{\text{rang } A, \text{rang } B\} \leq n < m.$$

Wegen $A \cdot {}^t B \in M(m \times m; K)$ und nach Eigenschaft D10 folgt $\det(A \cdot {}^t B) = 0$.

3. Diese Aufgabe löst man durch geradlinige Rechnung; wir lassen die Lösung daher aus.

4. Das Ergebnis erhält man z. B. durch Entwickeln nach Laplace. Wir wollen diese Aufgabe hier nicht ausführlich vorrechnen. Insbesondere ist die Determinante immer ≥ 0 für reelle a, b, c, d.

5. i) $\Rightarrow$ ii): $x = (x_1, \ldots, x_n)$ und $y = (y_1, \ldots, y_n)$ seien linear abhängig. Dann existiert o.B.d.A. (siehe Aufgabe 1 zu 1.3) ein $\lambda \in K$ mit $y_i = \lambda x_i$ für $1 \leq i \leq n$. In diesem Fall gilt für alle i, j

$$\det \begin{pmatrix} x_i & y_i \\ x_j & y_j \end{pmatrix} = \det \begin{pmatrix} x_i & \lambda x_i \\ x_j & \lambda x_j \end{pmatrix} = \lambda x_i x_j - \lambda x_i x_j = 0.$$

ii) $\Rightarrow$ i): Sei $\det \begin{pmatrix} x_i & y_i \\ x_j & y_j \end{pmatrix} = 0$ für alle i, j. Nach Satz 4.3.6 ist

dann der Rang der Matrix $\begin{pmatrix} x_1 & \cdots & x_n \\ y_1 & \cdots & y_n \end{pmatrix}$ höchstens 1. Er ist genau 1, wenn $x \neq 0$ oder $y \neq 0$, andernfalls ist der Rang 0.

6.* **a)** Gilt $E = \operatorname{span}(x, y) = \operatorname{span}(x', y')$, so existieren $\lambda_1, \lambda_2, \mu_1, \mu_2 \in \mathbb{R}$ mit

$$x' = \lambda_1 x + \lambda_2 y \quad \text{und} \quad y' = \mu_1 x + \mu_2 y.$$

Aus der linearen Unabhängigkeit von x' und y' folgt

$$\det \begin{pmatrix} \lambda_1 & \lambda_2 \\ \mu_1 & \mu_2 \end{pmatrix} = \lambda_1 \mu_2 - \lambda_2 \mu_1 \neq 0.$$

Bezeichnen wir nun $p(x, y) = (p_{ij})$ und $p(x', y') = (p'_{ij})$, so folgt

$$p'_{ij} = \det \begin{pmatrix} x'_i & y'_i \\ x'_j & y'_j \end{pmatrix} = \begin{pmatrix} \lambda_1 x_i + \lambda_2 y_i & \mu_1 x_i + \mu_2 y_i \\ \lambda_1 x_j + \lambda_2 y_j & \mu_1 x_j + \mu_2 y_j \end{pmatrix}$$

$$\overset{\text{D1}}{=} \underbrace{\det \begin{pmatrix} \lambda_1 x_i & \mu_1 x_i \\ \lambda_1 x_j & \mu_1 x_j \end{pmatrix}}_{=0} + \det \begin{pmatrix} \lambda_1 x_i & \mu_1 x_i \\ \lambda_2 y_j & \mu_2 y_j \end{pmatrix}$$

$$+ \det \begin{pmatrix} \lambda_2 y_i & \mu_2 y_i \\ \lambda_1 x_j & \mu_1 x_j \end{pmatrix} + \underbrace{\det \begin{pmatrix} \lambda_2 y_i & \mu_2 y_i \\ \lambda_2 y_j & \mu_2 y_j \end{pmatrix}}_{=0}$$

$$= \lambda_1 \mu_2 x_i y_j - \lambda_2 \mu_1 x_i y_j + \lambda_2 \mu_1 y_i x_j - \lambda_1 \mu_2 x_j y_i$$

$$= (\lambda_1 \mu_2 - \lambda_2 \mu_1) \cdot \det \begin{pmatrix} x_i & y_i \\ x_j & y_j \end{pmatrix}.$$

Wie oben bereits gezeigt, ist $\lambda := \lambda_1 \mu_2 - \lambda_2 \mu_1 \neq 0$. Da λ unabhängig von i und j ist, folgt

$$p(x, y) = \lambda \cdot p(x', y').$$

Die Eindeutigkeit der Plückerkoordinaten nur bis auf einen Faktor $\lambda \neq 0$ mag als Nachteil erscheinen. Die Plückerkoordinaten können jedoch als Punkte in einem projektiven Raum betrachtet werden (zu projektiven Räumen vgl. [Fi3], Kap. 3). Da zwei Zahlentupel $(x_0, \ldots, x_n)$ und $(y_0, \ldots, y_n)$ genau dann denselben Punkt im projektiven Raum beschreiben, wenn ein $\lambda \neq 0$ existiert mit $x_i = \lambda \cdot y_i$ für $i = 0, \ldots, n$, sind Plückerkoordinaten im projektiven Raum eindeutig bestimmt.

b) Es sei $E_1 = \text{span}(x^{(1)}, y^{(1)})$ und $E_2 = \text{span}(x^{(2)}, y^{(2)})$. Die Basis des K^n sei so gewählt, dass $x^{(1)} = (1, 0, \ldots, 0)$ und $y^{(1)} = (0, 1, 0, \ldots, 0)$ gilt. $p(E_1)$ und $p(E_2)$ sind linear abhängig, d.h. es existiert ein $\lambda \in K \setminus 0$, so dass für alle $1 \leq i < j \leq n$ gilt

$$\det \begin{pmatrix} x_i^{(1)} & y_i^{(1)} \\ x_j^{(1)} & y_j^{(1)} \end{pmatrix} = \lambda \cdot \det \begin{pmatrix} x_i^{(2)} & y_i^{(2)} \\ x_j^{(2)} & y_j^{(2)} \end{pmatrix},$$

d.h.

$$x_i^{(1)} y_j^{(1)} - x_j^{(1)} y_i^{(1)} = \lambda (x_i^{(2)} y_j^{(2)} - x_j^{(2)} y_i^{(2)}).$$

Aufgrund der Koordinatenwahl gilt für $i = 1$

$$y_j^{(1)} = \lambda x_1^{(2)} y_j^{(2)} - \lambda x_j^{(2)} y_1^{(2)} \quad \text{für alle } j \geq 2.$$

Ist $j = 1$, so gilt $0 = y_1^{(1)} = \lambda x_1^{(2)} y_1^{(2)} - \lambda x_1^{(2)} y_1^{(2)}$, also ist

$$y^{(1)} = -\lambda y_1^{(2)} \cdot x^{(2)} + \lambda x_1^{(2)} \cdot y^{(2)} \in E_2.$$

Eine ähnliche Überlegung liefert

$$x^{(1)} = \lambda y_2^{(2)} \cdot x^{(2)} - \lambda x_2^{(2)} \cdot y^{(2)} \in E_2,$$

insgesamt also $E_1 \subset E_2$, und wegen $\dim E_1 = \dim E_2$ folgt damit $E_1 = E_2$.

c) Nach der Definition der Plückerkoordinaten folgt

$$p_{12}p_{34} - p_{13}p_{24} + p_{14}p_{23} = (x_1y_2 - x_2y_1)(x_3y_4 - x_4y_3)$$
$$- (x_1y_3 - x_3y_1)(x_2y_4 - x_4y_2)$$
$$+ (x_1y_4 - x_4y_1)(x_2y_3 - x_3y_2) = 0.$$

Für die Umkehrung wählen wir ein $p = (p_{ij}) \in K^6 \setminus 0$, das die Gleichung

$$p_{12}p_{34} - p_{13}p_{24} + p_{14}p_{23} = 0 \qquad (*)$$

erfüllt. Wegen $p \neq 0$ gibt es ein $p_{ij} \neq 0$. Wir betrachten den Fall $p_{14} \neq 0$, der Rest geht analog.

Wählen wir

$$x = \left(1, \frac{p_{24}}{p_{14}}, \frac{p_{34}}{p_{14}}, 0\right) \quad \text{und} \quad y = (0, p_{12}, p_{13}, p_{14}),$$

so sind x und y linear unabhängig, und es gelten wegen $(*)$ die Relationen

$$\det \begin{pmatrix} x_1 & y_1 \\ x_2 & y_2 \end{pmatrix} = 1 \cdot p_{12} - 0,$$

$$\det \begin{pmatrix} x_1 & y_1 \\ x_3 & y_3 \end{pmatrix} = 1 \cdot p_{13} - 0,$$

$$\det \begin{pmatrix} x_1 & y_1 \\ x_4 & y_4 \end{pmatrix} = 1 \cdot p_{14} - 0,$$

$$\det \begin{pmatrix} x_2 & y_2 \\ x_3 & y_3 \end{pmatrix} = \frac{p_{24}}{p_{14}} \cdot p_{13} - \frac{p_{34}}{p_{14}} \cdot p_{12} = p_{23},$$

$$\det \begin{pmatrix} x_2 & y_2 \\ x_4 & y_4 \end{pmatrix} = \frac{p_{24}}{p_{14}} \cdot p_{14} - 0 = p_{24},$$

$$\det \begin{pmatrix} x_3 & y_3 \\ x_4 & y_4 \end{pmatrix} = \frac{p_{34}}{p_{14}} \cdot p_{14} - 0 = p_{34},$$

was zu zeigen war.

Die Gleichung $(*)$ heißt *Plücker-Relation*.

d) Wegen

$$4 = \dim \operatorname{span}(x, y) + \dim \operatorname{span}(x'y')$$
$$= \dim \operatorname{span}(x, y, x', y') + \dim(E_1 \cap E_2)$$

ist $E_1 \cap E_2 \neq \{0\}$ genau dann, wenn dim span $(x, y, x', y') < 4$ gilt. Dies ist allerdings äquivalent zur linearen Abhängigkeit der Vektoren (x, y, x', y'), was genau dann der Fall ist, wenn die Determinante der Matrix bestehend aus den Spaltenvektoren (x, y, x', y') gleich 0 ist.

Entwicklung der Matrix mit den Spaltenvektoren (x, y, x', y') nach der ersten Spalte ergibt

$$\det(x, y, x', y') = x_1(y_2q_{34} - y_3q_{24} + y_4q_{23})$$
$$- x_2(y_1q_{34} - y_3q_{14} + y_4q_{13}) + x_3(y_1q_{24} - y_2q_{14} + y_4q_{12})$$
$$- x_4(y_1q_{23} - y_2q_{13} + y_3q_{12}) = p_{12}q_{34} - p_{13}q_{24} + p_{14}q_{23}$$
$$+ p_{23}q_{14} - p_{24}q_{13} + p_{34}q_{12}.$$

woraus die zweite Äquivalenz folgt.

Analog kann man für $1 \leq k \leq n$ auch Plückerkoordinaten eines k-dimensionalen Untervektorraumes $E \subset K^n$ einführen. Das sind die $\binom{n}{k}$-Minoren einer aus k Basisvektoren von E bestehenden Matrix. Analog zu Teil a) und b) zeigt man, dass diese Plückerkoordinaten bis auf einen Faktor aus $K \setminus 0$ eindeutig bestimmt sind, ihnen somit ein eindeutiger Punkt im projektiven Raum $\mathbb{P}(K^{\binom{n}{k}})$ zugeordnet werden kann. Wir nennen die entsprechende Abbildung für beliebiges k ebenfalls p.

Die Menge $G(k, n)$, die durch

$$G(k, n) := \{U \subset K^n : \dim U = k\}$$

definiert wird, heißt *Grassmann-Varietät* oder *Grassmann-Mannigfaltigkeit*, siehe hierzu etwa [Sh], §4.1, [Ha], Lecture 6.

4.4   Determinante eines Endomorphismus und Orientierung*

1. Für alle Basen $\mathcal{A}, \mathcal{B}$ gilt $M_{\mathcal{A}}^{\mathcal{B}}(\mathrm{id}) \in \mathrm{GL}(n; K)$ wegen Bemerkung 2 aus 3.5.6 und Satz 2.5.2. Φ kann kein Gruppenhomomorphismus sein, denn X trägt keine Gruppenstruktur. Wir müssen daher nur die Bijektivität von Φ als Mengenabbildung nachweisen.

Angenommen $M_{\mathcal{A}}^{\mathcal{B}}(\mathrm{id}) = M_{\mathcal{A}'}^{\mathcal{B}}(\mathrm{id}) = (a_{ij})$. Dann gilt für alle Basisvektoren $a_i \in \mathcal{A}$ bzw. $a_i' \in \mathcal{A}'$

$$a_i := \sum_{j=1}^{n} a_{ij} \cdot b_j \quad \text{bzw.} \quad a_i' := \sum_{j=1}^{n} a_{ij} \cdot b_j,$$

wobei $\mathcal{B} = (b_1, \ldots, b_n)$ ist. Daraus folgt $\mathcal{A} = \mathcal{A}'$.

Φ ist surjektiv, weil wir für jedes $A = (a_{ij}) \in \mathrm{GL}(n; K)$ aus einer Basis $\mathcal{B} = (b_1, \ldots, b_n)$ eine neue Basis $\mathcal{A} := (a_1, \ldots, a_n)$ durch $a_j := \sum_{i=1}^{n} a_{ij} b_i$ konstruieren können.

Der Zusammenhang zwischen Φ und der in 4.4.3 definierten kanonischen Abbildung ist nun einzusehen, denn es gilt $\mathrm{M}(\mathcal{A}) = \Phi(\mathcal{A}) = M_{\mathcal{A}}^{\mathcal{B}}(\mathrm{id})$, wenn man für $\mathcal{B}$ die Standardbasis $(e_1, \ldots, e_n)$ wählt.

2. Die Bezeichnungen seien wie in Definition 4.4.4 gewählt, und es sei $A = (a_{ij}) \in \mathrm{GL}(n; \mathbb{R})$. Wir definieren $\varphi \colon I \to \mathrm{GL}(n; \mathbb{R})$, $t \mapsto (a_{ij})$, als den konstanten Weg. Dieser ist sicher stetig, und für alle $t \in I$ ist $\varphi(t) = A$ invertierbar. Das zeigt die Reflexivität der Verbindbarkeit.

Sind $A, B \in \mathrm{GL}(n; \mathbb{R})$ verbindbar, so existiert ein Weg $\varphi \colon I \to \mathrm{GL}(n; \mathbb{R})$ mit $\varphi(\alpha) = A$ und $\varphi(\beta) = B$ sowie $\varphi(t) \in \mathrm{GL}(n; \mathbb{R})$ für alle $t \in I$. Definieren wir eine Abbildung

$$\tilde{\varphi} \colon I \to \mathrm{M}(n \times n; \mathbb{R}) \quad \text{durch} \quad \tilde{\varphi}(t) := \varphi(\alpha + \beta - t),$$

so ist $\tilde{\varphi}$ stetig, da φ stetig ist und $\alpha + \beta - t \in I$ für jedes $t \in I$ gilt. Aus der Invertierbarkeit von φ für alle $t \in I$ folgt die Invertierbarkeit von $\tilde{\varphi}$ für alle $t \in I$. Schließlich folgt aus $\tilde{\varphi}(\alpha) = \varphi(\beta) = B$ und $\tilde{\varphi}(\beta) = \varphi(\alpha) = A$, dass $\tilde{\varphi}$ ein Weg von B nach A ist. Das zeigt die Symmetrie der Verbindbarkeit.

Für $A, B, C \in \mathrm{GL}(n; \mathbb{R})$ mit $A \sim B$ und $B \sim C$ existieren Wege φ_1 mit $\varphi_1(\alpha_1) = A$, $\varphi_1(\beta_1) = B$ bzw. φ_2 mit $\varphi_2(\alpha_2) = B$, $\varphi_2(\beta_2) = C$ auf Intervallen $I_1 = [\alpha_1, \beta_1]$ bzw. $I_2 = [\alpha_2, \beta_2]$, so dass $\varphi_1(t) \in \mathrm{GL}(n; \mathbb{R})$ für alle $t \in I_1$ und $\varphi_2(t) \in \mathrm{GL}(n; \mathbb{R})$ für alle $t \in I_2$ gilt. Dabei können wir o.B.d.A. annehmen, dass $I_1 = I_2$ gilt, denn sonst definiere

$$\xi \colon I_1 \to I_2, \quad t \mapsto \frac{\beta_1 - t}{\beta_1 - \alpha_1} \cdot \alpha_2 + \frac{t - \alpha_1}{\beta_1 - \alpha_1} \cdot \beta_2,$$

und $\tilde{\varphi} := \varphi_2 \circ \xi$ ist ein Weg mit dem Definitionsbereich I_1. (Man beachte, dass wir hierdurch sogar o.B.d.A. $I = [0, 1]$ annehmen können, was bei Rechnungen häufig Vorteile bringt, in unserem Fall jedoch egal ist.)

Es sei also $I = [\alpha, \beta] = I_1 = I_2$. Wir definieren jetzt eine Abbildung $\varphi \colon I \to M(n \times n; \mathbb{R})$ durch

$$\varphi(t) := \begin{cases} \varphi_1(2t - \alpha) & \text{für } \alpha \leq t \leq \frac{\alpha+\beta}{2}, \\ \varphi_2(2t - \beta) & \text{für } \frac{\alpha+\beta}{2} \leq t \leq \beta. \end{cases}$$

Die Abbildung φ ist wohldefiniert und stetig, da

$$\varphi_1(2 \cdot \tfrac{\alpha+\beta}{2} - \alpha) = \varphi_1(\beta) = B = \varphi_2(\alpha) = \varphi_2(2 \cdot \tfrac{\alpha+\beta}{2} - \beta)$$

gilt und φ_1 bzw. φ_2 stetig sind. Da für alle $t \in I$ die Matrizen $\varphi_1(t)$ und $\varphi_2(t)$ invertierbar sind, folgt $\varphi(t) \in GL(n; \mathbb{R})$ für alle $t \in I$.

Ferner gilt

$$\varphi(\alpha) = \varphi_1(2\alpha - \alpha) = A \quad \text{und} \quad \varphi(\beta) = \varphi_2(2\beta - \beta) = C,$$

also ist φ ein Weg von A nach C.

Anschaulich werden beim Durchlaufen des Weges φ die Wege φ_1 und φ_2 nacheinander mit doppelter Geschwindigkeit durchlaufen.

Wege zwischen zwei Punkten eines Raumes werden vor allem in der Topologie verwendet. Mit ihrer Hilfe kann untersucht werden, ob ein topologischer Raum $\mathcal{T}$ *wegzusammenhängend* ist oder nicht (vgl. [C-V], Section 2.C. bzw. [O], Abschn. 1.2 und 2.3), d. h. ob zwischen zwei beliebigen Punkten aus $\mathcal{T}$ ein Weg existiert. Nach Lemma 2 aus 4.4.4 ist GL $(n; \mathbb{R})$ nicht wegzusammenhängend, wohingegen die topologischen Räume $M(n \times n; \mathbb{R})$ und GL $(n; \mathbb{C})$ nach den Aufgaben 4 und 5 dieses Abschnitts wegzusammenhängend sind.

3. Die Behauptung folgt aus dem Beweis von Satz 3.7.3, indem man den letzten Schritt der Normierung der Diagonalelemente weglässt, zusammen mit der Bemerkung am Ende von Abschn. 3.7.4.

4. Zunächst müssen wir klären, was *Verbindbarkeit* in der Menge $M(m \times n; \mathbb{R})$ bedeutet. Dazu seien $A, B \in M(m \times n; \mathbb{R})$. Unter einen *Weg* von A nach B verstehen wir eine stetige Abbildung

$$\varphi \colon I \to M(m \times n; \mathbb{R}), \quad t \mapsto \varphi(t) = \big(\varphi_{ij}(t)\big),$$

wobei $I = [\alpha, \beta] \subset \mathbb{R}$ ein Intervall ist, mit $\varphi(\alpha) = A$ und $\varphi(\beta) = B$. Die Stetigkeit von φ bedeutet dabei wie in Abschn. 4.4.4, dass alle Abbildungen $\varphi_{ij} : I \to \mathbb{R}$ stetig sind. Im Unterschied zu Abschn. 4.4.4 muss hier jedoch keine Matrix $\varphi(t) \in M(m \times n; \mathbb{R})$ invertierbar sein; das ist für nichtquadratische Matrizen ohnehin nicht möglich.

Die Matrizen A und B heißen *verbindbar*, wenn ein Weg von A nach B existiert.

Es seien nun $A = (a_{ij})$ und $B = (b_{ij})$ zwei Matrizen aus $M(m \times n; \mathbb{R})$. Wir definieren zu jedem Paar (i, j) eine stetige Abbildung

$$\varphi_{ij} : [0, 1] \to \mathbb{R} \quad \text{mit} \quad \varphi_{ij}(0) = a_{ij} \text{ und } \varphi_{ij}(1) = b_{ij}$$

durch

$$\varphi_{ij}(t) := (1 - t) \cdot a_{ij} + t \cdot b_{ij}.$$

Damit wird durch $\varphi := (\varphi_{ij})$ ein Weg von A nach B definiert.

5. Wir zeigen in Analogie zu Lemma 3 aus 4.4.4:

Ist $A \in GL(n; \mathbb{C})$ gegeben, so gibt es einen Weg von A nach E_n. $\quad$ (∗)

Da die Verbindbarkeit auch in $GL(n; \mathbb{C})$ eine Äquivalenzrelation ist – der Beweis verläuft genauso wie in Aufgabe 2 – folgt daraus sofort die Behauptung.

Es bleibt (∗) zu zeigen. Dabei verläuft die erste Etappe analog wie im Beweis des Lemmas 3 in 4.4.4. Nach Aufgabe 3 kann die Matrix A durch Spaltenumformungen vom Typ III in eine Diagonalmatrix

$$D = \begin{pmatrix} \lambda_1 & & 0 \\ & \ddots & \\ 0 & & \lambda_n \end{pmatrix}$$

mit $\lambda_i \neq 0$ für alle i überführt werden. Da $GL(n; \mathbb{R}) \subset GL(n; \mathbb{C})$ gilt, sind die im Beweis von Lemma 3 konstruierten Wegstückchen auch in diesem Fall verwendbar.

Im zweiten Schritt müssen die λ_i mit Hilfe stetiger Abbildungen φ_i in 1 überführt werden. Die geometrische Idee ist dabei, in einer Schraubenlinie um den Ursprung der komplexen Ebene einen Weg von λ_i zur 1 zu durchlaufen, wie in Abb. 4.1 erkennbar:

Abb. 4.1

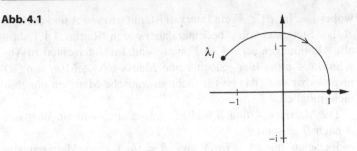

Um eine solche Abbildung φ_i zu konstruieren, verwenden wir *Polarkoordinaten* in der komplexen Ebene. Es seien $\lambda_i = (r_i, \alpha_i)$ die Polarkoordinaten der Diagonaleinträge der Matrix D. Wir definieren

$$\varphi_i: \quad I = [0, 1] \to \mathbb{C}, \quad t \mapsto (r_i + t \cdot (1 - r_i), (1 - t) \cdot \alpha_i).$$

Die Abbildungen φ_i sind stetig, und es gilt $\varphi_i(t) \neq 0$ für alle $t \in I$, d. h. die Matrix

$$\varphi(t) = \begin{pmatrix} \varphi_1(t) & & 0 \\ & \ddots & \\ 0 & & \varphi_n(t) \end{pmatrix}$$

ist für alle $t \in I$ invertierbar. Ferner gilt

$$\varphi(0) = D \quad \text{und} \quad \varphi(1) = E_n,$$

also haben wir einen Weg von A nach E_n konstruiert.

5 Eigenwerte

5.1 Beispiele und Definitionen

1. Ist F nilpotent, so existiert ein $m \in \mathbb{N}$ mit $F^m = 0$.

Es sei λ ein Eigenwert von F. Für einen Eigenvektor $v \neq 0$ zu λ gilt $F(v) = \lambda \cdot v$. Erneute Anwendung von F liefert $F^2(v) = \lambda^2 \cdot v$, und nach schließlich m-maliger Anwendung von F gelangen wir zu

$$0 = F^m(v) = \lambda^m \cdot v,$$

d. h. $\lambda^m = 0$ wegen $v \neq 0$. Da $\lambda \in K$ folgt $\lambda = 0$, also ist 0 einziger Eigenwert von F.

2. Die hier betrachtete lineare Abbildung F operiert auf einem unendlichdimensionalen Vektorraum, Matrizenkalkül ist also in diesem Fall nicht anwendbar.

a) Es bezeichne M die Menge aller Eigenwerte von F. Für einen Eigenwert $\lambda \in M$ und einen zugehörigen Eigenvektor φ gilt $\varphi'' = \lambda\varphi$.

Sei dazu zunächst $\varphi(t) = e^{\mu t}$, dann gilt $\varphi'' = \mu^2\varphi$. Die Abbildung $\mathbb{R} \to \mathbb{R}_+, \mu \mapsto \mu^2$ ist surjektiv, daher ist $\mathbb{R}_+ \subset M$.

Wählt man nun $\varphi(t) = \cos(\mu t)$, so gilt $\varphi'' = -\mu^2 \varphi$. Mit derselben Argumentation wie oben folgt, dass $\mathbb{R}_- \subset M$. Insgesamt ist $M = \mathbb{R}$, d. h. jede reelle Zahl ist Eigenwert von F.

b) Zur Lösung dieser und der nächsten Aufgabe sind Kenntnisse über Differentialgleichungen nötig. Das nötige Hintergrundwissen hierzu findet man beispielsweise in [Fo2], Kapitel II. Man bestimmt mit Eig $(F, -1)$ genau die Lösungsmenge der Differentialgleichung $\varphi'' = -\varphi$. Die allgemeine Lösung dieser Differentialgleichung hat nach Aufgabe 11 zu Abschn. 4.2 die Form

$$\varphi = \alpha \cos + \beta \sin \quad \text{mit} \alpha, \beta \in \mathbb{R}.$$

Es gilt also Eig $(F, -1) = \text{span}(\cos, \sin)$.

3. a) Mit $\varphi'(t) = \lambda \cdot e^{\lambda t} \cdot v = \lambda \cdot \varphi(t)$ sowie $A \cdot \varphi(t) = e^{\lambda t} \cdot A \cdot v$ folgt

$$\varphi'(t) = A \cdot \varphi(t) \Leftrightarrow \lambda \cdot e^{\lambda t} \cdot v = e^{\lambda t} \cdot A \cdot v \Leftrightarrow \lambda \cdot v = A \cdot v.$$

b) Zunächst nehmen wir an, dass $v_1, \ldots, v_k$ linear unabhängig sind. Sind dann $\alpha_1, \ldots, \alpha_k \in \mathbb{R}$ gegeben mit $\alpha_1 \varphi^{(1)} + \ldots + \alpha_k \varphi^{(k)} = 0$, so gilt für alle $t_0 \in \mathbb{R}$

$$\underbrace{\alpha_1 e^{\lambda_1 t_0}}_{\in \mathbb{R}} v_0 + \ldots + \underbrace{\alpha_k e^{\lambda_k t_0}}_{\in \mathbb{R}} v_k = 0.$$

Aus der linearen Unabhängigkeit der v_i folgt

$$\alpha_1 e^{\lambda_1 t_0} = \ldots = \alpha_k e^{\lambda_k t_0} = 0.$$

Da $e^{\lambda t} \neq 0$ für alle $\lambda, t \in \mathbb{R}$ gilt, folgt $\alpha_1 = \ldots = \alpha_k = 0$ und damit die Behauptung.

Um die andere Richtung zu zeigen, sei $t_0 \in \mathbb{R}$ beliebig und $\alpha_1, \ldots, \alpha_k \in \mathbb{R}$ gegeben mit

$$\alpha_1 \varphi^{(1)}(t_0) + \ldots + \alpha_k \varphi^{(k)}(t_0) = 0. \quad (*)$$

Wir definieren $\varphi := \alpha_1 \varphi^{(1)} + \ldots + \alpha_k \varphi^{(k)}$, ferner sei $0(t) = 0$ die Nullfunktion. Dann gilt $\varphi, 0 \in \mathcal{L}_0$ und $\varphi(t_0) = 0 = 0(t_0)$. Aus dem Existenz- und Eindeutigkeitssatz (vgl. [Fo2], §10) folgt $\varphi = 0$ in $\mathcal{D}(I, \mathbb{R}^n)$, und wegen der linearen Unabhängigkeit der $\varphi^{(i)}$ gilt damit $\alpha_1 = \ldots = \alpha_k = 0$.

Für $t_0 = 0$ schreibt sich $(*)$ als $\alpha_1 v_1 + \ldots + \alpha_k v_k = 0$, wegen $\alpha_i = 0$ für $i = 1, \ldots, k$ sind die $v_1, \ldots, v_k$ linear unabhängig.

Es ist bemerkenswert, dass wir mehr bewiesen haben, als in der Aufgabe gefordert war, denn unter den Annahmen der Aufgabe wurde die Äquivalenz der drei folgenden Aussagen gezeigt:

i) $\varphi^{(1)}, \ldots, \varphi^{(k)}$ sind linear unabhängig in $\mathcal{D}(I; \mathbb{R}^n)$;

ii) für alle $t_0 \in \mathbb{R}$ sind $\varphi^{(1)}(t_0), \ldots, \varphi^{k)}(t_0)$ linear unabhängig in $\mathbb{R}^n$;

iii) die Vektoren $v_1, \ldots, v_n$ sind linear unabhängig in $\mathbb{R}^n$.

4. Ist -1 Eigenwert von $F^2 + F$, so existiert ein $0 \neq v \in V$ mit

$$(F^2 + F)(v) = F^2(v) + F(v) = -v.$$

Daraus folgt $F^2(v) + F(v) + v = 0$. Wendet man auf diese Gleichung erneut F an, so erhält man

$$0 = F\left(F^2(v) + F(v) + v\right) = F^3(v) + F^2(v) + F(v)$$
$$= F^3(v) - v,$$

oder $F^3(v) = v$. Damit hat F^3 den Eigenwert 1, und der Eigenvektor von $F^2 + F$ zum Eigenwert -1 ist auch Eigenvektor von F^3 zum Eigenwert 1.

5. a) Die Behauptung folgt aus

$$G \circ F(G(v)) = G(F \circ G(v)) = G(\lambda v) = \lambda G(v).$$

b) Da die Aussage symmetrisch in F und G ist, genügt es, eine Inklusion zu zeigen, d. h. wir brauchen nur nachzuweisen, dass alle Eigenwerte von $F \circ G$ auch Eigenwerte von $G \circ F$ sind.

Für $G(v) \neq 0$ folgt die Behauptung aus a). Ist $G(v) = 0$, so folgt $\lambda = 0$. Es genügt in diesem Fall zu zeigen, dass Ker $(G \circ F) \neq \{0\}$ ist. Wegen $v \in$ Ker G ist für den Fall $\operatorname{Im} F \cap$ Ker $G \neq \{0\}$ alles klar. Gilt $\operatorname{Im} F \cap$ Ker $G = \{0\}$, so ist F nicht surjektiv und nach Korollar 3 aus 3.2.4 nicht injektiv, also ist Ker $F \neq \{0\}$ und somit Ker $(G \circ F) \neq \{0\}$.

Man beachte, dass die Behauptung für einen unendlichdimensionalen Vektorraum V falsch ist. Hierzu betrachte man $V = \mathbb{R}^{\mathbb{N}}$ und die Endomorphismen $(x_1, x_2, \ldots) \overset{F}{\mapsto} (0, x_1, x_2, \ldots)$ sowie $(x_1, x_2, \ldots) \overset{G}{\mapsto} (0, x_2, x_3, \ldots)$. Dann gilt $F \circ G(x_1, x_2, \ldots) = (0, 0, x_2, x_3, \ldots)$, und 0 ist Eigenwert dieser Abbildung. Andererseits ist $G \circ F(x_1, x_2, \ldots) = (0, x_1, x_2, \ldots)$ injektiv, also ist 0 kein Eigenwert von $G \circ F$.

5.2   Das charakteristische Polynom

1. Mit der Bezeichnung

$$A := \begin{pmatrix} 2 & 2 & 3 \\ 1 & 2 & 1 \\ 2 & -2 & 1 \end{pmatrix}$$

gilt

$$P_A(t) = \det(A - t \cdot E_3) = -t^3 + 5t^2 - 2t - 8$$
$$= -(t + 1)(t - 2)(t - 4),$$

die Eigenwerte sind also -1, 2 und 4.

Wir bestimmen zunächst $\mathrm{Eig}(A; -1) = \mathrm{Ker}(A + E_3)$ durch geeignete Zeilenumformungen

$$A + E_3 = \begin{pmatrix} 3 & 2 & 3 \\ 1 & 3 & 1 \\ 2 & -2 & 2 \end{pmatrix} \rightsquigarrow \begin{pmatrix} 1 & 0 & 1 \\ 0 & 1 & 0 \\ 0 & 0 & 0 \end{pmatrix},$$

aus denen $\mathrm{Eig}(A; -1) = \mathrm{span}\ {}^t(1, 0, -1)$ folgt.

$\mathrm{Eig}(A; 2) = \mathrm{Ker}(A - 2E_3)$ bestimmen wir auf dieselbe Art:

$$A - 2E_3 = \begin{pmatrix} 0 & 2 & 3 \\ 1 & 0 & 1 \\ 2 & -2 & -1 \end{pmatrix} \rightsquigarrow \begin{pmatrix} 0 & 2 & 3 \\ 1 & 0 & 1 \\ 0 & 0 & 0 \end{pmatrix},$$

und hieraus lesen wir $\mathrm{Eig}(A; 2) = \mathrm{span}\ {}^t(2, 3, -2)$ ab.

Für $\mathrm{Eig}(A; 4) = \mathrm{Ker}(A - 4E_3)$ schließlich erhalten wir den Eigenraum $\mathrm{Eig}(A; 4) = \mathrm{span}\ {}^t(8, 5, 2)$.

Es bezeichne nun

$$B := \begin{pmatrix} -5 & 0 & 7 \\ 6 & 2 & -6 \\ -4 & 0 & 6 \end{pmatrix}.$$

Dann gilt

$$P_B(t) = \det(B - t \cdot E_3) = -t^3 + 3t^2 + 4 = -(t + 1)(t - 2)^2.$$

Zunächst bestimmen wir $\mathrm{Eig}(B; -1) = \mathrm{Ker}(B + E_3)$:

$$B + E_3 = \begin{pmatrix} -4 & 0 & 7 \\ 6 & 3 & -6 \\ -4 & 0 & 7 \end{pmatrix} \rightsquigarrow \begin{pmatrix} -4 & 0 & 7 \\ 0 & 2 & 3 \\ 0 & 0 & 0 \end{pmatrix}$$

führt zu $\mathrm{Eig}(B; -1) = \mathrm{span}\ {}^t(7, -6, 4)$.

Nun bestimmen wir Eig $(B; 2) = \mathrm{Ker}\,(B - 2E_3)$: Aus

$$B - 2E_3 = \begin{pmatrix} -7 & 0 & 7 \\ 6 & 0 & -6 \\ -4 & 0 & 4 \end{pmatrix} \rightsquigarrow \begin{pmatrix} -1 & 0 & 1 \\ 0 & 0 & 0 \\ 0 & 0 & 0 \end{pmatrix}$$

erhalten wir Eig $(B; 2) = \mathrm{span}\,\left({}^t(1, 0, 1),\ {}^t(0, 1, 0) \right)$.

Hier haben wir eine Besonderheit, da der Eigenraum von B zum Eigenwert 2 die Dimension 2 hat, die gleich der Multiplizität der Nullstelle 2 von $P_B(t)$ ist. Ein solches Ergebnis ist für die Diagonalisierbarkeit eines Endomorphismus von Bedeutung, vgl. Abschn. 5.3, insbesondere Aufgabe 2.

2. Ist $A \in M(2 \times 2; \mathbb{R})$ symmetrisch, so ist A von der Gestalt $A = \begin{pmatrix} a & b \\ b & c \end{pmatrix}$ mit $a, b, c \in \mathbb{R}$. Für das charakteristische Polynom folgt daraus

$$P_A(t) = \det \begin{pmatrix} a - t & b \\ b & c - t \end{pmatrix} = t^2 - (a + c)t - b^2.$$

Die Diskriminante (vgl. [Scha], Kap. 3) $(a + c)^2 + 4b^2$ ist immer größer oder gleich null, für $a \neq -c$ und $b \neq 0$ sogar echt größer als null. Daher hat $P_A(t)$ nur reelle Nullstellen, also A nur reelle Eigenwerte.

3. Wegen $P_F(t) = \det(A - t \cdot E_n)$ gilt $P_F(0) = \det A$, daher ist nach Bemerkung 4.4.1 $P_F(0) \neq 0$ gleichbedeutend mit der Subrjektivität von F. Ist V endlichdimensional, so ist dies nach Korollar 3 aus 3.2.4 äquivalent dazu, dass F ein Isomorphismus ist.

4. Wir führen Induktion über n. Der Induktionsanfang ist trivial. Betrachten wir

$$P_A(t) = \det \begin{pmatrix} -t & 0 & \cdots & 0 & -\alpha_0 \\ 1 & -t & \ddots & \vdots & \vdots \\ & 1 & \ddots & 0 & \vdots \\ & & \ddots & -t & -\alpha_{n-2} \\ 0 & & & 1 & -\alpha_{n-1} - t \end{pmatrix},$$

so erscheint eine Entwicklung nach der ersten Zeile sinnvoll. Dies ergibt

$$P_A(t) = (-t) \cdot \det \begin{pmatrix} -t & 0 & \cdots & 0 & -\alpha_1 \\ 1 & -t & \ddots & \vdots & \vdots \\ 0 & 1 & \ddots & 0 & \vdots \\ \vdots & \ddots & \ddots & -t & \alpha_{n-2} \\ 0 & \cdots & 0 & 1 & -\alpha_{n-1} - t \end{pmatrix}$$

$$+ (-1)^n \cdot \alpha_0 \cdot \det \begin{pmatrix} 1 & -t & & 0 \\ & \ddots & \ddots & \\ & & \ddots & -t \\ 0 & & & 1 \end{pmatrix}.$$

Die Determinante der zweiten Matrix ist 1, und auf die erste Matrix können wir die Induktionsannahme anwenden, womit wir

$$P_A(t) = (-t) \cdot (-1)^{n-1} \left(t^{n-1} + \alpha_{n-1} t^{n-2} + \ldots + \alpha_1 \right) + (-1)^n \cdot \alpha_0$$

$$= (-1)^n \left(t^n + \alpha_{n-1} t^{n-1} + \ldots + \alpha_1 t + \alpha_0 \right)$$

erhalten, was zu zeigen war.

5. Wir fassen die Abbildung Φ als Endomorphismus des K^{n^2} auf; die Koordinaten werden dabei wie folgt durchnummeriert:

$$^t(x_{11}, \ldots, x_{n1}, x_{12}, \ldots, x_{n2}, \ldots, x_{nn}).$$

Die Matrix B lautet damit $B = {}^t(b_{11}, \ldots, b_{n1}, b_{12} \ldots, b_{n2}, \ldots, b_{nn})$, und die Abbildung Φ kann als $(n^2 \times n^2)$-Matrix geschrieben werden. Für die Einträge von $\left(\Phi(B)_{ij}\right) \in K^{n^2}$ folgt damit

$$\Phi(B)_{ij} = \sum_{l=1}^{n} a_{il} b_{lj}.$$

Somit hat Φ die Darstellung

$$\Phi = \begin{pmatrix} \boxed{A} & & & \\ & \boxed{A} & & \\ & & \ddots & \\ & & & \boxed{A} \end{pmatrix},$$

wobei die Matrix A genau n-mal in der Diagonale steht. Nach der Eigenschaft D9 folgt det $\Phi = (\det A)^n$ und damit auch $P_\Phi = (P_A)^n$.

6. a) Wir wollen kurz überlegen, warum die transponierte Matrix betrachtet wird und nicht von Beginn an mit der transponierten Matrix begonnen wird:

Ist die Summe der k-ten Spalte einer Matrix $A = (a_{ij})$ gleich 1, also $\sum_{i=1}^{n} a_{ik} = 1$, so entspricht dies einer Wahrscheinlichkeitsverteilung. Das bedeutet, der Erwartungswert eines Ergebnisses $(x_1, \ldots, x_n)$ ist gleich $\sum_{i=1}^{n} a_{ik} x_i$. In der Stochastik (vgl. [Hä]) ist es üblich, die Multiplikation von Matrizen mit Vektoren von der linken Seite durchzuführen, d. h.

$$(x_1, \ldots, x_n) \begin{pmatrix} a_{11} & \ldots & a_{1m} \\ \vdots & & \vdots \\ a_{n1} & \ldots & a_{nm} \end{pmatrix}.$$

Transponiert man obige Matrix A, so entspricht es unserer Schreibweise linearer Abbildungen, also

$$^tA = \begin{pmatrix} a_{11} & \ldots & a_{1n} \\ \vdots & & \vdots \\ a_{m1} & \ldots & a_{mn} \end{pmatrix}.$$

Zum Umgang mit solchen Matrizen von Seiten der linearen Algebra vgl. [S-G2], Aufgabe E2 in 2.7 und E1 in 4.1.

Wählen wir nun die transponierte Matrix ^tA von oben und den Vektor x von oben, so ist

$$^tA \cdot x = \begin{pmatrix} \sum_{i=1}^{n} a_{1i} \cdot x_i \\ \vdots \\ \sum_{i=1}^{n} a_{mi} \cdot x_i \end{pmatrix}.$$

Eine „simple" Form des Eigenvektors zum Eigenwert 1 ist $x = (1, \ldots, 1)$, denn hiermit gilt

$$^tA \cdot x = \begin{pmatrix} \sum_{i=1}^{n} a_{1i} \cdot x_i \\ \vdots \\ \sum_{i=1}^{n} a_{mi} \cdot x_i \end{pmatrix} = \begin{pmatrix} \sum_{i=1}^{n} a_{1i} \\ \vdots \\ \sum_{i=1}^{n} a_{mi} \end{pmatrix} = \begin{pmatrix} 1 \\ \vdots \\ 1 \end{pmatrix} = x.$$

b) Für die charakteristischen Polynome gilt nach den Rechenregeln für Transformationen und Determinanten

$$P_{^tA} = \det \left(^tA - t \cdot E_n \right) = \det \left(^t(A - t \cdot E_n) \right)$$
$$= \det(A - t \cdot E_n) = P_A.$$

Daher hat auch A einen Eigenwert 1 und dazu einen Eigenvektor, der im allgemeinen dem Eigenvektor von ^tA zum Eigenwert 1 verschieden ist.

Um diese Verschiedenheit der Eigenvektoren zu sehen, betrachten wir ein Beispiel. Für

$$A = \begin{pmatrix} \frac{1}{4} & \frac{2}{3} \\ \frac{3}{4} & \frac{1}{3} \end{pmatrix} \quad \text{ist} \quad P_A = t^2 - \frac{7}{12}t - \frac{5}{12} = (t-1)\left(t + \frac{5}{12}\right).$$

^tA hat Eigenvektoren $^t(1, 1)$ zum Eigenwert 1 und $^t(-\frac{9}{8}, 1)$ zum Eigenwert $-\frac{5}{12}$. Die Matrix A hat die Eigenvektoren $^t(\frac{8}{9}, 1)$ zum Eigenwert 1 und $^t(-1, 1)$ zum Eigenwert $-\frac{5}{12}$.

5.3 Diagonalisierung

Bevor wir beginnen, charakteristische Polynome sowie deren Nullstellen und Eigenräume zu berechnen, schicken wir eine Bemerkung vorweg, die uns das Leben in den Aufgaben 1 bis 3 erleichtern wird:

Zur Beurteilung der Diagonalisierbarkeit eines Endomorphismus müssen wir wegen $1 \leq \dim \operatorname{Eig}(A; \lambda) \leq \mu(P_A; \lambda)$ die Dimension der Eigenräume nur für mehrfache Nullstellen des charakteristischen Polynoms bestimmen, da für einfache Nullstellen λ von P_A die Beziehung $\dim \operatorname{Eig}(A; \lambda) = \mu(P_A; \lambda)$ automatisch erfüllt ist.

1. Nach der obenstehenden Bemerkung ist für

$$P_F(t) = \pm (t - \lambda_1) \cdot \ldots \cdot (t - \lambda_n)$$

mit paarweise verschiedenen λ_i insbesondere $\dim \operatorname{Eig}(F; \lambda_i) = \mu(P_F, \mu) - 1$ für alle $i = 1, \ldots, n$, d.h. die Voraussetzung für Satz 5.3.3 ii) ist erfüllt.

2. Für die Matrix

$$A = \begin{pmatrix} 1 & 2 & 0 & 4 \\ 0 & 2 & 3 & 1 \\ 0 & 0 & 3 & 0 \\ 0 & 0 & 0 & 3 \end{pmatrix}$$

ist das charakteristische Polynom besonders leicht zu berechnen, da A obere Dreiecksmatrix ist. Man erhält

$$P_A(t) = (1 - t)(2 - t)(3 - t)^2.$$

Nach obiger Bemerkung ist nur $\dim \operatorname{Eig}(A; 3) = \dim \operatorname{Ker}(A - 3E_4)$ zu bestimmen:

$$A - 3E_4 = \begin{pmatrix} -2 & 2 & 0 & 4 \\ 0 & -1 & 3 & 1 \\ 0 & 0 & 0 & 0 \\ 0 & 0 & 0 & 0 \end{pmatrix}.$$

Der Rang von $A - 3E_4$ ist 2, also gilt $\dim \operatorname{Eig}(A; 3) = 2 = \mu(P_A; 3)$ und A ist diagonalisierbar.

Das charakteristische Polynom und die Eigenräume von

$$B = \begin{pmatrix} -5 & 0 & 7 \\ 6 & 2 & -6 \\ -4 & 0 & 6 \end{pmatrix}$$

haben wir bereits in Aufgabe 1 zu Abschn. 5.2 bestimmt. Aufgrund von dim Eig $(B; 2) = \mu(P_B; 2)$ ist B diagonalisierbar.

Für

$$C = \begin{pmatrix} 2 & 1 & 2 \\ -2 & -2 & -6 \\ 1 & 2 & 5 \end{pmatrix}$$

ist

$$P_C(t) = -t^3 + 5t^2 - 8t + 4 = -(t-1)(t-2)^2.$$

Wir bestimmen dim Eig $(C; 2)$:

$$C - 2E_3 = \begin{pmatrix} 0 & 1 & 2 \\ -2 & -4 & -6 \\ 1 & 2 & 3 \end{pmatrix} \rightsquigarrow \begin{pmatrix} 1 & 0 & -1 \\ 0 & 1 & 2 \\ 0 & 0 & 0 \end{pmatrix}.$$

Hier ist dim Eig $(C; 2) = 1 < 2 = \mu(P_C; 2)$ und C nicht diagonalisierbar.

3. Um die Abhängigkeit von den beiden Parametern a und b zu kennzeichnen, bezeichnen wir die gegebene Matrizenschar durch

$$A_{a,b} := \begin{pmatrix} -3 & 0 & 0 \\ 2a & b & a \\ 10 & 0 & 2 \end{pmatrix}.$$

Entwicklung nach der ersten Zeile liefert für das charakteristische Polynom

$$P_{A_{a,b}}(t) = \det \begin{pmatrix} -3-t & 0 & 0 \\ 2a & b-t & a \\ 10 & 0 & 2-t \end{pmatrix} = (-3-t)(b-t)(2-t).$$

Für $b \in \mathbb{R} \setminus \{-3, 2\}$ hat $P_{A_{a,b}}(t)$ für alle $a \in \mathbb{R}$ drei verschiedene Nullstellen und ist daher nach Satz 5.3.1 diagonalisierbar.

Ist $b = -3$, so lautet $P_{A_{a,-3}}(t) = (-3 - t)^2(2 - t)$, und wir bestimmen nach dem System von Aufgabe 2 den Rang der Matrix

$$A_{a,-3} + 3E_3 = \begin{pmatrix} 0 & 0 & 0 \\ 2a & 0 & a \\ 10 & 0 & 5 \end{pmatrix} \rightsquigarrow \begin{pmatrix} 2 & 0 & 1 \\ 0 & 0 & 0 \\ 0 & 0 & 0 \end{pmatrix},$$

der für alle a stets 1 beträgt. Dann gilt

$$\dim \text{Eig}\,(A_{a,-3};\, -3) = 2 = \mu\left(P_{A_{a,-3}};\, -3\right),$$

und A ist nach Satz 5.3.3 diagonalisierbar.

Es bleibt der Fall $b = 2$. Hier gilt $P_{A_{a,2}}(t) = (-3 - t)(2 - t)^2$, daher bestimmen wir dim Eig $(A_{a,2};\, 2)$ in Abhängigkeit von a:

$$A_{a,2} - 2E_3 = \begin{pmatrix} -5 & 0 & 0 \\ 2a & 0 & a \\ 10 & 0 & 0 \end{pmatrix} \rightsquigarrow \begin{pmatrix} 1 & 0 & 0 \\ 0 & 0 & a \\ 0 & 0 & 0 \end{pmatrix}.$$

Für $a = 0$ ist rang $(A_{0,2} - 2E_3) = 1$, d. h. dim Eig $(A_{0,2};\, 2) = 2 = \mu(P_{A_{0,2}};\, 2)$, und $A_{0,2}$ ist diagonalisierbar. Ist a allerdings von null verschieden, so gilt Eig $(A_{a,2};\, 2) = \text{span}\ {}^t(0, 1, 0)$, und $A_{a,2}$ ist nicht diagonalisierbar.

Wir fassen zusammen: $A_{a,b}$ ist nur dann nicht diagonalisierbar, wenn $b = 2$ und $a \neq 0$ ist.

4. Wie bereits in 5.3.5 berechnet, lautet das charakteristische Polynom von A

$$P_A(\lambda) = \lambda^2 + 2\mu\lambda + \omega^2.$$

a) Für den Fall $\mu > \omega$ lauten die Nullstellen von $P_A(t)$

$$\lambda_1 = -\mu + \sqrt{\mu^2 - \omega^2} \quad \text{und} \quad \lambda_2 = -\mu - \sqrt{\mu^2 - \omega^2}.$$

Wir berechnen zunächst

$$\text{Eig}\,(A;\, \lambda_1) = \text{Ker}\,(A - \lambda_1 E_2) = \text{Ker}\begin{pmatrix} -\lambda_1 & 1 \\ -\omega^2 & -2\mu - \lambda_1 \end{pmatrix}$$

$$= \text{Ker}\begin{pmatrix} 0 & 0 \\ -\omega^2 & \lambda_2 \end{pmatrix} = \text{span}\ {}^t(1, \lambda_1),$$

wobei wir $\lambda_1 \cdot \lambda_2 = \omega^2$ und $\lambda_1 + \lambda_2 = -2\mu$ benutzt haben.

Für den zweiten Eigenraum berechnen wir analog

$$\text{Eig}\,(A;\lambda_2) = \text{Ker}\,(A - \lambda_2 E_2) = \text{Ker}\,\begin{pmatrix} 0 & 0 \\ -\omega^2 & \lambda_1 \end{pmatrix}$$

$$= \text{span }\,{}^t(1,\lambda_2).$$

Eine Basis des $\mathbb{R}^2$ aus Eigenvektoren von A ist damit gegeben durch

$$\mathcal{B} = \left({}^t(1,\lambda_1),\ {}^t(1,\lambda_2) \right),$$

und nach Aufgabe 3 zu 5.1 ist

$$\left(e^{\lambda_1 t}(1,\lambda_1),\ e^{\lambda_2 t}(1,\lambda_2) \right)$$

eine Basis des Lösungsraumes $\mathcal{L}_0$ von $\dot{y} = A \cdot y$. Die allgemeine Lösung von (∗) hat die Form

$$\alpha_1 e^{\lambda_1 t}\begin{pmatrix} 1 \\ \lambda_1 \end{pmatrix} + \alpha_2 e^{\lambda_2 t}\begin{pmatrix} 1 \\ \lambda_2 \end{pmatrix}$$

mit $\alpha_1, \alpha_2 \in \mathbb{R}$. Die Bedingungen $y_0(0) = \alpha$ und $y_1(0) = \beta$ bedeuten dann

$$\alpha_1 + \alpha_2 = \alpha \quad \text{und} \quad \alpha_1\lambda_1 + \alpha_2\lambda_2 = \beta,$$

durch einfache Umformung ergibt sich die Lösung

$$\alpha_1 = \frac{\beta - \lambda_2\alpha}{\lambda_1 - \lambda_2} \quad \text{und} \quad \alpha_2 = \frac{\beta - \lambda_1\alpha}{\lambda_2 - \lambda_1}.$$

Man beachte, dass die allgemeine Lösung der Differentialgleichung

$$\ddot{y} + 2\mu\dot{y} + \omega^2 y = 0$$

durch

$$y_0(t) = \alpha_1 e^{\lambda_1 t} + \alpha_2 e^{\lambda_2 t}$$

gegeben ist, also sofort aus der oben gefundenen Lösung abgelesen werden kann. Durch die Wahl von 1 für die erste Koordinate der Basen der Eigenräume von A hat diese Lösung eine besonders einfache Form.

b) Für $\mu^2 - \omega^2 < 0$ ist $\omega^2 - \mu^2 > 0$, daher gilt für die Nullstellen $\lambda_{1,2}$ von P_A

$$\lambda_1 = -\mu + \imath\sqrt{\omega^2 - \mu^2} \quad \text{und} \quad \lambda_2 = -\mu - \imath\sqrt{\omega^2 - \mu^2}.$$

Die Eigenräume berechnen wir wie in a) und erhalten

$$\text{Eig}\,(A;\lambda_1) = \text{span}\,(1,\lambda_1) \quad \text{und} \quad \text{Eig}\,(A;\lambda_2) = \text{span}\,(1,\lambda_2).$$

Damit ist eine Basis des $\mathbb{C}^2$ aus Eigenvektoren von A gegeben durch

$$\mathcal{B} = \big((1,\lambda_1),(1,\lambda_2)\big).$$

Um die Lösung von $(*)$ zu bestimmen, setzen wir $\gamma := \sqrt{\omega^2 - \mu^2}$ und multiplizieren den ersten der beiden Basisvektoren aus $\mathcal{B}$ mit $e^{\lambda_1 t}$:

$$v := e^{\lambda_1 t}(1,\lambda_1) = \begin{pmatrix} e^{-\mu t}\cdot e^{\imath\gamma t} \\ e^{-\mu t}\cdot(-\mu + \imath\gamma)e^{\imath\gamma t} \end{pmatrix}.$$

Der Realteil und der Imaginärteil von v bilden eine Basis des Lösungsraumes von $(*)$. Zur deren Berechnung nutzen wir $e^{\imath\gamma t} = \cos(\gamma t) + \imath\sin(\gamma t)$ (Formel von Euler) und erhalten so

$$e^{-\mu t}\cdot e^{\imath\gamma t} = e^{-\mu t}\cos(\gamma t) + \imath\cdot e^{-\mu t}\sin(\gamma t)\,,$$

$$e^{-\mu t}\cdot(-\mu + \imath\gamma)e^{\imath\gamma t} = \big(-\mu e^{-\mu t}\cos(\gamma t) - \gamma e^{-\mu t}\sin(\gamma t)\big)$$
$$+\imath\big(\gamma e^{-\mu t}\cos(\gamma t) - \mu e^{-\mu t}\sin(\gamma t)\big)\,,$$

also

$$\text{re}\,v = e^{-\mu t}\begin{pmatrix} \cos(\gamma t) \\ -\mu\cos(\gamma t) - \gamma\sin(\gamma t) \end{pmatrix}$$

und

$$\text{im}\,v = e^{-\mu t}\begin{pmatrix} \sin(\gamma t) \\ \gamma\cos(\gamma t) - \mu\sin(\gamma t) \end{pmatrix}.$$

Die allgemeine Lösung von $(*)$ hat somit die Form

$$e^{-\mu t}\left(\alpha_1\begin{pmatrix} \cos(\gamma t) \\ -\mu\cos(\gamma t) - \gamma\sin(\gamma t) \end{pmatrix} + \alpha_2\begin{pmatrix} \sin(\gamma t) \\ \gamma\cos(\gamma t) - \mu\sin(\gamma t) \end{pmatrix}\right),$$

und $y_0(0) = \alpha$ und $y_1(0) = \beta$ bedeuten

$$\alpha_1 = \alpha, \quad -\mu\alpha_1 + \gamma\alpha_2 = \beta.$$

Die Lösung dieses Gleichungssystems lautet

$$\alpha_1 = \alpha \quad \text{und} \quad \alpha_2 = \frac{\beta + \mu\alpha}{\gamma}.$$

5. Als erstes berechnen wir die charakteristischen Polynome der beiden Matrizen. Sie lauten

$$P_A(t) = (t+2)(t-1)(t-2)^2 \quad \text{und}$$
$$P_B(t) = (t+2)(t+1)(t-1)^2.$$

Die Eigenvektoren müssen nun (insbesondere zu den doppelt auftretenden Eigenwerten) so gewählt werden, dass sie stets Eigenvektoren von beiden Matrizen sind. Wir ermitteln

Eig $(A; -2) = \text{span}\,{}^t(1, 3, -1, 1)$, Eig $(B; -2) = \text{span}\,{}^t(1, 1, 0, 1)$,
Eig $(A; 1) = \text{span}\,{}^t(1, 0, 1, 0)$, Eig $(B; -1) = \text{span}\,{}^t(1, 3, -1, 1)$,
Eig $(A; 2) = \text{span}\,\big({}^t(1, 1, 1, 0),$ Eig $(B; 1) = \text{span}\,\big({}^t(1, 1, 1, 0),$
$\qquad\qquad\qquad {}^t(0, 0, -1, 1)\big),$ $\qquad\qquad\qquad {}^t(1, 0, 1, 0)\big)$.

Ein Basiswechsel für Eig $(A; 2)$ führt zum gewünschten Ergebnis, nur Vektoren zu verwenden, die Eigenvektoren beider Matrizen sind. Wir wählen daher

$$\text{Eig}\,(A; 2) = \text{span}\,({}^t(1, 1, 1, 0), {}^t(1, 1, 0, 1)),$$

denn ${}^t(0, 0, -1, 1) = -{}^t(1, 1, 1, 0) + {}^t(1, 1, 0, 1)$, siehe Austauschlemma 2.5.4. Die Eigenvektoren, die die Spalten von S^{-1} bilden sollen, sind nun noch in eine Reihenfolge zu bringen, die gewährleistet, dass in den Diagonalmatrizen SAS^{-1} und SBS^{-1} gleiche Eigenwerte nebeneinander stehen. Wir wählen

$$S^{-1} = \begin{pmatrix} 1 & 1 & 1 & 1 \\ 3 & 0 & 1 & 1 \\ -1 & 1 & 1 & 0 \\ 1 & 0 & 0 & 1 \end{pmatrix}, \text{ dann ist } S = \begin{pmatrix} 1 & 0 & -1 & -1 \\ 3 & -1 & -2 & -2 \\ -2 & 1 & 2 & 1 \\ -1 & 0 & 1 & 2 \end{pmatrix};$$

sie liefern das gewünschte Ergebnis.

6. Seien $\lambda_1, \ldots, \lambda_k$ die Eigenwerte von A und $v_1, \ldots, v_k$ die zugehörigen Eigenvektoren. Ferner seien $\mu_1, \ldots, \mu_l$ die Eigenwerte von B und $w_1, \ldots, w_l$ die zugehörigen Eigenvektoren. Wegen $BA(w_i) = AB(w_i) = \mu_i A(w_i)$ ist $A(w_i)$ Eigenvektor von B zum Eigenwert μ_i. Da jedoch alle Eigenwerte von B einfach sind, existiert ein $\lambda \in K$ mit $A(w_i) = \lambda w_i$, also ist w_i Eigenvektor von A.

Genauso kann man zeigen, dass alle Eigenvektoren von A auch Eigenvektoren von B sind.

7. Wir betrachten die obere Dreiecksmatrix

$$A := \begin{pmatrix} \lambda\ a_{12} \cdots & a_{1\mu} \\ & \ddots\ \ddots & \vdots & & 0 \\ & & \ddots\ a_{\mu-1,\mu} \\ 0 & & \lambda \\ \hline & 0 & & 0 \end{pmatrix} \in M(n \times n; K).$$

Das charakteristische Polynom lautet

$$P_A(t) = (\lambda - t)^\mu \cdot (-t)^{n-\mu},$$

also $\mu(P_A; \lambda) = \mu$. dim Eig $(A; \lambda) = 1$ ist gleichbedeutend mit

$$\text{rang} \begin{pmatrix} 0\ a_{12} \cdots & a_{1\mu} \\ & \ddots\ \ddots & \vdots \\ & & \ddots\ a_{\mu-1,\mu} \\ 0 & & 0 \end{pmatrix} = n - 1.$$

Das gilt z. B. für $a_{i,i+1} = 1$ für $i = 1, \ldots, \mu - 1$ und $a_{ij} = 0$ für $j > i + 1$. Damit erfüllt A die gewünschten Bedingungen.

Matrizen vom Typ wie die obige Matrix spielen eine besondere Rolle bei der Bestimmung von Jordanschen Normalformen, vgl. Abschn. 4.6 in [Fi1].

8. Die angegebenen Matrizen erfüllen offensichtlich die Gleichung $A^2 = E_2$. Sei andererseits $A = \begin{pmatrix} a\ b \\ c\ d \end{pmatrix} \in M(2 \times 2; K)$ gegeben. Notwendig für $A^2 = E_2$ ist

$$\begin{pmatrix} a\ b \\ c\ d \end{pmatrix} \begin{pmatrix} a\ b \\ c\ d \end{pmatrix} = \begin{pmatrix} a^2 + bc & (a + d)b \\ (a + d)c & bc + d^2 \end{pmatrix} = \begin{pmatrix} 1\ 0 \\ 0\ 1 \end{pmatrix},$$

also

$$a^2 + bc = 1 = bc + d^2, \quad (a + d)b = 0 = (a + d)c.$$

Nun unterscheiden wir zwei Fälle.

1) Für $a + d \neq 0$ folgt $b = c = 0$, d.h. $a^2 = 1 = d^2$, und damit wegen $a \neq -d$ und char $K \neq 2$ gerade $A = E_2$ oder $A = -E_2$.

2) Ist $a + d = 0$, so gilt $a = -d$. Das charakteristische Polynom von A lautet in diesem Fall

$$P_A(t) = t^2 - a^2 - cb$$

mit den Nullstellen

$$t_{1,2} = \pm\sqrt{a^2 + cb} = \pm 1.$$

Nach Satz 5.3.1, Teil 2) ist A diagonalisierbar. Daraus folgt die Existenz eines $S \in \mathrm{GL}(2; K)$ mit $S^{-1}AS = \begin{pmatrix} 1 & 0 \\ 0 & -1 \end{pmatrix} = D$, also gilt $SDS^{-1} = A$.

9. Es seien $\lambda_1, \ldots, \lambda_n$ die Eigenwerte von F, und $\mathcal{A} = (v_1, \ldots, v_n)$ sei eine Basis aus den zugehörigen Eigenvektoren. Für $v_i, v_j \in \mathcal{A}$ mit $i \neq j$ ist $v_i + v_j \neq 0$, daher gibt es ein λ mit $F(v_i + v_j) = \lambda(v_i + v_j)$, und es gilt

$$\lambda_i v_i + \lambda_j v_j = F(v_i) + F(v_j) = F(v_i + v_j) = \lambda(v_i + v_j)$$
$$= \lambda v_i + \lambda v_j.$$

Da v_i und v_j linear unabhängig sind, ist die Darstellung eines jeden Vektors in span (v_i, v_j) eindeutig, also folgt $\lambda = \lambda_i = \lambda_j$. Dies gilt für alle $1 \leq i, j \leq n$, daher ist λ der einzige Eigenwert von F.

Sei nun $0 \neq v = \sum_{i=1}^{n} \mu_i v_i \in V$ beliebig. Dann gilt

$$F(v) = \sum_{i=1}^{n} \mu_i \cdot F(v_i) = \sum_{i=1}^{n} \mu_i \cdot \lambda \cdot v_i = \lambda \sum_{i=1}^{n} \mu_i v_i = \lambda \cdot v,$$

d.h. $F = \lambda \cdot \mathrm{id}$.

10. Da t ein Teiler der Ordnung 1 von $P_A(t)$ ist, gilt rang $A = 2$, d.h. die Spalten von A sind linear abhängig.

Andererseits ist 0 kein Eigenwert von B, das heißt Ker $B = (0)$ und B hat Rang 3, ist also invertierbar.

Da bei der Multiplikation einer Matrix A mit einer invertierbaren Matrix B der Rang des Produktes AB gleich dem Rang der Matrix A ist (vgl. Hilfssatz 3.6.6), folgt

rang $AB = $ rang $A = 2$ und   dim Ker $AB = 3 - $ rang $AB = 1$.

5.4   Trigonalisierung*

1. Nehmen wir an, es gibt ein solches $P \in \mathbb{Q}[t]$. Dann gibt es ein $1 \le m \le n - 1$ mit

$$P(t) = \alpha_0 t^m + \alpha_1 t^{m-1} + \ldots + \alpha_m.$$

In $\mathbb{C}[t]$ gibt es eine Zerlegung

$$t^n - 2 = \prod_{j=1}^{n} \left(t - \sqrt[n]{2} \cdot \zeta^j \right),$$

wobei $\zeta := e^{\frac{2\pi i}{n} \cdot j}$ eine *n-te Einheitswurzel* ist, und diese Zerlegung ist bis auf Einheiten eindeutig. Für jedes P mit den gewünschten Voraussetzungen müssen daher $1 \le j_1 < \ldots < j_m \le n$ und $\alpha \in \mathbb{Q}$ existieren mit

$$P(t) = \alpha \prod_{j=j_1}^{j_m} \left(t - \sqrt[n]{2} \cdot \zeta^j \right),$$

woraus

$$\alpha_m = \alpha \cdot (-1)^m \cdot 2^{\frac{m}{n}} \cdot \zeta^l \quad \text{mit} \quad l = \sum_{i=1}^{m} j_i$$

folgt. Da alle nichtkomplexen Einheitswurzeln 1 oder -1 sind, muss für $\alpha_m \in \mathbb{Q}$ notwendig $2^{\frac{m}{n}} \in \mathbb{Q}$ gelten. Dies ist nun zu widerlegen.

Der Beweis für die Irrationalität von $2^{\frac{m}{n}}$ wird analog zum Beweis der Irrationalität von $\sqrt{2}$ geführt. Nehmen wir also an, es wäre $2^{\frac{m}{n}} \in \mathbb{Q}$, dann gibt es teilerfremde Zahlen $p, q \in \mathbb{Z}$ mit $2^{\frac{m}{n}} = \frac{p}{q}$. Daraus folgt jedoch $2^m = \frac{p^n}{q^n}$, was äquivalent zu $q^n \cdot 2^m = p^n$ ist. Da 2 prim ist, ist 2 ein Teiler von p, d. h. es gibt ein $r \in \mathbb{Z}$ mit $p = 2r$. Damit folgt jedoch $q^n 2^m = r^n 2^n$, und wegen $n > m$ folgt daraus $q^n = 2^{n-m} r^n$, d. h. 2 ist ein Teiler von q, weil 2 prim ist. Damit haben p und q einen gemeinsamen Primteiler, was der Voraussetzung widerspricht.

Wir haben gezeigt, dass $2^{\frac{m}{n}}$ für alle $m, n \in \mathbb{N}$ mit $m < n$ irrational ist, daher ist α_m für alle m irrational, und $t^n - 2$ kann keinen Teiler $P \in \mathbb{Q}[t]$ mit $1 \le \deg P \le n - 1$ besitzen. Ein Polynom wie dieses, das nicht das Produkt zweier Polynome kleineren Grades ist, heißt *irreduzibel*.

2. Wir behandeln zuerst die Matrix

$$A_1 := A = \begin{pmatrix} 3 & 0 & -2 \\ -2 & 0 & 1 \\ 2 & 1 & 0 \end{pmatrix}$$

bzgl. der kanonischen Basis $\mathcal{B}_1 = \mathcal{K}$. Ihr charakteristisches Polynom lautet

$$P_A(t) = -(t-1)^3,$$

aber dim Eig $(A; 1) = 1 < 3 = \mu(P_A; 1)$, daher ist A zwar trigonalisierbar, nicht jedoch diagonalisierbar.

Im ersten Schritt wählen wir nach der Umformung

$$A_1 - E_3 = \begin{pmatrix} 2 & 0 & -2 \\ -2 & -1 & 1 \\ 2 & 1 & -1 \end{pmatrix} \rightsquigarrow \begin{pmatrix} 1 & 0 & -1 \\ 0 & 1 & 1 \\ 0 & 0 & 0 \end{pmatrix}$$

$v_1 = {}^t(1, -1, 1), \lambda_1 = 1, j_1 = 1$. Damit gilt $\mathcal{B}_2 = (v_1, e_2, e_3)$ sowie

$$S_1^{-1} = \begin{pmatrix} 1 & 0 & 0 \\ -1 & 1 & 0 \\ 1 & 0 & 1 \end{pmatrix} \quad \text{und} \quad S_1 = \begin{pmatrix} 1 & 0 & 0 \\ 1 & 1 & 0 \\ -1 & 0 & 1 \end{pmatrix},$$

woraus folgt

$$A_2 := S_1 \cdot A_1 \cdot S_1^{-1} = \begin{pmatrix} 1 & 0 & -2 \\ 0 & 0 & -1 \\ 0 & 1 & 2 \end{pmatrix}.$$

Im zweiten Schritt betrachten wir zunächst die Matrix $A_2' = \begin{pmatrix} 0 & -1 \\ 1 & 2 \end{pmatrix}$ und die Basis $\mathcal{B}_2' = (e_2, e_3)$. Aus $P_{A_2'}(t) = (t-1)^2$ folgern wir $\lambda_2 = 1$, und mit

$$A_2' - E_2 = \begin{pmatrix} -1 & -1 \\ 1 & 1 \end{pmatrix} \rightsquigarrow \begin{pmatrix} 1 & 1 \\ 0 & 0 \end{pmatrix}$$

bestimmen wir $v_2 = {}^t(0, 1, -1)$ sowie $j_2 = 2$, d. h. $\mathcal{B}_3 = (v_1, v_2, e_3)$, woraus

$$S_2^{-1} = \begin{pmatrix} 1 & 0 & 0 \\ -1 & 1 & 0 \\ 1 & -1 & 1 \end{pmatrix} \quad \text{und} \quad S_2 = \begin{pmatrix} 1 & 0 & 0 \\ 1 & 1 & 0 \\ 0 & 1 & 1 \end{pmatrix}$$

folgt. Damit erhalten wir schließlich

$$A_3 := S_2 \cdot A_1 \cdot S_2^{-1} = \begin{pmatrix} 1 & 2 & -2 \\ 0 & 1 & -1 \\ 0 & 0 & 1 \end{pmatrix},$$

eine obere Dreiecksmatrix.

Für die Matrix

$$B_1 := B = \begin{pmatrix} -1 & -3 & -4 \\ -1 & 0 & 3 \\ 1 & -2 & -5 \end{pmatrix}$$

verfahren wir wie im ersten Teil der Aufgabe. Die sich dabei ergebenden Matrizen S_1 und S_2 sind exakt dieselben wie im obigen Beispiel, und die Matrix

$$B_3 := S_2 \cdot B_1 \cdot S_2^{-1} = \begin{pmatrix} -2 & 1 & -4 \\ 0 & -2 & -1 \\ 0 & 0 & -2 \end{pmatrix}$$

ist eine obere Dreiecksmatrix.

3. Der Induktionsanfang ist schnell behandelt, denn für dim $V = 0, 1$ gilt $F = 0$ für alle nilpotenten Endomorphismen.

Nun kommen wir zum Induktionsschritt. Ist $F = 0$, so sind wir fertig. Andernfalls gilt dim $F(V) <$ dim V für einen nilpotenten Endomorphismus F, mit anderen Worten Ker $F \neq 0$ und 0 ist Eigenwert. (0 ist sogar einziger Eigenwert, vgl. Aufgabe 1 zu 5.1.) Sei $0 \neq v_1 \in$ Ker F. Wir ergänzen v_1 zu einer Basis $\mathcal{B}' = (v_1, w_2, \ldots, w_n)$ von V; es gilt dann

$$M_{\mathcal{B}'}(F) = \begin{pmatrix} 0 & a_{12} & \cdots & a_{1n} \\ \vdots & & & \\ \vdots & & B & \\ 0 & & & \end{pmatrix}.$$

Da $W := \text{span}(w_2, \ldots, w_n)$ im Allgemeinen nicht F-invariant ist, definieren wir wie im Beweis des Trigonalisierungssatzes 5.4.3 die linearen Abbildungen

$$H(w_j) = a_{1j}v_1 \quad \text{und} \quad G(w_j) = a_{2j}w_2 + \ldots + a_{nj}w_n.$$

Dann gilt $F(w) = H(w) + G(w)$ für alle $w \in W$, und bezüglich der Basis $\tilde{\mathcal{B}}' = (w_2, \ldots, w_n)$ gilt $B = M_{\tilde{\mathcal{B}}'}(G)$. Ferner gilt Im $H \subset$ Ker F und G ist nilpotent, denn wegen der Nilpotenz von F gilt für alle $w \in W$

$$
\begin{aligned}
0 = F^k(w) &= F^{k-1}(F(w)) \\
&= F^{k-1}(H(w) + G(w)) = F^{k-1}(\lambda v_1 + G(w)) \\
&= F^{k-1}(G(w)) = F^{k-2}(G^2(w)) = \ldots = G^k(w).
\end{aligned}
$$

Wegen dim $W = \dim V - 1$ können wir auf G die Induktionsvoraussetzung anwenden, d.h. es gibt eine Basis $\tilde{\mathcal{B}} = (v_2, \ldots, v_n)$ von W, so dass

$$
M_{\tilde{\mathcal{B}}}(G) = \begin{pmatrix} 0 & & * \\ & \ddots & \\ 0 & & 0 \end{pmatrix}.
$$

Damit folgt für die Basis $\mathcal{B} = (v_1, \ldots, v_n)$ von V

$$
M_{\mathcal{B}}(F) = \begin{pmatrix} 0 & & * \\ & \ddots & \\ 0 & & 0 \end{pmatrix} \quad \text{und} \quad P_F(t) = (-1)^n t^n.
$$

Mit etwas mehr Wissen über Algebra kann der Beweis deutlich gekürzt werden. Im Zerfällungskörper $\tilde{K}$ (siehe [W], Abschn. 6.2) des charakteristischen Polynoms P_F hat dieses mit Hilfe von Aufgabe 1 zu Abschn. 5.1 die Form $P_F(t) = (-1)^n t^n$, und mit dem Trigonalisierungssatz 5.4.3 folgt die Behauptung.

4. Wegen $\mu = \omega$ gilt

$$
A_1 := A = \begin{pmatrix} 0 & 1 \\ -\mu^2 & -2\mu \end{pmatrix}.
$$

Weil $P_A(t) = (t + \mu)^2$ in Linearfaktoren zerfällt, ist A nach 5.4.3 trigonalisierbar. Dass A nicht diagonalisierbar ist, wurde bereits in 5.3.5 gezeigt. $v_1 = (1, -\mu)$ ist Eigenvektor zum Eigenwert $\lambda_1 = -\mu$, und mit $j_1 = 1$ bestimmen wir $\mathcal{B}_2 = (v_1, e_2)$, womit

$$
T^{-1} = \begin{pmatrix} 1 & 0 \\ -\mu & 1 \end{pmatrix} \quad \text{und} \quad T = \begin{pmatrix} 1 & 0 \\ \mu & 1 \end{pmatrix}
$$

und damit

$$B := T \cdot A \cdot T^{-1} = \begin{pmatrix} -\mu & 1 \\ 0 & -\mu \end{pmatrix}$$

folgt.

Mit der Substitution $z := Ty$ geht das System $\dot{y} = Ay$ über in

$$B \cdot z = TAT^{-1} \cdot Ty = TAy = T\dot{y} = \dot{z}.$$

Aus der zweiten der beiden Gleichungen

$$\dot{z}_0 = -\mu z_0 + z_1 \quad \text{und} \quad \dot{z}_1 = 0z_0 - \mu z_1$$

folgt zunächst $z_1 = a \cdot e^{-\mu t}$ mit $a \in \mathbb{R}$. Im Fall $a = 0$ ist $\dot{z}_0 = -\mu z_0$, eine von 0 verschiedene Lösung dieser Gleichung ist gegeben durch $z_0 = b \cdot e^{-\mu t}$ mit $b \in \mathbb{R} \setminus 0$. Für $z_1 = e^{-\mu t}$, d.h. $a = 1$, gilt $\dot{z}_0 = -\mu z_0 + e^{-\mu t}$. Mit Hilfe der Methode der *Variation der Konstanten* (siehe [Fo2], §11) folgt daraus $z_0 = t \cdot e^{-\mu t}$. Insgesamt erhalten wir die beiden linear unabhängigen Lösungen ${}^t(e^{-\mu t}, 0)$ und ${}^t(t \cdot e^{-\mu t}, e^{-\mu t})$, die ein Fundamentalsystem bilden. Aus diesen beiden Lösungen des Systems $\dot{z} = Bz$ erhalten wir durch die Transformation mit T^{-1} Lösungen des Systems $\dot{y} = Ay$, denn aus $z = Ty$ folgt $T^{-1}z = y$. Damit folgt

$$T^{-1}\begin{pmatrix} e^{-\mu t} \\ 0 \end{pmatrix} = e^{-\mu t}\begin{pmatrix} 1 \\ -\mu \end{pmatrix}$$

und

$$T^{-1}\begin{pmatrix} t \cdot e^{-\mu t} \\ e^{-\mu t} \end{pmatrix} = e^{-\mu t}\begin{pmatrix} t \\ -\mu t + 1 \end{pmatrix}, \qquad (*)$$

daher ist die allgemeine Lösung der Differentialgleichung $\ddot{y} + 2\mu\dot{y} + \mu^2 y = 0$ gegeben durch $\varphi(t) = \alpha_1 e^{-\mu t} + \alpha_2 t e^{-\mu t}$. Für die Anfangsbedingungen $\varphi(0) = \alpha$, $\dot{\varphi}(0) = \beta$ lesen wir aus $(*)$ ab:

$$\alpha_1 = \alpha \quad \text{und} \quad \alpha_2 = \beta + \alpha\mu,$$

also $\varphi(t) = \alpha \cdot e^{-\mu t} + (\beta + \alpha\mu)t \cdot e^{-\mu t}$.

Man beachte, dass mit Hilfe der Methode aus Aufgabe 4 zu Abschn. 5.3 nur die Lösung $y_0 = e^{-\mu t}$ gewonnen werden kann. Dies liegt daran, dass in Aufgabe 3 aus Abschn. 5.1 der Ansatz $e^{\lambda t}v$ für die Lösung gemacht wurde, nicht etwa $f(t) \cdot e^{\lambda t}$. Zur allgemeinen Theorie solcher Systeme von Differentialgleichungen mit konstanten Koeffizienten vgl. [Fo2], §13.

5.5 Die JORDANsche Normalform, Formulierung des Satzes und Anwendungen*

1. Nach Satz 5.2.3 (4) gilt

$$P_A(t) = \det \begin{pmatrix} -t & 1 & 1 & 1 \\ 0 & -t & 1 & -1 \\ 0 & 0 & -t & 1 \\ 0 & 0 & 0 & 1-t \end{pmatrix} = (-t)^3 \cdot (1-t),$$

also sind 0 und 1 die Eigenwerte. Da der Eigenvektorraum zum Eigenwert 1 Dimension 1 hat, beginnen wir mit diesem einfachen Fall und bestimmen nach Bemerkung 5.2.4 einen Basisvektor dieses Eigenvektorraums.

$$A - 1 \cdot E_4 = \begin{pmatrix} -1 & 1 & 1 & 1 \\ 0 & -1 & 0 & -1 \\ 0 & 0 & -1 & 1 \\ 0 & 0 & 0 & 0 \end{pmatrix}$$

ist bereits in Zeilenstufenform. Wir wählen $v_1 = \begin{pmatrix} 1 \\ -1 \\ 1 \\ 1 \end{pmatrix}$ aus diesem Kern als Basisvektor.

Für die Jordanblöcke zum Eigenwert 0 beginnen wir analog; hier sind Umformungen zur Zeilenstufenform nötig:

$$A - 0 \cdot E_4 = \begin{pmatrix} 0 & 1 & 1 & 1 \\ 0 & 0 & 0 & -1 \\ 0 & 0 & 0 & 1 \\ 0 & 0 & 0 & 1 \end{pmatrix} \rightsquigarrow \begin{pmatrix} 0 & 1 & 1 & 1 \\ 0 & 0 & 0 & 1 \\ 0 & 0 & 0 & 0 \end{pmatrix}.$$

Da rang $(A - 0 \cdot E_4) = 2$ ist, wissen wir schon jetzt, dass es zwei Jordan-Blöcke zum Eigenwert 0 gibt. Da sie gemeinsam Dimension 3 ausfüllen müssen, müssen sie Grade 2 und 1 haben, d. h. die Jordanform von A muss

$$J_A = \begin{pmatrix} 1 & & & \\ & 0 & & \\ & & 0 & 1 \\ & & 0 & 0 \end{pmatrix}$$

sein, bis auf die Reihenfolge der Blöcke.

Aber wir möchten auch die Jordan-Basis bestimmen. Dazu benötigen wir in einem ersten Schritt eine Basis von Ker $(A - 0 \cdot E_k)$, der die Dimension zwei hat. Wir wählen die Basis

$$v_2 := \begin{pmatrix} 1 \\ 0 \\ 0 \\ 0 \end{pmatrix} \quad \text{und} \quad v_3 := \begin{pmatrix} 0 \\ 1 \\ -1 \\ 0 \end{pmatrix}.$$

Achtung: Das ist nicht die einzige Möglichkeit – aber eine besonders einfache. Einfachheit ist hier sinnvoll, weil wir für die Probe am Ende der Aufgabe eine Matrix invertieren müssen, die aus diesen Vektoren als Spalten entsteht.

Für den letzten Basisvektor der Lordanbasis brauchen wir eine Lösung des linearen Gleichungssystems

$$(A - 0 \cdot E_4) \cdot x = v_2,$$

also

$$\begin{pmatrix} 0 & 1 & 1 & 1 & | & 1 \\ 0 & 0 & 0 & -1 & | & 0 \\ 0 & 0 & 0 & 1 & | & 0 \\ 0 & 0 & 0 & 1 & | & 0 \end{pmatrix}.$$

Wir wählen $v_4 := \begin{pmatrix} 0 \\ 1 \\ 0 \\ 0 \end{pmatrix}$. Damit ist $\{v_1, v_2, v_3, v_4\}$ eine Jordanbasis zu A.

Die Transformationsmatrix T bilden wir mit den Vektoren v_1, v_3,
v_2 und v_4 in dieser Reihenfolge als Spalten, also

$$T := \begin{pmatrix} 1 & 1 & 0 & 0 \\ -1 & 0 & 1 & 1 \\ 1 & 0 & 0 & -1 \\ 1 & 0 & 0 & 0 \end{pmatrix}.$$

Damit gilt

$$T^{-1} = \begin{pmatrix} 1 & 0 & 0 & 0 \\ 0 & 0 & 1 & 0 \\ 0 & 0 & 0 & 0 \\ 0 & 0 & 0 & 0 \end{pmatrix}$$

Hierbei handelt es sich um die vorhergesagte Jordanform.

Nun lassen sich Antworten auf in diesem Zusammenhang aufgetretene Fragen finden:

1. Wieso wurde $(A - 0 \cdot E_4) \cdot x = v_2$ um v_4 zu bestimmen, und nicht $(A - 0 \cdot E_4) \cdot x = v_3$?

   ↝ Es liegt daran, dass das zweite lineare Gleichungssystem keine Lösung besitzt.

2. Warum wurden v_1, v_2, v_3 und v_4 nicht gemäß ihrer Nummerierung in der Transformationsmatrix T geschrieben?

   ↝ Die Reihenfolge der Spaltenvektoren bestimmt die Jordanblöcke. v_1 erzeugt den Eigenraum zum Eigenwert 1; der entsprechende Block steht in der Jordanmatrix ganz links. Nun kommt entweder v_2 (Eigenraum mit Dimension 1), gefolgt von v_2 und v_4 – dann hätten wir J_A als Jordanform erzeugt; oder erst v_2 und v_4, und danach $v_3$so wie wir es vorgeführt haben. Wichtig ist, dass v_2 und v_4 zusammengehören, denn $A \cdot v_4 = 0 \cdot v_4 + v_3$, und diese Koeffizienten finden sich als Spalte der Jordanmatrix wieder.

2. Teil **a)** ergibt sich durch simple Rechnung, vgl. auch Aufgabe 4 zu 3.6.

b) Nach Definition 3.6.7 heißen zwei Matrizen $A, B \in M(n \times n; K)$ ähnlich, wenn ein $S \in GL(n; K)$ existiert mit $B = SAS^{-1}$. Bezüglich einer beliebigen Basis $\mathcal{B}$ betrachten wir das kommutative Diagramm

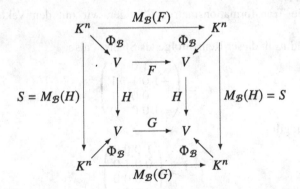

Aus diesem lesen wir sofort ab, dass die Existenz eines Isomorphismus H mit $G = H \circ F \circ H^{-1}$ gleichbedeutend zur Existenz einer Matrix

$$S = M_\mathcal{B}(H) \in \mathrm{GL}\,(n; K) \quad \text{mit} \quad M_\mathcal{B}(G) = S \cdot M_\mathcal{B}(F) \cdot S^{-1}$$

ist. Das zeigt die Äquivalenz von i) und ii).

ii) $\Rightarrow$ iii): Sei $\mathcal{B}$ eine Basis, bezüglich der $M_\mathcal{B}(G)$ Jordansche Normalform hat. Nach ii) existiert ein $S \in \mathrm{GL}$ $(n; K)$ mit $M_\mathcal{B}(G) = S \cdot M_\mathcal{B}(F) \cdot S^{-1}$. Sei $\mathcal{A}$ die Basis, die von den Spalten von S^{-1} gebildet wird. Dann gilt $M_\mathcal{B}(G) = M_\mathcal{A}(F)$, und F und G haben dieselbe JORDANsche Normalform.

iii) $\Rightarrow$ i): Einer anderen Anordnung der JORDAN-Blöcke längs der Diagonale entspricht eine Permutation der Basis. Also sind die zugehörigen Endomorphismen ähnlich.

3. Wir beschränken uns auf die Betrachtung eines allgemeinen Jordan-Blocks der Zeilen- und Spaltenzahl k zum Eigenwert λ:

und ziehen den Tipp hinzu. Er besagt, dass für den i-ten Basisvektor v_i gilt, dass er auf $\lambda \cdot v_i + \lambda \cdot v_{i-1}$ abgebildet wird ($i \geq 2$); außerdem wird v_1 auf $\lambda \cdot v_1$ abgebildet. Das ist genau die Definition für Hauptvektoren der i-ten Stufe. Damit ist die Äquivalenz der Aussagen hinreichend geklärt.

4. $(v_1, \ldots, v_n)$ ist eine Jordan-Kette, d. h. es gilt

$$A \cdot v_1 = \lambda \cdot v_1 \quad \text{und}$$

$$A \cdot v_i = \lambda \cdot v_i + v_{i-1} \quad \text{für } 2 \leq i \leq k.$$

Des Weiteren gilt für

$$x_i(t) = e^{\lambda t} \cdot \sum_{j=0}^{i-1} \frac{t^j}{j!} \cdot v_{i-j}$$

gerade

$$\dot{x}_i(t) = e^{\lambda t} \cdot \lambda \cdot \sum_{j=0}^{i-1} \frac{t^j}{j!} \cdot v_{i-j} + e^{\lambda t} \cdot \sum_{j=1}^{i-1} \frac{t^{j-1}}{(j-1)!} \cdot v_{i-j}$$

nach der Produktregel. Man beachte dabei, dass die Summe ein Polynom in t darstellt.

Wir müssen $A \cdot x_i(t) = \dot{x}_i(t)$ für $i = 1, \ldots, k$ zeigen. Das rechne wir nach:

$$A \cdot x_i(t) = A \cdot e^{\lambda t} \cdot \sum_{j=0}^{i-1} \frac{t^j}{j!} \cdot v_{i-j}$$

$$= e^{\lambda t} \cdot \sum_{j=0}^{i-1} \frac{t^j}{j!} \cdot A \cdot v_{i-j}$$

$$= e^{\lambda t} \cdot \left(\sum_{j=0}^{i-2} \frac{t^j}{j!} \cdot (\lambda v_{i-j} + v_{i-j-1}) + \frac{t^{i-1}}{(i-1)!} \cdot \lambda \cdot v_1 \right)$$

$$\qquad + e^{\lambda t} \cdot \sum_{j=0}^{i-2} \frac{t^j}{j!} \cdot v_{i-j-1}$$

$$= e^{\lambda t} \cdot \lambda \cdot \left(\sum_{j=0}^{i-2} \frac{t^j}{j!} \cdot v_{i-j} + \frac{t^{i-1}}{(i-1)!} \cdot v_1 \right)$$

$$\qquad + e^{\lambda t} \cdot \sum_{j=0}^{i-2} \frac{t^j}{j!} \cdot v_{i-j-1}$$

$$= e^{\lambda t} \cdot \lambda \cdot \sum_{j=0}^{i-1} \frac{t^j}{j!} \cdot v_{i-j} + e^{\lambda t} \cdot \sum_{j=0}^{i-2} \frac{t^j}{j!} \cdot v_{i-j-1}.$$

Dies entspricht $\dot{x}_i(t)$, bis auf eine Transformation des Laufindex in der letzten Summe.

5. a) Es gilt $M_{\mathcal{A}}(F) \cdot v_n = \lambda \cdot v_n$ und $M_{\mathcal{A}}(F) \cdot v_i = \lambda \cdot v_i + 1 \cdot v_{i+1}$ für $i = 1, \ldots, n-1$.

Also bekommen wir eine Jordanbasis durch Umsortierung in $(v_n, v_{n-1}, \ldots, v_1)$.

b) Zu teigen ist: A und ^tA sind ähnlich, d. h. es existiert eine Matrix $T \in \mathrm{GL}(n; \mathbb{C})$ mit $^tA = T \cdot A \cdot T^{-1}$.

Nach Satz 5.5.3 sind quadratische Matrizen über $\mathbb{C}$ genau dann ähnlich, wenn sie (bis auf die Reihenfolge der Jordan-Blöcke) die gleiche Jordansche Normalform haben. Da $\det A = \det {}^tA$ ist, gilt auch $\det(A - t \cdot E_n) = \det({}^tA - {}^tE_n)$, d. h. es sich auch die charakteristischen Polynome gleich, denn Veränderungen in der Hauptdiagonalen bleiben beim Transponieren an den selben Stellen. Damit haben A und ^tA dieselben Eigenschaften mit derselben Vielfachheit. Die Dimensionen der Eigenräume sind ebenfalls gleich, da Zeilenrang = Spaltenrang gilt, siehe Rang-Satz aus 3.3.2. Somit müssen die Jordanschen Normalformen von A und ^tA gleich sein.

Man beachte, dass die Bestimmung der Transformationsmatrix an dieser Stelle gar nicht notwendig ist.

6. Wir untersuchen die Potenzen der Matrizen

$$J_n(\lambda) = \left.\begin{pmatrix} \lambda & 1 & & 0 \\ & \ddots & \ddots & \\ & & \ddots & 1 \\ 0 & & & \lambda \end{pmatrix}\right\} n$$

$$\underbrace{}_{n}$$

Im Fall $\lambda = 0$ sind die Jordan-Blöcke $J_n(0)$ also echte obere Dreiecksmatrizen

$$\begin{pmatrix} 0 & 1 & & 0 \\ & \ddots & \ddots & \\ & & \ddots & 1 \\ 0 & & & 0 \end{pmatrix}.$$

Nach Aufgabe 2 zu Abschn. 3.5 (genauer nach der zweiten Aussage von Teil b) rutscht die aus Einsen bestehende Parallele zur

Hauptdiagonale bei jeder erneuten Multiplikation mit J_n eine Stufe weiter nach oben rechts, d. h. es gilt

$$J_n(0)^2 = \begin{pmatrix} 0 & 0 & 1 & & 0 \\ & \ddots & \ddots & \ddots & \\ & & \ddots & \ddots & 1 \\ & & & \ddots & 0 \\ 0 & & & & 0 \end{pmatrix},$$

$$J_n(0)^3 = \begin{pmatrix} 0 & 0 & 0 & 1 & & 0 \\ & \ddots & \ddots & \ddots & \ddots & \\ & & \ddots & \ddots & \ddots & 1 \\ & & & \ddots & \ddots & 0 \\ & & & & \ddots & 0 \\ 0 & & & & & 0 \end{pmatrix},$$

im Allgemeinen

$$J_n(0)^n = \left.\begin{pmatrix} 0 & \cdots & 0 & 1 & & 0 \\ & \ddots & & \ddots & \ddots & \\ & & \ddots & & \ddots & 1 \\ & & & \ddots & & 0 \\ & & & & \ddots & \vdots \\ 0 & & & & & 0 \end{pmatrix}\right\} \begin{matrix} n-k \\ \\ \\ \\ k \end{matrix} \; .$$

$$\underbrace{\phantom{\begin{pmatrix} 0 & \cdots & 0 & 1 & & 0 \end{pmatrix}}}_{n}$$

Im Fall $\lambda \neq 0$ betrachten wir lait Tipp

$$J_n(\lambda)^k = (\lambda E_n + J_n(0))^k = \sum_{i=0}^{k} \binom{k}{i} \cdot \lambda^i \cdot J_n(0)^{k-1},$$

was jedoch die potenzierte Matrix nicht sehr deutlich vor dem inneren Auge entstehen lässt. Genauer betrachtet ist $J_n(\lambda)^k$ eine obere

Dreiecksmatrix und enthält auf der Hauptdiagonalen und den zur Hauptdiagonalen parallelen Positionen stets dieselben Elemente.

In der Hauptdiagonale von $J_n(\lambda)^k$ steht jeweils $\lambda^k = \binom{k}{0} \cdot$ λ^{k+1-1}, rechts daneben steht $k \cdot \lambda^{k-1} = \binom{k}{1} \cdot \lambda^{k+1-2}$, dann folgt $\binom{k}{2} \cdot \lambda^{k-2}$ u.s.w. Allgemein formuliert steht in der ersten Zeile von $J_n(\lambda)^k$ an der i-ten Stelle der Eintrag $\binom{k}{i-1} \cdot \lambda^{k+1-i}$, und in jeder folgenden Zeile sind diese Einträge um 1 nach rechts gerückt.

$$
\begin{pmatrix}
\binom{k}{0} \cdot \lambda^k & \binom{k}{1} \cdot \lambda^{k-1} & \binom{k}{2} \cdot \lambda^{k-2} & \cdots & \overbrace{\binom{k}{k}}^{=1} \cdot \lambda^0 & 0 & 0 \cdots 0 \\
0 & \binom{k}{0} \cdot \lambda^k & \binom{k}{1} \cdot \lambda^{k-1} & \binom{k}{2} \cdot \lambda^{k-2} & \cdots & \binom{k}{k} \cdot \lambda^0 & 0 \cdots 0 \\
0 & 0 & \binom{k}{0} \cdot \lambda^k & \binom{k}{1} \cdot \lambda^{k-1} & \cdots & & \ddots \\
\vdots & \vdots & & \ddots & \ddots & & \vdots
\end{pmatrix}
$$

Daher fallen in den Zeilen die Einträge weg, die nicht mehr in die Matrix „passen".

7. Wir wollen zeigen, dass die Jordan-Blöcke von F, sobald F in Jordan-Form überführt wurde, alle die Länge 1 haben. Dafür genügt es o.B.d.A., so zu tun, als läge nur ein Jordan-Block vor.

Sei also eine Jordan-Basis gegeben, bzgl. derer F durch den Jordan-Block

$$
A = \begin{pmatrix}
\lambda & 1 & & & 0 \\
& \ddots & \ddots & & \\
& & \ddots & \ddots & \\
& & & \ddots & 1 \\
0 & & & & \lambda
\end{pmatrix} = J_n(\lambda)
$$

dargestellt werden kann. Die Voraussetzung überträgt sich auf A (weil Matrizenmultiplikation so funktioniert), d. h. $A^k = A$ für $k \in \mathbb{N} \geq 2$. Nach Aufgabe 6 wissen wir, wie $A^k = J_n(\lambda)^k$ aussieht; wir vergleichen die Einträge mit denen aus $A = J_n(\lambda)$.

Da die Diagonaleneinträge nach Voraussetzung gleich sind, gilt $\lambda = \lambda^k$, daraus folgt $\lambda = 0$ oder $\lambda^{k-1} = 1$. Rechts neben den Diagonaleneinträgen steht nach Aufgabe 6 gerade $k \cdot \lambda^{k-1}$, dies muss gleich 1 sein.

$k \cdot \lambda = 1$ steht im Widerspruch zu $\lambda = 0$ und verträgt sich auch nicht mit $\lambda^{k-1} = 1$, denn $k \cdot 1 =$ kollidiert mit der Voraussetzung $k \geq 2$.

Bei den Umformungen haben wir übrigens mehrfach Eigenschaften von $\mathbb{C}$ benutzt. Des Weiteren muss das charakteristische Polynom in Linearfaktoren zerfallen, was in einem Körper, der nicht algebraisch abgeschlossen ist, nicht notwendigerweise der Fall ist.

8. Wir schreiben die Voraussetzungen und die Behauptung mit hilfe von Lemma 5.5.5 um. Die Voraussetzung lautet dann

$$(F - \lambda \cdot \mathrm{id}_V)^k(v) = 0, \quad \text{aber} \quad \big(F - \lambda \cdot \mathrm{id}_V\big)^{k-1}(v) \neq 0;$$

die zu zeigende Behauptung besteht aus den beiden Teilen

(i) $(F - \lambda \cdot \mathrm{id}_V)^k(F - \mu \cdot \mathrm{id}_V)(v) = 0$,

(ii) $(F - \lambda \cdot \mathrm{id}_V)^{k-1}(F - \mu \cdot \mathrm{id}_V)(v) \neq 0$.

Bevor wir mit dem eigentlichen Beweis beginnen, machen wir uns klar, dass die Voraussetzung auch beinhalten, dass $(F - \lambda \cdot \mathrm{id}_V)^m$ alle Hauptvektoren der Stufe k auf Null abbildet, wenn $m > k$ gilt.

(i) Wir rechnen

$$(F - \lambda \cdot \mathrm{id}_V)^k \cdot (F - \mu \cdot \mathrm{id}_V)(v) = (F - \lambda \cdot \mathrm{id}_V)^k(F(v) - \mu \cdot v)$$

$$= (F - \lambda \cdot \mathrm{id}_V)^k \underbrace{F(v)}_{=\lambda v + v'} - \mu \cdot$$

$$\underbrace{(F - \lambda \cdot \mathrm{id}_V)^k \cdot v}_{=0 \text{ nach Voraussetzung}}$$

$$= (F - \lambda \cdot \mathrm{id}_V)^k$$

$$\text{(Linearkombination von}$$

$$\text{Hauptvektoren der Stufen} \leq k\,)$$

$$= 0 \text{ (nach Vorüberlegungen).}$$

(ii) Es ist

$$
\begin{aligned}
(F - \lambda \cdot \mathrm{id}_V)^{k-1}(F - \mu \cdot \mathrm{id}_V)(v) &= (F - \lambda \cdot \mathrm{id}_V)^{k-1}(F(v) - \mu \cdot v) \\
&= (F - \lambda \cdot \mathrm{id}_V)^{k-1}(\lambda \cdot v + v') - \\
&\quad \mu \cdot (F - \lambda \cdot \mathrm{id}_V)^{k-1}(v) \\
&= \lambda \cdot (F - \lambda \cdot \mathrm{id}_V)^{k-1}(v) + \\
&\quad \underbrace{(F - \lambda \cdot \mathrm{id}_V)^{k-1}(v')}_{=0,\ \text{Hauptv. Stufe } k-1} \\
&\quad -\mu \cdot (F - \lambda \cdot \mathrm{id}_V)^{k-1}(v) \\
&= \underbrace{(\lambda - \mu)}_{\neq 0,\ \text{da } \mu \neq \lambda} \cdot \underbrace{(F - \lambda \cdot \mathrm{id}_V)^{k-1}(v)}_{\neq 0,\ \text{nach Vorraussetzung}} \neq 0.
\end{aligned}
$$

Damit ist die Behauptung bewiesen.

5.6   Polynome von Endomorphismen*

1. a) $K[F]$ erbt seine Ring-Eigenschaften von dem Ring End (V). Die Eins in $K[F]$ ist $\mathrm{id}(F)$. Die Abgeschlossenheit von $K[F]$ gegenüber der Addition und der Hintereinanderausführung ergibt sich aus den entsprechenden Eigenschaften für Polynome.
b) Um eine $\mathbb{R}$-Basis von $\mathbb{R}[A_j]$ zu erhalten, betrachten wir die Potenzen von A_j und untersuchen, ob sie als Elemente des $\mathbb{R}$-Vektorraums linear abhängig sind.

(i) $A_1 = \begin{pmatrix} \lambda_1 & 0 \\ 0 & \lambda_2 \end{pmatrix}$ mit $\lambda_1 \neq \lambda_2$.

Es gilt $A_1^k = \begin{pmatrix} \lambda_1^k & 0 \\ 0 & \lambda_2^k \end{pmatrix}$. Dabei sind λ_1 und λ_2 nicht beide gleich Null, weil sie nicht gleich sind.

Fall 1: Ein $\lambda_i = 0$, o.B.d.A. $\lambda_2 = 0$. Dann sind alle A_1^k linear abhängig, und $\left\{ \begin{pmatrix} 1 & 0 \\ 0 & 0 \end{pmatrix} \right\}$ ist eine Basis von $\mathbb{R}[A_1]$.

Fall 2: Beide $\lambda_i \neq 0$; $\lambda_1 = 1, \lambda_2 = -1$ (oder umgekehrt, das spielt keine Rolle). Dann gilt

$$
\begin{pmatrix} 1 & 0 \\ 0 & -1 \end{pmatrix} = \begin{pmatrix} 1 & 0 \\ 0 & 1 \end{pmatrix} \quad \text{d.h.} \quad \left\{ \begin{pmatrix} 1 & 0 \\ 0 & 1 \end{pmatrix}, \begin{pmatrix} 1 & 0 \\ 0 & -1 \end{pmatrix} \right\} = \{E_2; A_1\}
$$

ist eine Basis.

Fall 3: Beide $\lambda_i \neq 0$; $\{\lambda, \lambda_2\} \neq \{+1; -1\}$.
Hier gilt

$$A_1^k = \begin{pmatrix} \lambda_1 & 0 \\ o & \lambda_2 \end{pmatrix} = \begin{pmatrix} \lambda_1^k & 0 \\ o & \lambda_2^k \end{pmatrix},$$

diese sind als Vektoren alle linear unabhängig, d.h. die gesuchte
Basis ist $\{A_1^k : k \in \mathbb{N}_0\}$.

(ii) $A_2 = \begin{pmatrix} 1 & 1 \\ 1 & 1 \end{pmatrix}$; es gibt

$$A_2^k = \begin{pmatrix} 2^{k-1} & 2^{k-1} \\ 2^{k-1} & 2^{k-1} \end{pmatrix},$$

d.h. alle A_2^k sind linear abhängig. Somit ist $\{E_2, A_2\}$ eine mögliche
Basis.

(iii) $A_3 = \begin{pmatrix} 0 & -1 \\ 1 & 0 \end{pmatrix}$; es gilt

$$A_3^2 = \begin{pmatrix} -1 & 0 \\ 0 & -1 \end{pmatrix} = -1 \cdot E_2 \quad \text{und} \quad A_3^3 = \begin{pmatrix} 0 & 1 \\ -1 & 0 \end{pmatrix} = -1 \cdot A_3.$$

Damit bildet $\{E_2; A_3\}$ eine Basis von $\mathbb{R}[A_3]$.

(iv) $A_4 = \begin{pmatrix} 0 & 0 & 1 \\ 1 & 0 & 0 \\ 0 & 1 & 0 \end{pmatrix}$, es gilt

$$A_4^2 = \begin{pmatrix} 0 & 1 & 0 \\ 0 & 0 & 1 \\ 1 & 0 & 0 \end{pmatrix} \quad \text{und} \quad A_4^3 = \begin{pmatrix} 1 & 0 & 0 \\ 0 & 1 & 0 \\ 0 & 0 & 1 \end{pmatrix} = E_3.$$

Diese drei Potenzen von A_4 sind linear unabhängig, so dass
$\{E_3, A_4, A_4^2\}$ eine Basis bilden.

Es steht noch aus, zu prüfen, ob $\mathbb{R}[A_j]$ ein Körper ist. Das gilt,
wenn die Inversen der Basiselemente in $\mathbb{R}[A_j]$ liegen. Das ist für
$\mathbb{R}[A_4]$ der Fall, für $\mathbb{R}[A_2]$ nicht, da A_2 nicht invertierbar ist. Für
$\mathbb{R}[A_1]$ ist eine Fallunterscheidung notwendig.

2. Es seien $F, G: V \to V$ Vektorraum-Endomorphismus mit $F \circ
G = G \circ F$.

Ferner sei $(v_1, \ldots, v_k)$ eine Basis der Eigenraums zum Eigenwert λ von G, d.h. $Gv_i = \lambda v_i$ für $i = 1, \ldots, k$.

Zu zeigen: $F(v_i)$ ist eine Linearkombination aus $(v_1, \ldots, v_k)$ für alle $i = 1, \ldots, k$.

Beweis: Aufgrund der Kommutativität der Kombination sowie der Linearität der Endomorphismen F, und G gilt

$$G\big(F(v_i)\big) = F\big(G(v_i)\big) = F(\lambda \cdot v_i) = \lambda \cdot F(v_i),$$

d.h. $F(v_i)$ ist ein Eigenvektor von G zum Eigenwert λ. Dann ist er ein Element des Eigenraums zu λ und damit eine Lineakombination aus $(v_1, \ldots, v_k)$.

3. a) Die Behauptungen folgen direkt aus der zweiten Definition in 5.6.5.

b) Es gilt $d \overset{(i)}{=} \mathrm{ggt}(a, b)$ und $e \overset{(ii)}{=} \mathrm{kgV}(a, b)$. (Man beachte, dass diese nur bis auf das Vorzeichen eindeutig festgelegt sind.)

(i) Zu zeigen ist $a\mathbb{Z} + b\mathbb{Z} = d\mathbb{Z}$ mit $d = \mathrm{ggT}(a, b)$.

„$\subset$" gilt, wenn d ein Teile von a und von b ist.

„$\supset$" folgt aus der Relation von Bézout (siehe 2.3.9) mit $d = a \cdot x + b \cdot y$ für $x, y \in \mathbb{Z}$.

(ii) Zu teigen ist, $a\mathbb{Z} \cap b\mathbb{Z} = e\mathbb{Z}$ mit $e = \mathrm{kgV}(a, b)$.

„$\subset$": Jedes Element aus $a\mathbb{Z} \cap b\mathbb{Z}$ ist sowohl ein Vielfaches von a als auch von b und damit auch ein Vielfaches (evtl. das 1- oder das (-1)-fache) das $\mathrm{kgV}(a, b)$.

„$\supset$": $e \in a\mathbb{Z} \cap b\mathbb{Z}$ weil e ein Vielfaches von a und von b ist. Die Eigenschaft des **kleinsten** gemeinsamen Vielfachen wird für diese Richtung gar nicht benötigt.

4. Wir betrachten alle Polynome mit ganzzahligen Koeffizienten, deren konstanter Summand eine gerade Zahl (was die Null einschließt) ist.

a) (I_1) (siehe 5.6.5) gilt, denn wenn man zwei solche Polynome addiert, addieren sich auch die konstanten Koeffizienten, und die Summe aus geraden Zahlen ist gerade.

(I_2) gilt, denn ein ganzzahliges (!) Vielfaches einer geraden Zahl ist wieder eine gerade Zahl.

b) Diese Aussage ist interessant in Bezug auf den zweiten Satz in 5.6.5, wo Aussagen über Ideale von Polynomringen über Körpern gemacht werden. Angenommen, es gebe ein $q \in \mathcal{I}$, so dass $\mathcal{I} = q \cdot \mathbb{Z}[t]$ ist. Wir dürfen davon ausgehen, dass $q \neq 0$ ist, denn $\mathcal{I}$ enthält auch Elemente $\neq 0$. Wir wählen q als Polynom kleinsten Grades mit der o.g. Eigenschaft, d.h.

$$q = a_0 + \ldots + a_n t^n$$

mit a_0 gerade (o.B.d.A. ungleich Null), $n \geq 1$, $a_n \neq 0$. Jedoch ist offensichtlich das Polynom $q - a_n t^n$ ebenfalls ein Element aus $\mathcal{I}$, und es hat einen kleineren Grad als q. Das ist ein Widerspruch zur Annahme. Somit kann $\mathcal{I}$ nicht durch ein Polynom q erzeugt sein.

5. a) $F \in \mathrm{End}\,(V)$ sei diagonalisierbar, d.h. es existiert eine Basis von V mit

$$M_{\mathcal{B}}(F) = \begin{pmatrix} \lambda_1 & & 0 \\ & \ddots & \\ 0 & & \lambda_n \end{pmatrix} =: A.$$

Dann lautet das charakteristische Polynom

$$P_A(t) = (\lambda_1 - t) \cdot \ldots \cdot (\lambda_n - t)$$

und somit

$$P_A(A) = (\lambda_1 E_n - A) \cdot \ldots \cdot (\lambda_n E_n - A).$$

Es ist zu zeigen, dass $P_A(t)$ die Nullmatrix ist. Die i-te Faktormatrix $\lambda_i E_n - A$ hat die Form

$$\lambda_i E_n - A = \begin{pmatrix} \lambda_i - \lambda_1 & & & & & & \\ & \ddots & & & & & \\ & & \lambda_i - \lambda_{i-1} & & & & \\ & & & 0 & & & \\ & & & & \lambda_i - \lambda_{i+1} & & \\ & & & & & \ddots & \\ 0 & & & & & & \lambda_i - \lambda_n \end{pmatrix},$$

enthält also in der i-ten Zeile nur Nullen. Ein Produkt von n Matrizen, für die $a_{ij} = 0$ für alle $i \neq j$ gilt und unter denen für alle $i = 1, \ldots, n$ eine Matrix mit $a_{ii} = 0$ existiert, kann nach den Regeln der Matrizenmultiplikation nur die Nullmatrix sein.

b) Diese Aufgabe ist durch einfache Rechnung zu lösen. Dafür muss die Matrix $M = \begin{pmatrix} u & b \\ c & d \end{pmatrix}$ in ihr charakteristisches Polynom $P_M(t) = (a - t)(d - t) - bc$ eingesetzt werden, also

$$\left(\begin{pmatrix} a & 0 \\ 0 & a \end{pmatrix} - M \right)\left(\begin{pmatrix} d & 0 \\ 0 & d \end{pmatrix} - M \right) - \begin{pmatrix} bc & 0 \\ 0 & bc \end{pmatrix} = \begin{pmatrix} 0 & 0 \\ 0 & 0 \end{pmatrix}$$

verifiziert werden.

5.7 Die JORDANsche Normalform, Beweis*

1. Wir wählen die Bezeichnungen wie in Beispiel 5.5.5 und stellen ein weiteres Verfahren zu dem aus Aufgabe 1 zu 5.5 zur Ermittlung der Transformationsmatrix und der JORDANschen Normalform vor.
i) Für die Matrix

$$A := \begin{pmatrix} 0 & 2 & 2 \\ 0 & 0 & 2 \\ 0 & 0 & 0 \end{pmatrix} \quad \text{ist} \quad P_A(t) = -t^3.$$

Einziger Eigenwert von A ist somit 0, was nach Aufgabe 1 zu Abschn. 5.1 nicht verwunderlich ist. Wir berechnen zunächst die Potenzen von A:

$$A^2 = \begin{pmatrix} 0 & 0 & 4 \\ 0 & 0 & 0 \\ 0 & 0 & 0 \end{pmatrix}, \quad A^3 = (0).$$

Daraus bestimmen wir

$$U_1 := \operatorname{Ker} A = \operatorname{span}\left({}^t(1, 0, 0) \right),$$
$$U_2 := \operatorname{Ker} A^2 = \operatorname{span}\left({}^t(1, 0, 0), {}^t(0, 1, 0) \right).$$

Aus den Zerlegungen

$$\mathbb{R}^3 = U_2 \oplus W_3 = U_1 \oplus W_2 \oplus W_3 = U_0 \oplus W_1 \oplus W_2 \oplus W_3$$

bestimmen wir $\dim W_3 = \dim W_2 = \dim W_1$, d.h. $s_3 = 1$, $s_2 = s_1 = 0$, was auch wegen $\dim \mathbb{R}^3 = 3 = \min\{d \in \mathbb{N} : A^d = 0\}$

klar ist. Daher sind die Basisvektoren, bzgl. derer die Abbildung A JORDANsche Normalform hat, gegeben durch die drei Vektoren

$$e_3 \in W_3, \quad A \cdot e_3 = \begin{pmatrix} 2 \\ 2 \\ 0 \end{pmatrix} \in W_2, \quad A^2 \cdot e_3 = \begin{pmatrix} 4 \\ 0 \\ 0 \end{pmatrix} \in W_1.$$

Zur Probe bestimmen wir

$$T^{-1} = \begin{pmatrix} 4 & 2 & 0 \\ 0 & 2 & 0 \\ 0 & 0 & 1 \end{pmatrix} \quad \text{und damit} \quad T = \tfrac{1}{4} \begin{pmatrix} 1 & -1 & 0 \\ 0 & 2 & 0 \\ 0 & 0 & 4 \end{pmatrix},$$

womit folgt

$$T A T^{-1} = \begin{pmatrix} 0 & 1 & 0 \\ 0 & 0 & 1 \\ 0 & 0 & 0 \end{pmatrix},$$

wie es sein muss.

Schließlich ist das Minimalpolynom nach unseren Berechnungen der Potenzen von A gegeben durch $M_A(t) = t^3$.

ii) Wir betrachten die Matrix

$$B := \begin{pmatrix} 1 & -2 & 0 & -1 & 2 \\ 1 & -3 & -1 & 0 & 3 \\ 0 & 2 & 1 & -1 & -3 \\ 1 & 0 & 0 & -1 & -2 \\ 0 & -1 & 0 & 0 & 2 \end{pmatrix}$$

zunächst als Endomorphismus des $\mathbb{C}^5$. Das charakteristische Polynom zerfällt in Linearfaktoren, es gibt also mit Vielfachheit gezählt genau fünf Eigenwerte. Da jedoch B nilpotent ist, ist 0 der einzige Eigenwert von B, und daraus folgt $P_B(t) = -t^5 \in \mathbb{C}[t]$. Alle Nullstellen sind reell, also gilt $P_B(t) = -t^5$ auch für den Endomorphismus $B \colon \mathbb{R}^5 \to \mathbb{R}^5$. Wir können uns daher die aufwändige Rechnung zur Bestimmung von $P_B(t)$ sparen.

Wir berechnen zunächst

$$B^2 = \begin{pmatrix} -2 & 2 & 2 & 0 & 2 \\ -2 & 2 & 2 & 0 & 2 \\ 1 & -1 & -1 & 0 & -1 \\ 0 & 0 & 0 & 0 & 0 \\ -1 & 1 & 1 & 0 & 1 \end{pmatrix} \quad \text{und} \quad B^3 = 0.$$

Das Minimalpolynom von B lautet dann $M_B(t) = t^3$. Aus rang $B = 3$ lesen wir dim $U_1 = 2$ ab, aus rang $B^2 = 1$ folgt dim $U_2 = 4$, und dim $U_3 = 5$ ist ohnehin klar. Anhand von $\mathbb{R}^5 = U_2 \oplus W_3$ bestimmen wir zunächst $s_3 = 1$, und anhand der Matrix B^2 sehen wir, dass e_5 eine mögliche Basis für W_3 ist. Aus $\mathbb{R}^5 = U_1 \oplus W_2 \oplus W_3$ folgt $s_2 = 1$, was man auch mit Hilfe der Formel $s_2 = \dim U_2 - \dim U_1 - \dim W_3 = 1$ aus 4.6.5 bestimmen kann. Der Vektor $B \cdot e_5 = {}^t(2, 3, -3, -2, 2)$ ist in jedem Falle in einer Basis von W_2 vertreten. Er kann sinnvoll durch e_4 zu einer Basis von W_2 ergänzt werden. Nun folgt aus $\mathbb{R}^5 = U_0 \oplus W_1 \oplus W_2 \oplus W_3$ gerade dim $W_1 = 2$, also $s_1 = 0$. Daher ist durch die Vektoren $B^2 e_5 = {}^t(2, 2, -1, 0, 1)$ und $Be_4 = {}^t(-1, 0, -1, -1, 0)$ die geeignete Basis von W_1 gegeben. Ordnen wir die Basisvektoren wie in Abschn. 5.7 an, so ergibt sich folgendes Schema:

$$e_5,$$
$${}^t(2, 3, -3, -2, 2), \quad e_4,$$
$${}^t(2, 2, -1, 0, 1), \quad {}^t(-1, 0, -1, -1, 0).$$

Eine Basis, bezüglich der B JORDANsche Normalform hat, ist durch diese fünf Vektoren gegeben. Wir wollen dies noch einmal explizit überprüfen. Es ist

$$T^{-1} = \begin{pmatrix} 2 & 2 & 0 & -1 & 0 \\ 2 & 3 & 0 & 0 & 0 \\ -1 & -3 & 0 & -1 & 0 \\ 0 & -2 & 0 & -1 & 1 \\ 1 & 2 & 1 & 0 & 0 \end{pmatrix} \Rightarrow T = \begin{pmatrix} -3 & 5 & 3 & 0 & 0 \\ 2 & -3 & -2 & 0 & 0 \\ -1 & 1 & 1 & 0 & 1 \\ -3 & 4 & 2 & 0 & 0 \\ 1 & -2 & -2 & 1 & 0 \end{pmatrix},$$

woraus folgt

$$TBT^{-1} = \left(\begin{array}{ccc|cc} 0 & 1 & 0 & 0 & 0 \\ 0 & 0 & 1 & 0 & 0 \\ 0 & 0 & 0 & 0 & 0 \\ \hline 0 & 0 & 0 & 0 & 1 \\ 0 & 0 & 0 & 0 & 0 \end{array}\right) \begin{array}{l} \left.\rule{0pt}{2.2em}\right\} d = 3 \\ \left.\rule{0pt}{1.4em}\right\} d - 1 = 2. \end{array}$$

Die Linien begrenzen dabei die Jordan-Blöcke, $d = \min\{l : G^k = 0\}$. Mit den Bezeichnungen aus Satz 5.7.1 ist also

$$5 = \dim V = 3 \cdot s_3 + 2 \cdot s_2 + 1 \cdot s_1 = 3 \cdot 1 + 2 \cdot 1 + 1 \cdot 0.$$

2. a i) $\Rightarrow$ ii): Für alle i mit $1 \leq i \leq k$ gilt $F(v_i) \in U_i$, also

$$F(v_i) = \sum_{j=1}^{k} a_{ij} v_j.$$

Wir wählen $A = (a_{ij}) \in M(k \times k; K)$ mit diesen Einträgen.
Für $k + 1 \leq i \leq k + l$ gilt

$$F(v_i) = \sum_{j=1}^{l} b_{ij} v_i.$$

Mithilfe der Matrix

$$B = (b_{ij})_{\substack{k+1 \leq i \leq k+1 \\ 1 \leq j \leq l}} \in M(l \times l; K)$$

hat $M_{\mathcal{B}}(F)$ die gewünschte Form, und wir haben ebenfalls verstanden, was an der Stelle $*$ steht: hier finden sich die b_{ij} mit $1 \leq i \leq k$ und $1 \leq j \leq l$ aus dem Bild der Basis von V unter Abbildung F.

ii) $\Rightarrow$ i): Es genügt $F(v_i) \in U$ für $1 \leq k \leq k$ zu zeigen. Wir haben

$$F(v_i) = \sum_{j=1}^{k} a_{ij} v_j + \sum_{j=k+1}^{l} 0 \cdot v_j,$$

wobei a_{ij} die Einträge aus der Matrix A sind. Linearkombinationen aus $v_1, \ldots, v_k$ liegen stets in U, damit ist die Behauptung gezeigt.

b) Diese Aussage ist eine Verallgemeinerung von a) und wird durch analoge Argumente gezeigt.

3. Wir wählen eine Jordan-Basis von V, d. h. die Matrix von F hat bzgl. dieser Basis JORDANsche Normalform. Dabei betrachten wir nun nicht einzelne Jordanblöcke sondern fassen alle Jordanblöcke zu einem Eigenwert λ_i zusammen. Dieser Gesamtblock hat die Größe μ_i. Wenn man in ihm λ_i in der Hauptdiagonale subtrahiert, entsteht eine echte obere Dreiecksmatrix. Diese ist nilpotent, siehe Aufgabe 2 b) (2) zu Abschn. 3.5. Der Kern von $(F - \lambda_i \mathrm{id}_V)^{m u_i}$ wird jeweils von den Jordan-Basis-Vektoren zum Eigenwert λ_i aufgespannt. Da V insgesamt von der Jordan-Basis zu F aufgespannt wird, gilt schon mal

$$V = \mathrm{Ker}\,(F - \lambda_1 \mathrm{id}_V)^{\mu_1} + \ldots + \mathrm{Ker}\,(F - \lambda_k \mathrm{id}_V)^{\mu_k}.$$

Dass dies auch eine direkte Summe ist, kann über ein Dimensionsargument (dim $V = \sum_{i=1}^{k} \mu_i < \infty$) oder über die Jordan-Form in Kombination mit Aufgabe 2 b) aus diesem Abschnitt gezeigt werden.

4. Für die Lösung der Aufgabe bezeichnen wir die Menge aus der Aufgabe durch $\Lambda = \{\lambda_1, \ldots, \lambda_k\}$.

a) Nehmen wir an, dass ein Eigenwert $\mu \notin \Lambda$ existiert. Dann gibt es ein $m \in \mathbb{N} \setminus \{0\}\}$, so dass Ker $(F - \mu \cdot \in_V)^m$ ein Untervektorraum von V ist. Da

$$V = \ker(F - \lambda_1 \cdot \mathrm{id}_V)^{n_1} \oplus \ldots \oplus \ker(F - \lambda \cdot V)^{n_k}$$

die direkte Summe der Untervektorräume ist, existiert ein $1 \leq j \leq k$ mit $\ker(F - \mu \cdot \mathrm{id}_V)^m \subset \ker(F - \lambda_j \cdot \mathrm{id}_V)^{n_j}$. Ein Eigenwert ist als Nullstelle eines charakteristischen Polynoms eindeutig bestimmt, womit $\mu \neq \lambda_j$ nicht sein kann.

b) Zu zeigen ist, dass

$$\ker(F - \lambda_j \cdot \mathrm{id}_V)^{n_j} = \mathrm{Hau}\,(F; \lambda_j) = \bigcup_{k \in \mathbb{N}} \ker(F - \lambda_i \cdot \mathrm{id}_V)^k$$

gilt. Wir zeigen, dass beide jeweils Teilmengen voneinander sind.

„$\subset$": Wegen $n_j \in \mathbb{N}$ ist $\ker(F - \lambda_j \cdot \mathrm{id}_V)^{n_j} \subset \bigcup_{k \in \mathbb{N}} \ker (F - \lambda_i \cdot \mathrm{id}_V)^k$ für beliebiges n_j.

„$\supset$": Da in der Summe $\bigoplus_{i=1}^{k} \ker(F - \lambda_i \cdot \mathrm{id}_V)$ alle Eigenwerte von F auftreten und $\lambda_i \neq \lambda_j$ für $i \neq j$ ist, muss Hau (F, λ_i) ein Untervektorraum von V sein. Da V endlichdimensional ist, existiert ein minimales $k^* \in \mathbb{N}$ mit $\ker(F - \lambda_i \cdot \mathrm{id}_V)^k = \ker(F - \lambda_i \cdot \mathrm{id}_V)^{k^*}$ für alle $k > k^*$. Wäre $k^* > n_j$, so existierte nach dem Ergebnis aus Teil a) ein weiterer Eigenwert $\lambda \in \Lambda$ mit $\ker(F - \lambda_j \cdot \mathrm{id}_V) \cap \ker(F - \lambda \cdot \mathrm{id}_V) \neq \emptyset$ Dies steht jedoch im Widerspruch zur Eindeutigkeit eines Eigenwertes.

5. i) Für

$$A := \begin{pmatrix} 1 & 4 & 2 & 1 \\ 0 & 1 & 2 & -1 \\ 0 & 0 & 1 & -3 \\ 0 & 0 & 0 & -1 \end{pmatrix}$$

ist

$$P_A(t) = (t - 1)^3(t + 1).$$

Wegen Hau $(A; \lambda) = \text{Ker } (A - \lambda E_4)^{\mu(P_A;\lambda)}$ (vgl. 4.6.1) gilt

$$\text{Hau}(A; -1) = \text{Eig}(A; -1) = \text{span } \left({}^t(0, -2, 3, 2)\right)$$

sowie Hau $(A; 1) = \text{Ker } (A - E_4)^3$. Eine Rechnung ergibt

$$(A - E_4)^3 = \begin{pmatrix} 0 & 0 & 0 & 0 \\ 0 & 0 & 0 & 8 \\ 0 & 0 & 0 & -12 \\ 0 & 0 & 0 & -8 \end{pmatrix},$$

also Hau $(A; 1) = \text{span } ({}^t(1, 0, 0, 0), {}^t(0, 1, 0, 0), {}^t(0, 0, 1, 0))$.

Für die Berechnung der JORDANschen Normalform ist eine andere Wahl der Hauptraumvektoren nötig, z. B. die folgende:

$$\text{Hau}(A; 1) = \text{span } \left\{ {}^t\left(1, 0, 0, 0\right), {}^t\left(0, \tfrac{1}{4}, 0, 0\right), \right.$$
$$\left. {}^t\left(0, -\frac{1}{16}, \frac{1}{8}, 0\right)\right\}.$$

Dann ist

$$T = \begin{pmatrix} 1 & 0 & 0 & 0 \\ 0 & \tfrac{1}{4} & -\tfrac{1}{16} & -2 \\ 0 & 0 & \tfrac{1}{8} & 3 \\ 0 & 0 & 0 & 2 \end{pmatrix} \quad \text{und} \quad T^{-1} = \begin{pmatrix} 1 & 0 & 0 & 0 \\ 0 & 4 & 2 & 1 \\ 0 & 0 & 8 & -12 \\ 0 & 0 & 0 & \tfrac{1}{2} \end{pmatrix},$$

was

$$T^{-1}AT = \left(\begin{array}{ccc|c} 1 & 1 & 0 & 0 \\ 0 & 1 & 1 & 0 \\ 0 & 0 & 1 & 0 \\ \hline 0 & 0 & 0 & -1 \end{array}\right)$$

liefert.

ii) Die Matrix

$$\begin{pmatrix} 2 & 3 & 3 & 1 & 8 \\ & 2 & 7 & 2 & 8 \\ & & 2 & 5 & 4 \\ & & & -1 & -4 \\ & & & & -1 \end{pmatrix} =: B$$

hat (wegen ihrer Dreiecksform leicht einsehbar) das charakteristische Polynom

$$P_B(t) = -(t-2)^3(t+1)^2;$$

sie hat daher die Eigenwerte 2 und -1. Wir berechnen den Kern der Matrix

$$B - 2E_5 = \begin{pmatrix} 0 & 3 & 3 & 1 & 8 \\ & 0 & 7 & 2 & 8 \\ & & 0 & 5 & 4 \\ & & & -3 & -4 \\ & & & & -3 \end{pmatrix} \rightsquigarrow \begin{pmatrix} 0 & 0 & 0 & 0 & 0 \\ & 1 & 0 & 0 & 0 \\ & & 1 & 0 & 0 \\ & & & 1 & 0 \\ & & & & 1 \end{pmatrix},$$

der von $^t(1, 0, 0, 0, 0)$ aufgespannt wird. Da der Eigenwert 2 jedoch die Vielfachheit 3 hatte, was man am charakteristischen Polynom ablesen kann, müssen wir noch zwei Hauptraumvektoren zum Eigenwert 2 bestimmen. Dafür gibt es verschiedene Rechenmöglichkeiten. Wir bestimmen eine Lösung des LGS

$$(B - 2E_5) \cdot x = {}^t(1, 0, 0, 0, 0),$$

also zum Beispiel $x = {}^t\left(0, \frac{1}{3}, 0, 0, 0\right)$, als ersten Hauptraumvektor. Dieses Vorgehen ist korrekt, weil damit $B \cdot x = 2 \cdot x + 1 \cdot {}^t(1, 0, 0, 0, 0)$ gilt, was wunschgemäß gerade den Einträgen in einer Spalte der späteren JORDANschen Normalform entspricht. Den zweiten Hauptraumvektor errechnen wir genauso als Lösung des LGS

$$(B - 2E_5) \cdot y = {}^t\left(0, \frac{1}{3}, 0, 0, 0\right),$$

eine Möglichkeit ist $y = {}^t(0, -\frac{1}{21}, \frac{1}{21}, 0, 0)$.

Mit dem Eigenwert -1 verfahren wir ganz genauso. Als Basis des Kerns der Matrix

$$B + E_5 = \begin{pmatrix} 3 & 3 & 3 & 1 & 8 \\ & 3 & 7 & 2 & 8 \\ & & 3 & 5 & 4 \\ & & & 0 & -4 \\ & & & & 0 \end{pmatrix} \rightsquigarrow \begin{pmatrix} 3 & 3 & 3 & 1 & 0 \\ & 3 & 7 & 2 & 0 \\ & & 3 & 5 & 0 \\ & & & 0 & 1 \\ & & & & 0 \end{pmatrix}$$

ergibt sich der Eigenvektor $^t(17, -29, 15, -9, 0)$. Der zugehörige Hauptraumvektor ist eine Lösung des LGS

$$(B + E_5) \cdot z = {}^t(17, -29, 15, -9, 0).$$

$z = {}^t\left(18, -\frac{61}{3}, 2, 0, \frac{9}{4}\right)$ ist eine mögliche Lösung.

Damit sind die Haupträume vollständig bestimmt. Außerdem liefern diese Rechnungen die Transformationsmatrix T, in deren Spalten die Eigen- und Hauptraumvektoren stehen:

$$T = \begin{pmatrix} 1 & 0 & 0 & 17 & 18 \\ & \frac{1}{3} & -\frac{1}{21} & -29 & -\frac{61}{3} \\ & & \frac{1}{21} & 15 & 2 \\ & & & -9 & 0 \\ & & & & \frac{9}{4} \end{pmatrix}.$$

Es gilt

$$T^{-1} = \begin{pmatrix} 1 & 0 & 0 & \frac{17}{9} & -8 \\ & 3 & 3 & -\frac{14}{3} & \frac{220}{9} \\ & & 21 & 35 & -\frac{56}{3} \\ & & & -\frac{1}{9} & 0 \\ & & & & \frac{4}{9} \end{pmatrix},$$

und als Probe bestätigen wir die JORDANsche Normalform

$$T^{-1}BT = \left(\begin{array}{ccc|cc} 2 & 1 & 0 & 0 & 0 \\ 0 & 2 & 1 & 0 & 0 \\ 0 & 0 & 2 & 0 & 0 \\ \hline 0 & 0 & 0 & -1 & 1 \\ 0 & 0 & 0 & 0 & -1 \end{array}\right).$$

6. Wir haben bereits in den Lösungen zu Aufgaben 2 und 5 dieses Abschnitts zwei verschiedene Möglichkeiten kennengelernt, eine Transformationsmatrix zur JORDANschen Normalform zu bestimmen. Welche Methode man vorzieht, bleibt jedem/jeder selbst überlassen; wir wollen uns jedoch stets auf die Vorführung einer Rechnung beschränken.

Die Matrix

$$A = \begin{pmatrix} 3 & 4 & 3 \\ -1 & 0 & -1 \\ 1 & 2 & 3 \end{pmatrix}$$

hat das charakteristische Polynom $P_A(t) = -(t-2)^3$. Als eine Basis des Kerns der Matrix

$$A - 2E_3 = \begin{pmatrix} 1 & 4 & 3 \\ -1 & -2 & -1 \\ 1 & 2 & 1 \end{pmatrix} \rightsquigarrow \begin{pmatrix} 1 & 0 & -1 \\ 0 & 1 & 1 \\ 0 & 0 & 0 \end{pmatrix}$$

ermitteln wir den Eigenvektor $v = {}^t(1, -1, 1)$. Damit ist jetzt schon klar, dass die Jordanform von A nur aus einem Jordanblock der Länge 3 besteht. In dieser Aufgabe ist jedoch auch eine Basis gefragt, bezüglich der A Jordanform hat, und das Minimalpolynom soll bestimmt werden. Dieses lautet $M_A(t) = (t-2)^3$, weil $(A - 2E_3)^2 \neq 0$ ist, siehe Korollar zum Satz von CAYLEY-HAMILTON, Abschn. 5.6.7

Der Vektor $x = {}^t(1, 0, 0)$ ist eine Lösung des linearen Gleichungssystems $(A - 2E_3) \cdot x = {}^t(1, -1, 1)$ und wird somit unser erster Hauptraumvektor. Analog bestimmen wir $y = {}^t\left(-1, \frac{1}{2}, 0\right)$ als Lösung von $(A - 2E_3) \cdot y = {}^t(1, 0, 0)$. Die gesuchte Basis lautet $B = (v, x, y)$, d.h. die Matrix T^{-1}, die aus den Spaltenvektoren v, x, y zusammengesetzt wird, lautet

$$T^{-1} = \begin{pmatrix} 1 & 1 & -1 \\ -1 & 0 & \frac{1}{2} \\ 1 & 0 & 0 \end{pmatrix}$$

mit inverser Matrix

$$T = \begin{pmatrix} 0 & 0 & 1 \\ 1 & 2 & 1 \\ 0 & 2 & 2 \end{pmatrix}.$$

Zur Probe rechnen wir

$$T A T^{-1} = \begin{pmatrix} 2 & 1 & 0 \\ & 2 & 1 \\ & & 2 \end{pmatrix}$$

nach: alles in Ordnung.

Mit der zweiten Matrix

$$B = \begin{pmatrix} 2 & 1 & 1 & 0 & -2 \\ 1 & 1 & 1 & 0 & -1 \\ 1 & 0 & 2 & 0 & -1 \\ 1 & 0 & 1 & 2 & -2 \\ 1 & 0 & 1 & 0 & 0 \end{pmatrix}$$

gehen wir genauso vor. Da sich hier jedoch einige kleine Besonderheiten ergeben, dokumentieren wir unser Vorgehen ausführlich. Das charakteristische Polynom lautet

$$P_B(t) = -(t-2)^2(t-1)^3.$$

Es gilt

$$B - 2E_5 = \begin{pmatrix} 0 & 1 & 1 & 0 & -2 \\ 1 & -1 & 1 & 0 & -1 \\ 1 & 0 & 0 & 0 & -1 \\ 1 & 0 & 1 & 0 & -2 \\ 1 & 0 & 1 & 0 & -2 \end{pmatrix} \rightsquigarrow \begin{pmatrix} 1 & 0 & 0 & 0 & -1 \\ & 1 & 0 & 0 & -1 \\ & & 1 & 0 & -1 \\ & & & 0 & 0 \\ & & & & 0 \end{pmatrix}.$$

Diese Matrix hat Rang 3, ihr Kern ist also zweidimensional. Eine Basis des Kerns besteht aus den beiden Eigenvektoren

$$v_1 = {}^t(0, 0, 0, 1, 0) \quad \text{und} \quad v_2 = {}^t(1, 1, 1, 0, 1).$$

Damit ist der Teil der Jordanmatrix, der zum Eigenwert 2 gehört, diagonalisierbar, weil es genauso viele linear unabhängige Eigenvektoren zu 2 gibt, wie die Vielfachheit der Nullstelle 2 im charakteristischen Polynom beträgt. Wir brauchen uns auch um keine Hauptraumvektoren mehr zu kümmern.

Beim Eigenwert 1 wird es etwas komplizierter. Wir berechnen

$$B - E_5 = \begin{pmatrix} 1 & 1 & 1 & 0 & -2 \\ 1 & 0 & 1 & 0 & -1 \\ 1 & 0 & 1 & 0 & -1 \\ 1 & 0 & 1 & 1 & -2 \\ 1 & 0 & 1 & 0 & -1 \end{pmatrix} \rightsquigarrow \begin{pmatrix} 1 & 0 & 1 & 0 & -1 \\ & 1 & 0 & 0 & -1 \\ & & 0 & 1 & -1 \\ & & & 0 & 0 \\ & & & & 0 \end{pmatrix};$$

das liefert die Eigenvektoren $w_1 = {}^t(0, 1, 1, 1, 1)$ und $w_2 = {}^t(1, 1, 0, 1, 1)$. Nun müssen wir einen Vektor bestimmen, der durch $(B - E_5)$ in den durch w_1 und w_2 aufgespannten Unterraum abgebildet wird, das entspricht einer Lösung des LGS

$$(B - E_5) \cdot x = a \cdot w_1 + b \cdot w_2,$$

wobei $a, b \in \mathbb{R}$ beliebig sind. Eine Möglichkeit ist

$$(B - E_5) \cdot {}^t(1, -1, 0, 0, 0) = 1 \cdot w_1 + 0 \cdot w_2.$$

Damit lautet die gesuchte Basis (v_1, v_2, w_1, x, w_2), wobei $x = {}^t(1, -1, 0, 0, 0)$ ist. Es ist

$$S^{-1} = \begin{pmatrix} 0 & 1 & 0 & 1 & 1 \\ 0 & 1 & 1 & -1 & 1 \\ 0 & 1 & 1 & 0 & 0 \\ 1 & 0 & 1 & 0 & 1 \\ 0 & 1 & 1 & 0 & 1 \end{pmatrix}, \quad \text{also} \quad S = \begin{pmatrix} 1 & 1 & 1 & 1 & -3 \\ 1 & 1 & 1 & 0 & -2 \\ -1 & -1 & 0 & 0 & 2 \\ 0 & -1 & 0 & 0 & 1 \\ 0 & 0 & -1 & 0 & 1 \end{pmatrix}$$

sowie

$$SBS^{-1} = \begin{pmatrix} 2 & & & & \\ & 2 & & & \\ & & 1 & 1 & \\ & & 0 & 1 & \\ & & & & 1 \end{pmatrix}.$$

Das Minimalpolynom von B lautet $M_B(t) = (t - 2)(t - 1)^2$. Man kann an ihm die Länge der größten Jordanblöcke zum jeweiligen Eigenwert ablesen, siehe auch 5.6.6.

7. a) Wir zeigen die Behauptung durch Induktion über m. Für $m = 2$ ist $(SAS^{-1})^2 = SAS^{-1} \cdot SAS^{-1} = SA^2 S^{-1}$. Den Induktionsschritt beweisen wir mit

$$(SAS^{-1})^m = (SAS^{-1})(SAS^{-1})^{m-1} \overset{(*)}{=} (SAS^{-1})$$
$$(SA^{m-1}S^{-1}) = SA^m S^{-1},$$

wobei bei (∗) die Induktionsannahme benutzt wurde.

b) Den Beweis kann man einerseits wie den Beweis des binomischen Lehrsatzes (vgl. [Fo1], §1) durch Induktion über m führen, da dort lediglich die Kommutativität in $\mathbb{R}$ sowie $x + y \in \mathbb{R}$ und $x \cdot y \in \mathbb{R}$ für $x, y \in \mathbb{R}$ ausgenutzt werden. Daher gilt der binomische Lehrsatz in jedem kommutativen Ring mit Eins.

Auf dieser Grundlage geben wir einen Beweis an. Sind zwei Matrizen $A, B \in R := \mathrm{M}(n \times n; K)$ mit $AB = BA$ gegeben, so betrachten wir den von A und B in R erzeugten Unterring (Achtung: Nicht das von A und B erzeugte Ideal!). Dieser ist wegen $AB = BA$ kommutativ, also gilt der binomische Lehrsatz, woraus die Behauptung folgt.

c) Für die Matrix A ist $P_A(t) = -(t-2)^3$, wie man nach einer kurzen Rechnung herausfindet. Wegen

$$\dim \text{Eig}\,(A; 2) = 1 < 3 = \mu(P_A; 2)$$

ist A nicht diagonalisierbar, aber trigonalisierbar. Die Matrix $N := A - 2E_3$ ist nilpotent mit $N^3 = 0$, also gilt $\text{Hau}\,(A; 2) = \text{Ker}\,N^3 = \mathbb{R}^3$. Wir können daher $A = E_3(D+N)E_3$ wählen mit

$$D := \begin{pmatrix} 2 & 0 & 0 \\ 0 & 2 & 0 \\ 0 & 0 & 2 \end{pmatrix} \quad \text{und} \quad N := \begin{pmatrix} 1 & 4 & 3 \\ -1 & -2 & -1 \\ 1 & 2 & 1 \end{pmatrix}.$$

Man bestimmt leicht $DN = 2N = ND$.

Für die Berechnung von A^{50} ist es vorteilhaft, dass $S = E_3$ gilt. Zunächst erhalten wir

$$A^{50} = (D+N)^{50} = \sum_{k=0}^{50} \binom{50}{k} D^k N^{50-k}.$$

Da N nilpotent ist mit $N^l = 0$ für alle $l \geq 3$, bleiben nur drei Summanden stehen:

$$A^{50} = \binom{50}{48} D^{48} N^2 + \binom{50}{49} D^{49} N + \binom{50}{50} D^{50} N^0.$$

Benutzen wir ferner $N^0 = E_3$ sowie $D^l = 2^l \cdot E_3$, so erhalten wir

$$A^{50} = \tfrac{49 \cdot 50}{2} \cdot 2^{48} \begin{pmatrix} 0 & 2 & 2 \\ 0 & -2 & -2 \\ 0 & 2 & 2 \end{pmatrix} + 50 \cdot 2^{49} \begin{pmatrix} 1 & 4 & 3 \\ -1 & -2 & -1 \\ 1 & 2 & 1 \end{pmatrix} + 2^{50} E_3$$

$$= 2^{49} \begin{pmatrix} 52 & 1425 & 1375 \\ -50 & -1323 & -1275 \\ 50 & 1325 & 1277 \end{pmatrix}.$$

8. a) Für eine Diagonalmatrix D gilt für alle $k \in \mathbb{N}$

$$D = \begin{pmatrix} \lambda_1 & & 0 \\ & \ddots & \\ 0 & & \lambda_n \end{pmatrix} \Rightarrow D^k = \begin{pmatrix} \lambda_1^k & & 0 \\ & \ddots & \\ 0 & & \lambda_n^k \end{pmatrix}.$$

Hieraus folgt direkt

$$\exp(D) = \begin{pmatrix} \lim\limits_{m\to\infty} \sum\limits_{k=0}^{m} \frac{1}{k!}\lambda_1^k & & 0 \\ & \ddots & \\ 0 & & \lim\limits_{m\to\infty} \sum\limits_{k=0}^{m} \frac{1}{k!}\lambda_n^k \end{pmatrix} = \begin{pmatrix} e^{\lambda_1} & & 0 \\ & \ddots & \\ 0 & & e^{\lambda_n} \end{pmatrix}.$$

b) Nach Aufgabe 7 a) gilt für alle $k \in \mathbb{N}$ gerade $(SAS^{-1})^k = SA^kS^{-1}$. Damit folgt

$$\exp(SAS^{-1}) = \lim_{m\to\infty} \sum_{k=0}^{m} \frac{1}{k!}(SAS^{-1})^k = \lim_{m\to\infty} \sum_{k=0}^{m} \frac{1}{k!}SA^kS^{-1}$$

$$= S\left(\lim_{m\to\infty} \sum_{k=0}^{m} \frac{1}{k!}A^k\right)S^{-1} = S \cdot \exp(A) \cdot S^{-1}.$$

c) Wir betrachten die Folge $(C_m) \subset \mathrm{M}(n \times n; \mathbb{R})$ von Matrizen mit

$$C_m := \sum_{k=0}^{2m} \frac{1}{k!}(A+B)^k - \left(\sum_{k=0}^{m} \frac{1}{k!}A^k\right)\left(\sum_{k=0}^{m} \frac{1}{k!}B^k\right).$$

Wenn wir zeigen können, dass $\lim_{m\to\infty} C_m = (0)$ gilt (wobei $(0) \in \mathrm{M}(n \times n; \mathbb{R})$ die Nullmatrix bezeichnet), sind wir fertig. Hierzu genügt es zu zeigen, dass alle Einträge von C_m für große m beliebig klein werden. Wir zeigen dies durch geschickte Abschätzung der Einträge von C_m. Aus Aufgabe 4b) folgt

$$C_m = \sum_{l=0}^{2m} \sum_{k=0}^{l} \frac{1}{k!(l-k)!}A^kB^{l-k} - \sum_{k=0}^{m}\sum_{l=0}^{m} \frac{1}{k!l!}A^kB^l$$

$$= \sum_{\substack{k+l\le 2m \\ k>m \text{ oder } l>m}} \frac{1}{k!}A^k\frac{1}{l!}B^l.$$

Nun bezeichne für $A = (a_{ij})$ und $B = (b_{ij})$

$$c := \max\{|a_{ij}|, |b_{ij}|\}.$$

Wir behaupten: Die Einträge aus A^m und B^m sind durch $(nc)^m$
beschränkt. $(*)$
Ist dies gezeigt, so sind die Komponenten von $\frac{1}{k!l!}A^k B^l$ beschränkt durch $\frac{n}{k!l!}(nc)^{k+l}$. Die Summe C_m enthält höchstens m^2
Summanden, daher ist jeder Eintrag von C_m beschränkt durch

$$\frac{m^2 n}{k!l!}(nc)^{k+l} \leq \frac{m^2 n}{m!}\vartheta^{2m} \quad \text{mit } \vartheta := \max\{1, nc\},$$

da $k > m$ oder $l > m$ sowie $k + l \leq 2m$ gilt. Schließlich folgt aus
$\lim_{m \to \infty} \frac{m^2 \cdot \vartheta^{2m}}{m!} = 0$, dass alle Komponenten von C_m für $m \to \infty$
beliebig klein werden, d. h. $\lim_{m \to \infty} C_m = (0)$.

Es bleibt der Beweis von $(*)$. Dazu wählen wir für die Matrizen
$A = (a_{ij})$ und $A^m = (a_{ij}^{(m)})$ die Bezeichnungen $a := \max\{|a_{ij}|\}$
und $a^{(m)} := \max\{|a_{ij}^{(m)}|\}$. Aus

$$a_{ij}^{(m)} = \sum_{k=1}^{n} a_{ik}^{(m-1)} a_{kj}$$

folgt $a^{(m)} \leq (n \cdot a) \cdot a^{(m-1)}$, und per Induktion erhalten wir $a^{(m)} \leq$
$(n \cdot a)^m$. Da eine analoge Aussage für B gilt, folgt die Behauptung.

Die Abbildung exp: $\text{M}(n \times n; K) \to \text{GL}(n, K)$ wird in der
Theorie der Lie-Algebren und Lie-Gruppen weiter verallgemeinert, vgl. [F-H], §8.3.

d) Aus $P_A(t) = -(t-1)^3$ bestimmen wir zunächst

$$\dim \text{Eig}(A; 1) = 1 < 3 = \mu(P_A; 1),$$

also ist A zwar trigonalisierbar, nicht aber diagonalisierbar. Der
Satz über die Hauptraumzerlegung 5.7.2 ergibt ohne weitere Rechnung

$$\dim \text{Hau}(A; 1) = \dim \text{Ker}(A - E_3)^3 = \mathbb{R}^3.$$

Setzen wir

$$N := A - E_3 = \begin{pmatrix} 2 & 0 & -2 \\ -2 & -1 & 1 \\ 2 & 1 & -1 \end{pmatrix},$$

so erhalten wir eine Zerlegung $A = E_3 + N$, wobei N nilpotent
und E_3 Diagonalmatrix ist. Also können wir $D = S = E_3$ wählen, was die weiteren Berechnungen sehr übersichtlich macht. Die

Bedingung $DN = ND$ ist sofort klar, und unter Berücksichtigung der Teile a) und c) folgt aufgrund von $N^3 = 0$

$$\exp(A) = \exp(D + N) = \exp(D) \cdot \exp(N) = e \cdot \exp(N)$$

$$= e \left(\tfrac{1}{0!} N^0 + \tfrac{1}{1!} N^1 + \tfrac{1}{2!} N^2 \right) = e \begin{pmatrix} 3 & -1 & -3 \\ -2 & 1 & 2 \\ 2 & 0 & -1 \end{pmatrix}.$$

9. Nach 5.7.1 gilt $s_l = \dim \operatorname{Ker} G^l - \dim \operatorname{Ker} G^{l-1} - \dim W_{l+1}$. Da $\operatorname{Ker} G^{l-1} \subset \operatorname{Ker} G^l$ ein Untervektorraum ist, können wir Satz 3.2.7* anwenden, woraus

$$\dim \operatorname{Ker} G^l - \dim \operatorname{Ker} G^{l-1} = \dim \left(\operatorname{Ker} G^l / \operatorname{Ker} G^{l-1} \right)$$

folgt. Nach Konstruktion im Beweis von Satz 5.7.1 gilt

$$\operatorname{ker} G^{l+1} = \operatorname{Ker} G^l \oplus W_{l+1}, \quad \text{also} \quad \dim \operatorname{Ker} G^{l+1}$$
$$= \dim \operatorname{Ker} G^l + \dim W_{l+1}$$

bzw. nach Umformung $\dim W_{l+1} = \dim \operatorname{Ker} G^{l+1} - \dim \operatorname{Ker} G^l$. Aus $\operatorname{Ker} G^l \subset \operatorname{Ker} G^{l+1}$ folgt mit erneuter Anwendung von Satz 3.2.7* $\dim W_{l+1} = \dim \left(\operatorname{Ker} G^{l+1} / \operatorname{Ker} G^l \right)$. Insgesamt gilt daher

$$s_l = \dim \operatorname{Ker} G^l - \dim \operatorname{Ker} G^{l-1} - \dim W_{l+1}$$
$$= \dim \left(\operatorname{Ker} G^l / \operatorname{Ker} G^{l-1} \right) - \dim \left(\operatorname{Ker} G^{l+1} / \operatorname{Ker} G^l \right).$$

Der zweite Aufgabenteil folgt durch die Anwendung des ersten Teils. Es gilt

$$\sum_{k=l}^{d} s_k = \dim \operatorname{Ker} G^l - \dim \operatorname{Ker} G^{l-1}$$

und

$$\sum_{k=l+1}^{d} s_k = \dim \operatorname{Ker} G^{l+1} - \dim \operatorname{Ker} G^l.$$

Durch Subtraktion der beiden Summen ergibt sich

$$s_l = \sum_{k=l}^{d} s_k - \sum_{k=l+1}^{d} s_k = \dim \operatorname{Ker} G^l$$

$$- \dim \operatorname{Ker} G^{l-1} - (\dim \operatorname{Ker} G^{l+1} - \dim \ker G^l)$$

$$= -2 \dim \operatorname{Ker} G^{l+1} + 2 \dim \operatorname{Ker} G^l - \dim \operatorname{Ker} G^{l-1},$$

was zu zeigen war.

10. Aufgrund der Form des charakteristischen Polynoms stehen in der Diagonalen der Jordan-Matrix von F einmal die 1 und fünfmal die -2. Aus den Exponenten des Minimalpolynoms liest man ab, dass der größte Jordan-Block zum Eigenwert 1 ein (1×1)-Block ist, der größte Jordan-Block zum Eigenwert -2 ist ein (3×3)-Block. Daher gibt es zwei Möglichkeiten für die JORDANsche Normalform von F:

$$\begin{pmatrix} \boxed{1} & & & & & \\ & \boxed{-2 \quad 1 \quad 0} & & & \\ & \boxed{\quad -2 \quad 1} & & \\ & \boxed{\quad\quad -2} & & \\ & & & \boxed{-2} & \\ & & & & \boxed{-2} \end{pmatrix} \quad \text{und} \quad \begin{pmatrix} \boxed{1} & & & & \\ & \boxed{-2 \quad 1 \quad 0} & & \\ & \boxed{\quad -2 \quad 1} & \\ & \boxed{\quad\quad -2} & \\ & & \boxed{-2 \quad 1} \\ & & \boxed{\quad -2} \end{pmatrix},$$

wobei die Jordan-Blöcke eingerahmt und die nicht angegebenen Einträge alle 0 sind.

11. Die Bedingung $F^3 = F$ ist äquivalent zu $F^3 - F = 0$. Daraus folgt aufgrund der Definition des Minimalpolynoms $M_F | (t^3 - t)$. Aus der Zerlegung

$$t^3 - t = t(t+1)(t-1)$$

erkennt man, dass M_F in jedem Falle einfache Nullstellen besitzt. Daher erfüllt M_F die Bedingungen von Satz 5.3.3 ii), also ist F diagonalisierbar.

12. Wir betrachten die reelle Matrix $A \in M(n \times n; \mathbb{R})$ als eine komplexe Matrix $A \in M(n \times n; \mathbb{C})$, deren Einträge nun einmal reell sind. Weil der Körper der komplexen Zahlen algebraisch abgeschlossen ist, gibt es nach dem Satz von der Jordan'schen

Normalform eine Matrix $\tilde{T} \in \mathrm{GL}(n; \mathbb{C})$ so dass $\tilde{J} = \tilde{T} A \tilde{T}^{-1} \in$ $\mathrm{M}(n \times n; \mathbb{C})$ eine Jordan-Matrix ist. Dabei bilden die Spalten von $\tilde{T}^{-1}$ eine Jordan-Basis, also eine Basis $\tilde{\mathcal{B}}$ von $\mathbb{C}^n$, die aus Jordan-Ketten besteht.

Gleich werden wir zeigen, dass es zu einer reellen Matrix A komplexe Jordan-Basen $\tilde{\mathcal{B}}$ gibt, die zusätzlich die folgenden beiden Eigenschaften besitzen:

(i) Die Hauptvektoren zu rellen Eigenwerten von A sind reell, was bedeutet, dass die Jordan-Ketten zu reellen Eigenwerten aus Vektoren mit reellen Einträgen bestehen.

(ii) Die Jordan-Ketten zu nicht-rellen Eigenwerten von A kommen in komplex konjugierten Paaren vor. Das heißt, dass eine Jordan-Kette $(v_1, \ldots, v_k)$ zu einem Eigenwert $\lambda \in \mathbb{C} \setminus \mathbb{R}$ in $\tilde{\mathcal{B}}$ genau dann vorkommt, wenn auch die Jordan-Kette $(\bar{v}_1, \ldots, \bar{v}_k)$ zum Eigenwert $\bar{\lambda}$ vorkommt und ihre absoluten Häufigkeiten identisch sind.

Aus einer komplexen Jordan-Basis mit diesen Eigenschaften konstruieren wir eine Basis $\mathcal{B}$ von $\mathbb{R}^n$, so dass $J = T A T^{-1}$ eine Blockdiagonalmatrix der gewünschten Gestalt ist, folgendermaßen:

Die reelle Basis $\mathcal{B}$ besteht zunächst aus den rellen Jordan-Ketten zu den rellen Eigenwerten von A. Hinzu fügen wir für jedes komplex konjugierte Paar $(v_1, \ldots, v_k)$ und $(\bar{v}_1, \ldots, \bar{v}_k)$ von Jordan-Ketten zu einem nicht-reellen Eigenwert $\lambda = a + b\mathrm{i}$ mit $b \neq 0$ die Folge von Vektoren $(x_1, y_1, \ldots, x_k, y_k)$, definiert durch

$$x_i = \mathrm{re}\, v_i = \frac{1}{2}(v_i + \bar{v}_i), \qquad y_i = \mathrm{im}\, v_i = \frac{1}{2i}(v_i - \bar{v}_i).$$

Bilden die Spalten von T^{-1} die Vektoren der so konstruierten Basis $\mathcal{B}$, so hat $J = T A T^{-1}$ die reellifizierte Jordan-Form. Die Jordan-Ketten zu den rellen Eigenwerten sind für die normalen Jordan-Blöcke verantwortlich, während die Folgen $(x_1, y_1, \ldots, x_k, y_k)$ zu reellifizierten Jordan-Blöcken führen.

Um Letzteres sehen zu können, zerlegt man die komplexen Hauptvektorgleichungen

$$A v_1 = \lambda v_1, \qquad A v_{i+1} = \lambda v_{i+1} + v_i$$

in Real- und Imaginärteile. Damit erhält man für v_1 zunächst

$$Ax_1 + i\,Ay_1 = A(x_1 + iy_1) = Av_1 = \lambda v_1 = (a + b\,i)$$
$$(x_1 + iy_1) = (ax_1 - by_1) + (bx_1 + ay_1)i$$

und daraus

$$Ax_1 = ax_1 - by_1,$$
$$Ay_1 = bx_1 + ay_1.$$

Analog ergibt sich für v_{i+1}

$$Ax_{i+1} = ax_{i+1} - by_{i+1} + x_i,$$
$$Ay_{i+1} = bx_{i+1} + ay_{i+1} + y_i.$$

Damit haben wir aus einer komplexen Jordan-Basis $\tilde{\mathcal{B}}$ mit den Eigenschaften (i) und (ii) eine reelle Basis $\mathcal{B}$ konstruiert, mit deren Hilfe wir die Matrix A in reellifizierte JORDANsche Normalform bringen konnten.

Wir haben gezeigt, dass eine komplexe Jordan-Basis $\tilde{\mathcal{B}}$ mit den Eigenschaften (i) und (ii) zum Ziel führt. Es steht jedoch aus, ihre Existenz zu zeigen, was wir jetzt nachholen werden.

λ sei zunächst ein reeller Eigenwert von A. Mit A sind für alle $k \in \mathbb{N}^*$ auch die Matrizen $(A - \lambda E_n)^k$ reell. Nun hängt aber $\mathrm{rang}(A - \lambda E_n)^k$ und somit $\dim \mathrm{Ker}(A - \lambda E_n)^k$ nicht davon ab, ob diese Matrizen als reelle oder als komplexe Matrizen mit reellen Einträgen betrachtet werden. Schließlich lässt sich ihr Rang mit dem Gauß-Algorithmus bestimmen – er verläuft aber für eine reelle Matrix analog über die reellen wie über die komplexen Zahlen.

Das bedeutet, dass der komplexe Hauptraum

$$\mathrm{Hau}_{\mathbb{C}}(A; \lambda) = \{v \in \mathbb{C}^n : (A - \lambda E_n)^k v = 0 \text{ für ein } k \in \mathbb{N}\}$$

und der reelle Hauptraum

$$\mathrm{Hau}_{\mathbb{R}}(A; \lambda) = \{v \in \mathbb{R}^n : (A - \lambda E_n)^k v = 0 \text{ für ein } k \in \mathbb{N}\}$$

die gleiche Dimension haben. Es ergibt sich gar mehr. Die Konjugation als $\mathbb{R}$-linearer Isomorphismus induziert auf dem $\mathbb{C}^n$ einen Isomorphismus zwischen $\mathrm{Hau}_{\mathbb{C}}(A; \lambda)$ und $\mathrm{Hau}_{\mathbb{C}}(A; \bar{\lambda})$, so dass für die komplexe Konjugation $\varphi \colon \mathbb{C} \to \mathbb{C}$, $\lambda \mapsto \bar{\lambda}$, das folgende Diagramm kommutativ ist:

$$
\begin{array}{ccc}
\mathrm{Hau}_{\mathbb{C}}(A;\lambda) & \xrightarrow{\ \varphi\ } & \mathrm{Hau}_{\mathbb{C}}(A;\bar{\lambda}) \\
A\downarrow & & \downarrow A \\
\mathrm{Hau}_{\mathbb{C}}(A;\lambda) & \xrightarrow[\ \varphi\ ]{} & \mathrm{Hau}_{\mathbb{C}}(A;\bar{\lambda})
\end{array}
$$

Da $A - \lambda E_n$ auf dem reellen Hauptraum nilpotent ist, gibt es nach dem Satz über die Normalform eines nilpotenten Endomorphismus (Abschn. 5.7.1) eine reelle Jordan-Basis von $\mathrm{Hau}_{\mathbb{R}}(A;\lambda)$, die somit auch eine komplexe Jordan-Basis von $\mathrm{Hau}_{\mathbb{C}}(A;\lambda)$ ist, die aus reellen Vektoren besteht.

Sei nun λ ein nicht-reeller Eigenwert von A, und sei $(v_1,\ldots, v_k)$ eine Jordan-Kette zum Eigenwert λ. Dann ist auch $\bar{\lambda}$ ein Eigenwert von A und $(\bar{v}_1,\ldots,\bar{v}_k)$ eine Jordan-Kette zum Eigenwert $\bar{\lambda}$. Dies gilt, weil A reell ist und damit $\bar{A} = A$ gilt. Daraus folgt

$$
A\,\bar{v}_1 = \bar{A}\,\bar{v}_1 = \overline{A\,v_1} = \overline{\lambda\,v_1} = \bar{\lambda}\,\bar{v}_1
$$

und

$$
A\,\bar{v}_{i+1} = \bar{A}\,\bar{v}_{i+1} = \overline{A\,v_{i+1}} = \overline{\lambda\,v_{i+1} + v_i} = \bar{\lambda}\,\bar{v}_{i+1} + \bar{v}_i.
$$

Somit ergibt sich aus einer Jordan-Basis des Hauptraums $\mathrm{Hau}(A;\lambda)$ eine Jordan-Basis des Hauptraums $\mathrm{Hau}(A;\bar{\lambda})$, indem man alle Basisvektoren komplex konjugiert. Wie die komplexen Eigenvektoren selbst treten also die dazugehörigen Haupträume in komplex konjugierten Paaren auf, und man kann ihre Jordan-Basen auch komplex konjugiert zueinander wählen.

Damit habe wir gezeigt, dass für A eine komplexe Jordan-Basis $\tilde{\mathcal{B}}$ mit den Eigenschaften (i) und (ii) existiert.

Schließlich bleibt zu zeigen, dass die reellifizierte JORDANsche Normalform eindeutig ist bis auf die Reihenfolge der Blöcke. Das folgt aus der entsprechenden Eindeutigkeitsaussage ii) des Satzes von der JORDANschen Normalform in Abschn. 5.5.1 übertragen auf die komplexen Zahlen, da sich umgekehrt aus einer reellen Basis, bezüglich der A reellifizierte Normalform hat, eine komplexe Basis machen lsst, womit A die komplexe Normalform hat. Basisvektoren, die zu einem gewöhnlichen Jordan-Block mit reellem Eigenwert gehören, behält man bei. Schließlich ersetzt man Basisvektoren $(x_1, y_1, \ldots x_k, y_k)$, die zu einem reellifizierten Jordan-Block $J_k^{\mathbb{R}}(\lambda)$ gehören, durch die komplexen Jordan-Ketten $(x_1 + \imath y_1, \ldots, x_k + \imath y_k)$ und $(x_1 - \imath y_1, \ldots, x_k - \imath y_k)$, womit der reellifizierte Jordan-Block $J_k^{\mathbb{R}}(\lambda)$ zum gewöhnlichen komplexen Jordan-Block $J_k(\lambda)$ wird. Damit ist die Behauptung bewiesen.

6 Bilinearformen und Skalarprodukte

6.1 Das kanonische Skalarprodukt im $\mathbb{R}^n$

1. Die Lösungen aller Teilaufgaben werden durch geradlinige Rechnungen erhalten, die wir an dieser Stelle auslassen.

2. Für $n = 1$ ist nicht viel zu zeigen, da für $x = (x_1)$ und $y = (y_1)$ gilt

$$|\langle x, y \rangle| = |x_1 y_1| = |x_1| \cdot |y_1| = \|x\| \cdot \|y\|.$$

Ist $n = 2$, so haben x und y die Form $x = (x_1, x_2)$, $y = (y_1, y_2)$. Damit folgt

$$\|x\|^2 \cdot \|y\|^2 = \langle x, x \rangle \langle y, y \rangle = x_1^2 y_1^2 + x_2^2 y_1^2 + x_1^2 y_2^2 + x_2^2 y_2^2$$

und

$$\langle x, y \rangle^2 = (x_1 y_1 + x_2 y_2)^2 = x_1^2 y_1^2 + 2 x_1 x_2 y_1 y_2 + x_2^2 y_2^2.$$

Für die Differenz berechnen wir

$$\|x\|^2 \cdot \|y\|^2 - \langle x, y \rangle^2 = x_2^2 y_1^2 + x_1^2 y_2^2 - 2 x_1 x_2 y_1 y_2$$
$$= (x_2 y_1 - x_1 y_2)^2 \geq 0,$$

© Der/die Autor(en), exklusiv lizenziert durch Springer-Verlag GmbH, DE, ein Teil von Springer Nature 2021
H. Stoppel und B. Griese, *Übungsbuch zur Linearen Algebra*, Grundkurs Mathematik,
https://doi.org/10.1007/978-3-662-63744-9_13

also

$$\langle x, y \rangle^2 \leq \|x\|^2 \cdot \|y\|^2.$$

Wegen der Monotonie der Wurzelfunktion folgt daraus

$$|\langle x, y \rangle| \leq \|x\| \cdot \|y\|.$$

Den Fall $n = 3$ behandelt man ähnlich wie den letzten, nur dass die auftretenden Terme komplizierter werden. Dies zeigt ganz deutlich, welchen Vorteil ein allgemeines Beweisverfahren gegenüber der Behandlung jedes einzelnen Falles haben kann.

3. Ist $L = v + \mathbb{R}w = v + \mathbb{R}\tilde{w}$ und $L' = v' + \mathbb{R}w' = v' + \mathbb{R}\tilde{w}'$, so existieren $\lambda, \lambda' \in \mathbb{R} \setminus \{0\}$, so dass $w = \lambda \cdot \tilde{w}$ und $w' = \lambda' \cdot \tilde{w}'$. Dann gilt

$$\langle w, w' \rangle = \langle \lambda \cdot \tilde{w}, \lambda' \cdot \tilde{w}' \rangle = \lambda \cdot \lambda' \langle \tilde{w}, \tilde{w}' \rangle,$$

$$\|w\|^2 = \langle w, w \rangle = \langle \lambda \cdot \tilde{w}, \lambda \cdot \tilde{w} \rangle = \lambda^2 \langle \tilde{w}, \tilde{w} \rangle = \lambda^2 \|\tilde{w}\|^2,$$

$$\|w'\|^2 = \langle w', w' \rangle = \langle \lambda' \tilde{w}', \lambda' \tilde{w}' \rangle = \lambda'^2 \langle \tilde{w}', \tilde{w}' \rangle = \lambda'^2 \|\tilde{w}'\|^2.$$

Damit folgt unmittelbar

$$\frac{\langle w, w' \rangle^2}{\|w\|^2 \cdot \|w'\|^2} = \frac{\lambda^2 \lambda'^2 \langle \tilde{w}, \tilde{w}' \rangle^2}{\lambda^2 \|\tilde{w}\|^2 \cdot \lambda'^2 \|\tilde{w}'\|^2} = \frac{\langle \tilde{w}, \tilde{w}' \rangle^2}{\|\tilde{w}\|^2 \cdot |\tilde{w}'\|^2},$$

also

$$\frac{\langle w, w' \rangle}{\|w\| \cdot \|w'\|} = \pm \frac{\langle \tilde{w}, \tilde{w}' \rangle}{\|\tilde{w}\| \cdot \|\tilde{w}'\|}. \qquad (*)$$

Falls die Vorzeichen der Skalarprodukte $\langle w, w' \rangle$ und $\langle \tilde{w}, \tilde{w}' \rangle$ übereinstimmen, so stimmen auch die Quotienten in $(*)$ überein, und damit auch die arccos-Werte, somit gilt $\sphericalangle(w, w') = \sphericalangle(\tilde{w}, \tilde{w}')$.

Falls $\langle w, w' \rangle$ und $\langle \tilde{w}, \tilde{w}' \rangle$ unterschiedliche Vorzeichen haben, wird es etwas komplizierter. Ist $\langle w, w' \rangle > 0$ und $\langle \tilde{w}, \tilde{w}' \rangle < 0$, so gilt nach der Definition $\sphericalangle(w, w') = \sphericalangle(-\tilde{w}, \tilde{w}')$; falls $\langle w, w' \rangle < 0$, so folgt $\langle \tilde{w}, \tilde{w}' \rangle > 0$ und damit $\sphericalangle(\tilde{w}, \tilde{w}') = \sphericalangle(-w, w')$.

Die Behauptung $0 \leq \sphericalangle(L, L') \leq \frac{\pi}{2}$ ist klar aufgrund der Definition des Winkels.

4. a) Für alle $x, y \in L$ gibt es eindeutige Zahlen $\lambda_1, \lambda_2 \in \mathbb{R}$, so dass

$$x = v + \lambda_1 w \quad \text{und} \quad y = v + \lambda_2 w,$$

also

$$x - y = (\lambda_1 - \lambda_2)w.$$

Wenn wir zeigen können, dass

$$\langle s, w \rangle = 0 \Leftrightarrow \langle s, \lambda w \rangle = 0 \text{ für alle } \lambda \in \mathbb{R},$$

so ist die Behauptung gezeigt. Letzteres folgt aber aus

$$s \perp w \Leftrightarrow \langle s, w \rangle = 0 \Leftrightarrow \langle s, \lambda w \rangle = \lambda \langle s, w \rangle$$
$$= 0 \text{ für alle } \lambda \in \mathbb{R}.$$

b) Nach Definition 1.2.1 gilt $(a_1, a_2) \neq (0, 0)$. Im Fall $a_1 \neq 0$ (den Fall $a_2 \neq 0$ rechnet man analog) ist nach 1.2.1 eine mögliche Wahl für $L = v + \mathbb{R}w$ durch $v = \left(\frac{b}{a_1}, 0 \right)$ und $w = (-a_2, a_1)$ gegeben, und w ist bis auf ein skalares Vielfaches $\lambda \neq 0$ eindeutig bestimmt. Damit folgt

$$\langle (a_1, a_2), \lambda w \rangle = \langle (a_1, a_2), \lambda(-a_2, a_1) \rangle$$
$$= \lambda(-a_1 a_2 + a_1 a_2) = 0,$$

also $(a_1, a_2) \perp L$.

c) Es ist keineswegs klar, dass man $d(u, L) = \min\{ \|x - u\| : x \in L \}$ definieren kann; eigentlich ist das Infimum zu wählen. Aufgrund der Vollständigkeit der reellen Zahlen existiert das Minimum und kann somit direkt in der Definition auftauchen.

Für jedes $x \in L$ existiert ein eindeutiges $\lambda_0 \in \mathbb{R}$, so dass $x = v + \lambda_0 w$ gilt. Nun rechnen wir

$$(x - u) \perp L \overset{a)}{\Leftrightarrow} (x - u) \perp w \Leftrightarrow \langle x - u, w \rangle = 0$$
$$\Leftrightarrow \langle v + \lambda_0 w - u, w \rangle = 0$$
$$\Leftrightarrow \langle v, w \rangle + \lambda_0 \|w\|^2 - \langle u, w \rangle = 0$$
$$\Leftrightarrow \frac{\langle u, w \rangle - \langle v, w \rangle}{\|w\|^2} = \lambda_0.$$

Also ist das $x = v + \lambda_0 w$ mit diesem λ_0 eindeutig mit $(x - u) \perp L$.

Für ein beliebiges $y = v + \lambda w \in L$ gilt

$$\begin{aligned}
\|y - u\|^2 &= \langle y - u, y - u \rangle = \langle y, y \rangle - 2\langle y, u \rangle + \langle u, u \rangle \\
&= \langle v + \lambda w, v + \lambda w \rangle - 2\langle v + \lambda w, u \rangle + \langle u, u \rangle \\
&= \lambda^2 \langle w, w \rangle + \lambda(2\langle v, w \rangle - 2\langle w, u \rangle) + \langle u, u \rangle \\
&\quad -2\langle v, u \rangle + \langle v, v \rangle =: f(\lambda),
\end{aligned}$$

wobei wir den Ausdruck als Funktion in λ auffassen. Um das Minimum zu bestimmen, bilden wir die ersten beiden Ableitungen

$$\begin{aligned}
f'(\lambda) &= 2\lambda\langle w, w \rangle + 2\langle v, w \rangle - 2\langle u, w \rangle \quad \text{und} \quad f''(\lambda) \\
&= 2\langle w, w \rangle.
\end{aligned}$$

Es gilt

$$f'(\lambda) = 0 \Leftrightarrow \lambda = \frac{\langle u, w \rangle - \langle v, w \rangle}{\|w\|^2}.$$

Da $f''(\lambda) = 2 \|w\|^2 > 0$ für alle $\lambda \in \mathbb{R}$, handelt es sich um ein Minimum. Wir haben insgesamt gezeigt, dass das eindeutig bestimmte λ_0 zum Punkt x mit $(x - u) \perp L$ dieselbe Zahl ist, an der die Funktion f ihr Minimum hat. Damit ist der senkrechte Abstand der kürzeste.

Eine Möglichkeit, die Behauptung ohne Hilfsmittel der Analysis zu beweisen, findet sich in der Lösung zu Aufgabe 5. Dort wird der Satz von Pythagoras benutzt.

d) Für alle $x, y \in L$ gilt $\langle s, x - y \rangle = 0$, somit ist auch für ein beliebiges $v \in L$ $\langle s, x - v \rangle = 0$ für alle $x \in L$. Daraus folgt $L \subset \{x \in \mathbb{R}^2 : \langle s, x - v \rangle = 0\}$.

Es ist $L = v + \mathbb{R}w$ für geeignetes $w \in \mathbb{R}^2$, und es gilt $s \perp L \Leftrightarrow \langle s, w \rangle = 0$. Umgekehrt folgt aus $\langle s, y \rangle = 0$, dass $y = \lambda w$ für ein $\lambda \neq 0$. (Wären w und y linear unabhängig, so wäre $\mathbb{R}^2 = \text{span}(y, w)$, also gäbe es für jedes $z \in \mathbb{R}^2$ $\lambda_1, \lambda_2 \in \mathbb{R}$ mit $z = \lambda_1 y + \lambda_2 w$. Daraus folgt jedoch unmittelbar

$$\langle s, z \rangle = \lambda_1 \langle s, y \rangle + \lambda_2 \langle s, w \rangle = 0,$$

also $s = 0$ im Widerspruch zur Voraussetzung.) Daher gilt: ist $x \in \mathbb{R}^2$ mit $\langle s, x - v \rangle = 0$, so gilt $x - v = \lambda w$ und somit $x = v + \lambda w \in L$. Insgesamt ist $L = \{x \in \mathbb{R}^2 : \langle s, x - v \rangle = 0\}$.

Ist $u \in \mathbb{R}^2$, $v \in L$ und $s \perp L$, so gilt

$$|\langle s, u - v \rangle| = \|s\| \cdot \|u - v\| \cdot |\cos \sphericalangle(s, u - v)|,$$

also

$$\frac{|\langle s, u - v \rangle|}{\|s\|} = \|u - v\| \cdot |\cos \sphericalangle(s, u - v)|.$$

Für den Punkt $x \in L$ mit $(x - u) \perp L$ gilt jedoch nach der Definition des Skalarproduktes (vgl. Abb. 6.1 sowie Abb. 6.3 aus [Fi1])

$$d(u, L) = \|x - u\| = \|u - v\| \cdot |\cos \sphericalangle(x - u, u - v)|$$
$$= \|u - v\| \cdot |\cos \sphericalangle(s, u - v)|.$$

In Aufgabe 5 d) werden wir diese Argumentation auf den höherdimensionalen Fall übertragen.

Die letzte Gleichung folgt unmittelbar aus der soeben bewiesenen durch Einsetzen von $s = (a_1, a_2)$ unter Berücksichtigung von $v \in L$.

5. a) „$\Rightarrow$": Ist s orthogonal zu H, so ist für alle $x, y \in H$ gerade $\langle s, x - y \rangle = 0$. Insbesondere gilt $x_i = v + 2 w_i \in H$ sowie $y_i = v + w_i \in H$ für $i = 1, \ldots, n - 1$ und damit

$$0 = \langle s, x_i - y_i \rangle = \langle s, w_i \rangle, \quad \text{also } s \perp w_i$$
$$\text{für } i = 1, \ldots, n - 1.$$

„$\Leftarrow$": Ist $s \perp w_i$ für $i = 1, \ldots, n - 1$, so gilt für alle $x = v + \sum_{i=1}^{n-1} \lambda_i w_i \in H$ und $y = v + \sum_{i=1}^{n-1} \mu_i w_i \in H$

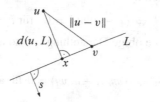

Abb. 6.1

$$\langle s, x - y \rangle = \langle s, v + \sum_{i=1}^{n-1} \lambda_i w_i - v - \sum_{i=1}^{n-1} \mu_i w_i \rangle$$

$$= \langle s, \sum_{i=1}^{n-1} (\lambda_i - \mu_i) w_i \rangle$$

$$= \sum_{i=1}^{n-1} (\lambda_i - \mu_i) \underbrace{\langle s, w_i \rangle}_{=0} = 0,$$

also ist s orthogonal zu H.

b) Sind $x = (x_1, \ldots, x_n)$ und $y = (y_1, \ldots, y_n)$ aus H, so gilt

$$\langle (a_1, \ldots, a_n), x \rangle = \sum_{i=1}^{n} a_i x_i$$

$$= b \quad \text{und} \quad \langle (a_1, \ldots, a_n), y \rangle$$

$$= \sum_{i=1}^{n} a_i y_i = b$$

nach Voraussetzung. Daraus folgt jedoch

$$\langle (a_1, \ldots, a_n), x - y \rangle = b - b = 0$$

für alle $x, y \in H$. Damit steht $(a_1, \ldots, a_n)$ senkrecht auf H.

c) Ist $x \in H$, so existieren eindeutige Zahlen $\lambda_1, \ldots, \lambda_{n-1} \in \mathbb{R}$ mit $x = v + \lambda_1 w_1 + \ldots + \lambda_{n-1} w_{n-1}$. Ferner gilt unter Berücksichtigung von Teil a)

$$(x - u) \perp H \Leftrightarrow \langle x - u, w_i \rangle = 0 \quad \text{für } i = 1, \ldots, n - 1.$$

Setzt man für x die obige Darstellung ein, so ist dies gleichbedeutend mit

$$\langle v + \lambda_1 w_1 + \ldots + \lambda_{n-1} w_{n-1} - u, w_i \rangle = 0 \text{ für alle } i = 1, \ldots, n - 1.$$

Als Gleichungssystem in den Unbekannten $\lambda_1, \ldots, \lambda_{n-1}$ betrachtet führt dies zur erweiterten Koeffizientenmatrix

$$
\begin{pmatrix}
\langle w_1, w_1 \rangle & \cdots & \langle w_{n-1}, w_1 \rangle & \langle u - v, w_1 \rangle \\
\vdots & & \vdots & \vdots \\
\langle w_1, w_{n-1} \rangle & \cdots & \langle w_{n-1}, w_{n-1} \rangle & \langle u - v, w_{n-1} \rangle
\end{pmatrix}.
$$

Diese Matrix hat Rang $n - 1$, weil die w_i linear unabhängig sind. Rang $n - 1$ des Gleichungssystems ist jedoch gleichbedeutend damit, dass es eine eindeutige Lösung $\lambda_1, \ldots, \lambda_{n-1}$ gibt. Durch diese λ_i ist x eindeutig bestimmt, was zu zeigen war.

Ist $(x - u) \perp H$ und $\tilde{x}$ ein weiterer Punkt auf H, so so betrachten wir die eindeutig bestimme Ebene E, in der $x, u, \tilde{x}$ liegen. In E gilt der Satz von Pythagoras (siehe Abb. 6.2 für den dreidimensionalen Fall), der in diesem Fall lautet:

$$
\|\tilde{x} - u\|^2 = \|x - u\|^2 + \|x - \tilde{x}\|^2,
$$

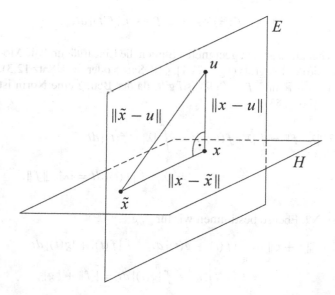

Abb. 6.2

also wegen $\|x - \tilde{x}\| \neq 0$ insbesondere $\|\tilde{x} - u\|^2 > \|x - u\|^2$, und aus der Monotonie der Wurzel folgt

$$\|\tilde{x} - u\| > \|x - u\|.$$

Da $\tilde{x} \in H$ beliebig mit $\tilde{x} \neq x$ war, folgt $d(u, H) = \|x - u\|$.

d) Es genügt wie im Fall $n = 2$, die Gleichung

$$d(u, H) = \frac{|\langle s, u - v \rangle|}{\|s\|}$$

zu zeigen. Die in Aufgabe 4 d) angegebene Argumentation kann direkt übernommen werden, da s parallel zu $x - u$ mit $\|x - u\| = d(u, H)$ liegt.

6. In der Lösung der Aufgabe unterscheiden wir nicht zwischen dem Riemannschen Integral und dem Lebesgue-Integral, da dies für die Eigenschaften der Abbildungen $\| \ \|$ und $\| \ \|'$ nicht von Bedeutung ist. Lediglich in der Bemerkung am Ende der Lösung der Aufgabe sprechen wir vom Lebesgue-Integral.

Wir untersuchen zunächst die Abbildung

$$\| \ \| \colon \ \mathcal{L}(\mathbb{R}) \to \mathbb{R}, \quad f \mapsto \int_{\mathbb{R}} |f(t)| \, dt,$$

und benutzen an den geeigneten Stellen die Linearität und die Monotonie des Integrals (vgl. [Fo1], §18, Satz 5 oder [Ba], Satz 12.3).

Ist $\lambda \in \mathbb{R}$ und $f \in \mathcal{L}(\mathbb{R})$, so gilt, da der Betrag eine Norm ist (vgl. [Fo1], §3)

$$\|\lambda \cdot f\| = \int_{\mathbb{R}} |\lambda \cdot f(t)| \, dt = \int_{\mathbb{R}} |\lambda| \cdot |f(t)| \, dt$$

$$= |\lambda| \cdot \int_{\mathbb{R}} |f(t)| \, dt = |\lambda| \cdot \|f\|,$$

also N2. Ebenso bestimmen wir für $f, g \in \mathcal{L}(\mathbb{R})$

$$\|f + g\| = \int_{\mathbb{R}} |f(t) + g(t)| \, dt \leq \int_{\mathbb{R}} |f(t)| + |g(t)| \, dt$$

$$= \int_{\mathbb{R}} |f(t)| \, dt + \int_{\mathbb{R}} |g(t)| \, dt = \|f\| + \|g\|,$$

damit gilt N3.

Die Aussage N1 gilt jedoch nicht, denn für ein $f \in \mathcal{L}(\mathbb{R})$ ist

$$\|f\| = 0 \Leftrightarrow \int_{\mathbb{R}} |f(t)|\, dt = 0.$$

Das heißt jedoch nicht, dass $f = 0$ ist, wie das Beispiel

$$f_i(t) = \begin{cases} 1 \text{ für } t = i, \\ 0 \text{ sonst} \end{cases}$$

zeigt.

Um diesen Nachteil zu beheben, definiert man die Abbildung

$$\| \ \|' : \ \mathcal{L}(\mathbb{R})/\mathcal{N} \to \mathbb{R}, \quad f + \mathcal{N} \mapsto \|f\|.$$

Sie erbt die Eigenschaften N2 und N3 von der Abbildung $\| \ \|$, aber zusätzlich gilt N1, denn für ein $f \in \mathcal{L}(\mathbb{R})$ ist

$$\|f\|' = 0 \Leftrightarrow \|f\| = 0 \Leftrightarrow \int_{\mathbb{R}} |f(t)|\, dt = 0 \Leftrightarrow f \in \mathcal{N},$$

d. h. $f + \mathcal{N} = 0 + \mathcal{N}$.

Die Menge $\mathcal{L}(\mathbb{R})$ ist ein Spezialfall der Menge $\mathcal{L}^p(\mathbb{R})$ der *p-fach integrierbaren Funktionen* mit $p \in \mathbb{N} \setminus \{0\}$, d. h. der Abbildungen, für die das Integral $\int_{\mathbb{R}} |f(t)|^p dt$ existiert, und die Abbildung $\| \ \|$ ist ein Spezialfall der Abbildungen

$$\| \ \|_p : \ \mathcal{L}^p(\mathbb{R}) \to \mathbb{R}, \quad f \mapsto \left(\int_{\mathbb{R}} |f(t)|^p dt \right)^{\frac{1}{p}}.$$

Die Abbildungen $\| \ \|_p$ erfüllen die Eigenschaften N2 und N3, solche Abbildungen heißen *Halbnormen*.

Behält man die Menge $\mathcal{N}$ wie gehabt bei und bildet den Quotienten $\mathcal{L}^p(\mathbb{R})/\mathcal{N}$, so sind die Abbildungen

$$\| \ \|_p' : \ \mathcal{L}^p(\mathbb{R})/\mathcal{N} \to \mathbb{R}, \quad f + \mathcal{N} \mapsto \|f\|_p,$$

wiederum Normen, und die Räume $\left(\mathcal{L}^p(\mathbb{R})/\mathcal{N}, \ \| \ \|_p' \right)$ sind Banachräume. Diese Räume spielen eine Rolle in der Funktionentheorie, zu Einzelheiten siehe [M-V], §13.

6.2   Das Vektorprodukt im $\mathbb{R}^3$

1. Die Lösung dieser Aufgabe ist ganz einfach, wenn wir über-
legt vorgehen. Der ganze Trick besteht darin, die Summanden
richtig zu ordnen und im passenden Augenblick die Null in der
richtigen Form zu addieren, so dass alles passt. Besitzen die Vektoren die Komponenten $x = (x_1, x_2, x_3)$, $y = (y_1, y_2, y_3)$ sowie
$z = (z_1, z_2, z_3)$, so berechnen wir zunächst

$$y \times z = (y_2 z_3 - y_3 z_2, \ y_3 z_1 - y_1 z_3, \ y_1 z_2 - y_2 z_1),$$

und daraus

$$
\begin{aligned}
x \times (y \times z) &= (x_2(y_1 z_2 - y_2 z_1) - x_3(y_3 z_1 - y_1 z_3), \\
&\qquad x_3(y_2 z_3 - y_3 z_2) - x_1(y_1 z_2 - y_2 z_1), \\
&\qquad x_1(y_3 z_1 - y_1 z_3) - x_2(y_2 z_3 - y_3 z_2)) \\[4pt]
&= ((x_2 z_2 + x_3 z_3) y_1 - (x_2 y_2 + x_3 y_3) z_1, \\
&\qquad (x_3 z_3 + x_1 z_1) y_2 - (x_3 y_3 + x_1 y_1) z_2, \\
&\qquad (x_1 z_1 + x_2 z_2) y_3 - (x_1 y_1 + x_2 y_2) z_3) \\[4pt]
&= ((x_2 z_2 + x_3 z_3) y_1 - (x_2 y_2 + x_3 y_3) z_1 \\
&\qquad + x_1 y_1 z_1 - x_1 y_1 z_1, \\
&\qquad (x_3 z_3 + x_1 z_1) y_2 - (x_3 y_3 + x_1 y_1) z_2 \\
&\qquad + x_2 y_2 z_2 - x_2 y_2 z_2, \\
&\qquad (x_1 z_1 + x_2 z_2) y_3 - (x_1 y_1 + x_2 y_2) z_3 \\
&\qquad + x_3 y_3 z_3 - x_3 y_3 z_3) \\[4pt]
&= ((x_1 z_1 + x_2 z_2 + x_3 z_3) y_1, \\
&\qquad (x_1 z_1 + x_2 z_2 + x_3 z_3) y_2, \\
&\qquad (x_1 z_1 + x_2 z_2 + x_3 z_3) y_3) \\
&\qquad - ((x_1 y_1 + x_2 y_2 + x_3 y_3) z_1, \\
&\qquad (x_1 y_1 + x_2 y_2 + x_3 y_3) z_2, \\
&\qquad (x_1 y_1 + x_2 y_2 + x_3 y_3) z_3) \\[4pt]
&= \langle x, z \rangle y - \langle x, y \rangle z.
\end{aligned}
$$

Der zweite Teil der Aufgabe ergibt sich daraus durch

$$x \times (y \times z) + y \times (z \times x) + z \times (x \times y)$$
$$= \langle x, z \rangle y - \langle x, y \rangle z + \langle y, x \rangle z - \langle y, z \rangle x + \langle z, y \rangle x - \langle z, x \rangle y$$
$$= 0,$$

wobei im zweiten Schritt die Symmetrie des Skalarproduktes ausgenutzt wurde.

2. Die beiden Behauptungen folgen durch geradlinige Rechnung. Anders als bei Aufgabe 1 ist hier nicht einmal ein Trick vonnöten. Aus diesem Grunde lassen wir die Lösung hier aus.

3. Anschaulich ist die Behauptung

$$x, y, z \text{ sind linear unabhängig} \Leftrightarrow x \times y, y \times z,$$
$$z \times x \text{ sind linear unabhängig}$$

sofort klar, da $x \times y$ senkrecht auf der durch x und y aufgespannten Ebene steht. Wir wollen es uns trotzdem etwas genauer überlegen.

„$\Leftarrow$": Sind x, y, z linear abhängig, so sei o. B. d. A.

$$z = \lambda_1 x + \lambda_2 y \quad \text{mit} \quad (\lambda_1, \lambda_2) \neq (0, 0).$$

Dann aber folgt mit Hilfe der Rechenregeln aus 6.2.1

$$z \times x = \lambda_1 x \times x + \lambda_2 y \times x = -\lambda_2 x \times y$$

sowie

$$y \times z = \lambda_1 y \times x + \lambda_2 y \times y = -\lambda_1 x \times y.$$

Damit liegen $z \times x$ und $y \times z$ in span $(x \times y)$, also sind die drei Vektoren $x \times y$, $y \times z$ und $z \times x$ linear abhängig.

„$\Rightarrow$": Nach Bemerkung 6.2.2, Teil a) steht $x \times y$ senkrecht auf der von x und y aufgespannten Ebene, in Zeichen $(x \times y) \perp$ span $(x, y) =: E_1$, und analog gilt $(y \times z) \perp$ span $(y, z) =: E_2$ sowie $(z \times x) \perp$ span $(x, z) =: E_3$. Sind $x \times y$, $y \times z$ und $z \times x$ linear abhängig, so liegen sie in einer Ebene E. Das aber bedeutet, dass $E_1 \cap E_2 \cap E_3$ eine Gerade $L = \mathbb{R} \cdot v$ enthält (siehe Abb. 6.3 für den Fall, dass die drei Vektoren $x \times y$, $y \times z$ und $z \times x$ paarweise verschieden sind). Damit gilt $v \in$ span (x, y), $v \in$ span (y, z) und $v \in$ span (z, x), was nur dann sein kann, wenn x, y, z linear abhängig sind.

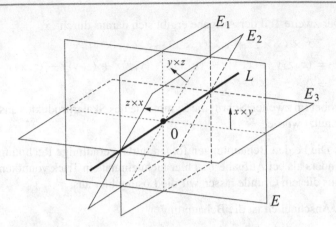

Abb. 6.3

Die Argumentation in dieser Lösung ist anschaulicher Natur. In der Lösung zu Aufgabe 6 b) wird hingegen algebraisch argumentiert.

4. Die Lösung dieser Aufgabe befindet sich in der Lösung von Aufgabe 2 zu 1.3, in der in Ermangelung einer festen Theorie mit den Komponenten der Vektoren gerechnet wurde.

5. a) Ist $L = E \cap E'$ und $U = W \cap W'$, so sind L und U parallele affine Räume. Aus dim $U = 1$ folgt damit sofort $L = u + U$ für alle $u \in L$.

b) Wegen $W \neq W'$ ist $w \neq 0$. Weiter gilt $w \in W$ aufgrund von $s \perp W$ und $w \perp s$ (vgl. Aufgabe 5 zu 6.1), und analog folgt $w \in W'$. Insgesamt gilt somit $w \in W \cap W' = U$. Da U ein Vektorraum ist, folgt sofort $\mathbb{R}w \subset U$. Aus dim $U = 1 = \dim(\mathbb{R}w)$ folgt $\mathbb{R}w = U$.

Um eine Parameterdarstellung für den Schnitt von

$$E = (0, 2, 3) + \mathbb{R}(3, 6, 5) + \mathbb{R}(1, 7, -1)$$

und

$$E' = (-1, 3, 2) + \mathbb{R}(8, 2, 3) + \mathbb{R}(2, -1, -2)$$

zu bestimmen, berechnen wir zunächst die notwendigen Vektoren. Wir erhalten

$$s = w_1 \times w_2 = \begin{vmatrix} e_1 & e_2 & e_3 \\ 3 & 6 & 5 \\ 1 & 7 & -1 \end{vmatrix} = (-41, 8, 15),$$

$$s' = w'_1 \times w'_2 = \begin{vmatrix} e_1 & e_2 & e_3 \\ 8 & 2 & 3 \\ 2 & -1 & -2 \end{vmatrix} = (-1, 22, -12)$$

sowie

$$s \times s' = (-41, 8, 15) \times (-1, 22, -12) = (-426, -507, -894)$$
$$= w,$$

und damit $U = \mathbb{R} \cdot (-426, -507, -894)$.

Um einen Vektor aus $E \cap E'$ zu bestimmen, setzen wir beide Ebenengleichungen gleich:

$$(0, 2, 3) + \lambda_1(3, 6, 5) + \lambda_2(1, 7, -1)$$
$$= (-1, 3, 2) + \lambda_3(8, 2, 3) + \lambda_4(2, -1, -2),$$

in Matrizenschreibweise lautet die Standardform

$$\begin{pmatrix} -3 & -1 & 8 & 2 & | & 1 \\ -6 & -7 & 2 & -1 & | & -1 \\ -5 & 1 & 3 & -2 & | & 1 \end{pmatrix} \rightsquigarrow \begin{pmatrix} -3 & -1 & 8 & 2 & | & 1 \\ -15 & -15 & 12 & 0 & | & -1 \\ -8 & 0 & 11 & 0 & | & 2 \end{pmatrix}.$$

Eine Lösung ist gegeben durch

$$\lambda_1 = 8, \quad \lambda_2 = -\frac{47}{15}, \quad \lambda_3 = 6, \quad \lambda_4 = -\frac{196}{15}.$$

Mit λ_1 und λ_2 berechnen wir einen Schnittpunkt:

$$(0, 2, 3) + 8 \cdot (3, 6, 5) - \frac{47}{15} \cdot (1, 7, -1)$$
$$= (\tfrac{313}{15}, \tfrac{421}{15}, \tfrac{692}{15}),$$

also ist

$$L = \tfrac{1}{15}(313, 421, 692) + \mathbb{R} \cdot (-426, -507, -894).$$

6. a) Die beiden Regeln folgen unmittelbar aus den Rechenregeln
D1 a) und b) für Determinanten, siehe 4.1.2.

b) Per definitionem gilt

$$x^{(1)} \times \ldots \times x^{(n-1)} = \sum_{i=1}^{n} (-1)^{i+1} (\det A_i) \cdot e_i,$$

wobei A_i aus der ursprünglichen Matrix durch Streichen der i-ten
Spalte entsteht. Also folgt mit der linearen Unabhängigkeit der e_i

$$x^{(1)} \times \ldots \times x^{(n-1)} = 0 \Leftrightarrow \det A_i = 0 \text{ für alle } i.$$

Nach Satz 4.3.5 ist dies gleichbedeutend damit, dass die Vektoren
$x^{(1)}, \ldots, x^{(n-1)}$ linear abhängig sind.

c) Die Behauptung zeigen wir durch eine Rechnung, bei der benutzt
wird, dass die Vektoren $e_1, \ldots, e_n$ eine Orthonormalbasis bilden.
Es gilt

$$\langle x^{(1)} \times \ldots \times x^{(n-1)}, y \rangle = \left\langle \sum_{i=1}^{n} (-1)^{i+1} (\det A_i) \cdot e_i, \sum_{j=1}^{n} y_j e_j \right\rangle$$

$$= \sum_{i=1}^{n} (-1)^{i+1} (\det A_i) \cdot y_i$$

$$= \det \begin{pmatrix} y_1 & \cdots & y_n \\ x_1^{(1)} & \cdots & x_n^{(1)} \\ \vdots & & \vdots \\ x_1^{(n-1)} & \cdots & x_n^{(n-1)} \end{pmatrix}.$$

d) Mit Aufgabe c) gilt

$$\langle x^{(1)} \times \ldots \times x^{(n-1)}, x^{(i)} \rangle = \det \begin{pmatrix} x_1^{(i)} & \cdots & x_n^{(i)} \\ x_1^{(1)} & \cdots & x_n^{(1)} \\ \vdots & & \vdots \\ x_1^{(n-1)} & \cdots & x_n^{(n-1)} \end{pmatrix}$$

$$= 0,$$

da zwei gleiche Zeilen auftreten.

6.3 Das kanonische Skalarprodukt im $\mathbb{C}^n$

1. Wir betrachten die Funktion $J \colon \mathbb{R}^{2n} \to \mathbb{R}^{2n}$ mit

$$(x_1, y_1, \ldots, x_n, y_n) \mapsto (-y_1, x_1, \ldots, -y_n, x_n).$$

Um die zweite Anwendung übersichtlicher zu machen, setzen wir $a_i := -y_i$ und $b_i := x_i$ für $1 \le i \le n$. Dann ist

$$\begin{aligned} J(a_1, b_1, \ldots, a_n, b_n) &= (-b_1, a_1, \ldots, -b_n, a_n) \\ &\overset{\circledast}{=} (-x_1, -y_1, \ldots, -x_n, -y_n) \\ &= -(x_1, y_1, \ldots, x_n, y_n), \end{aligned}$$

wobei an der Stelle $\circledast$ resubstituiert wurde. Damit ist die Behauptung bewiesen.

2. a) $\Rightarrow$: Diese Richtung ergibt sich relativ leicht durch eine Rechnung:

$$0 \le (\det J)^2 = \det(J^2) = \det(-\mathrm{id}_m) = (-1)^m.$$

$(-1)^m \ge 0$ gilt genau dann, wenn m gerade ist.

$\Leftarrow$: Diese Richtung des Beweises steht teilweise bereits in Aufgabe 1, sei aber hier noch einmal genauer notiert.

Es sei $m = 2n$ gerade und $(v_1, w_1, \ldots, v_n, w_n)$ eine Basis von V. Nach 3.6 lässt sich mithilfe einer Basistransformation ein Endomorphismus $J \colon V \to V$ mit $J(v_k) = w_k$ und $J(w_k) = -v_k$ für $1 \le k \le n$ definieren. Für die Wiederholung von J gilt dann:

$$v_k \overset{J}{\longrightarrow} w_k \overset{J}{\longrightarrow} -v_k \quad \text{und} \quad w_k \overset{J}{\longrightarrow} -v_k \overset{J}{\longrightarrow} -w_k.$$

Damit folgt $J^2 = -\mathrm{id}$.

b) V1 ist erfüllt, da V ein $\mathbb{R}$-Vektorraum und J ein Endomorphismus ist. Um V2 nachzuweisen, berechnen wir

$$\begin{aligned} (\underbrace{(x + \imath y)}_{= \lambda} + \underbrace{(x' + \imath y')}_{= \mu}) \cdot v &= \big((x + x') + \imath(y + y')\big) \cdot v \\ &= \underbrace{(x + x')}_{\in \mathbb{R}} \cdot v + \underbrace{(y + y')}_{\in \mathbb{R}} \cdot J(v) \\ &\overset{(*)}{=} (x \cdot v + y \cdot J(v)) + (x' \cdot v + y' \cdot J(v)) \\ &= \lambda \cdot v + \mu \cdot v, \end{aligned}$$

wobei an der Stelle $(*)$ benutzt wurde, dass V ein $\mathbb{R}$-Vektorraum ist. Ebenso rechnen wir

$$\lambda \cdot (v + w) = (x + \mathrm{i}y) \cdot (v + w) = x \cdot (v + w) + y \cdot J(v + w)$$
$$\overset{(**)}{=} x \cdot v + x \cdot w$$
$$+ y \cdot J(v) + y \cdot J(w)$$
$$= (x \cdot v + y \cdot J(v)) + (x \cdot w + y \cdot J(w))$$
$$= \lambda \cdot v + \lambda \cdot w,$$

wobei an der Stelle $(**)$ benutzt wurde, dass V ein $\mathbb{R}$-Vektorraum und J ein Endomorphismus ist. Weiter gilt

$$\lambda \cdot (\mu \cdot v) = \lambda \cdot \big((x' + \mathrm{i}y') \cdot v\big)$$
$$= \lambda \cdot \big(x' \cdot v + y' \cdot J(v)\big)$$
$$= (x + \mathrm{i}y) \cdot x' \cdot v + (x + \mathrm{i}y) \cdot y' \cdot J(v)$$
$$= x \cdot x' \cdot v + y \cdot x' \cdot J(v)$$
$$+ x \cdot y' \cdot J(v) + y \cdot y' \cdot J^2(v)$$
$$= xx' \cdot v + (yx' + xy') \cdot J(v) - yy' \cdot v$$
$$= \big((xx' - yy') + \mathrm{i}(yx' + xy')\big) \cdot v$$
$$= \big((x + \mathrm{i}y)(x' + \mathrm{i}y')\big) \cdot v = (\lambda \cdot \mu) \cdot v.$$

$1 \cdot v = v$ ist wegen $1 \in \mathbb{R} \subset \mathbb{C}$ und der $\mathbb{R}$-Vektorraumeigenschaften von V klar.

6.4 Bilinearformen und quadratische Formen

1. Sei $s\colon V \times V \to V$ eine Bilinearform. Wir verwenden denselben Trick wie in Aufgabe 3c) zu Abschn. 3.6 und definieren

$$s_s(v, w) := \tfrac{1}{2}\left(s(v, w) + s(w, v)\right),$$
$$s_a(v, w) := \tfrac{1}{2}\left(s(v, w) - s(w, v)\right).$$

Nach Konstruktion ist s_s symmetrisch und s_a alternierend. Ferner gilt

$$s_s(v, w) + s_a(v, w) = \tfrac{1}{2}\,(s(v, w) + s(w, v)$$
$$+ s(v, w) - s(w, v)) = s(v, w).$$

Ist $s = \tilde{s}_s + \tilde{s}_a$ eine weitere Zerlegung, wobei $\tilde{s}_s$ symmetrisch und $\tilde{s}_a$ antisymmetrisch ist, gilt für alle $v, w \in V$

$$\tilde{s}_s(v, w) + \tilde{s}_a(v, w) = s_s(v, w) + s_a(v, w)$$

und

$$\tilde{s}_s(v, w) - \tilde{s}_a(v, w) = s_s(v, w) - s_a(v, w).$$

Addition der beiden Gleichungen ergibt für alle $v, w \in V$

$$2\tilde{s}_s(v, w) = 2s_s(v, w),$$

was gleichbedeutend zu $\tilde{s}_s = s_s$ ist. Subtraktion der beiden Gleichungen liefert

$$\tilde{s}_a(v, w) = s_a(v, w)$$

für alle $v, w \in V$, also $\tilde{s}_a = s_a$. Damit sind beide Abbildungen eindeutig.

2. Nach dem Austauschlemma aus 2.5.4 ist $\mathcal{B}$ eine Basis von V.

Die Matrix $M_{\mathcal{B}}(s)$ berechnen wir mittels $M_{\mathcal{B}}(s) = {}^t T_{\mathcal{A}}^{\mathcal{B}} \cdot M_{\mathcal{A}}(s) \cdot T_{\mathcal{A}}^{\mathcal{B}}$ (vgl. 6.4.3), wobei die Matrix $T_{\mathcal{A}}^{\mathcal{B}}$ gegeben ist durch

$$T_{\mathcal{A}}^{\mathcal{B}} = \begin{pmatrix} 1 & 0 & 0 \\ 1 & 1 & 1 \\ 0 & 1 & 0 \end{pmatrix}.$$

Damit erhalten wir

$$M_{\mathcal{B}}(s) = \begin{pmatrix} 1 & 1 & 0 \\ 0 & 1 & 1 \\ 0 & 1 & 0 \end{pmatrix} \begin{pmatrix} 1 & 1 & 2 \\ 1 & 1 & 1 \\ 0 & 1 & 1 \end{pmatrix} \begin{pmatrix} 1 & 0 & 0 \\ 1 & 1 & 1 \\ 0 & 1 & 0 \end{pmatrix} = \begin{pmatrix} 4 & 5 & 2 \\ 3 & 4 & 2 \\ 2 & 2 & 1 \end{pmatrix}.$$

3. a) Gegeben seien Funktionen $f, f_1, f_2, g, g_1, g_2 \in \mathcal{D}$ und $k \in \mathbb{R}$. Zu zeigen ist die Gültigkeit der folgenden Bedingungen:

B1: $d(f_1 + f_2, g) = d(f_1, g) + d(f_2, g)$ und $d(k \cdot f, g) = k \cdot d(f, g)$,

B2: $d(f, g_1 + g_2) = d(f, g_1) + d(f, g_2)$ und $d(f, k \cdot g) = k \cdot d(f, g)$.

Die Bilinearform ist symmetrisch, wenn gilt:

S: $d(f, g) = d(g, f)$.

Wir zeigen B1 und S. Daraus ergibt sich unmittelbar B2.

Wie wir sehen werden, gelten B1, B2 und S insbesondere aufgrund der Ableitungsregeln reeller Funktionen, vgl. auch [Fo1], §15.

B1: Es gilt

$$d(f_1 + f_2, g) = \left((f_1 + f_2) \cdot g\right)'(0)$$
$$= \left(f_1 \cdot g + f_2 \cdot g\right)'(0)$$
$$\overset{(1)}{=} (f_1 \cdot g)'(0) + (f_2 \cdot g)'(0)$$
$$= d(f_1, g) + d(f_2, g)$$

unter Anwendung der Summenregel der Ableitung an der Stelle (1).

Außerdem gilt für beliebiges $k \in \mathbb{R}$

$$d(k \cdot f, g) = (k \cdot f \cdot g)'(0)$$
$$\overset{(2)}{=} k \cdot (f \cdot g)'(0) = k \cdot d(f, g)(0),$$

wobei die Faktorregel der Ableitung an der Stelle (2) angewendet wurde.

S: Mithilfe der Produktregel der Ableitung (an Stelle (3) der folgenden Rechnung) und den Kommutativgesetzen der rellen Zahlen bzgl. der Addition und der Multiplikation folgt diese Gesetzmäßigkeit:

$$d(f, g) = (f \cdot g)'(0) \overset{(3)}{=} (f' \cdot g)(0) + (f \cdot g')(0)$$
$$= f'(0) \cdot g(0) + f(0) \cdot g'(0)$$
$$= g(0) \cdot f'(0) + g'(0) \cdot f(0)$$
$$= (g \cdot f')(0) + (g' \cdot f)(0)$$
$$= (g \cdot f)'(0) = d(g, f).$$

Damit ist die Behauptung bewiesen.

b) Es sei $\mathcal{D}_0 := \{f \in \mathcal{D}: (f \cdot g)'(0) = 0$ für alle $g \in \mathcal{D}\}$. Mit der Produktregel gilt

$$d(f, g) = (fg)'(0) = f(0)g'(0) + f'(0)g(0) = 0,$$

und wir definieren

$$M := \{f \in \mathcal{D}: f(0) = f'(0) = 0\} \subset \mathcal{D}_0.$$

Wir behaupten, dass $\mathcal{D}_0 \subset M$ ist. Dafür nehmen wir an, dass $f \notin M$ gilt. Dann folgt, dass (1) $f(0) \neq 0$ oder (2) $f'(0) \neq 0$ ist. Wählt man im Fall (1) $g(x) = x$ und im Fall (2) $g(x) = 1$, so zeigt sich jeweils, dass einer der Summanden von $(f \cdot g)'(0) \neq 0$ ist. Damit kann f nicht in $\mathcal{D}_0$ liegen.

4. Die Umformung der ersten Matrix lautet

$$A = \left[\begin{array}{ccc|ccc} 1 & 2 & 2 & 1 & 0 & 0 \\ 2 & 1 & 4 & 0 & 1 & 0 \\ 2 & 4 & 4 & 0 & 0 & 1 \\ \hline 1 & 0 & 0 & 1 & -2 & -2 \\ 0 & -3 & 0 & 0 & 1 & 0 \\ 0 & 0 & 0 & 0 & 0 & 1 \end{array} \right] \begin{array}{l} = E_3 \\ \\ \\ = S. \end{array}$$

Dann ist

$${}^t SAS = \begin{pmatrix} 1 & 0 & 0 \\ 0 & -3 & 0 \\ 0 & 0 & 0 \end{pmatrix}.$$

Es wird jeweils das (-2)-fache der ersten Zeile bzw. Spalte zu der zweiten und dritten Zeile bzw. zweiten und dritten Spalte addiert. Die Matrix S gibt das Produkt der Matrizen für die Spaltenumformungen wieder (vgl. 3.7.1).

Für die zweite Matrix erhält man

$$
B =
\begin{array}{|cccc|cccc|}
\hline
1 & 0 & 1 & 0 & 1 & 0 & 0 & 0 \\
0 & 1 & 1 & 2 & 0 & 1 & 0 & 0 \\
1 & 1 & 0 & 0 & 0 & 0 & 1 & 0 \\
0 & 2 & 0 & 2 & 0 & 0 & 0 & 1 \\
\hline
1 & 0 & 0 & 0 & 1 & 0 & -1 & 0 \\
0 & 1 & 1 & 2 & 0 & 1 & 0 & 0 \\
0 & 1 & -1 & 0 & 0 & 0 & 1 & 0 \\
0 & 2 & 0 & 2 & 0 & 0 & 0 & 1 \\
\hline
1 & 0 & 0 & 0 & 1 & 0 & -1 & 0 \\
0 & 1 & 0 & 2 & 0 & 1 & -1 & 0 \\
0 & 0 & -2 & -2 & 0 & 0 & 1 & 0 \\
0 & 2 & -2 & 2 & 0 & 0 & 0 & 1 \\
\hline
1 & 0 & 0 & 0 & 1 & 0 & -1 & 1 \\
0 & 1 & 0 & 0 & 0 & 1 & -1 & -1 \\
0 & 0 & -2 & 0 & 0 & 0 & 1 & -1 \\
0 & 0 & 0 & 0 & 0 & 0 & 0 & 1 \\
\hline
\end{array}
\quad = T
$$

Die Umformungen und Bezeichnungen erklären sich dabei von selbst. Wir empfehlen, zur Überprüfung der Rechnung immer eine Probe durchzuführen, in diesem Fall sollte man

$$
{}^{t}TAT = \begin{pmatrix} 1 & 0 & 0 & 0 \\ 0 & 1 & 0 & 0 \\ 0 & 0 & -2 & 0 \\ 0 & 0 & 0 & 0 \end{pmatrix}
$$

nachrechnen.

5. Die Matrix A zu s ist symmetrisch, also bestimmen wir die nach Korollar 6.4.6* existierende Diagonalform. Wie sich durch Überlegungen und Abschn. 5.1.3 ergibt, handelt es sich bei der zugehörigen Basis um eine Orthonormalbasis $\mathcal{A}$ zu den Eigenvektoren von

A (s. auch Abschn. 6.4.8* und Erklärung bzgl. der Hauptachsen-transformationssatz am Ende von Abschn. 6.7.6). Bezüglich dieser Basis hat $M_A(s)$ Diagonalgestalt. Ist

$$A = \begin{pmatrix} 3 & -2 & 0 \\ -2 & 2 & -2 \\ 0 & -2 & 1 \end{pmatrix},$$

so berechnen wir das charakteristische Polynom

$$P_A(t) = -(t-2)(t-5)(t+1).$$

Die Eigenwerte von A sind somit $2, 5$ und -1. Nach dem üblichen Verfahren ermitteln wir

$\text{Eig}(A; 2) = \text{span}\left({}^t(2, 1, -2)\right), \quad \text{Eig}(A; 5) = \text{span}\left({}^t(2, -2, 1)\right),$
$\text{Eig}(A; -1) = \text{span}\left({}^t(1, 2, 2)\right),$

und die Basis $\mathcal{A}$ ist durch die drei Vektoren

$w_1 := \frac{1}{3}(2, 1, -2), \quad w_2 := \frac{1}{3}(2, -2, 1) \quad \text{und} \quad w_3 := \frac{1}{3}(1, 2, 2)$

gegeben. Nach 6.4.6 ist die zweite Basis gegeben durch $\mathcal{B} = (w_1', w_2', w_3')$, wobei

$$w_1' := \frac{1}{\sqrt{2}} \cdot w_1 \quad w_2' := \frac{1}{\sqrt{5}} \cdot w_2 \quad \text{und} \quad w_3' := w_3$$

gilt.

6. Nach 6.4.9 sind die Matrizen genau dann positiv (negativ) definit, wenn alle Eigenwerte positiv (negativ) sind. Dies kann man an den charakteristischen Polynomen erkennen, wobei man (siehe A_2) die Nullstellen unter Umständen nicht einmal genau kennen muss. Für

$$A_1 = \begin{pmatrix} 1 & 2 & -2 \\ 2 & 2 & 0 \\ -2 & 0 & -4 \end{pmatrix}$$

ergibt sich

$$P_{A_1}(t) = -t(t^2 + t - 18).$$

Da ein Eigenwert 0 ist, kann A_1 weder positiv noch negativ definit sein.

Das charakteristische Polynom der zweiten Matrix A_2 lautet

$$P_{A_2}(t) = -(t^3 + 9t^2 + 16t + 2).$$

Man kann erkennen, dass A_2 negativ definit ist, ohne die Nullstellen des charakteristischen Polynoms auszurechnen (das ist nämlich gar nicht so einfach). Da alle Koeffizienten dasselbe Vorzeichen haben, kann $P_{A_2}(t)$ nur negative Nullstellen haben.

Für die dritte Matrix A_3 lautet das charakteristische Polynom

$$\begin{aligned}
P_{A_3}(t) &= -(t^3 - 25t^2 + 75t - 27)\\
&= -(t - 3)(t - 11 + \sqrt{112})(t - 11 - \sqrt{112}),
\end{aligned}$$

und alle Eigenwerte sind größer als null. A_3 ist positiv definit. Dass alle Eigenwerte positiv sind, kann man auch schon daran erkennen, dass die Koeffizienten vor ungeraden Potenzen von t negativ und vor geraden Potenzen von t positiv sind; diese Argumentation erspart die konkrete Berechnung der Eigenwerte.

6.5   Skalarprodukte

1. Gegeben ist die Semilinearform $s\colon\, V \times V \to \mathbb{C}$. Ferner sei $\mathcal{A} = (v_1, \ldots, v_n)$ eine Basis von V. Außerdem seien die Vektoren $v, w \in V$ gegeben mit[1]

$$v = \sum_{i=1}^{n} x_i v_i \quad \text{und} \quad w = \sum_{j=1}^{n} y_j v_j.$$

---

[1]Hierbei ist zu berücksichtigen, dass sich im Buch ein Schreibfehler befindet. In der Summe $\sum y_j w_j$ ist w_j in 6.5.1 durch v_j zu ersetzen.

Die darstellende Matrix der Semilinearform s zur Basis $\mathcal{A}$ ist gegeben durch

$$A = (a_{ij}) \quad \text{mit } a_{ij} = s(v_i, v_j).$$

Wir zeigen zunächst $s(v, w) = \sum_{i,j=1}^{n} a_{ij} x_i \bar{y}_j = {}^t x A \bar{y}$.

Als Erstes berechnen wir die Anwendung der sesquilinearen Abbildung s auf v und w:

$$s(v, w) = s\left(\sum_{i=1}^{n} x_x v_i, \sum_{j=1}^{n} y_j v_j \right)$$

$$\overset{\text{B1}}{=} \sum_{i=1}^{n} x_i \cdot s\left(v_i, \sum_{i=1}^{n} y_j v_j \right)$$

$$\overset{\overline{\text{B}}2}{=} \sum_{i,j=1}^{n} x_i \cdot y_j \cdot s\left(v_i, v_j \right).$$

wobei an den Stellen B1 und $\overline{\text{B}}2$ entsprechende Eigenschaften einer sesquilinearen Abbildung Anwendung finden.

Als Zweites definieren wir uns die Vektoren

$$x = \begin{pmatrix} x_1 \\ \vdots \\ x_n \end{pmatrix} \quad \text{und} \quad y = \begin{pmatrix} y_1 \\ \vdots \\ y_n \end{pmatrix}.$$

Nun berechnen wir

$$A \cdot \bar{v} = \begin{pmatrix} \sum_{j=1}^{n} a_{1j} \bar{y}_j \\ \vdots \\ \sum_{j=1}^{n} a_{nj} \bar{y}_j \end{pmatrix} =: z.$$

Diesen Vektor multiplizieren wir mit $^t x$; damit folgt

$$
^t x \cdot \bar{z} = (x_1, \ldots, x_n) \cdot
\begin{pmatrix}
\displaystyle\sum_{j=1}^{n} a_{1j} \bar{y}_j \\
\vdots \\
\displaystyle\sum_{j=1}^{n} a_{nj} \bar{y}_j
\end{pmatrix}
$$

$$
= x_1 \sum_{j=1}^{n} a_{1j} \bar{y}_j + x_2 \sum_{j=1}^{n} a_{2j} \bar{y}_j + \cdot + x_n \sum_{j=1}^{n} a_{nj} \bar{y}_j
$$

$$
= \sum_{i,j=1}^{n} x_i \bar{y}_j a_{ij} = \sum_{i,j=1}^{n} x_i \bar{y}_j \cdot s(v_i, v_j),
$$

womit die Behauptung bewiesen wurde.

Nach obigem Ergebnis gilt $s(v, w) = {}^t x A \bar{y}$ für den Fall der Basis $\mathcal{A}$ für alle $v, w \in V$. In Bezug auf die Basis $\mathcal{B}$ gilt für $y' := T \cdot y$ (⊛) und $x' := T \cdot x$ (⊛⊛)

$$
s(v, w) = {}^t x' \cdot B \cdot \bar{y}'.
$$

Mithilfe von (⊛) und (⊛⊛) folgt

$$
\begin{aligned}
^t x \cdot A \cdot \bar{y} = s(v, w) &= {}^t x' \cdot B \cdot \bar{y}' \\
&= {}^t(T \cdot x) \cdot B \cdot (\overline{T \cdot y}) \\
&= {}^t x \cdot {}^t T \cdot B \cdot \bar{T} \cdot \bar{y}.
\end{aligned}
$$

Dies gilt für beliebige x und y, womit $A = {}^t T \cdot B \cdot \bar{T}$ folgt.

Analoge Überlegungen führen zur Gültigkeit der Gleichung $B = {}^t S \cdot A \cdot \bar{S}$.

2. a) Wir berechnen

$$
\begin{aligned}
\|v + w\|^2 + \|v - w\|^2 &= \langle v + w, v + w \rangle \\
&\quad + \langle v - w, v - w \rangle \\
&= \langle v, v \rangle + 2\langle v, w \rangle + \langle w, w \rangle \\
&\quad + \langle v, v \rangle - 2\langle v, w \rangle + \langle w, w \rangle \\
&= 2\langle v, v \rangle + 2\langle w, w \rangle \\
&= 2\|v\|^2 + 2\,|w\|^2.
\end{aligned}
$$

b)* Für eine Norm $|\ \|$ mit der gewünschten Eigenschaft $\|v\| = \sqrt{\langle v, v \rangle}$ muss für zwei Vektoren $v, w \in V$ gelten

$$
\|v + w\|^2 = \|v\|^2 + \|w\|^2 + 2\langle v, w \rangle.
$$

Wir definieren daher

$$
\langle v, w \rangle := \tfrac{1}{2} \left(\|v + w\|^2 - |v\|^2 - \|w\|^2 \right).
$$

Man beachte die Analogie zur Polarisierung 6.4.4.

Da die Norm $\|\ \|$ die Parallelogramm-Gleichung erfüllt, gilt

$$
2\|v + w\|^2 - 2\|v\|^2 - 2\|w\|^2 = \|v + w\|^2 - \|v - w\|^2,
$$

und damit folgt

$$
\begin{aligned}
\langle v, w \rangle &= \tfrac{1}{2} \left(\|v + w\|^2 - \|v\|^2 - \|w\|^2 \right) \\
&= \tfrac{1}{4} \left(\|v + w\|^2 - \|v - w\|^2 \right).
\end{aligned}
$$

Bestimmen wir für $v = w$ das Skalarprodukt, so erhalten wir

$$
\langle v, v \rangle = \tfrac{1}{4} \left(\|v + v\|^2 - \|v - v\|^2 \right) = \tfrac{1}{4} \cdot \|2v\|^2 = \|v\|^2,
$$

wie es gefordert war.

Es seien $v, v', w \in V$. Wir berechnen

$$
\begin{aligned}
\langle v + v', w \rangle &= \tfrac{1}{4} \left(\|v + v' + w\|^2 - \|v + v' - w\|^2 \right) \\
&= \tfrac{1}{4} (\|v + v' + w\|^2 + \|v - v' - w\|^2 - \|v - v' - w\|^2 \\
&\quad - \|v + v' - w\|^2) \\
&\overset{(*)}{=} \tfrac{1}{4} \left(2\|v\|^2 + 2\|v' + w\|^2 - 2\|v - w\|^2 - 2\|v'\|^2 \right)
\end{aligned}
$$

$$= \tfrac{1}{2}(\|v' + w\|^2 - \|v'\|^2 + \|v\|^2 - \|v - w\|^2$$
$$- \|v + w\|^2 + \|v + w\|^2)$$
$$\overset{(*)}{=} \tfrac{1}{2}\left(\|v + w\|^2 - \|v\|^2 - \|w\|^2 + \|v' + w\|^2 - \|v'\|^2 - \|w\|^2\right)$$
$$= \langle v, w\rangle + \langle v', w\rangle,$$

wobei an den Stellen (∗) die Parallelogramm-Gleichung verwendet wurde.

Die Symmetrie von $\langle\ ,\ \rangle$ ist klar, und die positive Definitheit folgt aus der Eigenschaft N1 der Norm sowie $\langle v, v\rangle = \|v\|^2$ für alle $v \in V$.

Es bleibt, $\langle \lambda v, w\rangle = \lambda\langle v, w\rangle$ für alle $v, w \in V$ und alle $\lambda \in \mathbb{R}$ zu zeigen. Dies ist der schwierigste Teil der Aufgabe. Wir beginnen damit, die Aussage für $\lambda \in \mathbb{N}$ per Induktion zu zeigen.

Für $\lambda = 0$ oder $\lambda = 1$ ist die Behauptung klar.

Um den Induktionsschritt zu zeigen, ersetzen wir in der obigen Rechnung v' durch $(\lambda - 1)v$ und erhalten

$$\langle \lambda v, w\rangle = \langle v + (\lambda - 1)v, w\rangle = \langle v, w\rangle + \langle (\lambda - 1)v, w\rangle.$$

Auf den zweiten Summanden der rechten Seite können wir nun die Induktionsvoraussetzung anwenden, und damit folgt

$$\langle \lambda v, w\rangle = \langle v, w\rangle + (\lambda - 1)\langle v, w\rangle = \lambda\langle v, w\rangle.$$

Ist $\lambda \in \mathbb{Z}$ mit $\lambda < 0$, so ist $-\lambda > 0$. Wegen

$$0 = \langle 0, w\rangle = \langle v - v, w\rangle = \langle v, w\rangle + \langle -v, w\rangle$$

gilt $-\langle -v, w\rangle = \langle v, w\rangle$ für alle $v, w \in V$, also ist

$$\langle \lambda v, w\rangle = -\langle -\lambda v, w\rangle = -(-\lambda)\langle v, w\rangle = \lambda\langle v, w\rangle,$$

und damit ist die Behauptung auch für alle $\lambda \in \mathbb{Z}$ gezeigt.

Für $\lambda = \frac{p}{q} \in \mathbb{Q}$ gilt

$$\frac{q}{p} \cdot \langle \frac{p}{q}v, w\rangle = \frac{q}{p} \cdot p \cdot \langle \frac{1}{q}v, w\rangle = \langle q \cdot \frac{1}{q}v, w\rangle = \langle v, w\rangle,$$

und das beweist die Behauptung für $\lambda \in \mathbb{Q}$.

Im letzten Schritt gilt es nun, die Aussage für eine beliebige reelle Zahl zu zeigen. Ist $\lambda \in \mathbb{R}$, so gibt es zu jedem $\varepsilon > 0$ ein $\lambda_\varepsilon \in \mathbb{Q}$ mit $|\lambda - \lambda_\varepsilon| \leq \varepsilon$.

Aus den Eigenschaften N2 und N3 der Norm sowie der Monotonie der Quadratfunktion folgt

$$\|(\lambda - \lambda_\varepsilon)v + w\|^2 \leq (\lambda - \lambda_\varepsilon)^2 \cdot \|v\|^2$$
$$+ 2(\lambda - \lambda_\varepsilon) \cdot \|v\| \cdot \|w\| + \|w\|^2. \quad (1)$$

Analog erhält man

$$\|(\lambda_\varepsilon - \lambda)v + w\|^2 \leq (\lambda_\varepsilon - \lambda)^2 \cdot \|v\|^2$$
$$+ 2(\lambda_\varepsilon - \lambda) \cdot \|v\| \cdot \|w\| + \|w\|^2. \quad (2)$$

Mit diesen beiden Gleichungen folgt

$$\langle \lambda v, w \rangle - \lambda_\varepsilon \langle v, w \rangle \leq \varepsilon \cdot \|v\| \cdot \|w\|, \quad (3)$$

wie mit (1) für $\langle \lambda v, w \rangle - \lambda_\varepsilon \langle v, w \rangle \geq 0$ gezeigt wird und mit (2) für $\langle \lambda v, w \rangle - \lambda_\varepsilon \langle v, w \rangle \leq 0$ analog verläuft. Mit der Definition des Skalarproduktes ergibt sich

$$|\langle \lambda v, w \rangle - \lambda_\varepsilon \langle v, w \rangle| = \langle \lambda v, w \rangle - \lambda_\varepsilon \langle v, w \rangle = \langle (\lambda - \lambda_\varepsilon)v, w \rangle$$
$$\leq \tfrac{1}{2} \left((\lambda - \lambda_\varepsilon)^2 \cdot \|v\|^2 + 2(\lambda - \lambda_\varepsilon) \cdot \|v\| \cdot \|w\| + \|w\|^2 \right.$$
$$\left. -(\lambda - \lambda_\varepsilon)^2 \cdot \|v\|^2 - \|w\|^2 \right)$$
$$= (\lambda - \lambda_\varepsilon) \cdot \|v\| \cdot \|w\| < \varepsilon \cdot \|v\| \cdot \|w\|.$$

Andererseits ist stets

$$|\lambda \langle v, w \rangle - \lambda_\varepsilon \langle v, w \rangle| = |\lambda - \lambda_\varepsilon| \cdot |\langle v, w \rangle| < \varepsilon \cdot \langle v, w \rangle|,$$

und mit der Dreiecksungleichung folgt aus den letzten beiden Gleichungen

$$|\langle \lambda v, w \rangle - \lambda \langle v, w \rangle| \leq |\langle \lambda v, w \rangle - \lambda_\varepsilon \langle v, w \rangle| + |\lambda_\varepsilon \langle v, w \rangle - \lambda \langle v, w \rangle|$$
$$\leq \varepsilon \cdot \|v\| \cdot \|w\| + \varepsilon \cdot |\langle v, w \rangle|$$
$$= \varepsilon \cdot (\|v\| \cdot \|w\| + |\langle v, w \rangle|).$$

Da ε beliebig klein gewählt werden kann, folgt $\langle \lambda v, w \rangle = \lambda \langle v, w \rangle$.

Eine analoge Aussage gilt auch für eine Norm auf einem $\mathbb{C}$-Vektorraum V, die die Parallelogramm-Gleichung erfüllt, vgl. hierzu [M-V], §11.

3. a) Es gilt $\|x\| = 0 \Leftrightarrow \max\{|x_i|: \ 1 \leq i \leq n\} = 0$, was aufgrund von $|y| \geq 0$ für alle $y \in \mathbb{R}$ gleichbedeutend ist mit $x_i = 0$ für $i = 1, \ldots, n$, also $x = 0$. Das zeigt N1. N2 gilt wegen

$$\|\lambda \cdot x\| = \max\{|\lambda \cdot x_i|: \ 1 \leq i \leq n\}$$
$$= \max\{|\lambda| \cdot |x_i|: \ 1 \leq i \leq n\}$$
$$= |\lambda| \cdot \max\{|x_i|: \ 1 \leq i \leq n\} = |\lambda| \cdot \|x\|.$$

Schließlich folgt N3 aus

$$\|x + y\| = \max\{|x_i + y_i|: \ 1 \leq i \leq n\} \overset{(*)}{\leq} \max\{|x_i| + |y_i|: \ 1 \leq i \leq n\}$$
$$\leq \max\{|x_i|: \ 1 \leq i \leq n\} + \max\{|y_i|: \ 1 \leq i \leq n\} = \|x\| + \|y\|,$$

wobei $(*)$ aufgrund der Dreiecksungleichung gilt. Damit ist $\|\ \ \|$ eine Norm.

Nehmen wir an, es existiert ein Skalarprodukt mit $\|x\| = \sqrt{\langle x, x \rangle}$ für alle $x \in \mathbb{R}^n$, wobei $n \geq 2$ gilt. Nach Aufgabe 2 a) gilt dann die Parallelogramm-Gleichung. Jedoch ist für $x = (1, 1, 0, \ldots, 0)$ und $y = (1, -1, 0, \ldots, 0)$ gerade

$$\|x + y\|^2 + \|x - y\|^2 = 2^2 + 2^2 = 8 \neq 4 = 2 + 2$$
$$= 2\|x\|^2 + 2\|y\|^2.$$

Daher kann es kein solches Skalarprodukt geben.

b) Die Eigenschaften D1 bis D3 zeigen wir folgendermaßen:

$$\sum_{k=0}^{\infty} 2^{-k} \frac{\|f - g\|_k}{1 + |f - g|_k} = 0 \Leftrightarrow \|f - g\|_k = 0 \text{ für alle } k \in \mathbb{N}$$
$$\Leftrightarrow \max\{|f(x) - g(x)|: \ x \in [-k, k]\} = 0$$
$$\text{für alle } k \in \mathbb{N}$$
$$\Leftrightarrow f(x) = g(x) \text{ für alle } x \in \mathbb{R}$$
$$\Leftrightarrow f = g,$$

das beinhaltet D1. Wegen $|f(x) - g(x)| = |g(x) - f(x)|$ für alle $x \in \mathbb{R}$ gilt $\|f - g\|_k = \|g - f\|_k$ für alle k, und daraus folgt $d(f, g) = d(g, f)$, also D2. Die Dreiecksungleichung D3 folgt aus

$$d(f, g) + d(g, h) = \sum_{k=0}^{\infty} 2^{-k} \frac{\|f - g\|_k}{1 + \|f - g\|_k} + \sum_{k=0}^{\infty} 2^{-k} \frac{\|g - h\|_k}{1 + \|g - h\|_k}$$

$$= \sum_{k=0}^{\infty} 2^{-k} \frac{\|f - g\|_k + \|f - g\|_k \|g - h\|_k + \|g - h\|_k + \|f - g\|_k \|g - h\|_k}{1 + \|f - g\|_k + \|g - h\|_k + \|f - g\|_k \cdot \|g - h\|_k}$$

$$\overset{(*)}{\geq} \sum_{k=0}^{\infty} 2^{-k} \frac{\|f - g\|_k + \|g - h\|_k}{1 + \|f - g\|_k + \|g - h\|_k} \overset{(*)}{\geq} \sum_{k=0}^{\infty} \frac{\|f - h\|_k}{1 + \|f - h\|_k},$$

wobei die beiden mit $(*)$ gekennzeichnete Relationen für jeden einzelnen Summanden und damit für die gesamte Summe gelten. Dabei wurden die Dreiecksungleichung für den Betrag sowie die Ungleichung $\frac{x}{1+x} \leq \frac{x+y}{1+x+y}$ für alle $x \geq 0$ und alle $y \geq 0$ benutzt.

Nehmen wir an, es existiert eine Norm $\| \ \|: V \to \mathbb{R}_+$ mit

$$\|f - g\| = d(f, g) \text{ für alle } f, g \in \mathcal{C}(\mathbb{R}; \mathbb{R}),$$

so gilt insbesondere

$$\|f\| = d(f, 0) = \sum_{k=0}^{\infty} 2^{-k} \frac{\|f\|_k}{1 + \|f\|_k}$$

für alle $f \in \mathcal{C}(\mathbb{R}; \mathbb{R})$. Wählen wir $f = 1$ und $\lambda = 2$, so gilt

$$\|\lambda \cdot f\|_k = \max \{|\lambda \cdot f(x)|: \ x \in [-k, k]\} = 2,$$

womit folgt

$$\|\lambda \cdot f\| = \sum_{k=0}^{\infty} 2^{-k} \frac{\|\lambda \dot{f}\|_k}{1 + \|\lambda f\|_k} = \sum_{k=0}^{\infty} 2^{-k} \frac{2}{3}$$

$$\neq 2 \cdot \sum_{k=0}^{\infty} 2^{-k} \frac{1}{2} = 2 \cdot \sum_{k=0}^{\infty} 2^{-k} \frac{\|f\|_k}{1 + \|f\|_k}$$

$$= |\lambda| \cdot \|f\|.$$

4. Die Folgerungen i) $\Rightarrow$ ii) und i) $\Rightarrow$ iii) zeigen wir gleichzeitig. Ist $v \in V$, so gibt es eine eindeutige Darstellung $v = \lambda_1 v_1 + \ldots + \lambda_r v_r$. Aus der Orthonormalität der v_i folgt unmittelbar $\langle v, v_i \rangle = \lambda_i$, also $v = \sum_{i=1}^{r} \langle v, v_i \rangle \cdot v_i$. Ferner folgt für $\langle v, v_i \rangle = 0$ für alle i, dass $v = 0$ ist.

Für iii) $\Rightarrow$ iv) wählen wir zwei Vektoren

$$v = \sum_{i=1}^{r} \langle v, v_i \rangle \cdot v_i \quad \text{und} \quad w = \sum_{j=1}^{r} \langle w, v_j \rangle \cdot v_j.$$

Dann folgt

$$\langle v, w \rangle = \langle \sum_{i=1}^{r} \langle v, v_i \rangle \cdot v_i, \sum_{j=1}^{r} \langle v_j, w \rangle \cdot v_j \rangle$$

$$= \sum_{i,j=1}^{r} \langle v, v_i \rangle \langle v_j, w \rangle \cdot \underbrace{\langle v_i, v_j \rangle}_{\delta_{ij}}$$

$$= \sum_{i=1}^{r} \langle v, v_i \rangle \cdot \langle v_i, w \rangle.$$

Dabei ist δ_{ij} wie in der Lösung zu Aufgabe 2 d) in Abschn. 2.5 das Kronecker-Symbol.

iv) $\Rightarrow$ v) folgt aus

$$\|v\|^2 = \langle v, v \rangle = \sum_{i=1}^{r} \langle v, v_i \rangle^2 = \sum_{i=1}^{r} |\langle v, v_i \rangle|^2.$$

Die v_i sind orthonormal, also linear unabhängig. Für v) $\Rightarrow$ i) ist daher nur $V = \text{span}(v_1, \ldots, v_r)$ zu zeigen. Nehmen wir an, dies ist nicht der Fall. Wir ergänzen die v_i zu einer Orthonormalbasis $(v_1, \ldots, v_r, w_1, \ldots, w_s)$ von V. Für jedes $j = 1, \ldots, s$ gilt dann $1 = \|w_j\|^2$. Nach v) gilt jedoch

$$\|w_j\|^2 = \sum_{i=1}^{r} |\langle w_j, v_i \rangle| = 0,$$

und wegen $0 \neq 1$ ist dies ein Widerspruch.

Es fehlt noch ii) $\Rightarrow$ i). Wir ergänzen $(v_1, \ldots, v_r)$ zu einer Orthonormalbasis $(v_1, \ldots, v_r, w_1, \ldots, w_s)$ von V. Für jedes $j = 1, \ldots, s$ gilt dann $\langle w_j, v_i \rangle = 0$ für alle i, und aus ii) folgt $w_j = 0$, also $s = 0$ und $V = \text{span}(v_1, \ldots, v_r)$.

5. a) Zunächst ist für alle $f, g \in V$

$$\langle f + g, h \rangle = \frac{1}{\pi} \int_0^{2\pi} (f(x) + g(x)) \cdot h(x) dx$$

$$= \frac{1}{\pi} \int_0^{2\pi} f(x) \cdot h(x) dx + \frac{1}{\pi} \int_0^{2\pi} g(x) \cdot h(x) dx$$

$$= \langle f, h \rangle + \langle g, h \rangle,$$

sowie

$$\langle \lambda f, g \rangle = \frac{1}{\pi} \int_0^{2\pi} \lambda f(x) \cdot g(x) dx = \frac{\lambda}{\pi} \int_0^{2\pi} f(x) \cdot g(x) dx$$

$$= \lambda \langle f, g \rangle,$$

daher gilt B1. Die Eigenschaft S folgt aus

$$\langle f, g \rangle = \frac{1}{\pi} \int_0^{2\pi} f(x) \cdot g(x) dx = \frac{1}{\pi} \int_0^{2\pi} g(x) \cdot f(x) dx$$

$$= \langle g, f \rangle,$$

und B2 folgt aus B1 und S.

b) Zu zeigen ist die Orthonormalität der Elemente aus $\mathcal{B}$. Für all diejenigen, die nicht gerne integrieren, gilt: Alle auftretenden Integrale befinden sich in der Integrationstabelle von [B-S], S. 52ff, Integrale 274 ff.

Wegen

$$\int_0^{2\pi} \cos(nx) dx = \int_0^{2\pi} \sin(nx) dx = 0 \quad \text{für alle } n \in \mathbb{N} \setminus \{0\}$$

gilt

$$\langle \tfrac{1}{2}\sqrt{2}, \cos(nx) \rangle = \frac{\sqrt{2}}{2\pi} \int_0^{2\pi} \cos(nx) dx = 0$$

sowie

$$\langle \tfrac{1}{2}\sqrt{2}, \sin(nx) \rangle = \frac{\sqrt{2}}{2\pi} \int_0^{2\pi} \sin(nx) dx = 0$$

für alle $n \in \mathbb{N} \setminus \{0\}$. Diese Vektoren sind somit orthogonal. Wegen

$$\langle \tfrac{1}{2}\sqrt{2}, \tfrac{1}{2}\sqrt{2} \rangle = \tfrac{1}{\pi} \int\limits_0^{2\pi} \tfrac{1}{2} dx = 1$$

und

$$\langle \cos(nx), \cos(nx) \rangle = \tfrac{1}{\pi} \int\limits_0^{2\pi} \cos^2(nx) dx = 1,$$

sowie

$$\langle \sin(nx), \sin(nx) \rangle = \tfrac{1}{\pi} \int\limits_0^{2\pi} \sin^2(nx) dx = 1$$

sind sie sogar normiert.

Mit Hilfe von partieller Integration sowie Additionstheoremen zeigen wir für $m \neq n$

$$\tfrac{1}{\pi} \int\limits_0^{2\pi} \sin(nx) \sin(mx) dx$$

$$= -\tfrac{1}{\pi n} \cos(nx) \sin(mx) \Big|_0^{2\pi} + \tfrac{m}{\pi n} \int\limits_0^{2\pi} \sin(nx) \sin(mx)$$

$$+ \cos((n+m)x) dx,$$

und daraus folgt

$$(n-m) \int\limits_0^{2\pi} \sin(nx) \sin(mx) dx = - \cos(nx) \sin(mx) \Big|_0^{2\pi}$$

$$+ \tfrac{m}{n+m} \sin((n+m)x) \Big|_0^{2\pi} = 0,$$

also $\langle \sin(nx), \sin(mx) \rangle = 0$ für $n \neq m$. Eine analoge Rechnung zeigt

$$\langle \cos(nx), \cos(mx) \rangle = 0 \quad \text{für } n \neq m,$$

damit sind diese Vektoren orthonormal. Schließlich erhalten wir

$$\tfrac{1}{\pi} \int\limits_0^{2\pi} \sin(nx) \cos(mx) dx = -\tfrac{1}{n\pi} \cos(nx) \cos(mx) \Big|_0^{2\pi}$$

$$-\tfrac{m}{n\pi} \int\limits_0^{2\pi} \cos(nx) \sin(mx) dx.$$

Für $n = m$ folgt hier bereits $\langle \cos(nx), \sin(nx) \rangle = 0$ für alle $n \in \mathbb{N} \setminus \{0\}$. Ist $n \neq m$, so zeigen wir durch eine weitere Integration

$$\frac{1}{\pi} \int_0^{2\pi} \sin(nx) \cos(mx) dx = -\frac{1}{n\pi} \cos(nx) \sin(mx) \Big|_0^{2\pi}$$

$$-\frac{m}{n^2\pi} \sin(nx) \sin(mx) \Big|_0^{2\pi} + \frac{m^2}{n^2\pi} \int_0^{2\pi} \sin(nx) \cos(mx) dx.$$

Da die beiden ersten Terme auf der rechten Seite verschwinden, folgt

$$\langle \sin(nx), \cos(mx) \rangle = 0$$

für alle $n, m \in \mathbb{N} \setminus \{0\}$. Damit sind wir fertig.

c) Die Behauptung folgt aus Aufgabe 4, Bedingung iii). Man beachte, dass auch $a_0 = \langle f, \frac{\sqrt{2}}{2} \rangle$ ein Fourierkoeffizient ist, obwohl er in der Aufgabe nicht explizit aufgeführt ist.

d)* In der Aufgabenstellung der Teile d)* und e)* der zehnten sowie der elften Auflage der *Linearen Algebra* hat sich ein Fehler eingeschlichen. Statt $\frac{a_0^2}{2}$ bzw. $\frac{a_0 a_0'}{2}$ muss in der Aufgabenstellung a_0^2 bzw. $a_0 a_0'$ stehen.

Für jede endliche Summe

$$f_n := \frac{a_0}{2} \sqrt{2} + \sum_{k=1}^n a_k \cos(kx) + b_k \sin(kx)$$

definieren wir

$$\tilde{f}_n := f - f_n.$$

Dann gilt

$$0 \leq \| \tilde{f}_n \|^2 = \langle \tilde{f}_n, \tilde{f}_n \rangle$$

$$= \| f \|^2 - 2a_0 \langle f, \tfrac{1}{2} \sqrt{2} \rangle - 2 \sum_{k=1}^n a_k \langle f, \cos(kx) \rangle$$

$$- 2 \sum_{k=1}^n b_k \langle f, \sin(kx) \rangle$$

$$+ \langle \frac{a_0}{2}\sqrt{2} + \sum_{k=1}^{n} a_k \cos(kx) + b_k \sin(kx),$$

$$\frac{a_0}{2}\sqrt{2} + \sum_{k=1}^{n} a_k \cos(kx) + b_k \sin(kx) \rangle$$

$$\overset{(*)}{=} \|f\|^2 - 2a_0^2 - 2\sum_{k=1}^{n} a_k^2 - 2\sum_{k=1}^{n} b_k^2 + a_0^2$$

$$+ \sum_{k=1}^{n} \left(a_k^2 + b_k^2 \right)$$

$$= \|f\|^2 - a_0^2 - \sum_{k=1}^{n} \left(a_k^2 + b_k^2 \right) = \|f\|^2,$$

wobei an der Stelle (*) die Orthonormalität der Basisvektoren von $\mathcal{B}$ ausgenutzt wurde. Umformung ergibt

$$\|f\|^2 \geq a_0^2 + \sum_{k=1}^{n} \left(a_k^2 + b_k^2 \right).$$

Da dies für alle $n \in \mathbb{N} \setminus \{0\}$ gilt, folgt die Behauptung.

e)* Betrachten wir die Lösung von Teil d), so erkennen wir, dass die Gleichheit bei der Besselschen Ungleichung nicht gilt, wenn f nicht durch seine Fourier-Reihe dargestellt werden kann, d. h. wenn gilt

$$\lim_{n \to \infty} \left(\frac{a_0}{2}\sqrt{2} + \sum_{k=1}^{n} (a_k \cos kx + b_k \sin kx) \right) \neq f(x). \qquad (*)$$

Gilt für zwei Funktionen f und g punktweise Konvergenz für die (*) entsprechenden Reihen ihrer Fourierkoeffizienten, so wird die Besselsche Ungleichung für sie zur Gleichung, und dies ist gleichbedeutend mit

$$\langle f, g \rangle = a_0 a_0' + \sum_{k=1}^{\infty} \left(a_k a_k' + b_k b_k' \right).$$

Seien nun $f, g \in V$ stückweise stetig differenzierbar. Nach der Theorie der punktweisen Konvergenz von Fourier-Reihen (vgl.

[B-F1], Kap. 12, Abschn. 4)) wird jede auf $[0, 2\pi]$ stetige stückweise differenzierbare Funktion durch ihre Fourier-Reihe dargestellt,
d. h. es gilt punktweise Konvergenz, somit

$$\frac{a_0}{2}\sqrt{2} + \sum_{k=1}^{\infty}(a_k \cos kx + b_k \sin kx)$$

$$:= \lim_{n \to \infty}\left(\frac{a_0}{2}\sqrt{2} + \sum_{k=1}^{n}(a_k \cos kx + b_k \sin kx)\right) = f(x)$$

und

$$\frac{a_0'}{2}\sqrt{2} + \sum_{k=1}^{\infty}(a_k' \cos kx + b_k' \sin kx)$$

$$:= \lim_{n \to \infty}\left(\frac{a_0'}{2}\sqrt{2} + \sum_{k=1}^{n}(a_k' \cos kx + b_k' \sin kx)\right)$$

$$= g(x).$$

Wir definieren nun

$$\vartheta_n := \langle f - \frac{a_0}{2}\sqrt{2} - \sum_{k=1}^{n}(a_k \cos kx + b_k \sin kx),$$

$$g - \frac{a_0'}{2}\sqrt{2} - \sum_{k=1}^{n}(a_k' \cos kx + b_k' \sin kx)\rangle$$

$$= \langle f, g \rangle - a_0 a_0' - \sum_{k=1}^{n}(a_k a_k' + b_k b_k').$$

Da f und g durch ihre Fourier-Reihen dargestellt werden, folgt

$$\lim_{n \to \infty} \vartheta_n = \langle 0, 0 \rangle = 0,$$

und damit

$$\langle f, g \rangle = a_0 a_0' + \lim_{n \to \infty} \sum_{k=1}^{n}(a_k a_k' + b_k b_k')$$

$$= a_0 a_0' + \sum_{k=1}^{\infty}(a_k a_k' + b_k b_k').$$

Fourier-Reihen spielen in der Analysis eine Rolle, weil bestimmte Funktionen wie in dieser Aufgabe durch trigonometrische Funktionen dargestellt werden können. Dabei müssen diese Funktionen nicht einmal stetig sein. Zur Theorie der Fourier-Reihen vgl. [B-F1], Kap. 12.

Fourier-Reihen finden ebenfalls in der Physik Anwendung bei der Darstellung periodischer Vorgänge, vgl. [G], Kap. III, §9 und [C-H], Kap. II, §5 und §10.

Die Besselsche Ungleichung gilt unter allgemeineren Bedingungen als in dieser Aufgabe, nämlich in einem *Prähilbertraum* zusammen mit einem *Orthonormalsystem* von Vektoren. Gilt unter diesen Bedingungen Gleichheit in der Besselschen Ungleichung, so heißt sie *Gleichung von Parseval*. Für Einzelheiten siehe [M-V], §12.

6. Wir berechnen wie im Text beschrieben zunächst orthogonale Vektoren und normieren diese anschließend.

Der erste Vektor $w_1 = {}^t(1, 0, 0, 0, 0)$ dient als Startpunkt und ist bereits normiert. Den im Beweis des Orthonormalisierungssatzes mit v bezeichneten Vektor bezeichnen wir im i-ten Schritt mit v_i, entsprechend die normierten Vektoren mit $\tilde{v}_i$. Dann ist $v_2 = {}^t(1, 0, 1, 0, 0)$ und $\tilde{v}_2 = \langle v_2, w_1 \rangle \cdot w_1 = {}^t(1, 0, 0, 0, 0)$. Daraus folgt

$$w_2 = v_2 - \tilde{v}_2 = {}^t(0, 0, 1, 0, 0).$$

Auch dieser Vektor ist bereits normiert.

Für den nächsten Schritt gilt $v_3 = {}^t(1, 1, 1, 0, 2)$, damit ergibt sich

$$\tilde{v}_3 = \langle v_3, w_1 \rangle w_1 + \langle v_3, w_2 \rangle w_2 = {}^t(1, 0, 1, 0, 0).$$

Der Vektor $\tilde{w}_3 := v_3 - \tilde{v}_3 = {}^t(0, 1, 0, 0, 2)$ muss nun normiert werden:

$$w_3 = \frac{1}{\|\tilde{w}_3\|} \cdot \tilde{w}_3 = \frac{1}{\sqrt{5}} \cdot {}^t(0, 1, 0, 0, 2).$$

Wir fahren wie bisher fort und erhalten

$$\tilde{v}_4 = \langle v_4, w_1 \rangle \cdot w_1 + \langle v_4, w_2 \rangle \cdot w_2 + \langle v_4, w_3 \rangle \cdot w_3$$
$$= {}^t \left(2, \tfrac{7}{5}, 0, 0, \tfrac{14}{5} \right).$$

Damit erhalten wir den Vektor $\tilde{w}_4 = v_4 - \tilde{v}_4 = {}^t(0, -\frac{2}{3}, 0, 2, \frac{1}{3})$, der wiederum nicht normiert ist. Das ist jedoch schnell erledigt:

$$w_4 = \frac{1}{\|\tilde{w}_4\|} \cdot \tilde{w}_4 = \frac{1}{\sqrt{105}} \cdot {}^t(0, -2, 0, 10, 1).$$

Die Vektoren (w_1, w_2, w_3, w_4) bilden nun eine Orthonormalbasis des in der Aufgabe gegebenen Untervektorraumes.

Eine Bemerkung zum Schluss: In den meisten Fällen ist es sinnvoll, die Normierung der Vektoren erst ganz am Ende vorzunehmen, da hierbei im Allgemeinen Zahlen auftreten, mit denen sich nur schwer rechnen lässt. In unserer Aufgabe jedoch waren bereits zwei Vektoren normiert, und mit der Zahl $\sqrt{5}$ kann man eigentlich ganz gut rechnen. Daher bereitete es keine Schwierigkeiten, die Normierung der Vektoren direkt vorzunehmen.

7. a) Die Matrix von s bezüglich der gegebenen Basis ist symmetrisch, da s eine symmetrische Bilinearform ist. Daher müssen nur zehn der sechzehn benötigten Einträge berechnet werden.

Es sei $M_\mathcal{B}(s) = (a_{ij})$ mit $a_{ij} = s(t^i, t^j)$ für $0 \leq i, j \leq 3$. Damit errechnen wir leicht

$$s(1, 1) = \int_{-1}^{1} 1\, dt = 2, \quad s(1, t) = \int_{-1}^{1} t\, dt = 0,$$

$$s(1, t^2) = \int_{-1}^{1} t^2\, dt = \frac{2}{3}, \quad s(1, t^3) = \int_{-1}^{1} t^3\, dt = 0,$$

$$s(t, t) = \int_{-1}^{1} t^2, dt = \frac{2}{3}, \quad s(t, t^2) = \int_{-1}^{1} t^3\, dt = 0,$$

$$s(t, t^3) = \int_{-1}^{1} t^4\, dt = \frac{2}{5}, \quad s(t^2, t^2) = \int_{-1}^{1} t^4\, dt = \frac{2}{5},$$

$$s(t^2, t^3) = \int_{-1}^{1} t^5\, dt = 0, \quad s(t^3, t^3) = \int_{-1}^{1} t^6\, dt = \frac{2}{7}.$$

Für die Matrix erhalten wir

$$M_\mathcal{B}(s) = \begin{pmatrix} 2 & 0 & \frac{2}{3} & 0 \\ 0 & \frac{2}{3} & 0 & \frac{2}{5} \\ \frac{2}{3} & 0 & \frac{2}{5} & 0 \\ 0 & \frac{2}{5} & 0 & \frac{2}{7} \end{pmatrix}.$$

b) Die Vektoren 1 und t sind bereits zueinander orthogonal, jedoch beide (!) nicht normiert. Wegen $\|1\| = \sqrt{2}$ ist $w_1 := \frac{1}{\sqrt{2}}$ normiert. Analog folgt, dass $w_2 := \sqrt{\frac{3}{2}}t$ normiert ist. Für den Rest der Aufgabe wählen wir dieselben Bezeichnungen wie in Aufgabe 6. Zunächst ist

$$\tilde{v}_3 = \langle t^2, \tfrac{1}{\sqrt{2}} \rangle \cdot \tfrac{1}{\sqrt{2}} + \left\langle t^2, \sqrt{\tfrac{3}{2}}t \right\rangle \cdot \sqrt{\tfrac{3}{2}}t$$

$$= \tfrac{1}{2} \int\limits_{-1}^{1} t^2\, dt \;+\; \tfrac{3}{2}t \int\limits_{-1}^{1} t^3\, dt = \tfrac{1}{3},$$

also

$$\tilde{w}_3 = v_3 - \tilde{v}_3 = t^2 - \tfrac{1}{3},$$

und damit

$$w_3 = \frac{1}{\|\tilde{w}_3\|} \cdot \tilde{w}_3 = \sqrt{\tfrac{45}{8}}(t^2 - \tfrac{1}{3}).$$

Für den vierten Vektor führt die analoge Rechnung zu

$$\tilde{v}_4 = \tfrac{3}{5}t, \quad \tilde{w}_4 = t^3 - \tfrac{3}{5}t,$$

und schließlich

$$w_4 = \sqrt{\tfrac{175}{8}}(t^3 - \tfrac{3}{5}t).$$

Damit ist $\mathcal{B} = (w_1, w_2, w_3, w_4)$ eine Orthonormalbasis von V.

8. Gegeben sind die Vektoren

$$v_1 = (a_{11}, a_{12}, a_{13}), \quad v_2 = (a_{21}, a_{22}, a_{23}) \quad \text{und}$$
$$v_3 = (a_{31}, a_{32}, a_{33}).$$

Damit ergibt sich die Matrix

$$A = \begin{pmatrix} a_{11} & a_{12} & a_{13} \\ a_{21} & a_{22} & a_{23} \\ a_{31} & a_{32} & a_{33} \end{pmatrix}.$$

Nach der Bemerkung aus Abschn. 6.2.2 gilt

$$\langle v_1 \times v_2, v_3 \rangle = \det \begin{pmatrix} a_{11} & a_{12} & a_{13} \\ a_{21} & a_{22} & a_{23} \\ a_{31} & a_{32} & a_{33} \end{pmatrix}.$$

Damit ist die Behauptung bewiesen.

6.6 Orthogonale und unitäre Endomorphismen

1. Es gilt

$$\|F(x) \times F(y)\|^2 = \|F(x)\|^2 \cdot |F(y)|^2 - \langle F(x), F(y)\rangle^2$$
$$\overset{(*)}{=} \|x\|^2 \cdot \|y\|^2 - \langle x, y\rangle^2$$
$$= \|x \times y\|^2 \overset{(*)}{=} \|F(x \times y)\|^2,$$

wobei an den Stellen (∗) die Orthogonalität von F benutzt wurde. Daher existiert für jedes $(x, y) \in \mathbb{R}^3 \times \mathbb{R}^3$ mit $F(x \times y) \neq 0$ ein $\lambda(x, y) \in \mathbb{R}$ mit $|\lambda(x, y)| = 1$, so dass $F(x) \times F(y) = \lambda(x, y) \cdot F(x \times y)$. Allerdings ist F linear, also stetig; daher ist $\lambda = \lambda(x, y)$ konstant und auf $\mathbb{R}^3 \times \mathbb{R}^3$ fortsetzbar.

Um $\lambda = \det F$ zu zeigen, betrachten wir die Matrix A von F. Ihre Spalten bilden nach Bemerkung 6.6.2 eine Orthonormalbasis x, y, z des $\mathbb{R}^3$. Aus Beispiel c) in 6.6.3 folgt $\langle A(x) \times A(y), A(z)\rangle = 1$, und mit Hilfe von Bemerkung 6.2.2 a) erhalten wir daraus

$$1 = \langle A(x) \times A(y), A(z)\rangle = \lambda\langle A(x \times y), A(z)\rangle$$
$$= \lambda\langle x \times y, z\rangle = \lambda \cdot \det A.$$

Wegen $|\lambda| = 1$, d. h. $\lambda \in \{-1, 1\}$ folgt daraus $\lambda = \det F$.

2. „⇐": Aufgrund der Orthogonalität von G gilt für alle $v, w \in V \setminus \{0\}$

$$\langle F(v), F(w)\rangle = \langle \lambda \cdot G(v), \lambda \cdot G(w)\rangle = \lambda^2\langle G(v), G(w)\rangle = \lambda^2\langle v, w\rangle,$$

sowie

$$\|F(v)\| = \sqrt{\langle F(v), F(v)\rangle} = |\lambda|\sqrt{\langle G(v), G(v)\rangle} = |\lambda|\sqrt{\langle v, v\rangle}$$
$$= |\lambda| \cdot \|v\|$$

und

$$\|F(w)\| = |\lambda| \cdot \|w\|.$$

Also gilt für alle $v, w \in V \setminus \{0\}$

$$\sphericalangle(F(v), F(w)) = \arccos \frac{\langle F(v), F(w) \rangle}{\|F(v)\| \cdot \|F(w)\|} = \arccos \frac{\lambda^2 \langle v, w \rangle}{\lambda^2 \|v\| \cdot \|w\|}$$

$$= \arccos \frac{\langle v, w \rangle}{\|v\| \cdot \|w\|} = \sphericalangle(v, w).$$

Die Injektivität von F ist klar.

„$\Rightarrow$": Es sei $(e_i)_{i \in I}$ eine Orthonormalbasis von V und $\lambda_i :=$ $\|F(e_i)\|$ für alle $i \in I$.

Es wird nun gezeigt, dass $\lambda_i = \lambda_j$ für alle $i, j \in I$ gilt.

Aufgrund der Bijektivität des arccos auf $]-1; 1[$ ist

$$\sphericalangle(F(v), F(w)) = \sphericalangle(v, w)$$

gleichbedeutend mit

$$\frac{\langle F(v), F(w) \rangle}{\|F(v)\| \cdot \|F(w)\|} = \frac{\langle v, w \rangle}{\|v\| \cdot \|w\|}.$$

Insbesondere gilt für alle $i, j \in I$ mit $i \neq j$

$$0 = \frac{\langle e_i + e_j, e_i - e_j \rangle}{\|e_i + e_j\| \cdot \|e_i - e_j\|} = \frac{\langle F(e_i + e_j), F(e_i - e_j) \rangle}{|F(e_i + e_j)\| \cdot \|F(e_i - e_j)\|}. \qquad (*)$$

Setzt man $\lambda_i := \|F(e_i)\| = \frac{\|F(e_i)\|}{\|e_i\|}$, so folgt mit $(*)$, da $(e_i)_{i \in I}$ eine Orthonormalbasis ist,

$$0 = \langle F(e_i + e_j)), F(e_i - e_j) \rangle = \|F(e_i\|^2 - \|F(e_j)\|^2$$

$$= \lambda_i^2 - \lambda_j^2 = (\lambda_i + \lambda_j)(\lambda_i - \lambda_j),$$

womit $\lambda_i = \pm \lambda_j$ folgt. Da jedoch $\lambda_i \geq 0$ für alle $i \in I$ gilt, folgt $\lambda_i = \lambda_j$ für alle $i, j \in I$.

Nun wird $\langle F(v), F(w) \rangle = \lambda^2 (v, w)$ für alle $v, w \in V$ gezeigt. Dazu seien $v = \sum_{i \in I} \mu_i e_i$ und $w = \sum_{i \in I} \nu_i e_i$. Dann gilt

$$\langle F(v), F(w) \rangle = \left\langle F(\sum_{i \in I} \mu_i e_i), F(\sum_{j \in I} v_j e_j) \right\rangle$$

$$= \left\langle \sum_{i \in I} \mu_i F(e_i), \sum_{j \in I} v_j F(e_j) \right\rangle$$

$$= \sum_{i,j \in I} \mu_i v_j \langle F(e_i), F(e_j) \rangle = \sum_{i,j \in I} \mu_i v_j \lambda^2 \delta_i^j,$$

wobei der erste Schritt für $i = j$ klar ist und für $i \neq j$ aus der Winkeltreue von F folgt. Aus der letzten Gleichung ergibt sich damit

$$\langle F(v), F(w) \rangle = \sum_{i,j \in I} \mu_i v_j \langle e_i, e_j \rangle$$

$$= \lambda^2 \left\langle \sum_{i \in I} \mu_i e_i, \sum_{j \in I} v_j e_j \right\rangle = \lambda^2 \langle v, w \rangle$$

Somit existiert ein $\lambda \in \mathbb{R} \setminus \{0\}$ mit

$$\langle F(v), F(w) \rangle = \lambda^2 \cdot \langle v, w \rangle \quad \text{und} \quad \|F(v)\| = |\lambda| \cdot \|v\|$$

für alle $v, w \in V \setminus \{0\}$. Definieren wir $G := \frac{1}{\lambda} \cdot F$, so sind wir fertig.

3. Der Fall $x = 0$ oder $y = 0$ ist klar.

Nehmen wir also an, $z = x + \imath y$ und $\bar{z} = x - \imath y$ mit $x, y \in \mathbb{R}^n \setminus 0$ sind linear abhängig über $\mathbb{C}$, dann existieren $\lambda_1 = a_1 + \imath b_1 \neq 0$ und $\lambda_2 = a_2 + \imath b_2 \neq 0$ mit

$$(a_1 + \imath b_1)(x + \imath y) + (a_2 + \imath b_2)(x - \imath y) = 0$$

$$\Leftrightarrow (a_1 + a_2)x + (b_2 - b_1)y + \imath((b_1 + b_2)x + (a_1 - a_2)y) = 0. \quad (*)$$

Dabei müssen λ_1 *und* λ_2 von null verschieden sein, weil $\mathbb{C}$ ein Körper ist.

Wir behaupten, dass entweder $a_1 + a_2 \neq 0$ oder $a_1 - a_2 \neq 0$ ist. Wäre beispielsweise $a_1 + a_2 = 0 = a_1 - a_2$, so hätte $(*)$ die Form

$$(b_2 - b_1)y + \imath(b_1 + b_2)x = 0.$$

Wegen der linearen Unabhängigkeit von 1 und ι über $\mathbb{R}$ folgte aufgrund von x, $y \neq 0$ daraus $b_2 - b_1 = 0 = b_1 + b_2$ und daher $\lambda_1 = \lambda_2 = 0$ im Widerspruch zur Annahme. Ebenso gilt $b_2 - b_1 \neq 0$ oder $b_1 + b_2 \neq 0$. Damit aber sind x und y über $\mathbb{R}$ linear abhängig.

Sind andererseits x und y linear abhängig über $\mathbb{R}$, so existieren $a, b \in \mathbb{R}$ mit $(a, b) \neq (0, 0)$, so dass $ax + by = 0$ gilt. Damit gilt jedoch

$$\left(\tfrac{1}{2}(a + b) + \iota\tfrac{1}{2}(a - b)\right)(x + \iota y)$$
$$+ \left(\tfrac{1}{2}(a - b) + \iota\tfrac{1}{2}(a + b)\right)(x - \iota y) = 0,$$

und wegen $(a, b) \neq (0, 0)$ sind nicht alle Koeffizienten gleich null, d. h. z und $\bar{z}$ sind linear abhängig.

4. Zunächst prüfen wir, ob $A \in U(3)$ gilt, da wir dann das Korollar zu Satz 6.6.4 anwenden können. Nach diesem Korollar bestehen die Spalten von S aus einer Basis von Eigenvektoren von A.

Es ist

$$A \cdot {}^t\overline{A} = \tfrac{1}{90^2} \begin{pmatrix} 90^2 & 0 & 0 \\ 0 & 90^2 & 0 \\ 0 & 0 & 90^2 \end{pmatrix} = E_3 = {}^t\overline{A} \cdot A,$$

also $A \in U(3)$. Als nächstes bestimmen wir das charakteristische Polynom. Wir erhalten nach einiger Rechnung

$$P_A(t) = -t^3 + \tfrac{11}{5}t^2 - \tfrac{11}{5}t + 1 = -(t - 1)(t^2 - \tfrac{6}{5}t + 1).$$

Die Eigenwerte sind 1, $\tfrac{3}{5} + \tfrac{4}{5}\iota$ und $\tfrac{3}{5} - \tfrac{4}{5}\iota$. Wir können uns leicht bestätigen, dass alle drei Eigenwerte den Betrag 1 haben, wie es nach Bemerkung 6.6.1 d) auch sein soll. Die zugehörigen Eigenvektoren können wir wie üblich bestimmen.

$$A - 1 \cdot E_3 = \begin{pmatrix} -\tfrac{4}{15} & -\tfrac{1}{5}\sqrt{6} & \tfrac{1}{3}\sqrt{2} \\ \tfrac{1}{15}\sqrt{6} & -\tfrac{1}{5} & \tfrac{1}{3}\sqrt{3} \\ -\tfrac{7}{15}\sqrt{2} & -\tfrac{1}{5}\sqrt{3} & -\tfrac{1}{3} \end{pmatrix} \rightsquigarrow \begin{pmatrix} 7\sqrt{2} & 3\sqrt{3} & 5 \\ \sqrt{6} & 2 & 0 \\ 0 & 0 & 0 \end{pmatrix}$$

mit Kern

$$\text{Eig}(A; 1) = \text{span}\ {}^t(1, -\tfrac{1}{2}\sqrt{6}, -\tfrac{1}{2}\sqrt{2})$$

sowie

$$A - \left(\tfrac{3}{5} + \tfrac{4}{5}\imath\right) \cdot E_3 = \begin{pmatrix} \tfrac{2}{15} - \tfrac{4}{5}\imath & -\tfrac{1}{5}\sqrt{6} & \tfrac{1}{3}\sqrt{2} \\ \tfrac{1}{15}\sqrt{6} & \tfrac{1}{5} - \tfrac{4}{5}\imath & \tfrac{1}{3}\sqrt{3} \\ -\tfrac{7}{15}\sqrt{2} & -\tfrac{1}{5}\sqrt{3} & \tfrac{1}{15} - \tfrac{4}{5}\imath \end{pmatrix}$$

$$\rightsquigarrow \begin{pmatrix} 2 - 12\imath & -3\sqrt{6} & 5\sqrt{2} \\ \sqrt{3}\imath & \sqrt{2} - \sqrt{2}\imath & 0 \\ 0 & 0 & 0 \end{pmatrix}$$

mit dem Kern

$$\mathrm{Eig}\left(A; \tfrac{3}{5} + \tfrac{4}{5}\imath\right) = \mathrm{span}\ {}^t\left(\tfrac{1}{5}\sqrt{2} - \tfrac{3}{5}\sqrt{2}\imath, -\tfrac{1}{5}\sqrt{3} - \tfrac{2}{5}\sqrt{3}\imath, 1\right).$$

Durch komplexe Konjugation erhalten wir schließlich

$$\mathrm{Eig}\left(A; \tfrac{3}{5} - \tfrac{4}{5}\imath\right) = \mathrm{span}\ {}^t\left(\tfrac{1}{5}\sqrt{2} + \tfrac{3}{5}\sqrt{2}\imath, -\tfrac{1}{5}\sqrt{3} + \tfrac{2}{5}\sqrt{3}\imath, 1\right).$$

Bevor wir diese Eigenvektoren von A als Spalten von S verwenden, müssen wir sie auf Länge 1 normieren. Das ergibt

$$S = \begin{pmatrix} \tfrac{1}{3}\sqrt{3} & \tfrac{1}{30}\sqrt{30} - \tfrac{1}{10}\sqrt{30}\imath & \tfrac{1}{30}\sqrt{30} + \tfrac{1}{10}\sqrt{30}\imath \\ -\tfrac{1}{2}\sqrt{2} & -\tfrac{1}{10}\sqrt{5} - \tfrac{1}{5}\sqrt{5}\imath & -\tfrac{1}{10}\sqrt{5} + \tfrac{1}{5}\sqrt{5}\imath \\ -\tfrac{1}{6}\sqrt{6} & \tfrac{1}{6}\sqrt{15} & \tfrac{1}{6}\sqrt{15} \end{pmatrix},$$

wunschgemäß eine unitäre Matrix. Als Probe bestätigen wir

$$ {}^t\bar{S} \cdot A \cdot S = \begin{pmatrix} 1 & 0 & 0 \\ 0 & \tfrac{3}{5} + \tfrac{4}{5}\imath & 0 \\ 0 & 0 & \tfrac{3}{5} - \tfrac{4}{5}\imath \end{pmatrix}.$$

Für die Ermittlung der orthogonalen Matrix T spalten wir einen komplexen Eigenvektor – wie im ersten Beweis von Satz 6.6.5 vorgeschlagen – in Real- und Imaginärteil auf. So kommen wir zu den Vektoren

$$ {}^t\left(\tfrac{1}{30}\sqrt{30}, -\tfrac{1}{10}\sqrt{5}, \tfrac{1}{6}\sqrt{15}\right) \quad \text{und} \quad {}^t\left(-\tfrac{1}{10}\sqrt{30}, -\tfrac{1}{5}\sqrt{5}, 0\right).$$

Diese normieren wir und können sie dann gemeinsam mit dem normierten Eigenvektor zum reellen Eigenwert 1 als Spalten von T übernehmen:

$$T = \begin{pmatrix} \frac{1}{3}\sqrt{3} & \frac{1}{15}\sqrt{15} & -\frac{1}{5}\sqrt{15} \\ -\frac{1}{2}\sqrt{2} & -\frac{1}{10}\sqrt{10} & -\frac{1}{5}\sqrt{10} \\ -\frac{1}{6}\sqrt{6} & \frac{1}{6}\sqrt{30} & 0 \end{pmatrix}.$$

Wir bestätigen, dass es sich bei T um eine orthogonale Matrix handelt und berechnen

$$^{t}T \cdot A \cdot T = \begin{pmatrix} 1 & 0 & 0 \\ 0 & 0{,}6 & 0{,}8 \\ 0 & -0{,}8 & 0{,}6 \end{pmatrix} = \begin{pmatrix} 1 & 0 & 0 \\ 0 & \cos\alpha & -\sin\alpha \\ 0 & \sin\alpha & \cos\alpha \end{pmatrix}$$

mit $\alpha \approx -0{,}927$.

5. Ins Matrizenkalkül übertragen bedeutet die Voraussetzung, dass die Spalten der Matrix M_σ von f_σ gerade die kanonische Orthonormalbasis bilden (in von σ abhängiger Reihenfolge). Damit ist M_σ orthogonal, einzige reelle Eigenwerte können 1 und -1 sein. Beide Zahlen treten auf, wie das Beispiel

$$(x_1, x_2, x_3, \ldots, x_n) \overset{f_\sigma}{\mapsto} (x_2, x_1, x_3, \ldots, x_n)$$

zeigt.

Wir sollten bedenken, dass die Eigenvektoren von f_σ sehr viel schwieriger zu finden sind und z. B. von den Fehlständen der Permutation σ abhängen.

6.7   Selbstadjungierte und normale Endomorphismen

1. Sei $m \in \mathbb{N}$ minimal mit $F^m = 0$. Nach dem Diagonalisierungssatz in 6.7.2 existiert eine Orthonormalbasis $(e_1, \ldots, e_n)$ des $\mathbb{K}^n$ aus Eigenvektoren von F. Seien $\lambda_1, \ldots, \lambda_n$ die Eigenwerte von F zu $e_1, \ldots, e_n$. Dann gilt für $i = 1, \ldots, n$

$$F^m(e_i) = \lambda_i^m e_i = 0 \;\Rightarrow\; \lambda_i^m = 0 \;\Rightarrow\; \lambda_i = 0.$$

Das ist gleichbedeutend mit $F(e_i) = 0$ für alle $i = 1, \ldots, n$, also $F = 0$.

2. Sind F und G selbstadjungiert, so gilt für alle $v, w \in V$

$$\langle F(G(v)), w \rangle = \langle G(v), F(w) \rangle = \langle v, G(F(w)) \rangle.$$

Also ist $F \circ G$ selbstadjungiert gleichbedeutend mit $G \circ F = F \circ G$ für alle $v, w \in V$.

3. Die Matrix A ist symmetrisch und damit nach Bemerkung 1 in 6.7.1 selbstadjungiert, also gibt es nach dem Diagonalisierungssatz und dem nachfolgenden Korollar eine orthogonale Matrix S, so dass $^t S A S$ Diagonalgestalt besitzt. Die Spalten von S bilden dabei eine Orthonormalbasis nach Bemerkung 6.6.2. Genauer bilden die Spalten von S nach dem Diagonalisierungssatz eine Orthonormalbasis aus Eigenvektoren von A, und die Zahlen $\lambda_1, \ldots, \lambda_n$ aus dem zugehörigen Korollar sind die Eigenwerte von A. Wir bestimmen also zunächst eine Basis aus Eigenvektoren von A nach dem Verfahren aus 6.7.4.

1) Zunächst bestimmen wir das charakteristische Polynom von A,

$$P_A(t) = -t(t - 3)^2.$$

A hat somit die Eigenwerte 0 und 3.

2) Nun bestimmen wir die Eigenräume zu den Eigenwerten; $\text{Eig}(A; 0) = \text{Ker } A$ finden wir durch Zeilenumformungen der Matrix

$$\begin{pmatrix} 2-0 & -1 & 1 \\ -1 & 2-0 & 1 \\ 1 & 1 & 2-0 \end{pmatrix} \rightsquigarrow \begin{pmatrix} 1 & 0 & 1 \\ 0 & 1 & 1 \\ 0 & 0 & 0 \end{pmatrix},$$

daraus folgt $\text{Eig}(A, 0) = \mathbb{R} \cdot (1, 1, -1)$. Für den Eigenraum $\text{Eig}(A, 3)$ betrachten wir

$$\begin{pmatrix} 2-3 & -1 & 1 \\ -1 & 2-3 & 1 \\ 1 & 1 & 2-3 \end{pmatrix} \rightsquigarrow \begin{pmatrix} 1 & 1 & -1 \\ 0 & 0 & 0 \\ 0 & 0 & 0 \end{pmatrix}.$$

Es gilt also $\text{Eig}(A; 3) = \mathbb{R} \cdot (1, 1, 2) + \mathbb{R} \cdot (1, -1, 0)$. Sicherlich kann man auch eine andere Basis dieses Eigenraumes angeben, doch die von uns gewählte hat den Vorteil, dass sie bereits orthogonal ist und später nur noch normiert werden muss.

Wie erwartet gilt dim Eig $(A; \lambda) = \mu(P_A, \lambda)$ für alle Eigenwerte λ von A, denn wie zu Anfang der Aufgabe bemerkt, ist A diagonalisierbar.

3) Die Basisvektoren der Eigenräume müssen nun normiert werden. Wir erhalten

$$e_1 = \tfrac{1}{\sqrt{3}}(1, 1, -1) = \tfrac{1}{\sqrt{6}}(\sqrt{2}, \sqrt{2}, -\sqrt{2})$$

$$e_2 = \tfrac{1}{\sqrt{6}}(1, 1, 2)$$

$$e_3 = \tfrac{1}{\sqrt{2}}(1, -1, 0) = \tfrac{1}{\sqrt{6}}(\sqrt{3}, -\sqrt{3}, 0).$$

Diese Vektoren bilden die Spalten der Matrix S:

$$S = \frac{1}{\sqrt{6}} \begin{pmatrix} \sqrt{2} & 1 & \sqrt{3} \\ \sqrt{2} & 1 & -\sqrt{3} \\ -\sqrt{2} & 2 & 0 \end{pmatrix}.$$

Man kann leicht nachrechnen, dass wie erwartet $^tS \cdot S = S \cdot {}^tS = E_3$ gilt. Als Endergebnis berechnen wir

$$^tSAS = \begin{pmatrix} 0 & 0 & 0 \\ 0 & 3 & 0 \\ 0 & 0 & 3 \end{pmatrix},$$

was die Korrektheit unserer Rechnungen bestätigt.

4. Vorweg sei erwähnt, dass $^t\bar{A} = \overline{{}^tA}$ gilt, was unten berücksichtigt wird. A ist normal, da

$$A \cdot {}^t\bar{A} = A \cdot (-A) = (-A) \cdot A = {}^t\bar{A} \cdot A.$$

Ist v Eigenvektor zum Eigenwert λ, so gilt $A \cdot v = \lambda \cdot v$. Andererseits gilt $^t\bar{v} \cdot {}^t\bar{A} = \bar{\lambda} \cdot {}^t\bar{v}$, und damit folgt

$$\bar{\lambda} \cdot {}^t\bar{v} \cdot v = \left({}^t\bar{v} \cdot {}^t\bar{A}\right) \cdot v = {}^t\bar{v}(-A \cdot v) = {}^t\bar{v}(-\lambda v) = -\lambda \cdot {}^t\bar{v} \cdot v,$$

also $\bar{\lambda} = -\lambda$. Das jedoch ist gleichbedeutend mit $\lambda \in i\mathbb{R}$.

Als Beispiel betrachten wir die Matrix $A = \begin{pmatrix} -i & 1+i \\ -1+i & 0 \end{pmatrix}$.
Hier gilt

$${}^t\bar{A} = \begin{pmatrix} i & -1-i \\ 1-i & 0 \end{pmatrix} = -A.$$

Für das charakteristische Polynom von A gilt $P_A = t^2 + i \cdot t + 2 = (t-i)(t+2i)$. Der Eigenvektor zum Eigenwert i ist $\begin{pmatrix} 1-i \\ 2 \end{pmatrix}$, der Eigenvektor zum Eigenwert $-2i$ ist $\begin{pmatrix} -1+i \\ 1 \end{pmatrix}$. Beide Eigenwerte liegen in $i\mathbb{R}$.

7 Dualität und Tensorprodukte[*]

7.1 Dualräume

1. Nach Bemerkung 3.6.3 gilt $M_{\mathcal{A}}^{\mathcal{B}}(\mathrm{id}_V) = T_{\mathcal{A}}^{\mathcal{B}}$ und $M_{\mathcal{A}^*}^{\mathcal{B}^*}(\mathrm{id}_V^*) = T_{\mathcal{A}^*}^{\mathcal{B}^*}$. Aus Satz 7.1.4 folgt damit

$$T_{\mathcal{A}^*}^{\mathcal{B}^*} = M_{\mathcal{A}^*}^{\mathcal{B}^*}(\mathrm{id}_V^*) = {}^t\left(M_{\mathcal{B}}^{\mathcal{A}}(\mathrm{id}_V)\right) = {}^tT_{\mathcal{B}}^{\mathcal{A}} = \left({}^tT_{\mathcal{A}}^{\mathcal{B}}\right)^{-1}.$$

2. Nach der Konvention in 7.1.6 bestimmen wir zunächst die Menge aller Vektoren $(x_1, \ldots, x_5) \in \left(\mathbb{R}^5\right)^*$, für die

$$(x_1, \ldots, x_5) \cdot \begin{pmatrix} 2 \\ 3 \\ 1 \\ 4 \\ 3 \end{pmatrix} = 0, \quad (x_1, \ldots, x_5) \cdot \begin{pmatrix} 0 \\ 5 \\ 1 \\ -1 \\ 3 \end{pmatrix} = 0$$

und

$$(x_1, \ldots, x_5) \cdot \begin{pmatrix} 4 \\ 0 \\ 1 \\ 1 \\ -2 \end{pmatrix} = 0$$

© Der/die Autor(en), exklusiv lizenziert durch Springer-Verlag GmbH, DE, ein Teil von Springer Nature 2021
H. Stoppel und B. Griese, *Übungsbuch zur Linearen Algebra*, Grundkurs Mathematik,
https://doi.org/10.1007/978-3-662-63744-9_14

gilt. Dies sind nach dem Transponieren genau die Vektoren im $\mathbb{R}^5$, die im Kern der durch die Matrix

$$A = \begin{pmatrix} 2 & 3 & 1 & 4 & 3 \\ 0 & 5 & 1 & -1 & 3 \\ 4 & 0 & 1 & 1 & -2 \end{pmatrix}$$

beschriebenen Abbildung liegen. Es genügt also, eine Basis von Ker A zu bestimmen und dann zu transponieren. Dazu formen wir A zunächst um:

$$\rightsquigarrow \begin{pmatrix} 2 & 0 & 0 & 21 & 10 \\ 0 & 1 & 0 & 8 & 5 \\ 0 & 0 & 1 & -41 & -22 \end{pmatrix}.$$

Daraus bestimmen wir Basisvektoren von Ker A und transponieren sie:

$$u_1 = (-5, -5, 22, 0, 1), \quad u_2 = (-\tfrac{21}{2}, -8, 41, 1, 0).$$

Es folgt $U^0 = \mathrm{span}\,(u_1, u_2)$.

3. Mit Hilfe von Satz 7.1.4 erhalten wir das kommutative Diagramm

$$
\begin{array}{ccc}
\mathrm{Hom}_K(V, W) & \longrightarrow & \mathrm{Hom}_K(W^*, V^*) \\
& F \longmapsto F^* & \\
M_{\mathcal{B}}^{\mathcal{A}} \Big\downarrow & \Big\downarrow \qquad \Big\downarrow & \Big\downarrow M_{\mathcal{A}^*}^{\mathcal{B}^*} \\
& A \longmapsto {}^tA & \\
M(m \times n; K) & \longrightarrow & M(n \times m; K).
\end{array}
$$

Die Abbildungen $M_{\mathcal{B}}^{A}$, $M_{\mathcal{A}^*}^{\mathcal{B}^*}$ und die Transposition sind Isomorphismen, also ist die Abbildung $F \mapsto F^*$ ebenfalls ein Isomorphismus.

4. Wir zeigen beide Inklusionen. Für $\psi \in F^*(U^0)$ existiert ein $\varphi \in U^0$ mit $\psi = \varphi \circ F$. Aus $\varphi|_U = 0$ folgt $\psi|_{F^{-1}(U)} = 0$, daher gilt $\psi \in \left(F^{-1}(U)\right)^0$.

Ist andererseits $\psi \in \left(F^{-1}(U)\right)^0$, so gilt $\psi|_{F^{-1}(U)} = 0$. Wir betrachten die Zerlegungen

$$V = F^{-1}(U) \oplus \tilde{V} \quad \text{und} \quad W = U \oplus \tilde{W} \quad \text{mit} \quad \tilde{W} = F(\tilde{V}) \oplus W'$$

für geeignetes $W' \subset W$. Es gilt $F(\tilde{V}) \subset \tilde{W}$ und $\dim F(\tilde{V}) \leq \dim \tilde{W}$. Wegen $\operatorname{Ker} F \subset F^{-1}(U)$ ist $F|_{\tilde{V}}$ injektiv. Es sei $(\tilde{v}_1, \ldots, \tilde{v}_k)$ eine Basis von $\tilde{V}$ und $(\tilde{w}_1, \ldots, \tilde{w}_k)$ eine Basis von $F(\tilde{V})$ mit $F(\tilde{v}_i) = \tilde{w}_i$ für $i = 1, \ldots, k$. Die Basis von $F(\tilde{V})$ ergänzen wir zu einer Basis $(\tilde{w}_1, \ldots, \tilde{w}_k, w_1, \ldots, w_m)$ von $\tilde{W}$. Nach 2.4.1 gibt es genau ein lineares $\varphi \in \operatorname{Hom}(W, K)$ mit

$$\varphi(\tilde{w}_i) = \psi(\tilde{v}_i) \quad \text{für } i = 1, \ldots, k \quad \text{und}$$

$$\varphi(w_j) = 0 \quad \text{für } j = 1, \ldots, m \quad \text{sowie} \quad \varphi|_U = 0.$$

Daraus folgt $\psi = \varphi \circ F$, also $\psi \in F^*(U^0)$.

5. a) „$\supset$": Für $\varphi \in W_1^\circ \cap W_2^\circ$ gilt $\varphi(w_1) = 0$ für alle $w_1 \subset W_1$ und $\varphi(w_2) = 0$ für alle $w_2 \in W_2$. Hiermit folgt

$$\varphi(w_1 + w_2) = \varphi(w_1) + \varphi(w_2) = 0 + 0 = 0$$

für alle $w_1 \in W_1$ und alle $w_2 \in W_2$, und damit gilt $\varphi \in (W_1 + W_2)^\circ$.

„$\subset$": Sei nun $\varphi \in (W_1 + W_2)^\circ$ und $w_1 \in W_1$ beliebig. Wegen $0 \in W_2$ gilt $\varphi(w_1) = \varphi(w_1 + 0) \in \varphi(W_1 + W_2) = 0$. Analog zeigt man $\varphi(w_2) = 0$ für alle $w_2 \in W_2$. Damit gilt $\varphi \in W_1^\circ$ und $\varphi \in W_2^\circ$.

b) „$\subset$": Ist $\varphi \in (W_1 \cap W_2)^\circ$, so folgt $\varphi(w) = 0$ für alle $w \in W_1 \cap W_2$. Definiert man $\varphi_1, \varphi_2 \in W_1^\circ + W_2^\circ$ mit

$$\varphi_1(v) := \begin{cases} 0 & \text{für } v \in W_1, \\ \varphi(v) & \text{für } v \in V \setminus W_1 \end{cases}$$

und

$$\varphi_2(v) := \varphi(v) - \varphi_1(v) \quad \text{für alle } v \in V,$$

so gilt $\varphi_1 \in W_1^\circ$ und $\varphi_2 \in W_2^\circ$ sowie $\varphi = \varphi_1 + \varphi_2$.

„$\supset$": Ist $\varphi \in W_1^\circ + W_2^\circ$, so gilt $\varphi = \varphi_1 + \varphi_2$ mit $\varphi_1 \in W_1^\circ$ und $\varphi_2 \in W_2^\circ$. Hieraus folgt $\varphi_1(w_1) = 0$ für alle $w_1 \in W_1$ und

$\varphi_2(w_2) = 0$ für alle $w_2 \in W_2$, und damit ergibt sich für alle $w \in W_1 \cap W_2$

$$\varphi(w) = \varphi_1(w) + \varphi_2(w) = 0 + 0 = 0,$$

also gilt $\varphi \in (W_1 \cap W_2)^\circ$.

7.2   Dualität und Skalarprodukte

1. In dem kommutativen Diagramm

$$
\begin{array}{ccc}
V & \xleftarrow{\;F^{\mathrm{ad}}\;} & W \\[2pt]
{\scriptstyle \Phi}\downarrow & & \downarrow{\scriptstyle \Psi} \\[2pt]
V^* & \xleftarrow{\;F^*\;} & W^*
\end{array}
$$

gilt für die Isomorphismen Ψ und Φ nach Satz 7.2.3

$$\Psi(U^\perp) = U^0 \quad \text{und} \quad \Phi\left(F^{-1}(U)^\perp\right) = \left(F^{-1}(U)\right)^0.$$

Daher folgt die Behauptung aus Aufgabe 4 zu 7.1.

2. Die Aussage folgt aus Aufgabe 1.

Die Umkehrung gilt nicht, denn für eine anti-selbstadjungierte Abb. F folgt aus Aufgabe 1

$$-F\left(U^\perp\right) = \left(F^{-1}(U)\right)^\perp.$$

Da $F\left(U^\perp\right)$ ein Untervektorraum von V ist, gilt

$$F\left(U^\perp\right) = -F\left(U^\perp\right) = \left(F^{-1}(U)\right)^\perp$$

für jede anti-selbstadjungierte Abb. F.

4. Die Behauptung ist anschaulich sofort klar, wie z. B. Abb. 7.3 in [F-S] zeigt. Auch der Beweis birgt keinerlei Schwierigkeiten.

Sind L und L' windschief, so sind notwendigerweise w und w' linear unabhängig. Wäre $x \in$ span (w, w'), so existierten $\lambda_1, \lambda_2 \in \mathbb{R}$ mit

$$v' - v = x = \lambda_1 w + \lambda_2 w'.$$

Daraus würde jedoch $v' - \lambda_2 w' = v + \lambda_1 w$ folgen, d.h. L und L' hätten einen Schnittpunkt.

Sind umgekehrt w und w' linear unabhängig, so sind L und L' nicht parallel. Hätten sie einen Schnittpunkt, so existierten $\lambda_1, \lambda_2 \in \mathbb{R}$ mit

$$v + \lambda_1 w = v' + \lambda_2 w',$$

und daraus folgte $x = v' - v = \lambda_1 w - \lambda_2 w'$, d.h. x, w, w' wären linear abhängig.

5. a) Es gilt

$$
\begin{aligned}
\delta(\lambda, \lambda') &= \|v' + \lambda' w' - v - \lambda w\|^2 \\
&= \lambda^2 - 2\langle w, w'\rangle \lambda \lambda' + \lambda'^2 \\
&\quad + 2\left(\langle v, w\rangle - \langle v', w\rangle\right)\lambda \\
&\quad + 2\left(\langle v', w'\rangle - \langle v, w'\rangle\right)\lambda' + \|v\|^2 \\
&\quad + \|v'\|^2 - 2\langle v, v'\rangle,
\end{aligned}
$$

d.h. δ ist ein quadratisches Polynom in den Variablen λ, λ'. Auf δ können wir daher die Theorie zur Bestimmung lokaler Extrema von Funktionen mehrerer Variablen anwenden (vgl. [Fo2], §7, Satz 4), nach der δ ein lokales Minimum an der Stelle (λ, λ') besitzt, falls grad $\delta(\lambda, \lambda') = 0$ und (Hess $\delta)(\lambda, \lambda')$ eine positiv-definite Matrix ist, wobei grad den Gradienten und Hess die Hesse-Matrix von δ bezeichnen (vgl. auch Aufgabe 9 zu 3.5, wobei grad mit der Jacobi-Matrix für $m = 1$ und $n = 2$ übereinstimmt). Wir bestimmen daher die Ableitungen erster und zweiter Ordnung von δ:

$$\frac{\partial \delta}{\partial \lambda}(\lambda, \lambda') = 2\lambda - 2\langle w, w'\rangle \lambda' + 2\left(\langle v, w\rangle - \langle v', w\rangle\right),$$

$$\frac{\partial \delta}{\partial \lambda'}(\lambda, \lambda') = 2\lambda' - 2\langle w, w'\rangle \lambda + 2\left(\langle v', w'\rangle - \langle v, w'\rangle\right),$$

$$\frac{\partial^2 \delta}{\partial \lambda^2}(\lambda, \lambda') = 2 = \frac{\partial^2 \delta}{\partial \lambda'^2}(\lambda, \lambda'),$$

$$\frac{\partial^2 \delta}{\partial \lambda \partial \lambda'}(\lambda, \lambda') = -2\langle w, w'\rangle = \frac{\partial^2 \delta}{\partial \lambda' \partial \lambda}(\lambda, \lambda').$$

Damit gilt zunächst

$$\det(\text{Hess}\,\delta)(\lambda, \lambda') = \det \begin{pmatrix} 2 & -2\langle w, w'\rangle \\ -2\langle w, w'\rangle & 2 \end{pmatrix}$$

$$= 4 - 4\langle w, w'\rangle^2.$$

Da die Vektoren w und w' normiert und linear unabhängig sind, folgt nach 6.1.4

$$-1 < \langle w, w'\rangle < 1, \quad \text{d.h.} \quad 0 \le \langle w, w'\rangle^2 < 1,$$

und daher

$$\det(\text{Hess}\,\delta)(\lambda, \lambda') > 0$$

für alle $(\lambda, \lambda') \in \mathbb{R}^2$. Andererseits ist auch die Determinante des einreihigen Hauptminors A_1 wegen $\det A_1 = 2 > 0$ positiv, und nach dem Hauptminoren-Kriterium in 6.7.7 ist damit Hess δ positiv definit. Also ist ein lokales Extremum in jedem Fall ein Minimum.

Andererseits gilt

$$\text{grad}\,\delta(\lambda, \lambda') = \left(\frac{\partial \delta}{\partial \lambda}(\lambda, \lambda'), \frac{\partial \delta}{\partial \lambda'}(\lambda, \lambda') \right) = (0, 0)$$

genau dann, wenn

$$\begin{aligned} \lambda &= \langle w, w'\rangle\lambda' + \langle v', w\rangle - \langle v, w\rangle \quad \text{und} \\ \lambda' &= \langle w, w'\rangle\lambda + \langle v, w'\rangle - \langle v', w'\rangle. \end{aligned} \tag{$*$}$$

Bezeichnen wir

$$a := \langle w, w'\rangle, \quad b := \langle v', w\rangle - \langle v, w\rangle, \quad c := \langle v, w'\rangle - \langle v', w'\rangle,$$

so lautet die Lösung von $(*)$

$$\lambda = \frac{ac + b}{1 - a^2} \quad \text{und} \quad \lambda' = \frac{ab + c}{1 - a^2}.$$

Es gibt also ein eindeutig bestimmtes lokales Minimum. Da für $\lambda \to \infty$ oder $\lambda' \to \infty$ auch $\delta(\lambda, \lambda') \to \infty$ gilt, ist das lokale Minimum auch das globale Minimum.

Aufgrund der Monotonie der Wurzelfunktion ist $\|v' + \lambda' w' - v - \lambda w\|^2$ genau dann minimal, wenn $\|v' + \lambda' w' - v - \lambda w\|$ minimal ist. Damit ist durch das globale Minimum von δ der Abstand $d(L, L')$ bestimmt.

b) Ersetzen wir in der Gleichung für $\delta(\lambda, \lambda')$ die Variablen λ und λ' durch die in der Aufgabenstellung gegebenen Formeln, so erhalten wir nach einer etwas längeren Rechnung

$$\delta(\lambda, \lambda') = \mu^2 + b\mu + \mu'^2 + \frac{-ab + 2c}{\sqrt{4 - a^2}} \mu' + d.$$

Mit dem üblichen Verfahren der quadratischen Ergänzung (vgl. [Scha], §3) auf beide Unbekannte angewandt ergibt sich daraus

$$\begin{aligned}
\delta(\lambda, \lambda') = {} & \left(\mu^2 + b\mu + \frac{b^2}{4} \right) \\
& + \left(\mu'^2 + \frac{-ab + 2c}{\sqrt{4 - a^2}} \mu' + \left(\frac{-ab + 2c}{2\sqrt{4 - a^2}} \right)^2 \right) \\
& - \frac{b^2}{4} - \left(\frac{-ab + 2c}{2\sqrt{4 - a^2}} \right)^2 + d.
\end{aligned}$$

Setzen wir

$$e := -\frac{b}{2}, \quad f := \frac{-ab + 2c}{2\sqrt{4 - a^2}}, \quad g := d - e^2 - f^2,$$

so hat $\delta(\lambda, \lambda')$ die gewünschte Form. Der Rest der Aufgabe ist klar, da Quadrate von reellen Zahlen stets größer oder gleich 0 sind, und für $\mu = e$ sowie $\mu' = f$ das Minimum erreicht wird.

Beim Vergleich von a) und b) stellen wir fest, dass die Lösung in Teil b) deutlich kürzer ist. Sie ist jedoch nur im quadratischen Fall möglich, während die Lösung von Teil a) unter allgemeineren Bedingungen Gültigkeit besitzt.

7.3   Tensorprodukte*

1. a) $(L, +)$ ist sicherlich eine abelsche Gruppe, das zeigt V1.
Wegen $K \subset L$ gilt $k \cdot l \in L$ für alle $k \in K$ und alle $l \in L$, und da
$K \subset L$ ein Körper ist, folgt $1_K = 1_L$.
Die Eigenschaften V2 folgen somit aus den Körpereigenschaften
von L.
b) Nach Teil a) ist L ein K-Vektorraum. Daher folgt aus Satz
7.3.3 die Existenz des K-Vektorraumes $L \otimes_K V$, d.h. $L \otimes_K V$
ist bezüglich der Addition eine abelsche Gruppe. Es bleibt V2 zu
zeigen.

Es seien $\lambda, \mu \in L$ und $v, v' \in L \otimes_K V$. Wir können annehmen,
dass

$$v = \sum_{i=1}^n \lambda_i \otimes v_i \quad \text{und} \quad v' = \sum_{i=1}^n \mu_i \otimes v_i.$$

Damit folgt

$$(\lambda + \mu) \cdot v = (\lambda + \mu) \sum_{i=1}^n \lambda_i \otimes v_i = \sum_{i=1}^n (\lambda + \mu)\lambda_i \otimes v_i$$

$$= \sum_{i=1}^n (\lambda\lambda_i + \mu\lambda_i) \otimes v_i$$

$$\overset{(*)}{=} \sum_{i=1}^n (\lambda\lambda_i \otimes v_i + \mu\lambda_i \otimes v_i)$$

$$= \sum_{i=1}^n \lambda\lambda_i \otimes v_i + \sum_{i=1}^n \mu\lambda_i \otimes v_i$$

$$= \lambda \sum_{i=1}^n \lambda_i \otimes v_i + \mu \sum_{i=1}^n \lambda_i \otimes v_i$$

$$= \lambda \cdot v + \mu \cdot v.$$

Dabei wurde bei $(*)$ eine Rechenregel für Tensoren aus 7.3.3 verwendet.

Außerdem gilt

$$
\lambda \cdot (v + v') = \lambda \cdot \left(\sum_{i=1}^{n} \lambda_i \otimes v_i + \sum_{i=1}^{n} \mu_i \otimes v_i \right)
$$

$$
\overset{(*)}{=} \lambda \cdot \left(\sum_{i=1}^{n} (\lambda_i + \mu_i) \otimes v_i \right)
$$

$$
= \sum_{i=1}^{n} \lambda \cdot (\lambda_i + \mu_i) \otimes v_i = \sum_{i=1}^{n} (\lambda \lambda_i + \lambda \mu_i) \otimes v_i
$$

$$
\overset{(*)}{=} \sum_{i=1}^{n} \lambda \lambda_i \otimes v_i + \sum_{i=1}^{n} \lambda \mu_i \otimes v_i
$$

$$
= \lambda \cdot \sum_{l=1}^{n} \lambda_i \otimes v_i + \lambda \cdot \sum_{i=1}^{n} \mu_i \otimes v_i
$$

$$
= \lambda \cdot v + \lambda \cdot v',
$$

wobei bei (∗) die Rechenregeln für Tensoren aus 7.3.3 verwendet wurden.

Die beiden restlichen Regeln aus V2 sind unmittelbar einzusehen.

c) Es ist klar, dass die Familie $(1 \otimes v_i)_{i \in I}$ ein Erzeugendensystem ist.

Um ihre lineare Unabhängigkeit zu zeigen, sei $(\mu_j)_{j \in J}$ eine Basis des K-Vektorraums L. Gilt

$$
\sum_i \lambda_i (1 \otimes v_i) = 0
$$

mit $\lambda_i \in L$, wobei die Summe wie üblich endlich ist, so besitzt jedes der λ_i eine eindeutige endliche Darstellung

$$
\lambda_i = \sum_j \kappa_{ij} \cdot \mu_j \quad \text{mit } \kappa_{ij} \in K.
$$

Damit folgt

$$0 = \sum_i \lambda_i(1 \otimes v_i) = \sum_{i,j} \kappa_{ij} \cdot \mu_j(1 \otimes v_i)$$

$$= \sum_{i,j} \kappa_{ij}(\mu_j \otimes v_i).$$

Da nach dem Beweis von Satz 7.3.3 die $(\mu_j \otimes v_i)_{(j,i) \in J \times I}$ eine Basis des K-Vektorraumes $L \otimes V$ sind, folgt $\kappa_{ij} = 0$ für alle i, j und damit auch $\lambda_i = 0$ für alle i; also ist die Familie $(1 \otimes v_i)_{i \in I}$ linear unabhängig.

d) φ definiert nach Teil c) und Satz 3.4.1 in eindeutiger Weise eine lineare Abbildung.

Nach Teil c) ist für den Spezialfall $L = K$ für eine Basis $(v_i)_{i \in I}$ von V die Familie $(1 \otimes v_i)_{i \in I}$ eine Basis von $K \otimes_K V$. Daher ist φ ein Isomorphismus.

2. a) Zum Beweis der ersten Behauptung bemerken wir, dass Abb$(V \times W, U)$ ein Vektorraum ist, und behaupten, dass Bil$_K(V, W; U) \subset$ Abb$(V \times W, U)$ ein Untervektorraum ist. Dazu sind die Eigenschaften UV1, UV2 und UV3 aus 2.4.2 zu zeigen, die durch eine kurze Rechnung zu verifizieren sind.

Bevor wir beweisen, dass die Abbildung

$$\varphi\colon \text{ Bil}_K(V, W; U) \to \text{Hom}_K(V \otimes W, U), \quad \xi \mapsto \xi_\otimes,$$

ein Isomorphismus ist, müssen wir zunächst ihre Wohldefiniertheit zeigen. Diese folgt aus Satz 7.3.3, nach dem die Abbildung $\xi_\otimes$ zu einer Abbildung ξ eindeutig bestimmt ist. Es ist jedoch zu beachten, dass dies keineswegs selbstverständlich ist, da der Raum $V \otimes W$ nach Konstruktion ein Raum von Restklassen ist und man daher die Invarianz von Rechenoperationen auf den einzelnen Restklassen zeigen muss.

Wir zeigen nun die Linearität von φ. Dazu seien $\xi, \xi' \in \text{Bil}_K(V, W; U)$ und $\xi_\otimes$ bzw. $\xi'_\otimes$ ihre Bilder unter φ, d. h. $\xi = \xi_\otimes \circ \eta$ und $\xi' = \xi'_\otimes \circ \eta$. Das Diagramm

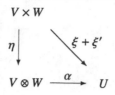

kommutiert mit $\alpha = \xi_\otimes + \xi'_\otimes$ sowie mit $\alpha = (\xi + \xi')_\otimes$. Aus der Eindeutigkeit der Abbildung α (siehe Satz 7.3.3) folgt

$$(\xi + \xi')_\otimes = \xi_\otimes + \xi'_\otimes, \quad \text{d.h.} \quad \varphi(\xi + \xi') = \varphi(\xi) + \varphi(\xi').$$

Ebenso gilt $\varphi(\lambda\xi) = \lambda\varphi(\xi)$ für alle $\xi \in \mathrm{Bil}_K(V, W; U)$ und alle $\lambda \in K$. Dies zeigt die Linearität von φ.

Ist $\varphi(\xi) = \xi_\otimes = 0$, so ist bereits $\xi = 0 \circ \eta = 0$, also ist φ injektiv.

Für $\psi \in \mathrm{Hom}_K(V \otimes W, U)$ definieren wir $\xi := \psi \circ \eta$; dann ist ξ bilinear, da η bilinear und ψ linear ist, und es gilt $\psi = \xi_\otimes$ aufgrund der Eindeutigkeit von $\xi_\otimes$; dies zeigt die Surjektivität von φ.

Die Behauptung in Teil b) zeigt man analog, wobei $V^* \otimes V^* \cong (V \otimes V)^*$ aus Satz 7.3.5 benutzt wird.

3. a) Es sei $u \in Q$. Dann existiert- – ein $(v, w) \in V \times W$ mit $u = v \otimes w$. Aus der Bilinearität von η folgt

$$\lambda \cdot u = \lambda \cdot (v \otimes w) = \underbrace{\lambda v}_{\in V} \otimes w \in Q;$$

also ist Q ein Kegel.

Die Bezeichnung *Kegel* bedeutet geometrisch, dass es sich um eine Vereinigung von Geraden durch den Ursprung handelt, siehe auch Abb. 7.1.

b)* Wir benutzen die kanonischen Basen $(e_1, \ldots, e_m)$ von K^m und $(e'_1, \ldots, e'_n)$ von K^n sowie die Basis $e_i \otimes e'_j$, $1 \le i \le m$, $1 \le j \le n$ von $K^m \otimes K^n$. Die kanonische Basis von $K^{m \cdot n}$ bezeichnen wir mit e_{ij}, sie wird mit meist in lexikographischer Ordnung geschrieben, d.h.

$$(e_{11}, \ldots, e_{1n}, e_{21}, \ldots, e_{2n}, \ldots, e_{m1}, \ldots, e_{mn}).$$

Abb. 7.1

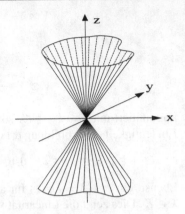

Identifizieren wir $K^m \otimes K^n = K^{m \cdot n}$, so wird η gegeben durch

$$K^m \times K^n \to K^{m \cdot n}, \quad (e_i, e'_j) \mapsto e_{ij}, \quad \text{d.h.}$$

$$((x_1, \ldots, x_m), (y_1, \ldots, y_n))$$

$$\mapsto (x_1 y_1, \ldots, x_1 y_n, \ldots, x_m y_1, \ldots, x_m y_n).$$

Für $m = 0$ oder $n = 0$ ist $Q = 0$, für $m = 1$ oder $n = 1$ ist η surjektiv, also können wir $m \geq 2$ und $n \geq 2$ voraussetzen.

Der einfachste Fall ist $m = n = 2$, und wir behaupten

$$Q = \{z = (z_{11}, z_{12}, z_{21}, z_{22}) \in K^4 \colon z_{11} z_{22} - z_{12} z_{21} = 0\}$$
$$=: Q',$$

d.h. Q ist eine *Quadrik* (siehe [Fi3], Abschn. 1.4.1).

Die Inklusion $Q \subset Q'$ ist offensichtlich, denn

$$z_{11} z_{22} - z_{12} z_{21} = x_1 y_1 x_2 y_2 - x_1 y_2 x_2 y_1 = 0.$$

Sei umgekehrt $z = (z_{11}, z_{12}, z_{21}, z_{22}) \in Q'$. Wegen $0 \in Q$ genügt es, den Fall $z \neq 0$ zu betrachten. Ist $z_{11} \neq 0$, so erhalten wir ein Urbild durch

$$x_1 := z_{11}, \quad x_2 := z_{21}, \quad y_1 := 1, \quad y_2 := \frac{z_{12}}{z_{11}},$$

denn dann ist

$$x_1 \cdot y_1 = z_{11}, \quad x_1 \cdot y_2 = z_{12}, \quad x_2 \cdot y_1 = z_{21}, \quad x_2 \cdot y_2 = z_{22}.$$

Ist ein anderes $z_{ij} \neq 0$, so verläuft die Rechnung analog.

Im allgemeinen Fall behaupten wir

$$Q = \{(z_{11}, \ldots, z_{mn}) \in K^{m \cdot n} : z_{ij} z_{kl} - z_{il} z_{kj} = 0$$
$$\text{mit } i, k \in \{1, \ldots, m\} \text{ und } j, l \in \{1, \ldots, n\}\} =: Q.$$

Im Gegensatz zu $m = n = 2$ hat man nicht nur eine, sondern mehrere quadratische Gleichungen, und zwischen ihnen bestehen Abhängigkeiten; z. B. ist

$$z_{12} z_{34} - z_{14} z_{32} = 0 \Leftrightarrow z_{14} z_{32} - z_{12} z_{34} = 0.$$

Es schadet jedoch nichts, mehr Gleichungen zu wählen als benötigt, insbesondere wenn dadurch die Darstellung leichter und schöner wird.

Es sei $z = (z_{11}, \ldots, z_{mn}) \in Q$. Dann existieren $x = (x_1, \ldots, x_m) \subset K^m$ und $y = (y_1, \ldots, y_n) \in K^n$ mit

$$z = \eta(x, y) = (x_1 y_1, x_1 y_2, \ldots, x_m y_{n-1}, x_m y_n)$$
$$= (z_{11}, z_{12}, \ldots, z_{m,n-1}, z_{mn}),$$

woraus für alle $i, k \in \{1, \ldots, m\}$ und alle $j, l \in \{1, \ldots, n\}$ folgt

$$z_{ij} z_{kl} - z_{il} z_{kj} = x_i y_j x_k y_l - x_i y_l x_k y_j$$
$$= 0, \quad \text{also } z \in Q'.$$

Bisher lief der allgemeine Fall völlig analog zum Fall $m = n = 2$. Auch die Inklusion $Q' \subset Q$ zeigen wir ähnlich wie oben. Dazu sei $z \in Q'$. Falls $z = 0$, so ist $z = \eta(0, 0)$. Ansonsten sei wie oben zunächst $z_{11} \neq 0$. Die anderen Fälle zeigt man analog. Wir behaupten, dass

$$z = \eta \left(\underbrace{(z_{11}, \ldots, z_{m1})}_{x}, \underbrace{(1, \frac{z_{12}}{z_{11}}, \ldots, \frac{z_{1n}}{z_{11}})}_{y} \right).$$

Um dies zu beweisen, rechnen wir

$$x_1 \cdot y_j = z_{11} \cdot \frac{z_{1j}}{z_{11}} = z_{1j} \quad \text{für alle } j \in \{2, \ldots, n\},$$
$$x_i \cdot y_1 = z_{i1} \cdot 1 = z_{i1} \quad \text{für alle } i \in \{1, \ldots, n\},$$

und für alle $i, j \neq 1$

$$x_i \cdot y_j = z_{i1} \cdot \frac{z_{1j}}{z_{11}} = z_{ij}.$$

Damit ist $z \in Q$.

Die hier aus dem Tensorprodukt erhaltene Abbildung η ergibt in der algebraischen Geometrie die sogenannte Segre-Abbildung, die jedoch als Abbildung zwischen projektiven Räumen definiert wird (vgl. [Ha], Example 2.11ff).

c) Wegen $\eta(v, 0) = v \otimes 0 = 0$ für alle $v \in V$ und $\eta(0, w) = 0 \otimes w = 0$ für alle $w \in W$ kann η für dim $V > 0$ oder dim $W > 0$ nicht injektiv sein. Also ist η nur für die trivialen Räume $V = W = 0$ injektiv.

Zur Surjektivität bemerken wir zunächst, dass zwar immer

$$\text{span Im } \eta = V \otimes W$$

gilt, aber im Allgemeinen nicht Im $\eta = V \otimes W$. Dies ist kein Widerspruch, da η nicht linear, sondern bilinear ist. Im η ist daher im Allgemeinen kein Untervektorraum von $V \otimes W$. Also genügt es auch nicht, zur Surjektivität zu zeigen, dass eine Basis von $V \otimes W$ im Bild von η liegt.

Nach diesen Vorbemerkungen machen wir uns ans Werk und zeigen, dass η surjektiv ist, wenn dim $V = 0$ oder dim $W = 0$ oder dim $V = 1$ oder dim $W = 1$ gilt. Die Fälle dim $V = 0$ oder dim $W = 0$ sind dabei trivial.

Wir behandeln den Fall dim $W = 1$, der Fall dim $V = 1$ läuft analog.

Es sei w eine Basis von W und $(v_i)_{i \in I}$ eine Basis von V. Dann ist die Familie $(v_i \otimes w)_{i \in I}$ eine Basis von $V \otimes W$, und ein $v \in V \otimes W$ hat aufgrund der Rechenregel b) für Tensoren aus 7.3.3 eine eindeutige Darstellung

$$v = \sum \lambda_i \cdot (v_i \otimes w) \quad \text{mit } \lambda_i \in K,$$

wobei nur endlich viele Summanden ungleich 0 sind. Daher gilt

$$v = \sum \lambda_i \cdot \eta(v_i, w) = \eta \left(\sum \lambda_i v_i, w \right) \in \text{Im } \eta,$$

d. h. η ist surjektiv.

Für endlichdimensionale Vektorräume V, W mit dim $V = m \geq 2$ sowie dim $W = n \geq 2$ gilt nach Teil b) Im $\eta = Q'$. Da der Punkt

$$z = (z_{11}, z_{12}, \ldots, z_{mn})$$

mit

$$z_{11} = 1, \quad z_{12} = 0, \quad z_{21} = 0, \quad z_{22} = 1,$$
$$z_{ij} = 0 \quad \text{für } i, j \notin \{1, 2\}$$

wegen

$$z_{11}z_{22} - z_{12}z_{21} = 1 \neq 0$$

nicht in Q' liegt, kann η nicht surjektiv sein.

Auch für unendlichdimensionale Vektorräume V und W kann η nicht surjektiv sein, da η wie gerade ausgeführt auf unendlich vielen Untervektorräumen nicht surjektiv ist.

η ist genau dann bijektiv, wenn sie injektiv und surjektiv ist. Das ist nur für den trivialen Fall $V = W = 0$ der Fall.

4. a) Wir ergänzen $(v_i)_{i \in I}$ bzw. $(w_j)_{j \in J}$ zu Basen $(v_i)_{i \in \tilde{I}}$ von V bzw. $(w_j)_{j \in \tilde{J}}$ von W. Dann ist nach dem Beweis von Satz 7.3.3 $(v_i \otimes w_j)_{(i,j) \in \tilde{I} \times \tilde{J}}$ eine Basis von $V \otimes W$. Insbesondere ist jede Teilmenge, also auch

$$(v_i \otimes w_j)_{(i,j) \in I \times J},$$

linear unabhängig.

b) Es seien $0 \neq v \in V$ und $0 \neq w \in W$. Dann sind (v) bzw. (w) Familien linear unabhängiger Vektoren in V bzw. W, erfüllen also die Voraussetzungen für Teil a). Daher ist die Familie $(v \otimes w)$ linear unabhängig in $V \otimes W$, also insbesondere ungleich 0.

5. Aufgrund der Linearität von F und G ist die Zuordnung $F \otimes G$ wohldefiniert, denn sind $v \otimes w$ und $v' \otimes w'$ zwei Vektoren aus $V \otimes W$ mit $v \otimes w = v' \otimes w'$, so existiert o.E. ein $\lambda \in K$ mit $v = \lambda v'$ und $w' = \lambda w$, und es gilt

$$
\begin{aligned}
F(v) \otimes G(w) &= F(\lambda v') \otimes G(w) = \lambda F(v) \otimes G(w) \\
&= F(v') \otimes \lambda G(w) = F(v') \otimes G(\lambda w) \\
&= F(v') \otimes G(w').
\end{aligned}
$$

Diese Überlegung lässt sich mit Hilfe der Linearität von F und G sowie einer Basis $(v_i \otimes w_j)_{(i,j) \in I \times J}$ von $V \otimes W$ auf beliebige Elemente übertragen.

Es seien $(v_i)_{i \in I}$ bzw. $(w_j)_{j \in J}$ Basen von V bzw. W. Dann wird nach Satz 3.4.1 durch die Familie

$$\big((F \otimes G)(v_i \otimes w_j)\big)_{(i,j) \in I \times J} \subset V' \otimes W'$$

in eindeutiger Weise eine lineare Abbildung definiert, die wir ebenfalls mit $F \otimes G$ bezeichnen.

Wir definieren nun eine bilineare Abbildung

$$\chi : \operatorname{Hom}_K(V, V') \times \operatorname{Hom}_K(W, W')$$
$$\to \operatorname{Hom}_K(V \otimes W, V' \otimes W')$$

durch

$$(F, G) \mapsto F \otimes G.$$

Nach der universellen Eigenschaft existiert ein eindeutiges lineares $\chi_\otimes$, so dass das Diagramm

$$(*)$$

kommutiert. Um die Bijektivität von $\chi_\otimes$ zu beweisen, zeigen wir, dass $\chi_\otimes$ eine Basis von $\operatorname{Hom}_K(V, V') \otimes \operatorname{Hom}_K(W, W')$ auf eine Basis von $\operatorname{Hom}_K(V \otimes W, V' \otimes W')$ abbildet. Wir betrachten hierzu Basen $(v_i)_{i \in I}$ bzw. $(v'_i)_{i \in I'}$ von V bzw. V' und $(w_j)_{j \in J}$ bzw. $(w'_j)_{j \in J'}$ von W bzw. W'. Dann sind die Familien $(v_i \otimes w_j)_{(i,j) \in I \times J}$ bzw. $(v'_i \otimes w'_j)_{(i,j) \in I' \times J'}$ Basen von $V \otimes W$ bzw. $V' \otimes W'$. Eine Basis von $\operatorname{Hom}_K(V, V') \times \operatorname{Hom}_K(W, W')$ ist nach 4.4.2 gegeben durch die Abbildungen $F_i^{i'} \times F_j^{j'}$ mit

$$F_i^{i'}(v_k) := \begin{cases} v'_{i'}, & \text{falls } i = k, \\ 0, & \text{sonst,} \end{cases} \quad \text{und}$$

$$F_j^{j'}(w_l) := \begin{cases} w'_{j'}, & \text{falls } j = l, \\ 0, & \text{sonst,} \end{cases}$$

und eine Basis von $\mathrm{Hom}_K(V \otimes W, V' \otimes W')$ ist gegeben durch die Abbildungen

$$F_{i,j}^{i',j'} \quad \text{mit} \quad F_{i,j}^{i',j'}(v_k \otimes w_l) := \begin{cases} v'_{i'} \otimes w'_{j'}, & \text{falls } (k, l) \\ & = (i, j), \\ 0, & \text{sonst.} \end{cases}$$

Es gilt

$$F_{i,j}^{i',j'} = F_i^{i'} \otimes F_j^{j'} = \chi(F_i^{i'}, F_j^{j'}),$$

also bildet χ diese Basis von $\mathrm{Hom}_K(V, V') \times \mathrm{Hom}_K(W, W')$ auf eine Basis von $\mathrm{Hom}_K(V \otimes W, V' \otimes W')$ ab. Da η Basen auf Basen abbildet, folgt die Behauptung aus der Kommutativität von (∗).

6. „⇒": Sind v_1, v_2 linear abhängig, so existieren $\lambda_1, \lambda_2 \in K$, die nicht beide gleich null sind, so dass $\lambda_1 v_1 + \lambda_2 v_2 = 0$ gilt. Ist $\lambda_1 \neq 0$, so gilt $v_1 = -\frac{\lambda_2}{\lambda_1} \cdot v_2$, und damit folgt

$$v_1 \wedge v_2 = -\frac{\lambda_2}{\lambda_1} v_2 \wedge v_2 = -\frac{\lambda_2}{\lambda_1}(v_2 \wedge v_2) = 0.$$

„⇐": Es seien $v_1, v_2 \in V$ linear unabhängig. Wir ergänzen sie zu einer Basis $(v_i)_{i \in I}$ von V mit $1, 2 \in I$ und definieren eine bilineare Abbildung

$$\xi: V \times V \to K$$

durch

$$\xi(v, w) := \det \begin{pmatrix} \lambda_1 & \lambda_2 \\ \mu_1 & \mu_2 \end{pmatrix} \quad \text{für } v = \sum_{i \in I} \lambda_i v_i \text{ und } w = \sum_{i \in I} \mu_i v_i.$$

Dann ist ξ alternierend, und es gilt

$$\xi_\wedge(v_1 \wedge v_2) = \xi(v_1, v_2) = 1 \neq 0,$$

woraus $v_1 \wedge v_2 \neq 0$ folgt.

7. a) Die Aussage i) ist klar, da $\mathbb{C}$ ein Körper und insbesondere ein Ring ist. ii) folgt aus Korollar 3.5.4, und iii) gilt nach Aufgabe 9 a) zu 2.3. Die Eigenschaft 1) ist hierbei in allen drei Fällen unmittelbar einsichtig.

b) Es sei $\lambda_a \in \mathrm{End}\,(A)$ die Linksmultiplikation mit $a \in A$, d.h.

$$\lambda_a(a') = a \cdot a' \quad \text{für alle } a' \in A.$$

Analog sei $\lambda_b \in \mathrm{End}\,(B)$ die Linksmultiplikation mit $b \in B$. Dann ist (vgl. Aufgabe 5) $\lambda_a \otimes \lambda_b \in \mathrm{End}\,(A \otimes B)$, und die Abbildung

$$\lambda\colon\ A \times B \to \mathrm{End}\,(A \otimes B),$$
$$(a, b) \mapsto \lambda_a \otimes \lambda_b,$$

ist bilinear. Daher existiert eine lineare Abbildung $\lambda_\otimes\colon\ A \otimes B \to \mathrm{End}\,(A \otimes B)$, so dass das Diagramm

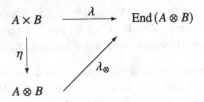

kommutiert.

Wir definieren nun die Multiplikation μ durch

$$\mu\colon\ (A \otimes B) \times (A \otimes B) \to A \otimes B,$$

$$(a_1 \otimes b_1, a_2 \otimes b_2) \mapsto (\lambda_\otimes(a_1 \otimes b_1))\,(a_2 \otimes b_2) \ =: (a_1 \otimes b_1) \cdot (a_2 \otimes b_2).$$

Nach Konstruktion ist μ gerade K-bilinear, und es gilt

$$\begin{aligned}
(\lambda_\otimes\,(a_1 \otimes b_1))\,(a_2 \otimes b_2) &= \lambda\,(a_1, b_1)\,(a_2 \otimes b_2) \\
&= \left(\lambda_{a_1} \otimes \lambda_{b_1}\right)(a_2 \otimes b_2) \\
&= a_1 a_2 \otimes b_1 b_2.
\end{aligned}$$

Die Ringeigenschaften folgen aus der Bilinearität von μ, das Einselement von $A \otimes B$ ist gegeben durch $1_A \otimes 1_B = 1_{A \otimes B}$.

c) Zur besseren Übersicht kennzeichnen wir für einen Augenblick die Multiplikation in $K[t] \otimes K[t]$ mit $\odot$ und den Vektorraum-Isomorphismus aus Beispiel 7.3.4 a) wie dort mit $\xi_\otimes$. Dann gilt für alle $f_1, f_2, g_1, g_2 \in K[t]$

$$\begin{aligned}
\xi_\otimes((f_1 \otimes g_1) \odot (f_2 \otimes g_2)) &= \xi_\otimes(f_1 f_2 \otimes g_1 g_2) \\
&= f_1 f_2 \cdot g_1 g_2 \\
&= f_1 g_1 \cdot f_2 g_2 \\
&= \xi_\otimes(f_1 \otimes g_1) \cdot \xi_\otimes(f_2 \otimes g_2),
\end{aligned}$$

also ist $\xi_\otimes$ ein Ringhomomorphismus.

Die Bijektivität von $\xi_\otimes$ ist klar, da $\xi_\otimes$ ein Vektorraum-Isomorphismus ist.

Algebren können auch über einem Ring R statt einem Körper K definiert werden (vgl. [P], 1.1). Teil b) gilt auch in diesem Fall, und der Beweis verläuft genauso wie oben gezeigt (vgl. [P], 9.2, Proposition a).

Für eine Anwendung von Algebren vgl. die Ergänzungsaufgaben in Abschn. 5.4 in [S-G2].

8. Wir definieren

$$V \vee V := (V \otimes V)/S(V),$$

wobei $S(V)$ der in 7.3.7 definierte Untervektorraum von $V \otimes V$ ist. Wie im Beweis von Satz 7.3.8 bezeichnen wir mit $\varrho \colon V \otimes V \to V \vee V$ die Quotientenabbildung und erklären $\vee := \varrho \circ \eta$, d. h. für alle $v, v' \in V$ ist

$$v \vee v' := \vee(v, v') = \varrho \circ \eta(v, v') = \varrho(v \otimes v').$$

$\vee$ ist sicher bilinear, da η bilinear und ϱ linear ist. Wegen

$$S(V) \subset \operatorname{Ker} \vee_\otimes = \operatorname{Ker} \varrho$$

und Lemma 7.3.7 ist $\vee$ symmetrisch.

Es verbleibt der Nachweis der universellen Eigenschaft, der jedoch analog zum Beweis von Satz 7.3.8 verläuft. Wir betrachten das Diagramm

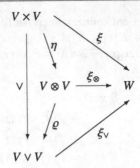

Nach der universellen Eigenschaft des Tensorproduktes existiert
ein eindeutiges $\xi_\otimes$, und nach der universellen Eigenschaft des
Quotientenvektorraumes (3.2.7) gibt es ein eindeutiges $\xi_\vee$. Aus
der Kommutativität der Teildiagramme folgt $\xi = \xi_\vee \circ \vee$, d. h.

$$\xi_\vee(v \vee v') = \xi(v, v') \quad \text{für alle } v, v' \in V.$$

Wie bereits im Beweis von Satz 7.3.8 steckt die Schwierigkeit im
Beweis der Behauptung über die Basis von $V \vee V$. Die Tensoren
$(v_i \otimes v_j)_{i,j \in \{1,\dots,n\}}$ erzeugen $V \otimes V$. Daher erzeugen die Produkte
$(v_i \vee v_j)_{i,j \in \{1,\dots,n\}}$ den Raum $V \vee V$. Wegen der Symmetrie der
Abbildung $\vee$ gilt $v_i \vee v_j = v_j \vee v_i$, daher erzeugen bereits die
Produkte $(v_i \vee v_j)_{1 \le i \le j \le n}$ den Raum $V \vee V$, und es genügt, deren
lineare Unabhängigkeit zu zeigen.

Hierzu betrachten wir den Vektorraum $W = K^N$ mit $N = \binom{n+1}{2}$ und bezeichnen dessen kanonische Basis mit $(e_{ij})_{1 \le i \le j \le n}$.
Wir konstruieren nun eine Abbildung $\xi \colon V \times V \to K^N$. Sind

$$v = \sum \lambda_i v_i \quad \text{und} \quad v' = \sum \mu_i v_i$$

aus V, so bezeichnen wir $a_{ij} := \lambda_i \mu_j + \lambda_j \mu_i$ für $1 \le i \le j \le n$.
Durch die Zuordnung

$$\xi(v, v') := \sum_{1 \le i \le j \le n} a_{ij} e_{ij}$$

wird eindeutig eine symmetrische Abbildung definiert. Aus der
universellen Eigenschaft folgt

$$\xi_\vee(v_i \vee v_j) = \xi(v_i, v_j) = e_{ij},$$

und da die e_{ij} in K^N linear unabhängig sind, sind die $v_i \vee v_j$ in $V \vee V$ linear unabhängig. Die hier erhaltene Abbildung $\xi_\vee \colon V \vee V \to K^N$ ist ein Vektorraum-Isomorphismus.

Einen Zusammenhang zwischen symmetrischem Produkt und symmetrischen Matrizen (vgl. Aufgabe 3 zu 2.6) erhält man wie folgt. Die Zuordnung

$$\xi \colon V \vee V \to \mathrm{Sym}\,(n; K),$$

$$(v \vee v') \mapsto \begin{pmatrix} \lambda_1\mu_1 & \lambda_1\mu_2 & \cdots & \lambda_1\mu_n \\ \lambda_1\mu_2 & \ddots & & \vdots \\ \vdots & & \ddots & \vdots \\ \lambda_1\mu_n & \cdots & \cdots & \lambda_n\mu_n \end{pmatrix}$$

für $v = \sum \lambda_i v_i$ und $v' = \sum \mu_i v_i$ definiert einen K-Vektorraum-Isomorphismus. Wegen $\dim \mathrm{Sym}\,(n; K) = \binom{n+1}{2}$ folgt auch so die Behauptung über die Dimension; die Urbilder der in Aufgabe 3 zu 2.6 bestimmten Basis von $\mathrm{Sym}\,(n; K)$ ergeben die oben angegebene Basis von $V \vee V$.

Auf dieselbe Art kann man einen Isomorphismus

$$\zeta \colon V \wedge V \to \mathrm{Alt}\,(n; K)$$

durch

$$(v \wedge v') \mapsto \begin{pmatrix} 0 & \lambda_1\mu_2 & \cdots & \lambda_1\mu_n \\ -\lambda_1\mu_2 & \ddots & & \vdots \\ \vdots & & \ddots & \lambda_{n-1}\mu_n \\ -\lambda_1\mu_n & \cdots & -\lambda_{n-1}\mu_n & 0 \end{pmatrix}$$

definieren. Durch Vergleich dieser beiden Darstellungen vom alternierenden bzw. symmetrischen Produkt wird der Unterschied zwischen ihnen und insbesondere der Dimensionen besonders deutlich.

In Satz 7.4.2 sowie Aufgabe 5 zu 7.4 werden die hier konstruierten Isomorphismen

$$V \wedge V \to K^{\binom{n}{2}} \quad \text{bzw.} \quad V \vee V \to K^{\binom{n+1}{2}}$$

verallgemeinert.

9. Aufgrund der Eigenschaften der Tensorprodukte $V \otimes W$ und $V \tilde{\otimes} W$ existieren eindeutige lineare Abbildungen τ und $\tilde{\tau}$, so dass die Diagramme

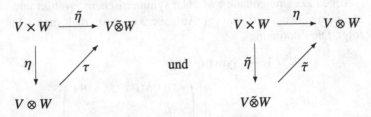

und

kommutieren. Damit aber kommutiert das Diagramm

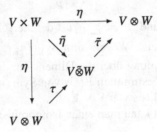

Andererseits ist auch das Diagramm

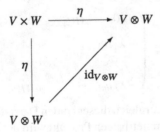

kommutativ. Aus der Eindeutigkeit der Abbildung $\eta_\otimes$ folgt damit $\tilde{\tau} \circ \tau = \mathrm{id}_{V \otimes W}$, und nach Lemma 2.1.5 ist τ injektiv.

Eine analoge Überlegung zeigt, dass τ surjektiv, also insgesamt bijektiv ist.

Die Teile b) und c) zeigt man genauso.

Das Ergebnis dieser Aufgabe gilt allgemein für Strukturen, die mit Hilfe einer universellen Eigenschaft konstruiert werden; sie sind bis auf Isomorphie eindeutig bestimmt. Beispiele hierfür sind *Quotientenvektorräume* (vgl. 3.2.7) und *Quotientenkörper* (siehe [W], Abschn. 3.1.5), weiterhin *Produkte, Coprodukte* sowie *Pullbacks* und *Pushouts* in einer beliebigen *Kategorie*, vgl. [L], Chapter I, §7 oder ausführlicher [Schu], insbesondere die Abschn. 7.3, 7.8, 8.3 und 8.8.

7.4   Multilineare Algebra

1. Wir wählen Basen $(v_i^{(j)})_{i \in I_j}$ von V_j für $j = 1, \ldots, k$ und betrachten den K-Vektorraum

$$V_1 \otimes \ldots \otimes V_k := \{ \tau \in \mathrm{Abb}\,(I_1 \times \quad \vee\, I_k, K) \colon \tau(i_1, \ldots, i_k)$$
$$\neq 0 \ \text{für nur endlich viele } (i_1, \quad , i_k)$$
$$\in I_1 \times \ldots \times I_k \}.$$

Es sei

$$v_{i_1}^{(1)} \otimes \ldots \otimes v_{i_k}^{(k)} (\bar{i}_1, \ldots, \bar{i}_k)$$
$$:= \begin{cases} 1, \text{ falls } (i_1, \ldots, i_k) = (\bar{i}_1, \ldots, \bar{i}_k), \\ 0, \text{ sonst.} \end{cases}$$

Mit denselben Argumenten wie im Beweis von Satz 7.3.3 bilden die $v_{i_1}^{(1)} \otimes \ldots \otimes v_{i_k}^{(k)}$ eine Basis für $V_1 \otimes \ldots \otimes V_k$. Die Abbildung η wird definiert durch

$$\eta \left(v_{i_1}^{(1)}, \ldots, v_{i_k}^{(k)} \right) := v_{i_1}^{(1)} \otimes \ldots \otimes v_{i_k}^{(k)}.$$

Analog zu Bemerkung 7.3.2 gilt:

Seien $V_1, \ldots, V_k$ Vektorräume über K mit Basen $(v_i^{(j)})_{i \in I_j}$ für $j = 1, \ldots, k$. Ist U ein weiterer K-Vektorraum, so gibt es zu einer beliebig vorgegebenen Familie

$$(u_{i_1 \cdots i_k})_{(i_1, \ldots, i_k) \in I_1 \times \ldots \times I_k}$$

in U genau eine multilineare Abbildung

$$\xi\colon\ V_1 \times \ldots \times V_k \to U \quad \text{mit}\quad \xi(v_{i_1}^{(1)}, \ldots, v_{i_k}^{(k)})$$

$$= (u_{i_1 \cdots i_k})_{(i_1, \ldots, i_k) \in I_1 \times \ldots \times I_k}$$

für alle $(i_1, \ldots, i_k) \in I_1 \times \ldots \times I_k$.

Der *Beweis* verläuft völlig analog zu dem von Bemerkung 7.3.2, nur dass die Indizes komplizierter werden; er sei hier ausgelassen. Auch die Argumentation bezüglich der universellen Eigenschaft ist analog zum Beweis von Satz 7.3.3. Der Zusatz bzgl. der Dimension ist ohnehin klar.

2. Wir zeigen, dass durch die Zuordnung

$$(V_1 \otimes V_2) \otimes V_3 \to V_1 \otimes V_2 \otimes V_3,$$

$$(v_1 \otimes v_2) \otimes v_3 \mapsto v_1 \otimes v_2 \otimes v_3.$$

in eindeutiger Weise ein Isomorphismus von K-Vektorräumen definiert wird. Die zweite Aussage folgt analog.

Für jedes $v_3 \in V_3$ betrachten wir die nach Bemerkung 7.3.2 eindeutige bilineare Abbildung f_{v_3}, die definiert wird durch

$$V_1 \times V_2 \to V_1 \otimes V_2 \otimes V_3, \quad (v_1, v_2) \mapsto v_1 \otimes v_2 \otimes v_3.$$

Nach der universellen Eigenschaft des Tensorproduktes existiert eine eindeutige lineare Abbildung

$$f_{v_3 \otimes}\colon\ V_1 \otimes V_2 \to V_1 \otimes V_2 \otimes V_3,$$

so dass das Diagramm

$$
\begin{array}{ccc}
V_1 \times V_2 & \xrightarrow{\ f_{v_3}\ } & V_1 \otimes V_2 \otimes V_3 \\[2mm]
{\scriptstyle \eta}\searrow & & \nearrow{\scriptstyle f_{v_3 \otimes}} \\[2mm]
& V_1 \otimes V_2 &
\end{array}
$$

kommutiert. Wir betrachten nun die nach Bemerkung 7.3.2 eindeutig bestimmte bilineare Abbildung g, die definiert ist durch

$$(V_1 \otimes V_2) \times V_3 \to V_1 \otimes V_2 \otimes V_3, \quad (v_1 \otimes v_2, v_3) \mapsto v_1 \otimes v_2 \otimes v_3 = f_{v_3 \otimes}(v_1 \otimes v_2).$$

Aufgrund der universellen Eigenschaft des Tensorprodukts existiert eine eindeutige lineare Abbildung $g_\otimes$, so dass das Diagramm

$$(V_1 \otimes V_2) \times V_3 \xrightarrow{\ g\ } V_1 \otimes V_2 \otimes V_3$$

$$\eta \searrow \qquad \nearrow g_\otimes$$

$$(V_1 \otimes V_2) \otimes V_3$$

kommutiert. Die Abbildung $g_\otimes$ ist nach obigen Ausführungen eindeutig bestimmt, nach Konstruktion erfüllt sie die Voraussetzung

$$g_\otimes((v_1 \otimes v_2) \otimes v_3) = v_1 \otimes v_2 \otimes v_3.$$

$g_\otimes$ ist aus demselben Grunde bijektiv wie $\chi_\otimes$ in Aufgabe 5 zu 7.3. Damit ist $g_\otimes$ ein Isomorphismus.

Analog konstruiert man den kanonischen Isomorphismus

$$V_1 \otimes (V_2 \otimes V_3) \to V_1 \otimes V_2 \otimes V_3.$$

Von den verbleibenden Aussagen zeigen wir, dass

$$\text{Bil}\,(V_1 \otimes V_2, V_3; W) \quad \text{und} \quad \text{Tril}\,(V_1, V_2, V_3; W)$$

kanonisch isomorph sind; der Rest folgt analog.

Da $(V_1 \times V_2) \times V_3$ und $V_1 \times V_2 \times V_3$ kanonisch isomorph sind, wählen wir zunächst die Abbildung χ, die das Diagramm

$$V_1 \times V_2 \times V_3 \cong (V_1 \times V_2) \times V_3$$

$$\chi \searrow \qquad \downarrow \eta \times \text{id}_{V_3}$$

$$(V_1 \otimes V_2) \times V_3$$

kommutativ macht. Nun betrachten wir das Diagramm

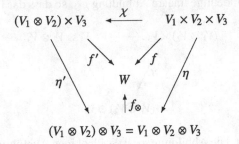

und definieren eine lineare Abbildung

$$\varphi \colon \operatorname{Tril}(V_1, V_2, V_3; W) \to \operatorname{Bil}(V_1 \otimes V_2, V_3; W) \quad \text{durch}$$
$$f \mapsto f_\otimes \circ \eta'.$$

Aufgrund der Eindeutigkeit der Abbildung $f_\otimes$ ist φ wohldefiniert, und durch die lineare Abbildung

$$\varphi' \colon \operatorname{Bil}(V_1 \otimes V_2, V_3; W) \to \operatorname{Tril}(V_1, V_2, V_3; W)$$
$$\text{mit} \quad f' \mapsto f' \circ \chi$$

wird wegen $\eta' \circ \chi = \eta$ die Umkehrabbildung zu φ definiert.

3. Wie man mit Hilfe der Ausführungen zu Satz 7.4.2 erkennt, ist die Konstruktion des k-fachen äußeren Produktes völlig analog zu der des zweifachen äußeren Produktes. Von den k-spaltigen Minoren der Matrix A gibt es nach 4.3.6 genau $\binom{n}{k}$ Stück, also ist die Zuordnung ξ eine vernünftige alternierende Abbildung.

Da die Konstruktion des k-fachen äußeren Produktes ansonsten auch analog zur Konstruktion des k-fachen symmetrischen Produktes verläuft, verweisen wir für weitere Einzelheiten auf Aufgabe 5.

4. a) „$\Rightarrow$": Da die Abbildung $\wedge$ alternierend ist, gilt für alle $(v_1, \ldots, v_k) \in V^k$, für die ein $i \neq j$ mit $v_i = v_j$ existiert, $\wedge(v_1, \ldots, v_k) = 0$.

Ist $(v_1, \ldots, v_k) \in V^k$ mit linear abhängigen v_i, so sei ohne Einschränkung $v_k \in \text{span}(v_1, \ldots, v_{k-1})$, also existieren $\lambda_1, \ldots, \lambda_{k-1} \in K$ mit

$$v_k = \sum_{i=1}^{k-1} \lambda_i v_i.$$

Aus der Multilinearität von $\wedge$ folgt damit

$$\wedge(v_1, \ldots v_k) = \wedge\left(v_1, \ldots, v_{k-1}, \sum_{i=1}^{k-1} \lambda_i v_i\right)$$

$$= \sum_{i=1}^{k-1} \lambda_i \cdot \wedge(v_1, \ldots, v_{k-1}, v_i) = 0.$$

„$\Leftarrow$": Seien $v_1, \ldots, v_k \in V$ linear unabhängig. Wir ergänzen sie zu einer Basis $(v_i)_{i \in I}$ von V mit $1, \ldots, k \in I$ und definieren eine multilineare Abbildung $\xi : V^k \to K$ durch

$$\xi(w_1, \ldots, w_k) := \det\begin{pmatrix} \lambda_1^{(1)} & \cdots & \lambda_k^{(1)} \\ \vdots & & \vdots \\ \lambda_1^{(k)} & \cdots & \lambda_k^{(k)} \end{pmatrix},$$

wobei

$$w_j = \sum_{i \in I} \lambda_i^{(j)} v_i \quad \text{für } j = 1, \ldots, k.$$

Dann ist ξ alternierend, und es gilt

$$\xi_\wedge(v_1 \wedge \ldots \wedge v_k) = \xi(v_1, \ldots, v_k) = 1 \neq 0,$$

woraus $v_1 \wedge \ldots \wedge v_k \neq 0$ folgt.

b) Im Fall $k > \dim V$ sind in jedem n-Tupel $(v_1, \ldots, v_k) \in V^k$ die Vektoren v_i linear abhängig (vgl. Satz 2.5.2). Daraus folgt nach Teil a) $\wedge(V^k) = 0$, und wegen $\bigwedge^k V = \text{span}\left(\wedge(V^k)\right)$ folgt $\bigwedge^k V = 0$.

5. Analog zu Aufgabe 8 zu Abschn. 7.3 definieren wir

$$\bigvee^k V := V^k / S^k(V),$$

wobei $S^k(V)$ in 7.4.2 definiert wurde, und bezeichnen mit $\varrho \colon \bigotimes^k V \to \bigvee^k V$ die Quotientenabbildung.

Nun erklären wir $\vee := \varrho \circ \eta$, d.h. für alle $(v_1, \ldots, v_k) \in V^k$ ist

$$v_1 \vee \ldots \vee v_k := \vee(v_1, \ldots, v_k) = \eta \circ \varrho(v_1, \ldots, v_k)$$
$$= \varrho(v_1 \otimes \ldots \otimes v_k).$$

Aufgrund der Multilinearität von η und der Linearität von ϱ ist $\vee$ multilinear, und wegen $S^k(V) \subset \mathrm{Ker}\,\vee_\otimes = \mathrm{Ker}\,\varrho$ ist $\vee$ nach Lemma 7.4.2 symmetrisch.

Die universelle Eigenschaft erarbeiten wir mittels des folgenden Diagramms.

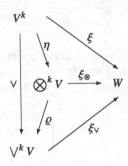

Wie in Aufgabe 8 zu 7.3 folgt die Existenz eines eindeutigen linearen $\xi_\otimes$ aus der universellen Eigenschaft des Tensorproduktes, und wegen der universellen Eigenschaft des Quotientenvektorraumes gibt es damit ein eindeutiges lineares $\xi_\vee$. Es folgt $\xi = \xi_\vee \circ \vee$, d.h. $\xi_\vee(v_1 \vee \ldots \vee v_k) = \xi(v_1, \ldots, v_k)$ für alle $(v_1, \ldots, v_k) \in V^k$.

Nun kommen wir zum Beweis der Behauptung über die Basis. Wie am Ende der Lösung zu Aufgabe 8 in 7.3 bemerkt, ist die dort für $k = 2$ durchgeführte Konstruktion verallgemeinerungsfähig. Nach Satz 7.4.1 sind die Tensoren $v_{i_1} \otimes \ldots \otimes v_{i_k}$ mit $1 \le i_j \le n$ eine Basis von $\bigotimes^k V$. Daher erzeugen die Produkte

$$v_{i_1} \vee \ldots \vee v_{i_k} \quad \text{mit } 1 \le i_j \le n$$

den Raum $\bigvee^k V$. Aus der Symmetrie von $\vee$ folgt allerdings, dass bereits die Produkte

$$v_{i_1} \vee \ldots \vee v_{i_k} \quad \text{mit } 1 \le i_i \le \ldots \le i_k \le n$$

den Raum $\bigvee^k V$ erzeugen. Es genügt also, deren lineare Unabhängigkeit zu zeigen.

Dazu betrachten wir den Vektorraum $W = K^N$ mit $N = \binom{n+k-1}{k}$ und bezeichnen seine kanonische Basis mit

$$(e_{i_1 \cdots i_k})_{1 \le i_1 \le \ldots \le i_k \le n}.$$

Genauso wie für das zweifache symmetrische Produkt konstruieren wir eine Abbildung $\xi : V^k \to K^N$, so dass $\xi_\vee$ ein Vektorraum-Isomorphismus ist. Das geht so: Für Vektoren $w_i = \sum_{j=1}^n \lambda_{ij} v_j$ aus V für $i = 1, \ldots, k$ bezeichnen wir

$$a_{i_1 \cdots i_k} := \sum_{\sigma \in S_k} \lambda_{1\sigma(i_1)} \cdot \ldots \cdot \lambda_{k\sigma(i_k)}$$

$$\text{mit } 1 \le i_1 \le \ldots \le i_k \le n$$

und definieren durch

$$\xi(w_1, \ldots w_k) := \sum_{1 \le i_1 \le \ldots \le i_k \le n} a_{i_1 \cdots i_k} \cdot e_{i_1 \cdots i_k}$$

eine symmetrische Abbildung. Aus der universellen Eigenschaft folgt

$$\xi_\vee(v_{i_1} \vee \ldots \vee v_{i_k}) = \xi(v_{i_1}, \ldots, v_{i_k}) = e_{i_1 \cdots i_k},$$

und da die $e_{i_1 \cdots i_k}$ linear unabhängig in K^N sind, folgt die lineare Unabhängigkeit der $v_{i_1} \vee \ldots \vee v_{i_k}$ in $\bigvee^k V$. Wie bereits zuvor ist die so erhaltene Abbildung $\xi_\vee : \bigvee^k V \to K^N$ ein Vektorraum-Isomorphismus.

6. Es ist zu zeigen, dass durch die angegebene Zuordnung in eindeutiger Weise eine lineare Abbildung definiert wird. Der Rest ist dann offensichtlich, da nach der Lösung zu Aufgabe 3 von Abschn. 2.5 die Polynome $t_{i_1} \cdot \ldots \cdot t_{i_k}$ eine Vektorraumbasis von $K[t_1, \ldots, t_n]_{(k)}$ bilden. Insbesondere gilt hiernach

$$\dim K[t_1, \ldots, t_n]_{(k)} = \binom{n+k-1}{k} = \dim \bigvee^k K^n,$$

also wissen wir bereits, dass ein Isomorphismus zwischen den beiden Vektorräumen existiert. Es ist jedoch keineswegs klar, dass er auf diese kanonische Art gegeben werden kann.

Wir betrachten nun die eindeutige multilineare Abbildung ξ, die durch die Zuordnung

$$(K^n)^k \to K[t_1, \ldots, t_n]_{(k)}, \quad (e_{i_1}, \ldots, e_{i_k}) \mapsto t_{i_1} \cdot \ldots \cdot t_{i_k},$$

definiert wird. Aufgrund der Kommutativität von $K[t_1, \ldots, t_n]_{(k)}$ ist ξ symmetrisch. Daher existiert eine eindeutige lineare Abbildung

$$\xi_\vee : \bigvee\nolimits^k K^n \to K[t_1, \ldots, t_n]_{(k)},$$

so dass das Diagramm

kommutiert. Dies ist genau die gesuchte Abbildung.

7. a) Es sei $\beta = (\beta_1 \wedge \ldots \wedge \beta_l) \in \bigwedge^l V$. Durch

$$\mu_\beta : V^k \to \bigwedge\nolimits^{k+l} V,$$
$$(\alpha_1, \ldots, \alpha_k) \mapsto \alpha_1 \wedge \ldots \wedge \alpha_k \wedge \beta,$$

wird eine eindeutige multilineare Abbildung definiert, also existiert nach der universellen Eigenschaft des äußeren Produktes ein eindeutiges

$$\eta_\beta \in \mathrm{Hom}\left(\bigwedge\nolimits^k V, \bigwedge\nolimits^{k+l} V\right),$$

so dass das Diagramm

kommutiert.

Durch die Zuordnung $(\beta_1, \ldots, \beta_l) \mapsto \eta_\beta$ wird eine eindeutige multilineare und alternierende Abbildung

$$\lambda: \; V^l \to \mathrm{Hom}\left(\textstyle\bigwedge^k V, \bigwedge^{k+l} V\right)$$

definiert. Nach der universellen Eigenschaft des äußeren Produktes existiert eine eindeutige lineare Abbildung

$$\bar\lambda: \; \overset{l}{\bigwedge} V \to \mathrm{Hom}\left(\overset{k}{\bigwedge} V, \overset{k+l}{\bigwedge} V\right),$$

so dass das Diagramm

$$
\begin{array}{ccc}
V^l & \xrightarrow{\;\lambda\;} & \mathrm{Hom}\left(\bigwedge^k V, \bigwedge^{k+l} V\right) \\[2mm]
{\scriptstyle\wedge}\big\downarrow & \nearrow{\scriptstyle\bar\lambda} & \\[2mm]
\bigwedge^l V & &
\end{array}
$$

kommutiert.

Definieren wir $\mu: \; \bigwedge^k V \times \bigwedge^l V \to \bigwedge^{k+l} V$ durch

$$\mu(\alpha, \beta) := \bar\lambda(\beta)(\alpha) = \eta_\beta(\alpha),$$

so ist μ nach Konstruktion bilinear und eindeutig bestimmt.

b) Wir berechnen

$$
\begin{aligned}
\alpha \wedge \beta &= \alpha_1 \wedge \ldots \wedge \alpha_k \wedge \beta_1 \wedge \ldots \wedge \beta_l \\
&= -\alpha_1 \wedge \ldots \wedge \beta_1 \wedge \alpha_k \wedge \ldots \wedge \beta_l \\
&= \ldots = (-1)^l \cdot \alpha_1 \wedge \ldots \wedge \alpha_{k-1} \wedge \beta_1 \\
&\qquad \wedge \ldots \wedge \beta_l \wedge \alpha_k \\
&= (-1)^{2l} \cdot \alpha_1 \wedge \ldots \wedge \alpha_{k-2} \wedge \beta_1 \wedge \ldots \wedge \beta_l \\
&\qquad \wedge \alpha_{k-1} \wedge \alpha_k \\
&= \ldots = (-1)^{k \cdot l} \beta_1 \wedge \ldots \wedge \beta_l \wedge \alpha_1 \wedge \ldots \wedge \alpha_k.
\end{aligned}
$$

8. a) Die Injektivität der linearen Abbildungen b' und b'' zu einer Bilinearform b (vgl. 7.2.1) lässt sich so ausdrücken, dass für jedes $0 \neq v \in V$ ein $w \in W$ existiert, so dass $b(v, w) \neq 0$ gilt, und für jedes $0 \neq w \in W$ ein $v \in V$ existiert, so dass $b(v, w) \neq 0$ gilt. Diese Eigenschaft wollen wir im Folgenden benutzen.

i) Wir betrachten zunächst ein $0 \neq \alpha \in \bigwedge^k V$ der Form $\alpha = v_1 \wedge \ldots \wedge v_k$. Die Vektoren $v_1, \ldots, v_k$ sind linear unabhängig; wir ergänzen sie zu einer Basis $(v_1, \ldots, v_n)$ von V und definieren

$$\beta := v_{k+1} \wedge \ldots \wedge v_n \in \bigwedge^{n-k} V.$$

Es gilt $\alpha \wedge \beta \neq 0$, da die Vektoren $v_1, \ldots, v_n$ eine Basis von V und daher linear unabhängig sind.

Nun sei ein $\tilde{\alpha} = \sum_{i=1}^{r} \alpha_i \in \bigwedge^k V$ mit $\alpha_i = v_{i1} \wedge \ldots \wedge v_{ik}$ und $\alpha_1 \neq 0$ gegeben. Falls ein α_i mit $v_{ij} \in$ span $(v_{11}, \ldots, v_{1k})$ existiert, so gibt es nach analogen Aussagen zu den Rechenregeln aus 7.3.8 sowie Aufgabe 4 a) ein $\lambda \in K$ mit $\alpha_i = \lambda \cdot \alpha_1$.

Wir können daher annehmen, dass

$$\tilde{\alpha} = \alpha + \sum_{i=1}^{r} \alpha_i$$

mit $\alpha = v_1 \wedge \ldots \wedge v_k \neq 0$, und für alle $i = 1, \ldots, r$ existiert ein v_{ij} mit $v_{ij} \notin$ span $(v_1, \ldots, v_k)$. Wählen wir für α ein $\beta \in \bigwedge^{n-k} V$ wie bereits oben, so folgt mit Aufgabe 4 a)

$$\tilde{\alpha} \wedge \beta = \alpha \wedge \beta \neq 0.$$

Die Behauptung für ein $\beta \neq 0$ zeigt man analog.

ii) Es genügt nach einer analogen Argumentation wie in Teil i), die Behauptung für Vektoren der Form $v = v_1 \wedge \ldots \wedge v_k \in \bigwedge^k V$ zu zeigen.

Wir wählen dazu ein $v \neq 0$ der obigen Form. Dann sind die Vektoren $v_1, \ldots, v_k$ linear unabhängig und können zu einer Basis $\mathcal{B} = (v_1, \ldots, v_n)$ von V ergänzt werden. Mit $\mathcal{B}^* = (v_1^*, \ldots, v_n^*)$ bezeichnen wir die duale Basis von $\mathcal{B}$. Wählen wir

$$\varphi := v_1^* \wedge \ldots \wedge v_k^* \in \bigwedge^k V^*,$$

so folgt

$$\det \varphi(v) = \det \begin{pmatrix} v_1^*(v_1) & \cdots & v_1^*(v_k) \\ \vdots & & \vdots \\ v_k^*(v_1) & \cdots & v_k^*(v_k) \end{pmatrix} = \det E_n = 1 \neq 0.$$

Der zweite Teil der Behauptung folgt wegen $V^{**} \cong V$ durch Dualisierung.

b) Aus Teil a) ii) zusammen mit Satz 7.2.1 erhalten wir

$$\textstyle\bigwedge^k V^* \cong \left(\bigwedge^k V\right)^*,$$

dies ist i). Ferner gilt nach Teil a) i) mit Satz 7.2.1

$$\textstyle\bigwedge^k V \cong \left(\bigwedge^{n-k} V\right)^*,$$

also zusammen mit i)

$$\textstyle\bigwedge^k V \cong \left(\bigwedge^{n-k} V\right)^* \cong \bigwedge^{n-k} V^*,$$

das zeigt ii).

9. Analog zu Aufgabe 2 zu 7.3 zeigt man, dass $\mathrm{Alt}^k(V; W) \subset \mathrm{Abb}(V^k, W)$ ein Untervektorraum ist. Dies folgt mit einer kurzen Rechnung, die wir hier auslassen.

Auch der Nachweis, dass die kanonische Abbildung

$$\varphi\colon \mathrm{Alt}^k(V; W) \to \mathrm{Hom}(\textstyle\bigwedge^k V, W), \quad \xi \mapsto \xi_\wedge,$$

ein Isomorphismus ist, verläuft wie in Aufgabe 2 zu 7.3. Wie bereits dort sollte allerdings beachtet werden, dass die Wohldefiniertheit einer Abbildung auf Restklassen keineswegs klar ist.

Mit Hilfe von Aufgabe 8 a) i) folgt, dass $(\bigwedge^k V)^*$ und $\bigwedge^k V^*$ kanonisch isomorph sind. Damit können wir im Fall $W = K$ die kanonische Abbildung φ als Abbildung

$$\varphi\colon \mathrm{Alt}^k(V, K) \to \textstyle\bigwedge^k V^*$$

auffassen, d.h. eine alternierende Abbildung $\xi\colon V^k \to K$, auch *alternierende k-Form* genannt, kann mit dem Element $\varphi(\xi) \in \bigwedge^k V^*$ identifiziert werden.

Auf diese Art werden z.B. in [Fo3], §19 *Differentialformen höherer Ordnung* eingeführt, indem für $K = \mathbb{R}$ mit $V = T_p(U)$ der Tangentialraum im Punkt $p \in U$ einer offenen Teilmenge des $\mathbb{R}^n$ gewählt wird.

Mit Hilfe von Differentialformen kann der Integralbegriff auf Mannigfaltigkeiten erweitert werden. Als Höhepunkt erhält man den allgemeinen Stokesschen Integralsatz, der als Spezialfälle den Gaußschen Integralsatz und den klassischen Stokesschen Integralsatz enthält. Zu Einzelheiten siehe [Fo3], §18–21 oder [C-B], Chapter IV.

Literatur

[B] A. Bartholomé et al: *Zahlentheorie für Einsteiger*, 7. Auflage. Vieweg+Teubner 2010.

[Ba] H. Bauer: *Maß- und Integrationstheorie*. Walter de Gruyter 1990.

[B-F1] M. Barner und F. Flohr: *Analysis I*. Walter de Gruyter 1974.

[B-F2] M. Barner und F. Flohr: *Analysis II*. Walter de Gruyter 1982.

[B-M] R. Braun und R. Meise: *Analysis mit Maple*, 2. Auflage. Vieweg+Teubner 2012.

[B-S] I.N. Bronstein und K.A. Semendjajew: *Taschenbuch der Mathematik*, 23. Auflage. Verlag Harri Deutsch 1987.

[C-B] Y. Choquet-Bruhat und C. DeWitt-Morette: *Analysis, Manifolds and Physics*. North-Holland 1977.

[C-H] R. Courant und D. Hilbert: *Methoden der mathematischen Physik*, 4. Auflage. Springer 1993.

[C-V] C.O. Christenson und W.L. Voxman: *Aspects of Topology*. Marcel Dekker, Inc. 1977.

[E] H.D. Ebbinghaus et al: *Zahlen*, 3. Auflage. Springer 1992.

[Enz] H.M. Enzensberger: *Der Zahlenteufel*. Hanser 1997.

[F-H] W. Fulton und J. Harris: *Representation Theory: A First Course*. Springer 2004.

[F-S] G. Fischer und B. Springborn: *Lineare Algebra*, 19. Auflage. Springer 2020.

[Fi1] G. Fischer: *Lineare Algebra*, 18. Auflage. Springer 2014.

[Fi2] G. Fischer: *Ebene algebraische Kurven*. Vieweg 1994.

[Fi3] G. Fischer: *Analytische Geometrie*, 7. Auflage. Vieweg 2001.

© Der/die Autor(en), exklusiv lizenziert durch Springer-Verlag GmbH, DE, ein Teil von Springer Nature 2021
H. Stoppel und B. Griese, *Übungsbuch zur Linearen Algebra*, Grundkurs Mathematik,
https://doi.org/10.1007/978-3-662-63744-9

[Fi4] G. Fischer: *Lernbuch Lineare Algebra und Analytische Geometrie*, 4. Auflage. Springer 2019.

[Fi5] G. Fischer: *Lehrbuch der Algebra*, 4. Auflage. Springer 2017.

[Fo1] O. Forster: *Analysis 1*, 12. Auflage. Springer 2016.

[Fo2] O. Forster: *Analysis 2*, 11. Auflage. Springer 2017.

[Fo3] O. Forster: *Analysis 3*, 8. Auflage. Springer 2017.

[G] W. Greiner: *Mechanik, Teil 2*, 5. Auflage. Verlag Harri Deutsch 1989.

[Ha] J. Harris: *Algebraic Geometry: A First Course*. Springer 1992.

[Hä] O. Häggström: *Finite Markov Chains and Algorithmic Applications*. Oxford University Press 2002.

[K-P] J. Kramer und A.-M. von Pippich: *Von den natürlichen Zahlen zu den Quaternionen*. Springer Spektrum 2013.

[Ku1] E. Kunz: *Algebra*, 2. Auflage. Vieweg 1994.

[Ku2] E. Kunz: *Einführung in die algebraische Geometrie*. Vieweg 1997.

[L] S. Lang: *Algebra*, 2nd Edition. Addison-Wesley 1984.

[M-V] R. Meise und D. Vogt: *Einführung in die Funktionalanalysis*, 2. Auflage. Vieweg+Teubner 2011.

[O] E. Ossa: *Topologie*, 2. Auflage. Vieweg+Teubner 2009.

[P] R.S. Pierce: *Associative Algebras*. Springer 1982.

[S1] H. Stoppel: *Mathematik anschaulich: Brückenkurs mit* MAPLE. Oldenbourg 2002.

[S2] H. Stoppel: http://wwwmath.uni-muenster.de/42/de/institute/didaktik.

[S3] H. Stoppel: *Stochstik und Statistik*. Aulis 2010.

[S4] H. Stoppel: *Algorithmen im Mathematikunterricht*. Vorlesung RUB WS 2004/05. Unter http://wwwmath.uni-muenster.de/42/de/institute/didaktik/

[Scha] W. Scharlau: *Schulwissen Mathematik: Ein Überblick*, 3. Auflage. Vieweg+Teubner 2001.

[Schu] H. Schubert: *Kategorien I*. Springer 1970.

[S-G1] H. Stoppel und B. Griese: http://www.springer.com.

[S-G2] H. Stoppel und B. Griese: *Übungsbuch zur Linearen Algebra*, 9. Auflage. Springer, 2017.

[Sh] I.R. Shafarevich: *Basic Algebraic Geometry 1*, 3rd Edition. Springer 2007.

[St] I. Stewart: *Galois Theory*, 2nd Edition. Chapman and Hall 1989.

[Str] G. Strang: *Linear Algebra and its Applications*. Academic Press 1976.

[W] J. Wolfart: *Einführung in die Zahlentheorie und Algebra*, 2. Auflage. Vieweg+Teubner 2011.

Stichwortverzeichnis

© Der/die Autor(en), exklusiv lizenziert durch Springer-Verlag GmbH, DE, ein Teil von Springer Nature 2021
H. Stoppel und B. Griese, *Übungsbuch zur Linearen Algebra*, Grundkurs Mathematik,
https://doi.org/10.1007/978-3-662-63744-9

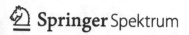

Printed in the United States
by Baker & Taylor Publisher Services

Printed in the United States
by Baker & Taylor Publisher Services